一线资深工程师教你学 CAD/CAE/CAM 丛书

CATIA V5R20 完全自学宝典

北京兆迪科技有限公司　编著

U0213539

机 械 工 业 出 版 社

本书以目前应用较为广泛的 CATIA V5R20 版为蓝本编写，结合大量典型实际产品对 CATIA V5R20 的各个功能模块进行了全面系统的讲解，包括 CATIA V5R20 软件的安装、设置、二维草图、零件设计、装配设计、曲面设计、钣金设计、工程图设计、高级渲染、运动仿真与分析、有限元分析、模具设计、数控加工与编程和管道设计等。

　　本书以"自学、全面、速成"为特色，讲解由浅入深，内容清晰简明、图文并茂，各章内容和实例彼此关联，浑然一体，前后呼应。读者完成本书的学习后，能迅速提高实际设计水平，运用 CATIA 软件完成复杂产品的设计、运动与结构分析和制造等工作。为进一步提升本书的性价比，本书附带 1 张超值多媒体 DVD 教学光盘，内含大量讲解 CATIA 应用技巧和综合案例的全程语音视频。光盘中还包含本书所有实例的源文件等。

　　本书可作为工程技术人员的 CATIA 自学教程和参考书，也可供大专院校机械专业师生参考。

图书在版编目（CIP）数据

CATIA V5R20 完全自学宝典/北京兆迪科技有限公司编著. —北京：机械工业出版社，2019.10
（一线资深工程师教你学 CAD/CAE/CAM 丛书）
ISBN 978-7-111-63518-5

Ⅰ. ①C… Ⅱ. ①北… Ⅲ. ①机械设计—计算机辅助设计—应用软件，Ⅳ. ①TH122

中国版本图书馆 CIP 数据核字（2019）第 180403 号

机械工业出版社（北京市百万庄大街 22 号　邮政编码 100037）
策划编辑：丁　锋　　　　责任编辑：丁　锋
责任校对：陈　越　杜雨霏　封面设计：张　静
责任印制：张　博
唐山三艺印务有限公司印刷
2019 年 11 月第 1 版第 1 次印刷
184mm×260 mm・30.25 印张・564 千字
标准书号：ISBN 978-7-111-63518-5
　　　　　ISBN 978-7-88803-000-8（光盘）
定价：99.90 元（含多媒体 DVD 光盘 1 张）

电话服务　　　　　　　　网络服务
客服电话：010-88361066　机 工 官 　网：www.cmpbook.com
　　　　　010-88379833　机 工 官 　博：weibo.com/cmp1952
　　　　　010-68326294　金 书 　　网：www.golden-book.com
封底无防伪标均为盗版　机工教育服务网：www.cmpedu.com

前　言

CATIA 是由法国达索（Dassault）系统公司推出的一套功能强大的三维 CAD/CAM/CAE 软件系统，其内容涵盖了产品从概念设计、工业造型设计、三维模型设计、分析计算、动态模拟与仿真、工程图输出，到生产加工的全过程，应用范围涉及航空航天、汽车、机械、造船、通用机械、数控（NC）加工、医疗器械和电子等诸多领域。CATIA V5 是达索公司在为数字化企业服务过程中不断探索的结晶。

本书逻辑清晰、语言简洁、图文并茂，实例讲解前后呼应，从基本方法到实际综合应用循序渐进，引导读者轻松入门、快速精通。

本书以大量精选的典型实例和综合应用案例对 CATIA 软件的各种功能进行详细的讲解，在让读者轻松理解软件操作方法的同时，还着重引导读者领会 CATIA 软件在实际应用中的设计思路和各种技巧，实现了理论与实践的完美结合。

书中重点章节的最后都安排了一些较为复杂的企业综合应用案例。其中有些案例的讲解贯穿了书中多个章节，结合各章节的内容循序渐进地讲解其完整的设计过程，在这个过程中融入了许多设计经验和技巧。这将进一步引导读者更为深入地领会实际工作中的一些设计思路和经验技巧，读者在此基础上加以灵活运用，会迅速提升自己的实际设计能力。

在本书编写过程中，编者对初学者的思路进行了细致的思考，在此基础上对本书的内容安排、讲解方式等进行了巧妙的设计，并采用 CATIA V5R20 界面中真实的对话框、按钮等进行讲解，力求化烦琐、枯燥为简易，引导初学者快速、顺畅地理解全书内容并迅速上手。

本书由北京兆迪科技有限公司编著，参加编写的人员有詹友刚、王焕田、刘静、刘海起、魏俊岭、任慧华、詹路、冯元超、刘江波、周涛、侯俊飞、龙宇、詹棋、高政、孙润、詹超、尹佩文、赵磊、高策、冯华超、周思思、黄光辉、詹聪、平迪、李友荣。本书已经经过多次审校，但仍不免有疏漏之处，恳请广大读者予以指正。

本书随书光盘中含有"读者意见反馈卡"的电子文档，请读者认真填写本反馈卡，并 E-mail 给我们。E-mail: 兆迪科技 zhanygjames@163.com，丁锋 fengfener@qq.com。

咨询电话：010-82176248，010-82176249。

编　者

读者购书回馈活动

为了感谢广大读者对兆迪科技图书的信任与支持，兆迪科技面向读者推出"免费送课"活动，即日起，读者凭有效购书证明，可领取价值 100 元的在线课程代金券 1 张，此券可在兆迪科技网校（http://www.zalldy.com）免费换购在线课程 1 门。活动详情可以登录兆迪网校或者关注兆迪公众号查看。

兆迪网校

兆迪公众号

本 书 导 读

为了能更好地学习本书的知识，请您仔细阅读下面的内容。

【写作软件蓝本】

本书采用的写作蓝本是 CATIA V5R20 版。

【写作使用的计算机操作系统】

本书使用的操作系统为 Windows XP，对于 Win7 操作系统，本书的内容和范例也同样适用。

【光盘使用说明】

为了使读者方便、高效地学习本书，特将本书中所有的练习文件、素材文件、已完成的实例、范例或案例文件、软件的相关配置文件和视频语音讲解文件等按章节顺序放入随书附带的光盘中，读者在学习过程中可以打开相应的文件进行操作、练习和查看视频。

本书附带多媒体 DVD 教学光盘 1 张，建议读者在学习本书前，先将 DVD 光盘中的所有内容复制到计算机硬盘的 D 盘中。

在光盘的 catsc20 目录下共有三个子目录。

（1）cat20_system_file 子文件夹：包含相关的系统配置文件。

（2）work 子文件夹：包含本书全部已完成的实例、范例或案例文件。

（3）video 子文件夹：包含本书讲解中所有的视频文件（含语音讲解），学习时，直接双击某个视频文件即可播放。

光盘中带有"ok"扩展名的文件或文件夹表示已完成的实例、范例或案例。

【本书约定】

◆ 本书中有关鼠标操作的简略表述说明如下。
- 单击：将鼠标指针光标移至某位置处，然后按一下鼠标的左键。
- 双击：将鼠标指针光标移至某位置处，然后连续快速地按两次鼠标的左键。
- 右击：将鼠标指针光标移至某位置处，然后按一下鼠标的右键。
- 单击中键：将鼠标指针光标移至某位置处，然后按一下鼠标的中键。
- 滚动中键：只是滚动鼠标的中键，而不是按中键。

- 选择（选取）某对象：将鼠标指针光标移至某对象上，单击以选取该对象。
- 拖移某对象：将鼠标指针光标移至某对象上，然后按下鼠标的左键不放，同时移动鼠标，将该对象移动到指定的位置后再松开鼠标的左键。

◆ 本书中的操作步骤分为"任务"和"步骤"两个级别，说明如下。

- 对于一般的软件操作，每个操作步骤以 步骤 01 开始。例如，下面是草绘环境中绘制矩形操作步骤的表述。

  ☑ 步骤 01 选择下拉菜单 插入 ➡ 轮廓 ▶ ➡ 预定义的轮廓 ▶ ➡
  ▢ 矩形 命令（或在"轮廓"工具栏单击"矩形"按钮 ▢ ）。

  ☑ 步骤 02 定义矩形的第一个角点。根据系统提示 选择或单击第一点以创建矩形 ，在图形区某位置单击，放置矩形的一个角点，然后将该矩形拖至所需大小。

  ☑ 步骤 03 定义矩形的第二个角点。根据系统提示 选择或单击第二点以创建矩形 ，再次单击，放置矩形的另一个角点。此时，系统即在两个角点间绘制一个矩形。

- 每个"步骤"操作视其复杂程度，其下面可含有多级子操作。例如， 步骤 01 下可能包含（1）、（2）、（3）等子操作，（1）子操作下可能包含①、②、③等子操作，①子操作下可能包含 a）、b）、c）等子操作。

- 对于多个任务的操作，则每个"任务"冠以 任务 01 、 任务 02 、 任务 03 等，每个"任务"操作下则包含"步骤"级别的操作。

- 由于已建议读者将随书光盘中的所有文件复制到计算机硬盘的 D 盘中，所以书中在要求设置工作目录或打开光盘文件时，所述的路径均以"D:"开始。

读者凭有效购书证明（购书发票、购书小票，订单截图、图书照片等），即可享受读者回馈、光盘文件下载、最新图书信息咨询、与主编大咖在线直播互动交流等服务。

- 读者回馈活动。为了感谢广大读者对兆迪科技图书的信任与支持，兆迪科技面向读者推出"免费送课"活动，读者凭有效购书证明，可领取价值 100 元的在线课程代金券 1 张，此券可在兆迪科技网校（http://www.zalldy.com/）免费换购在线课程 1 门，活动详情可以登录兆迪网校或者关注兆迪公众号查看。

- 图书光盘下载。为了方便大家的学习，我们将为读者提供随书光盘文件下载服务，如果您的随书光盘损坏或者丢失，可以登录网站 http://www.zalldy.com/page/book 下载。

咨询电话：010-82176248，010-82176249。

目　　录

第 1 章 CATIA V5 导入

1.1 概述

CATIA 软件的全称是 Computer Aided Tri-Dimensional Interface Application，它是法国达索（Dassault System）公司开发的一款 CAD/CAE/CAM 一体化软件，其中提供了多个功能模块：基础结构、机械设计、形状、分析与模拟、AEC 工厂、加工、数字化装配、设备与系统、制造的数字化处理、加工模拟、人机工程学设计与分析、知识工程模块和 ENOVIA V5 VPM（图 1.1.1）。认识 CATIA 中的模块，可以快速地了解它的主要功能。下面介绍其中的一些主要模块。

1. "基础结构" 模块

"基础结构"模块主要包括产品结构、材料库、CATIA 不同版本之间的转换、图片制作和实时渲染（Real Time Rendering）等基础模块。

2. "机械设计" 模块

"机械设计"模块提供了机械设计中所需要的绝大多数模块，包括零部件设计、装配件设计、草图绘制器、工程制图、线框和曲面设计等模块。本书主要介绍该模块中的一些模块。

图 1.1.1 CATIA V5 R20 中的模块菜单

从概念到细节设计，再到实际生产，CATIA V5 的"机械设计"模块可加速产品设计的核心活动。"机械设计"模块还可以通过专用的应用程序来满足钣金与模具制造商的需求，以大幅度提升其生产力并缩短产品上市时间。

3. "形状" 模块

"自由曲面造型"模块提供用户一系列工具来定义复杂的曲线和曲面。对 NURBS 的支持使得曲面的建立和修改以及与其他 CAD 系统的数据交换更加轻而易举。

"汽车白车身设计"模块对设计类似汽车内部车体面板和车体加强筋这样复杂的薄板零件提供了新的设计方法。可使设计人员定义并重新使用设计和制造规范，通过 3D 曲线对这些形状的扫掠，便可自动地生成曲面，从而得到高质量的曲面和表面，避免了重复设计，节省了时间。

"创成式曲面设计"模块的特点是通过对设计方法和技术规范的捕捉和重新使用，从而加速设计过程，在曲面技术规范编辑器中对设计意图进行捕捉，使用户在设计周期中的任何时候都能方便快速地进行重大设计更改。

4. "加工"模块

CATIA V5 的"加工"模块提供了高效的编程能力及变更管理能力。相对于其他现有的数控加工解决方案，其优点如下。

- ◆ 高效的零件编程能力。
- ◆ 高度自动化和标准化。
- ◆ 优化刀具路径并缩短加工时间。
- ◆ 减少管理和技能方面的要求。
- ◆ 高效的变更管理。

5. "数字化装配"模块

"数字化装配"模块提供了机构的空间模拟、机构运动、结构优化的功能。

6. "分析与模拟"模块

CATIA V5 创成式和基于知识的工程分析解决方案可快速对任何类型的零件或装配件进行工程分析，基于知识工程的体系结构，可方便地利用分析规则和分析结果以优化产品。

7. "AEC 工厂"模块

"AEC 工厂"模块主要用于处理空间利用和厂房内物品的布置问题，可实现快速的厂房布置和厂房布置的后续工作。"AEC 工厂"模块提供了方便的厂房布局设计功能，该模块可以优化生产设备布置，从而达到优化生产过程和产出的目的。

8. "人机工程学设计与分析"模块

"人机工程学设计与分析"模块提供了人体模型构造（Human Measurements Editor）、人体姿态分析（Human Posture Analysis）、人体行为分析（Human Activety Analysis）等模块，可以安全有效地结合工作人员与其操作使用的作业工具，使作业环境更适合工作人员，从而在设计和使用安排上统筹考虑。

9. "设备与系统"模块

"设备与系统"模块可用于在 3D 电子样机配置中模拟复杂电气、液压传动和机械系统的协同设计和集成，优化空间布局。CATIA V5 的工厂产品模块可以优化生产设备布置，从而达到优化生产过程和产出的目的，它包括电气系统设计、管路设计等模块。

10. "知识工程模块"模块

"知识工程模块"模块可以方便地进行自动设计，同时还可以有效地捕捉和重用知识。

　　以上有关 CATIA V5 功能模块的介绍仅供参考，如有变动应以法国达索公司的最新相关资料为准，特此说明。

1.2　CATIA V5 的安装过程

本节将介绍 CATIA V5 的安装过程，用户如需安装 LUM 与加设许可服务器相关的注册码，请洽询 CATIA 的经销单位。

下面以 CATIA V5R20 为例，简单介绍 CATIA V5 主程序和服务包的安装过程。

步骤 01 先将安装光盘放入光驱内（如果已将系统安装文件复制到硬盘上，可双击系统安装目录下的 `setup.exe` 文件），等待片刻后，会出现"选择设置语言"对话框。选择欲安装的语言系统，在中文版的 Windows 系统中建议选择"简体中文"选项，单击 `确定` 按钮。

步骤 02 系统弹出"CATIA V5R20 欢迎"对话框，单击 `下一步 >` 按钮。

步骤 03 在系统弹出的对话框中单击 `下一步 >` 按钮。

步骤 04 接受系统默认的安装路径，单击 `下一步 >` 按钮。

步骤 05 此时系统弹出"确认创建目录"对话框，单击 `是(Y)` 按钮。

步骤 06 接受系统默认的环境配置路径，单击 `下一步 >` 按钮。

步骤 07 系统弹出"确认创建目录"对话框，单击 `是(Y)` 按钮。

步骤 08 采用系统默认的安装类型 `完全安装-将安装所有软件`，单击 `下一步 >` 按钮。

步骤 09 设置 Orbix 相关选项。接受系统默认设置，单击 `下一步 >` 按钮。

步骤 10 设置服务器超时的时间。接受系统默认设置，单击 `下一步 >` 按钮。

步骤 11 设置 ENOVIA 保险库文件客户机。接受系统默认设置（不安装），单击 `下一步 >` 按钮。

步骤 12 设置快捷方式。接受默认设置，单击 下一步> 按钮。

步骤 13 设置装联机文档。接受系统默认（不安装联机文档）设置，单击 下一步> 按钮。

步骤 14 单击 安装 按钮。

步骤 15 此时系统开始安装 CATIA 主程序，并显示安装进度。几分钟后，系统安装完成，单击 完成 按钮，退出安装程序。

1.3 启动与退出

一般来说，有两种方法可启动并进入 CATIA V5 软件环境。

方法一：双击 Windows 桌面上的 CATIA V5 软件快捷图标（图 1.3.1）。

 只要是正常安装，Windows 桌面上都会显示 CATIA V5 软件快捷图标。快捷图标的名称可根据需要进行修改。

方法二：从 Windows 系统"开始"菜单进入 CATIA V5，操作方法如下。

步骤 01 单击 Windows 桌面左下角的 开始 按钮。

步骤 02 选择 程序(P) ➡ CATIA ▶ ➡ CATIA V5R20 命令，如图 1.3.2 所示，系统便进入 CATIA V5 软件环境。

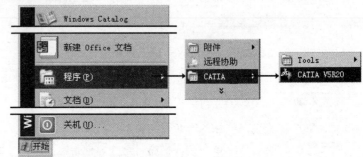

图 1.3.1 CATIA V5 快捷图标　　　　图 1.3.2 Windows "开始" 菜单

1.4 软件界面设置

1.4.1 操作界面

在学习本节时，请先打开一个模型文件。具体的打开方法是：选择下拉菜单 文件 ➡ 打开... 命令，在"选择文件"对话框中选择 D:\catsc20\work\ch01.04 目录，选中 add-slider.CATPart 文件后单击 打开(O) 按钮。

CATIA V5 中文用户界面包括特征树、下拉菜单区、指南针、右工具栏按钮区、下部工具栏按钮区、功能输入区、消息区以及图形区（图 1.4.1）。

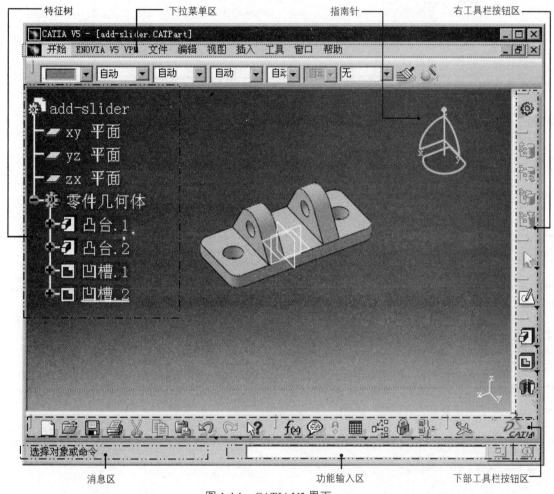

图 1.4.1　CATIA V5 界面

1. 特征树

"特征树"中列出了活动文件中的所有零件及特征，并以树的形式显示模型结构，根对象（活动零件或组件）显示在特征树的顶部，其从属对象（零件或特征）位于根对象之下。例如：在活动装配文件中，"特征树"列表的顶部是装配体，装配体下方是每个零件的名称；在活动零件文件中，"特征树"列表的顶部是零件，零件下方是每个特征的名称。若打开多个 CATIA V5 模型，则"特征树"只反映活动模型的内容。

2. 下拉菜单区

下拉菜单中包含创建、保存、修改模型和设置 CATIA V5 环境的一些命令。

3. 工具栏按钮区

工具栏中的命令按钮为快速进入命令及设置工作环境提供了极大的方便，用户可以根据具体情况自定义工具栏。

在图 1.4.1 所示的 CATIA V5 界面中用户会看到部分菜单命令和按钮处于非激活状态（呈灰色，即暗色），这是因为该命令及按钮目前还没有处在发挥功能的环境中，一旦它们进入有关的环境，便会自动激活。

4. 指南针

指南针代表当前的工作坐标系，当物体旋转时指南针也随着物体旋转。

5. 消息区

在用户操作软件的过程中，消息区会实时地显示与当前操作相关的提示信息等，以引导用户操作。

6. 功能输入区

用于从键盘输入 CATIA 命令字符来进行操作。

7. 图形区

CATIA V5 各种模型图像的显示区。

1.4.2　定制操作界面

本节主要介绍 CATIA V5 中的定制功能，使读者对于软件工作界面的定制了然于心，从而合理地设置工作环境。

进入 CATIA V5 系统后，在建模环境下选择下拉菜单 工具 ➡ 自定义... 命令，系统弹出图 1.4.2 所示的"自定义"对话框，利用此对话框可对工作界面进行定制。

1. 开始菜单的定制

在图 1.4.2 所示的"自定义"对话框中单击 开始菜单 选项卡，即可进行开始菜单的定制。

通过此选项卡，用户可以设置偏好的工作台列表，使之显示在 `开始` 菜单的顶部。下面以图 1.4.2所示的 `2D Layout for 3D Design` 工作台为例说明定制过程。

步骤01 在"开始菜单"选项卡的 `可用的` 列表中选择 `2D Layout for 3D Design` 工作台，然后单击对话框中的 `⇒` 按钮，此时 `2D Layout for 3D Design` 工作台出现在对话框右侧的 `收藏夹` 中。

步骤02 单击对话框中的 `关闭` 按钮。

步骤03 选择下拉菜单 `开始` 命令，此时可以看到 `2D Layout for 3D Design` 工作台显示在 `开始` 菜单的顶部（图 1.4.3）。

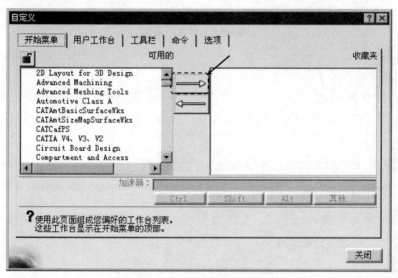

图 1.4.2 "自定义"对话框

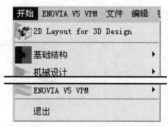

图 1.4.3 "开始"下拉菜单

说明 在 **步骤01** 中，添加 `2D Layout for 3D Design` 工作台到收藏夹后，对话框的 `加速键：` 文本框即被激活（图 1.4.4），此时用户可以通过设置快捷键来实现工作台的切换，如设置快捷键为 Ctrl + Shift，则用户在其他工作台操作时，只需使用这个快捷键即可回到 `2D Layout for 3D Design` 工作台。

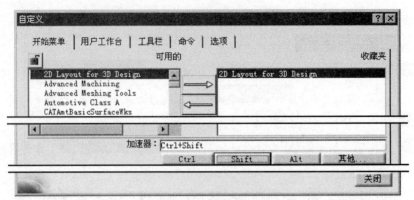

图 1.4.4　设置快捷键

2. 用户工作台的定制

在图 1.4.2 所示的"自定义"对话框中单击 用户工作台 选项卡，即可进行用户工作台的定制（图 1.4.5）。通过此选项卡，用户可以新建工作台作为当前工作台。下面以新建"我的工作台"为例说明定制过程。

步骤 01　在图 1.4.5 所示的对话框中单击 新建... 按钮，系统弹出图 1.4.6 所示的"新用户工作台"对话框。

步骤 02　在对话框的 工作台名称: 文本框中输入名称"我的工作台"，单击对话框中的 确定 按钮，此时新建的工作台出现在 用户工作台 区域中。

步骤 03　单击对话框中的 关闭 按钮。

步骤 04　选择 开始 下拉菜单，此时可以看到 我的工作台 显示在 开始 菜单中（图 1.4.7）。

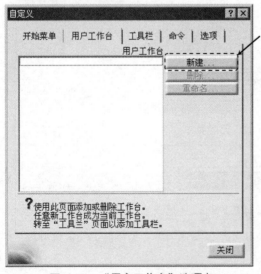

图 1.4.5　"用户工作台"选项卡

图 1.4.6　"新用户工作台"对话框

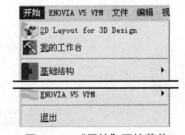

图 1.4.7　"开始"下拉菜单

3. 工具栏的定制

在图 1.4.2 所示的"自定义"对话框中单击 工具栏 选项卡，即可进行工具栏的定制（图
1.4.8 ）。通过此选项卡，用户可以新建工具栏并对其中的命令进行添加、删除操作。下面以
新建"my toolbar"工具栏为例说明定制过程。

步骤 **01**　在图 1.4.8 所示的对话框中单击 新建... 按钮，系统弹出图 1.4.9 所示
的"新工具栏"对话框，默认新建工具栏的名称为"自定义已创建默认工具栏名称 001"，同
时出现一个空白工具栏。

步骤 **02**　在对话框的 工具栏名称：文本框中输入名称"my toolbar"，单击对话框中的 确定
按钮。此时，新建的空白工具栏将出现在主应用程序窗口的右端，同时定制的"my toolbar"
（我的工具栏）被加入列表中（图 1.4.10 ）。

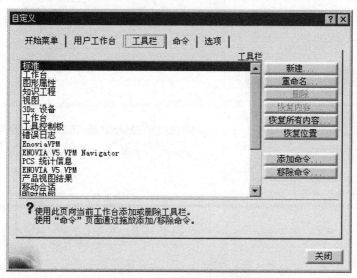

图 1.4.8　"工具栏"选项卡

图 1.4.9　"新工具栏"对话框

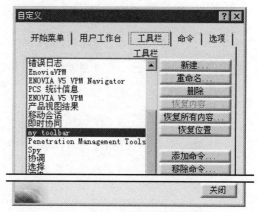

图 1.4.10　"自定义"对话框

定制的"my toolbar"（我的工具栏）加入列表后，"自定义"对话框中的 删除 按钮被激活，此时可以执行工具栏的删除操作。

步骤 03 在"自定义"对话框中选中"my toolbar"工具栏，单击对话框中的 添加命令... 按钮，系统弹出图1.4.11所示的"命令列表"对话框（一）。

步骤 04 在对话框的列表项中按住 Ctrl 键，选择 "虚拟现实"光标 、 "虚拟现实"监视器 和 "虚拟现实"视图追踪 三个选项，然后单击对话框中的 确定 按钮，完成命令的添加。此时"my toolbar"工具栏如图1.4.12所示。

图 1.4.11 "命令列表"对话框（一）

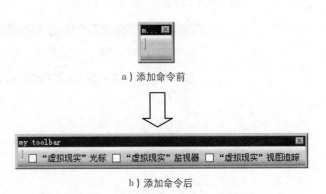

a) 添加命令前

b) 添加命令后

图 1.4.12 "my toolbar"工具栏

◆ 单击"自定义"对话框中的 重命名... 按钮，系统弹出图1.4.13所示的"重命名工具栏"对话框，在此对话框中可修改工具栏的名称。

◆ 单击"自定义"对话框中的 移除命令... 按钮，系统弹出图1.4.14所示的"命令列表"对话框（二），在此对话框中可进行命令的删除操作。

◆ 单击"自定义"对话框中的 恢复所有内容... 按钮，系统弹出图1.4.15所示的"恢复所有工具栏"对话框（一），单击对话框中的 确定 按钮，可以恢复所有工具栏的内容。

◆ 单击"自定义"对话框中的 恢复位置 按钮，系统弹出图1.4.16所示的"恢复所有工具栏"对话框（二），单击对话框中的 确定 按钮，可以恢复所有工具栏的位置。

图 1.4.13 "重命名工具栏"对话框

图 1.4.14 "命令列表"对话框（二）

图 1.4.15 "恢复所有工具栏"对话框（一）

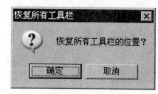

图 1.4.16 "恢复所有工具栏"对话框（二）

4. 命令定制

在图 1.4.2 所示的"自定义"对话框中单击"命令"选项卡，即可进行命令的定制（图 1.4.17）。通过此选项卡，用户可以对其中的命令进行拖放操作。下面以拖放"目录"命令到"标准"工具栏为例说明定制过程。

步骤01 在图 1.4.17 所示的对话框的"类别"列表中选择"文件"选项，此时在对话框右侧的"命令"列表中出现对应的文件命令。

步骤02 在文件命令列表中选中 目录 命令，按住鼠标左键不放，将此命令拖放到"标准"工具栏，此时"标准"工具栏如图 1.4.18b 所示。

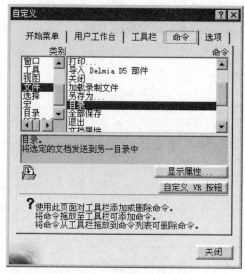

图 1.4.17 "命令"选项卡

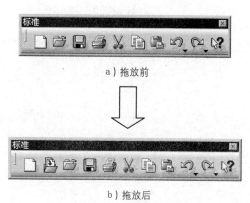

a）拖放前

b）拖放后

图 1.4.18 "标准"工具栏

单击图 1.4.17 所示对话框中的 显示属性... 按钮,可以展开对话框的隐藏部分(图 1.4.19)。在对话框的 命令属性 区域,可以更改所选命令的属性,如名称、图标、命令的快捷方式等。命令属性 区域中各按钮说明如下。

◆ ... 按钮:单击此按钮,系统将弹出 "图标浏览器" 对话框,从中可以选择新图标以替换原有的 "目录" 图标。

◆ 📂 按钮:单击此按钮,系统将弹出 "选择文件" 对话框,用户可导入外部文件作为 "目录" 图标。

◆ 重置... 按钮:单击此按钮,系统将弹出图 1.4.20 所示的 "重置" 对话框,单击对话框中的 ● 确定 按钮,可将命令属性恢复到原来的状态。

5. 选项定制

在图 1.4.2 所示的 "自定义" 对话框中单击 选项 选项卡,即可进行选项的自定义(图 1.4.21)。通过此选项卡,可以更改图标大小、图标大小比率、工具提示和用户界面语言等。

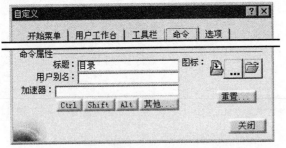

图 1.4.19 "自定义" 对话框的隐藏部分

图 1.4.20 "重置" 对话框

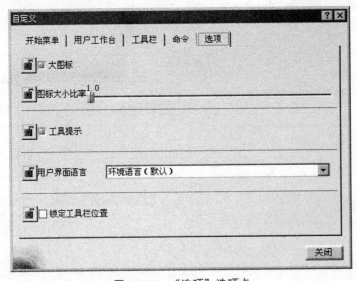

图 1.4.21 "选项" 选项卡

在此选项卡中，除□锁定工具栏位置 选项外，更改其余选项均需重新启动软件，才能使更改生效。

1.5　鼠标和键盘操作

1.5.1　模型控制操作

与其他 CAD 软件类似，CATIA 提供各种鼠标按钮的组合功能，包括执行命令、选择对象、编辑对象以及对视图和树进行平移、旋转和缩放等。

在 CATIA 工作界面中选中的对象被加亮（显示为橙色）。选择对象时，在图形区与在特征树上选择是相同的，并且是相互关联的。利用鼠标也可以操作几何视图或特征树，要使几何视图或特征树成为当前操作的对象，可以单击特征树或窗口右下角的坐标轴图标。

移动视图是最常用的操作，如果每次都单击工具栏中的按钮，将会浪费用户很多时间。用户可以通过鼠标快速地完成视图的移动。

CATIA 中鼠标操作的说明如下。

◆ 缩放图形区：按住鼠标中键，单击鼠标左键或右键，向前移动鼠标可看到图形在变大，向后移动鼠标可看到图形在缩小。

◆ 平移图形区：按住鼠标中键，移动鼠标，可看到图形跟着鼠标移动。

◆ 旋转图形区：按住鼠标中键，然后按住鼠标左键或右键，移动鼠标可看到图形在旋转。

1.5.2　指南针操作

图 1.5.1 所示的指南针是一个重要的工具，通过它可以对视图进行旋转、移动等多种操作。同时，指南针在操作零件时也有着非常强大的功能。下面简单介绍指南针的基本功能。

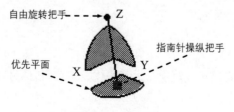

图 1.5.1　指南针

指南针位于图形区的右上角，并且总是处于激活状态，用户可以选择下拉菜单 视图

▶ ☑ 指南针 命令来隐藏或显示指南针。使用指南针既可以对特定的模型进行特定的操作，还可以对视点进行操作。

图 1.5.1 中，字母 X、Y、Z 表示坐标轴，Z 轴起到定位的作用；靠近 Z 轴的点称为自由旋转把手，用于旋转指南针，同时图形区中的模型也将随之旋转；红色方块是指南针操纵把手，用于拖动指南针，并且可以将指南针置于物体上进行操作，也可以使物体绕该点旋转；指南针底部的 XY 平面是系统默认的优先平面，也就是基准平面。

指南针可用于操纵未被约束的物体，也可以操纵彼此之间有约束关系但是属于同一装配体的一组物体。

1. 视点操作

视点操作是指使用鼠标对指南针进行简单的拖动，从而实现对图形区的模型进行平移或者旋转操作。

将鼠标移至指南针处，鼠标指针由 ↖ 变为 ✋，并且鼠标所经过之处，坐标轴、坐标平面的弧形边缘以及平面本身皆会以亮色显示。

单击指南针上的轴线（此时鼠标指针变为 ✌）并按住鼠标拖动，图形区中的模型会沿着该轴线移动，但指南针本身并不会移动。

单击指南针上的平面并按住鼠标移动，则图形区中的模型和空间也会在此平面内移动，但是指南针本身不会移动。

单击指南针平面上的弧线并按住鼠标移动，图形区中的模型会绕该法线旋转，同时，指南针本身也会旋转，而且鼠标离红色方块越近旋转越快。

单击指南针上的自由旋转把手并按住鼠标移动，指南针会以红色方块为中心点自由旋转，且图形区中的模型和空间也会随之旋转。

单击指南针上的 X、Y 或 Z 字母，则模型在图形区以垂直于该轴的方向显示，再次单击该字母，视点方向会变为反向。

2. 模型操作

使用鼠标和指南针不仅可以对视点进行操作，而且可以把指南针拖动到物体上，对物体进行操作。

将鼠标移至指南针操纵把手处（此时鼠标指针变为 ✛），然后拖动指南针至模型上释放，此时指南针会附着在模型上，且字母 X、Y、Z 变为 W、U、V，这表示坐标轴不再与文件窗

口右下角的绝对坐标相一致。这时，就可以按上面介绍的对视点的操作方法对物体进行操作了。

◆ 对模型进行操作的过程中，移动的距离和旋转的角度均会在图形区显示。显示的数据为正，表示与指南针指针正向相同；显示的数据为负，表示与指南针指针的正向相反。

◆ 将指南针恢复到默认位置的方法：拖动指南针操纵把手到离开物体的位置，松开鼠标，指南针就会回到图形区右上角的位置，但是不会恢复为默认的方向。

◆ 将指南针恢复到默认方向的方法：将其拖动到窗口右下角的绝对坐标系处；在拖动指南针离开物体的同时按 Shift 键，且先松开鼠标左键；选择下拉菜单 视图 ➡ 重置指南针 命令。

1.5.3　对象选取操作

在 CATIA V5 中选择对象常用的几种方法说明如下。

1. 选取单个对象

◆ 直接用鼠标的左键单击需要选取的对象。

◆ 在"特征树"中单击对象的名称，即可选择对应的对象，被选取的对象会高亮显示。

2. 选取多个对象

按住 Ctrl 键，用鼠标左键单击多个对象，可选择多个对象。

3. 利用图 1.5.2 所示的"选择"工具条选取对象

图 1.5.2　"选择"工具条

图 1.5.2 所示"选择"工具条中按钮的说明如下。

A1: 选择。选择系统自动判断的元素。

A2: 几何图形上方的选择框。

A3: 矩形选择框。选择矩形内包括的元素。

A4: 相交矩形选择框。选择与矩形内及与矩形相交的元素。

A5: 多边形选择框。用鼠标绘制任意一个多边形，选择多边形内部的所有元素。

A6: 手绘选择框。用鼠标绘制任意形状，选择其包括的元素。

A7: 矩形选择框之外。选择矩形外部的元素。

A8: 相交于矩形选择框之外。选择与矩形相交的元素及矩形以外的元素。

4. 利用"编辑"下拉菜单中的"搜索"功能，选择具有同一属性的对象

"搜索"工具可以根据用户提供的名称、类型、颜色等信息快速选择对象。下面以一个例子说明其具体操作过程。

步骤 01 打开文件。选择下拉菜单 文件 ➡ 打开... 命令。在"选择文件"对话框中找到 D:\ catsc20\work\ch01.05 目录，选中 add-slider.CATPart 文件后单击 打开(0) 按钮。

步骤 02 选择命令。选择下拉菜单 编辑 ➡ 搜索 命令，系统弹出"搜索"对话框。

步骤 03 定义搜索名称。在"搜索"对话框 常规 选项卡下的 名称: 下拉列表中输入*平面。

*是通配符，代表任意字符，可以是一个字符也可以是多个字符。

步骤 04 选择搜索结果。单击"搜索"对话框 常规 选项卡下的 🔍 按钮，"搜索"对话框下方则显示出符合条件的元素。单击 ● 确定 按钮后，符合条件的对象被选中。

1.6 文件操作

1.6.1 新建文件

创建一个新零件文件，可以采用以下步骤。

步骤 01 如图 1.6.1 所示，选择下拉菜单 文件(F) ➡ 新建... 命令（或在"标准"工具栏中单击 按钮），此时系统弹出图 1.6.2 所示的"新建"对话框。

步骤 02 选择文件类型。在"新建"对话框的 类型列表: 中选择文件类型为 Part，然后单击对话框中的 ● 确定 按钮，完成新零件文件的创建。

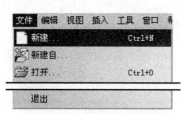

图 1.6.1　"文件"下拉菜单

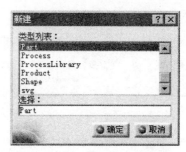

图 1.6.2　"新建"对话框

　　　这里创建的是零件，每次新建时 CATIA 都会显示一个默认名，默认名的格式是 Part 后跟序号（如 Part1），以后再新建一个零件，序号自动加 1。读者也可根据需要定义其他类型文件。

1.6.2　打开文件

假设已经退出 CATIA 软件，重新进入软件环境后，要打开文件，其操作过程如下。

步骤 01 选择下拉菜单 文件 ➡ 打开 命令，系统弹出"选择文件"对话框。

步骤 02 单击 查找范围(I): 文本框右下角的 ▼ 按钮，找到 D:\catsc20\work\ch01.06 目录，在文件列表中选择要打开的文件名 add-slider.CATPart，单击 打开(O) 按钮，即可打开文件。

1.6.3　保存文件

步骤 01 选择下拉菜单 文件 ➡ 保存 命令（或单击"标准"工具栏中的 按钮），系统弹出图 1.6.3 所示的"另存为"对话框。

步骤 02 在"另存为"对话框的 保存在(I): 下拉列表中选择文件保存的路径，在 文件名(N): 文本框中输入文件名称，单击"另存为"对话框中的 保存(S) 按钮即可保存文件。

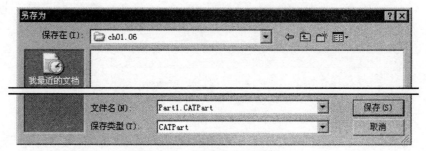

图 1.6.3　"另存为"对话框

◆ 保存路径可以包含中文字符，但输入的文件名中不能含有中文字符。

◆ **文件** 下拉菜单中还有一个 **另存为...** 命令，**保存** 与 **另存为** 命令的区别在于：**保存** 命令是保存当前的文件，**另存为...** 命令是将当前的文件复制进行保存，原文件不受影响。

◆ 如果打开多个文件，并对这些文件进行了编辑，可以用下拉菜单中的 **全部保存** 命令，将所有文件进行保存。若打开的文件中有新建的文件，系统会弹出图 1.6.4 所示的"全部保存"对话框，提示文件无法被保存，用户须先将以前未保存过的文件保存，才可使用此命令。

◆ 选择下拉菜单 **文件** ➡ **保存管理...** 命令，系统弹出图 1.6.5 所示的"保存管理"对话框，在该对话框中可对多个文件进行"保存"或"另存为"操作。方法是：选择要进行保存的文件，单击 **另存为...** 按钮，系统弹出图 1.6.3 所示的"另存为"对话框，选择想要存储的路径并输入文件名，即可保存为一个新文件；对于经过修改的旧文件，单击 **保存(S)** 按钮，即可完成保存操作。

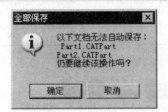

图 1.6.4　"全部保存"对话框

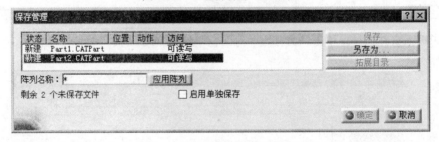

图 1.6.5　"保存管理"对话框

第 **2** 章　二维草图设计

2.1　草图设计基础

2.1.1　草图工作台界面

1. 进入草图设计工作台的操作方法

启动 CATIA V5 后，选择下拉菜单 开始 ➡ 机械设计 ➡ 草图编辑器 命令，系统弹出"新建零件"对话框；在 输入零件名称 文本框中输入文件名称（也可采用默认的名称 Part1），单击 确定 按钮；在特征树中选取任意一个平面（如 XY平面）为草绘平面，系统即可进入草图设计工作台（图 2.1.1）。

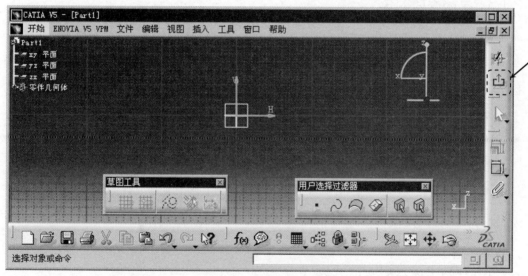

图 2.1.1　草图设计工作台

2. 退出草图设计工作台的操作方法

在草图设计工作台中单击"工作台"工具条中的"退出工作台"按钮，即可退出草图设计工作台。

2.1.2　草图设计命令及菜单

单击 插入 下拉菜单，即可弹出图 2.1.2～图 2.1.4 所示的命令，其中绝大部分命令都以快捷按钮方式出现在屏幕的工具栏中。

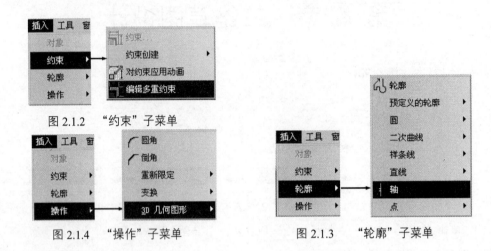

图 2.1.2　"约束"子菜单

图 2.1.4　"操作"子菜单　　　　　　图 2.1.3　"轮廓"子菜单

2.1.3　草图界面调整

单击"草图工具"工具栏中的"网格"按钮▦，可以控制草图设计工作台中网格的显示。当网格显示时，如果看不到网格，或者网格太密，可以缩放草绘区；如果想调整图形在草绘区上下、左右的位置，可以移动草绘区。

◆ 中键（移动草绘区）：按住鼠标中键移动鼠标，可看到图形跟着鼠标移动。

◆ 中键滚轮（缩放草绘区）：按住鼠标中键，再单击一下鼠标左键或右键，然后向前移动鼠标，可看到图形在变大，向后移动鼠标可看到图形在缩小。

◆ 中键滚轮（旋转草绘区）：按住鼠标中键，然后按住鼠标左键或右键，移动鼠标可看到图形在旋转。草图旋转后，单击屏幕下部的"法线视图"▱按钮可使草图回至与屏幕平面平行状态。

2.1.4　草图工作台的选项设置

1. 设置网格间距

设置网格间距有助于控制草图总体尺寸，其操作流程如下。

步骤 01　选择下拉菜单 工具 ➡ 选项... 命令，系统弹出"选项"对话框。

步骤 02　在对话框的左边列表选择"机械设计"中的 草图编辑器 选项，如图 2.1.5 所示。

步骤 03　设置网格参数。选中 □ 允许变形 复选框；在 网格 选项组的 原始间距: 和 刻度: 文本框中分别输入 H 和 V 方向的间距值；单击对话框中的 ⬤ 确定 按钮，完成网格设置。

2. 设置自动约束

在图 2.1.6 所示的"选项"对话框（二）的 草图编辑器 选项卡中，可以设置在创建草图过程中是否自动产生约束。只有选中图 2.1.6 所示的这些显示选项，在绘制草图时，系统才会自动创建几何约束和尺寸约束。

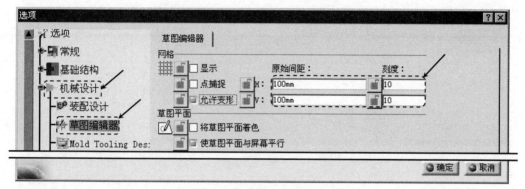

图 2.1.5　"选项"对话框（一）

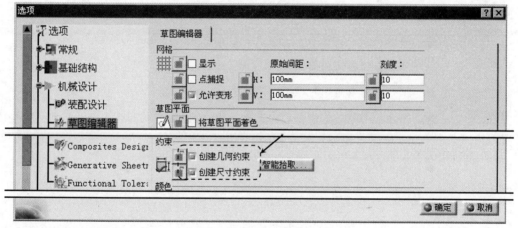

图 2.1.6　"选项"对话框（二）

2.2　草图绘制工具

2.2.1　轮廓线

"轮廓"命令用于连续绘制直线和（或）圆弧，它是绘制草图时最常用的命令之一。

步骤 01　选择命令。选择下拉菜单 插入 ➡ 轮廓▶ ➡ 轮廓 命令，此时"草图工具"工具栏如图 2.2.1 所示。

图 2.2.1　"草图工具"工具栏

步骤 **02** 选用系统默认的"线"按钮，在图形区绘制图 2.2.2 所示的直线，此时"草图工具"工具栏中的"相切弧"按钮 ◯ 被激活，单击该按钮，绘制图 2.2.3 所示的圆弧。

步骤 **03** 按两次 Esc 键，完成轮廓线的绘制。

图 2.2.2　绘制直线

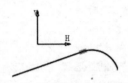

图 2.2.3　绘制相切圆弧

◆ 轮廓线包括直线和圆弧，其区别在于，轮廓线可以连续绘制线段和（或）圆弧。

◆ 绘制线段或圆弧后，若要绘制相切弧，可以在画圆弧起点时拖动鼠标，系统会自动转换到圆弧模式。

◆ 可以利用动态输入框确定轮廓线的精确参数。

◆ 结束轮廓线的绘制有三种方法：按两次 Esc 键；单击工具栏中的"轮廓线"按钮 ；在绘制轮廓线的结束点位置双击。

◆ 如果绘制时轮廓已封闭，则系统自动结束轮廓线的绘制。

2.2.2　矩形

方法一：

步骤 **01** 选择下拉菜单 插入 ➡ 轮廓▶ ➡ 预定义的轮廓▶ ➡ ▢矩形 命令。

步骤 **02** 定义矩形的第一个角点。根据系统提示 选择或单击第一点以创建矩形 ，在图形区某位置单击，放置矩形的一个角点，然后将该矩形拖至所需大小。

步骤 **03** 定义矩形的第二个角点。根据系统提示 选择或单击第二点创建矩形 ，在图形区的另一个位置再次单击，放置矩形的另一个角点。此时，系统即在两个角点间绘制一个矩形。

方法二：

步骤 **01** 选择命令。选择下拉菜单 插入 ➡ 轮廓▶ ➡ 预定义的轮廓▶ ➡

◇ **斜置矩形**命令。

步骤 02 定义矩形的起点。根据系统提示 **选择一个点或单击以定位起点** ，在图形区某位置单击，放置矩形的起点，此时可看到一条"橡皮筋"线附着在鼠标指针上。

步骤 03 定义矩形的第一边终点。在系统 **选择点或单击以定位第一边终点** 提示下，单击以放置矩形的第一边终点，然后将该矩形拖至所需大小。

步骤 04 定义矩形的一个角点。在系统 **单击或选择一点，定义第二面** 提示下，再次单击，放置矩形的一个角点。此时，系统以第二点与第一点的距离为长，以第三点与第二点的距离为宽创建一个矩形。

方法三：

步骤 01 选择命令。选择下拉菜单 **插入** ➡ **轮廓▶** ➡ **预定义的轮廓▶** ➡ ⊞ **居中矩形**命令。

步骤 02 定义矩形中心。根据系统提示 **选择或单击一点，创建矩形的中心** ，在图形区某位置单击，创建矩形的中心。

步骤 03 定义矩形的一个角点。在系统 **选择或单击第二点，创建居中矩形** 提示下，将该矩形拖至所需大小再次单击，放置矩形的一个角点。此时，系统即创建一个矩形。

2.2.3　圆

方法一：中心/点——通过选取中心点和圆上一点来创建圆。

步骤 01 选择命令。选择下拉菜单 **插入** ➡ **轮廓▶** ➡ **圆▶** ➡ ○ **圆**命令。

步骤 02 定义圆的中心点及大小。在某位置单击，放置圆的中心点，然后将该圆拖至所需大小并单击确定。

方法二：三点——通过选取圆上的三个点来创建圆。

方法三：使用坐标创建圆。

步骤 01 选择命令。选择下拉菜单 **插入** ➡ **轮廓▶** ➡ **圆▶** ➡

□ **使用坐标创建圆**命令，系统弹出图 2.2.4 所示的"圆定义"对话框。

步骤 02 定义参数。在"圆定义"对话框中输入中心点坐标和半径，单击 ● **确定** 按钮，系统立即创建一个圆。

方法四：三切线圆。

步骤 01 选择命令。选择下拉菜单 **插入** ➡ **轮廓▶**

图 2.2.4　"圆定义"对话框

━━▶ 圆 ▶ ━━▶ ◎ 三切线圆 命令。

步骤 02 选取相切元素。分别选取三个元素，系统便自动创建与这三个元素相切的圆弧。

2.2.4 圆弧

共有三种绘制圆弧的方法。

方法一：圆心/端点圆弧。

步骤 01 选择命令。选择下拉菜单 插入 ━━▶ 轮廓▶ ━━▶ 圆 ▶ ━━▶ ◠ 弧 命令。

步骤 02 定义圆弧中心点。在某位置单击，确定圆弧中心点，然后将圆拉至所需大小。

步骤 03 定义圆弧端点。在图形区单击两点以确定圆弧的两个端点。

方法二：起始受限制的三点弧——确定圆弧的两个端点和弧上的一个附加点来创建三点圆弧。

步骤 01 选择下拉菜单 插入 ━━▶ 轮廓▶ ━━▶ 圆 ▶ ━━▶ ◠ 起始受限的三点弧 命令。

步骤 02 定义圆弧端点。在图形区某位置单击，放置圆弧的一个端点；在另一位置单击，放置另一个端点。

步骤 03 定义圆弧上一点。移动鼠标，圆弧呈橡皮筋样变化，单击确定圆弧上的一点。

方法三：三点弧——确定圆弧的两个端点和弧上的一个附加点来创建一个三点圆弧。

步骤 01 选择命令。选择下拉菜单 插入 ━━▶ 轮廓▶ ━━▶ 圆 ▶ ━━▶ ◠ 三点弧 命令。

步骤 02 在图形区某位置单击，放置圆弧的一个起点；在另一位置单击，放置通过圆弧的第二点。

步骤 03 此时移动鼠标指针，圆弧呈橡皮筋样变化，单击放置圆弧上的终点。

2.2.5 直线

步骤 01 进入草图设计工作台前，在特征树中选取任意一个平面（如 XY 平面）作为草绘平面。

步骤 02 选择命令。选择下拉菜单 插入 ━━▶ 轮廓▶ ━━▶ 直线▶ ━━▶ ／ 直线 命令（或单击"轮廓"工具栏"直线"按钮 ／ 中的 ， 再单击 ／ 按钮）。此时，"草图工具"工具栏如图 2.2.5 所示。

图 2.2.5 "草图工具"工具栏

步骤 **03** 定义直线的起始点。根据系统提示 选择一点或单击以定位起点 ，在图形区中的任意位置单击左键，以确定直线的起始点，此时可看到一条"橡皮筋"线附着在鼠标指针上。

◆ 单击 ╱ 按钮完成一条直线的绘制后，系统自动结束直线的绘制；双击 ╱ 按钮可以连续绘制直线。草图设计工作台中的大多数工具按钮均可双击来连续操作。

◆ 系统提示 选择一点或单击以定位起点 显示在消息区。

步骤 **04** 定义直线的终止点。根据系统提示 选择一点或单击以定位终点 ，在图形区中的任意位置单击左键，以确定直线的终止点，系统便在两点间创建一条直线。

◆ 在草图设计工作台中，单击"撤销"按钮 可撤销上一个操作，单击"重做"按钮 重新执行被撤销的操作。

2.2.6 相切直线

下面以图 2.2.6 为例来说明创建相切直线的一般操作过程。

步骤 **01** 选择下拉菜单 文件 ━━▶ 打开... 命令，系统弹出 "文件选择"对话框，在 查找范围(I): 下拉列表中选择目录 D:\catsc20\work\ch02.02.06，选择文件 tangency-line.CATPart，然后单击 打开(O) 按钮。

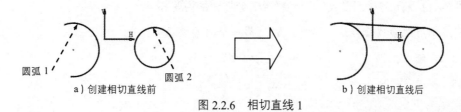

圆弧 1　　　　　　　　　　圆弧 2

a）创建相切直线前　　　　　　　　　　　　　b）创建相切直线后

图 2.2.6　相切直线 1

步骤 **02** 选择命令。选择下拉菜单 插入 ━━▶ 轮廓▶ ━━▶ 直线▶ ━━▶ 双切线 命令。

步骤 **03** 定义第一个相切对象。根据系统提示 第一切线：选择几何图形以创建切线 ，在第一个圆弧上单击一点，如图 2.2.6a 所示。

步骤 **04** 定义第二个相切对象。根据系统提示 第二切线：选择几何图形以创建切线 ，在第二个圆弧上单击与直线相切的位置点，这时便生成一条与两个圆（弧）相切的直线段。

说明　　单击圆或弧的位置不同，创建的直线也不一样，图 2.2.7~图 2.2.9所示为创建的另三种双切线，相应文件存放在 D:\catsc20\work\ch02.02.06 路径下。

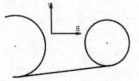

图 2.2.7　相切直线 2

图 2.2.8　相切直线 3

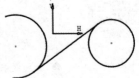

图 2.2.9　相切直线 4

2.2.7　圆角

下面以图 2.2.10 为例来说明绘制圆角的一般操作过程。

a）圆角前　　　　　　　　　　　　　　b）圆角后

图 2.2.10　绘制圆角

步骤 **01**　打开文件 D:\catsc20\work\ch02.02.07\corner.CATPart。

步骤 **02**　选择命令。选择下拉菜单 插入 ➡ 操作 ▶ ➡ ⌒ 圆角 命令，此时"草图工具"工具栏如图 2.2.11 所示。

图 2.2.11 所示"草图工具"工具栏中部分按钮的说明如下。

A1：所有元素被修剪。　　　　　A2：第一个元素被修剪。

A3：不修剪。　　　　　　　　　A4：标准线修剪。

A5：构造线修剪。　　　　　　　A6：构造线未修剪。

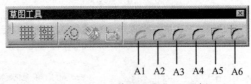

图 2.2.11　"草图工具"工具栏

步骤 **03**　选用系统默认的"修剪所有元素"方式，分别选取两个元素（两条边），然后单击以确定圆角位置，系统便在这两个元素间创建圆角，并将两个元素裁剪至交点。

2.2.8 倒角

下面以图 2.2.12 为例来说明绘制倒角的一般操作过程。

a）倒角前   b）倒角后

图 2.2.12　绘制倒角

步骤 01 打开文件 D:\catsc20\work\ch02.02.08\chamfer.CATPart。

步骤 02 选择命令。选择下拉菜单 插入 ➡ 操作 ➡ 倒角 命令。

步骤 03 分别选取两个元素（两条边），此时图形区出现倒角预览（一条线段），且该线段随着光标的移动而变化。

步骤 04 根据系统提示 单击定位倒角 ，在图形区单击以确认放置倒角的位置，完成倒角操作。

2.2.9 样条曲线

下面以图 2.2.13 为例来说明绘制样条曲线的一般操作过程。

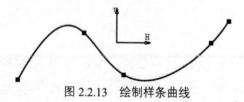

图 2.2.13　绘制样条曲线

样条曲线是通过任意多个点的平滑曲线，其创建过程如下。

步骤 01 选择命令。选择下拉菜单 插入 ➡ 轮廓 ➡ 样条线 ➡ 样条线 命令。

步骤 02 定义样条曲线的控制点。单击一系列点，可观察到一条"橡皮筋"样条附着在鼠标指针上。

步骤 03 按两次 Esc 键，结束样条线的绘制。

◆ 当绘制的样条线形成封闭曲线时，系统自动结束样条线的绘制。

◆ 结束样条线的绘制有三种方法：按两次 Esc 键；单击工具栏中的"样条线"按钮 ；在绘制轮廓线的结束点位置双击。

2.2.10 点

点的创建很简单。在设计管路和电缆布线时，创建点对工作十分有帮助。

步骤 01 选择命令。选择下拉菜单 插入 ➡ 轮廓▶ ➡ 点▶ ➡ ⌐ 点 命令。

步骤 02 在图形区的某位置单击以放置该点。

2.3 草图的编辑

2.3.1 操纵图元

1. 操纵直线

CATIA 提供了元素操纵功能，可方便地旋转、拉伸和移动元素。

操纵 1 的操作流程：在图形区，把鼠标指针 ⬉ 移到直线上，按住左键不放，同时移动鼠标（此时鼠标指针变为 ✌），此时直线随着鼠标指针一起移动（图 2.3.1）。达到绘制意图后，松开鼠标左键。

操纵 2 的操作流程：在图形区，把鼠标指针 ⬉ 移到直线的某个端点上，按住左键不放，同时移动鼠标，此时会看到直线以另一端点为固定点伸缩或转动（图 2.3.2）。达到绘制意图后，松开鼠标左键。

2. 操纵圆

操纵 1 的操作流程：把鼠标指针 ⬉ 移到圆的边线上，按住左键不放，同时移动鼠标，此时会看到圆在变大或缩小（图 2.3.3）。达到绘制意图后，松开鼠标左键。

操纵 2 的操作流程：把鼠标指针 ⬉ 移到圆心上，按住左键不放，同时移动鼠标，此时会看到圆随着指针一起移动（图 2.3.4）。达到绘制意图后，松开鼠标左键。

图 2.3.1　操纵直线 1　　　　图 2.3.2　操纵直线 2　　　　图 2.3.3　操纵圆 1　　　　图 2.3.4　操纵圆 2

3. 操纵圆弧

操纵 1 的操作流程：把鼠标指针 ⬉ 移到圆弧上，按住左键不放，同时移动鼠标，此时会看到圆弧随着指针一起移动（图 2.3.5）。达到绘制意图后，松开鼠标左键。

操纵 2 的操作流程：把鼠标指针 ⬉ 移到圆弧的圆心点上，按住左键不放，同时移动鼠标，此时圆弧以某一端点为固定点旋转，并且圆弧的包角及半径也在变化（图 2.3.6）。达到绘制的意图后，松开鼠标左键。

　　操纵 3 的操作流程：把鼠标指针移到圆弧的某个端点上，按住左键不放，同时移动鼠标，此时会看到圆弧以另一端点为固定点旋转，并且圆弧的包角也在变化（图 2.3.7）。达到绘制意图后，松开鼠标左键。

图 2.3.5　操纵圆弧 1　　　　　　图 2.3.6　操纵圆弧 2　　　　　　图 2.3.7　操纵圆弧 3

4. 操纵样条曲线

　　操纵 1 的操作流程（图 2.3.8）：把鼠标指针移到样条曲线的某个端点上，按住左键不放，同时移动鼠标，此时样条线以另一端点为固定点旋转，同时大小也在变化。达到绘制意图后，松开鼠标左键。

　　操纵 2 的操作流程（图 2.3.9）：把鼠标指针移到样条曲线的中间点上，按住左键不放，同时移动鼠标，此时样条曲线的拓扑形状（曲率）不断变化。达到绘制意图后，松开鼠标左键。

图 2.3.8　操纵样条线 1　　　　　　　　图 2.3.9　操纵样条线 2

2.3.2　删除草图

步骤 01　在图形区单击或框选要删除的元素。

步骤 02　按一下键盘上的 Delete 键，所选元素即被删除。也可采用下面两种方法删除元素。

　　方法一：右击，在系统弹出的快捷菜单中选择 删除 命令。

　　方法二：在 编辑 下拉菜单中选择 删除 命令。

2.3.3　复制/粘贴

步骤 01　在图形区单击或框选（框选时要框住整个元素）要复制的元素。

步骤 02 先选择下拉菜单 **编辑** ➡ **复制** 命令，然后选择下拉菜单 **编辑** ➡ **粘贴** 命令，系统立即绘制出一个与源对象形状大小和位置完全一致的图形。

2.3.4 修剪草图

步骤 01 选择命令。选择下拉菜单 **插入** ➡ **操作** ▶ ➡ **重新限定** ▶ ➡ **修剪** 命令。

步骤 02 定义修剪对象。依次单击两个相交元素上要保留的一侧（图 2.3.10a 所示的元素 1 的上部分和元素 2 的左部分），修剪结果如图 2.3.10b 所示。

 如果所选两元素不相交，系统将自动对其延伸，并将延伸后的线段修剪至交点。

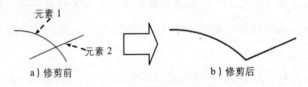

图 2.3.10 修剪草图

2.3.5 断开草图

步骤 01 选择命令。选择下拉菜单 **插入** ➡ **操作** ▶ ➡ **重新限定** ▶ ➡ **断开** 命令。

步骤 02 定义断开对象。选取一个要断开的草图（图 2.3.11a 所示的圆）。

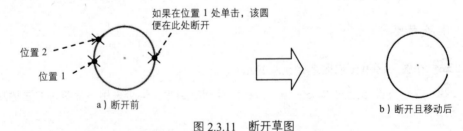

图 2.3.11 断开草图

步骤 03 选择断开位置。在图 2.3.11a 所示的位置 1 单击，则系统在单击处断开草图。

步骤 04 重复 **步骤 01** ~ **步骤 03**，选择断开后的上部分圆弧，将圆在位置 2 处断开，此时圆被分成了三段圆弧。

步骤 05 验证断开操作。按住鼠标左键拖动圆弧时，可以看到圆弧已经断开（图 2.3.11b）。

2.3.6 快速修剪

步骤 01 选择命令。选择下拉菜单 插入 ➡ 操作 ▶ ➡ 重新限定 ▶ ➡ 快速修剪 命令。

步骤 02 定义修剪对象。在图形区选取图 2.3.12a 所示的直线 1 的左半部分为要剪掉部分。

步骤 03 修剪图形。再次选择下拉菜单 插入 ➡ 操作 ▶ ➡ 重新限定 ▶ ➡ 快速修剪 命令，选取图 2.3.12a 所示的圆弧 1 的左半部分为要剪掉部分，修剪结果如图 2.3.12b 所示。

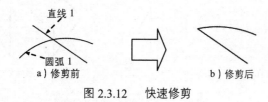

图 2.3.12 快速修剪

2.3.7 将草图对象转化为参考线

CATIA 中构造元素（构建线）的作用为辅助线（参考线），构造元素以虚线显示。草绘中的直线、圆弧、样条线和椭圆等元素都可以转化为构造元素。下面以图 2.3.13 为例，说明其创建方法。

步骤 01 打开文件 D:\catsc20\work\ch02.03.07\reference.CATPart。

步骤 02 选取图 2.3.13a 中的圆弧。

图 2.3.13 将草图对象转化为参考线

步骤 03 在"草绘工具"工具栏中单击"构造/标准元素"按钮 ⚙，将草图对象转化为参考线。

2.4 草图的变换

2.4.1 镜像草图

镜像操作就是以一条线（或轴）为中心复制选择的对象，保留原对象。下面以图 2.4.1

为例来说明镜像的一般操作过程。

步骤01 打开文件 D:\catsc20\work\ch02.04.01\mirror.CATPart。

步骤02 选取对象。选取图形区（图 2.4.1a）中的三角形为要镜像的对象。

步骤03 选择命令。选择下拉菜单 插入 ➡ 操作 ▶ ➡ 变换 ▶ ➡ 镜像 命令（或在"操作"工具栏单击"镜像"按钮 中的 ，再单击 按钮）。

步骤04 定义镜像中心线。选择图 2.4.1a 所示的垂直轴线为镜像中心线。

a) 镜像前   b) 镜像后

图 2.4.1 元素的镜像

2.4.2 对称草图

对称操作是在镜像复制选择的对象后删除源对象，其操作方法与镜像操作相同，这里不再赘述。

2.4.3 平移草图

下面以图 2.4.2 为例来说明平移的一般操作过程。

步骤01 打开文件 D:\catsc20\work\ch02.04.03\move.CATPart。

步骤02 选取对象。在图形区选取图 2.4.2a 所示的圆为要平移的元素。

步骤03 选择命令。选择下拉菜单 插入 ➡ 操作 ▶ ➡ 变换 ▶ ➡ 平移 命令，系统弹出图 2.4.3 所示的"平移定义"对话框。

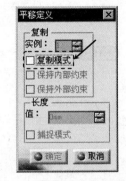

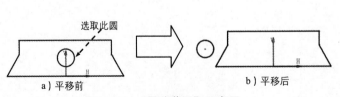

a) 平移前   b) 平移后

图 2.4.2 "平移草图"示意图   图 2.4.3 "平移定义"对话框

步骤 04 定义是否复制。在"平移定义"对话框中取消选中 □ 复制模式 复选框。

步骤 05 定义平移起点。在图形区选取图 2.4.2a 所示的坐标原点为平移起点。此时,"平移定义"对话框中 长度 选项组下的文本框被激活。

步骤 06 定义参数。在 长度 选项组下的文本框中输入数值 100,选中 捕捉模式 复选框,按 Enter 键确认。

步骤 07 定义平移方向。在图形区单击以确定平移的方向。

2.4.4 旋转草图

下面以图 2.4.4 为例来说明旋转对象的一般操作过程。

步骤 01 打开文件 D:\catsc20\work\ch02.04.04\circumgyrate.CATPart。

步骤 02 选取对象。在图形区单击或框选(框选时要框住整个元素)要旋转的元素。

步骤 03 选择命令。选择下拉菜单 插入 ➡ 操作 ▶ ➡ 变换 ▶ ➡ ⟳ 旋转 命令,系统弹出图 2.4.5 所示的"旋转定义"对话框。

a)旋转前   b)旋转后
图 2.4.4　"旋转草图"示意图

图 2.4.5　"旋转定义"对话框

步骤 04 定义旋转方式。在"旋转定义"对话框中取消选中 □ 复制模式 复选框。

步骤 05 定义旋转中心点。在图形区单击以确定旋转的中心点(如选择坐标原点)。此时,"旋转定义"对话框中 角度 选项组下的文本框被激活。

步骤 06 定义参数。在 角度 选项组下的文本框中输入数值 60,单击 ● 确定 按钮,完成对象的旋转操作。

2.4.5 缩放草图

下面以图 2.4.6 为例来说明缩放对象的一般操作过程。

步骤 01 打开文件 D:\catsc20\work\ch02.04.05\zoom.CATPart。

步骤 02 选取对象。在图形区单击或框选(框选时要框住整个元素)图 2.4.6a 所示的所有曲线。

步骤 03 选择命令。选择下拉菜单 插入 ➞ 操作▶ ➞ 变换▶ ➞ □:缩放 命令，系统弹出图 2.4.7 所示的"缩放定义"对话框。

步骤 04 定义是否复制。在"缩放定义"对话框中取消选中 □复制模式 复选框。

步骤 05 定义缩放中心点。在图形区单击坐标原点以确定缩放的中心点。此时，"缩放定义"对话框中 缩放 选项组下的文本框被激活。

步骤 06 定义缩放参数。在 缩放 选项组下的文本框中输入数值 0.5，单击 ● 确定 按钮，完成草图的缩放操作。

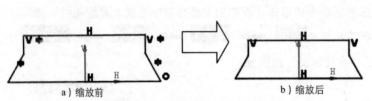
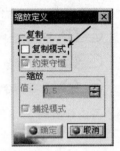

图 2.4.6 "缩放草图"示意图　　　　　　图 2.4.7 "缩放定义"对话框

◆ 在进行缩放操作时，可以先选择命令，然后再选择需要缩放的草图。

◆ 在定义缩放值时，可以在图形区中移动鼠标至所需数值，单击即可。

2.4.6　偏移草图

偏移曲线就是绘制选择对象的等距线。下面以图 2.4.8 为例来说明偏移曲线的一般操作过程。

步骤 01 打开文件 D:\catsc20\work\ch02.04.06\excursion.CATPart。

步骤 02 选取对象。按住 Ctrl 键，在图形区选取图 2.4.8a 所示的所有曲线。

步骤 03 选择命令。选择下拉菜单 插入 ➞ 操作▶ ➞ 变换▶ ➞ ✐ 偏移 命令。

步骤 04 定义偏移位置。在图形区移动鼠标至合适位置单击，完成曲线的偏移操作。

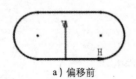

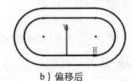

a）偏移前　　　　　　　　　　　　　　　b）偏移后

图 2.4.8 曲线的偏移

2.5 草图中的几何约束

按照工程技术人员的设计习惯，在草绘时或草绘后，希望对绘制的草图增加一些平行、相切、相等和共线等几何约束来帮助定位，CATIA 系统可以很容易地做到这一点。下面对约束进行详细的介绍。

2.5.1 添加几何约束

下面以图 2.5.1 所示的相切约束为例来说明创建约束的一般操作过程。

步骤 01 打开文件 D:\catsc20\work\ch02.05.01\restrict.CATPart。

步骤 02 选择对象。按住 Ctrl 键，在图形区选取两个圆。

步骤 03 选择命令。选择下拉菜单 插入 ➡ 约束 ➡ 约束... 命令（或单击"约束"工具栏中的 按钮），系统弹出图 2.5.2 所示的"约束定义"对话框。

在"约束定义"对话框中，选取的元素能够添加的所有约束变为可选。

步骤 04 定义约束。在"约束定义"对话框中选中 相切 复选框，单击 确定 按钮，完成相切约束的添加。

步骤 05 若创建其他的约束，可重复步骤 **步骤 02** ~ **步骤 04**。

图 2.5.1 元素的相切约束

图 2.5.2 "约束定义"对话框

2.5.2 显示/移除几何约束

在"可视化"工具栏中单击"几何约束"按钮 ，即可控制约束符号在屏幕中的显示/关闭。各种约束的显示符号见表 2.5.1。

表 2.5.1   约束符号列表

约 束 名 称	约束显示符号
中点	
相合	
水平	H
垂直	V
同心度	
相切	=
平行	
垂直	
对称	
等距点	
固定	

2.5.3   接触约束

接触约束是进行快速约束的一种方法，添加接触约束就是添加两个对象之间的相切、同心、共线等约束关系。其中，点和其他元素之间是重合约束，圆和圆以及椭圆之间是同心约束，直线之间是共线约束，直线与圆之间以及除了圆和椭圆之外的其他两个曲线之间是相切约束。下面以图 2.5.3 所示的同心约束为例，说明创建接触约束的一般操作步骤。

步骤 01   选取对象。按住 Ctrl 键，在图形区选取两个圆。

步骤 02   选择命令。选择下拉菜单 插入 ➡ 约束 ▶ ➡ 约束创建 ➡
接触约束 命令（或单击"约束"工具栏中的 按钮），系统立即创建同心约束。

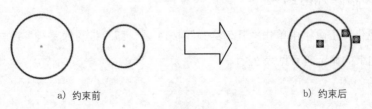

a）约束前   b）约束后

图 2.5.3   同心约束

2.6　草图中的尺寸约束

2.6.1　添加尺寸约束

尺寸约束就是为了定义草图中的几何图形的尺寸，一般情况下，在绘制草图之后，需要对图形进行尺寸定位，使其满足使用要求。

下面来讲解几种常用的尺寸标注方式。

1. 线段长度的标注

（步骤 **01**）打开文件 D:\catsc20\work\ch02.06.01\lengh.CATPart。

（步骤 **02**）选择命令。选择下拉菜单 插入 ➡ 约束▶ ➡ 约束创建▶ ➡ 约束 命令。

（步骤 **03**）选取要标注的元素。单击位置 1 以选取直线，如图 2.6.1 所示。

（步骤 **04**）确定尺寸的放置位置。在位置 2 处单击鼠标左键。

2. 两条平行线间距离的标注

（步骤 **01**）打开文件 D:\catsc20\work\ ch02.06.01\line-lengh.CATPart。

（步骤 **02**）选择下拉菜单 插入 ➡ 约束▶ ➡ 约束创建▶ ➡ 约束 命令。

（步骤 **03**）分别单击位置 1 和位置 2 以选择两条平行线，然后单击位置 3 以放置尺寸，如图 2.6.2 所示。

图 2.6.1　线段长度的标注

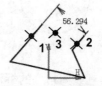

图 2.6.2　两条平行线间距离的标注

3. 点和直线之间距离的标注

（步骤 **01**）打开文件 D:\catsc20\work\ch02.06.01\point-line.CATPart。

（步骤 **02**）选择下拉菜单 插入 ➡ 约束▶ ➡ 约束创建▶ ➡ 约束 命令。

（步骤 **03**）单击位置 1 以选择点，单击位置 2 以选择直线；单击位置 3 放置尺寸，如图 2.6.3 所示。

4. 两点间距离的标注

（步骤 **01**）打开文件 D:\catsc20\work\ ch02.06.01\point-point.CATPart。

（步骤 **02**）选择下拉菜单 插入 ➡ 约束▶ ➡ 约束创建 ▶ ➡ 约束 命令。

（步骤 **03**）分别单击位置 1 和位置 2 以选择两点，单击位置 3 放置尺寸，如图 2.6.4 所示。

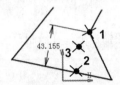
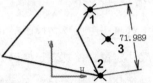

图 2.6.3 点和直线之间距离的标注 　　　　　 图 2.6.4 两点间距离的标注

5. 直径的标注

（步骤 **01**）打开文件 D:\catsc20\work\ ch02.06.01\diameter.CATPart。

（步骤 **02**）选择下拉菜单 插入 ➡ 约束▶ ➡ 约束创建 ▶ ➡ 约束 命令。

（步骤 **03**）选取要标注的元素。单击位置 1 以选择圆，如图 2.6.5 所示。

（步骤 **04**）确定尺寸的放置位置。在位置 2 处单击鼠标左键，如图 2.6.5 所示。

6. 半径的标注

（步骤 **01**）打开文件 D:\catsc20\work\ ch02.06.01\semidiameter.CATPart。

（步骤 **02**）选择下拉菜单 插入 ➡ 约束▶ ➡ 约束创建 ▶ ➡ 约束 命令。

（步骤 **03**）单击位置 1 选择圆弧，然后单击位置 2 放置尺寸，如图 2.6.6 所示。

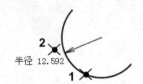

图 2.6.5 直径的标注 　　　　　　　 图 2.6.6 半径的标注

7. 两条直线间角度的标注

（步骤 **01**）打开文件 D:\catsc20\work\ ch02.06.01\angle.CATPart。

（步骤 **02**）选择下拉菜单 插入 ➡ 约束▶ ➡ 约束创建 ▶ ➡ 约束 命令。

（步骤 **03**）分别在两条直线上选取点 1 和点 2；单击位置 3 放置尺寸（锐角，如图 2.6.7 所示），或单击位置 4 放置尺寸（钝角，如图 2.6.8 所示）。

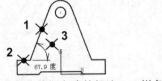
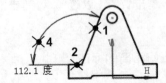

图 2.6.7 两条直线间角度的标注——锐角 　　图 2.6.8 两条直线间角度的标注——钝角

2.6.2 尺寸移动

1. 移动尺寸文本

移动尺寸文本的位置，可按以下步骤操作。

步骤 01 单击要移动的尺寸文本。

步骤 02 按住左键并移动鼠标，将尺寸文本拖至所需位置。

2. 移动尺寸线

移动尺寸线的位置，可按下列步骤操作。

步骤 01 单击要移动的尺寸线。

步骤 02 按住左键并移动鼠标，将尺寸线拖至所需位置（尺寸文本随着尺寸线的移动而移动）。

2.6.3 修改尺寸值

有两种方法可修改标注的尺寸值。

方法一：

步骤 01 打开文件 D:\catsc20\work \ch02.06.03\amend-dimension_01.CATPart。

步骤 02 选取对象。在要修改的尺寸文本上双击（图 2.6.9a），系统弹出图 2.6.10 所示的"约束定义"对话框。

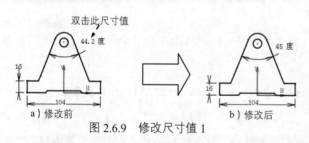

图 2.6.9 修改尺寸值 1

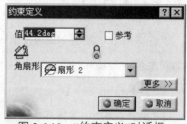

图 2.6.10 "约束定义"对话框

步骤 03 定义参数。在"约束定义"对话框的文本框中输入数值 45，单击 ● 确定 按钮，完成尺寸的修改操作，如图 2.6.9b 所示。

步骤 04 若修改其他尺寸值，可重复步骤 **步骤 02** 、 **步骤 03** 。

方法二：

步骤 01 打开文件 D:\catsc20\work\ch02.06.03\amend-dimension_02.CATPart。

步骤 02 选择下拉菜单 插入 ➡ 约束▶ ➡ 编辑多重约束 命令，系统弹出图

2.6.11 所示的"编辑多重约束"对话框，图形区中的每一个尺寸约束和尺寸参数都出现在列表框中。

步骤 03 在列表框中选择需要修改的尺寸约束，然后在文本框中输入新的尺寸值。

步骤 04 修改完毕后，单击 ● 确定 按钮。修改后的结果如图 2.6.12b 所示。

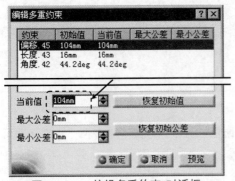

图 2.6.11 "编辑多重约束"对话框

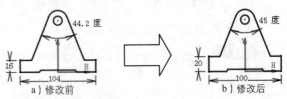

a）修改前   b）修改后

图 2.6.12 修改尺寸值 2

2.7 草图检查工具

完成草图的绘制后，应该对它进行一些简单的分析。在分析草图的过程中，系统显示草图未完全约束、已完全约束和过度约束等状态，然后通过此分析可进一步地修改草图，从而使草图完全约束。

2.7.1 草图约束检查

草图求解状态就是对草图轮廓进行简单的分析，判断草图是否完全约束。下面介绍草图求解状态的一般操作过程。

步骤 01 打开文件 D:\catsc20\work\ch02.07.01\\sketch-analysis.CATPart（图 2.7.1）。

步骤 02 在图 2.7.2 所示的"工具"工具条中单击"草图求解状态"按钮 中的 ，再单击 按钮，系统弹出图 2.7.3 所示的"草图求解状态"对话框（一）。此时，对话框中显示"不充分约束"字样，表示该草图未完全约束。

　　　　　当草图等约束和过分约束时，"草图求解状态"对话框分别如图 2.7.4 和图 2.7.5 所示。

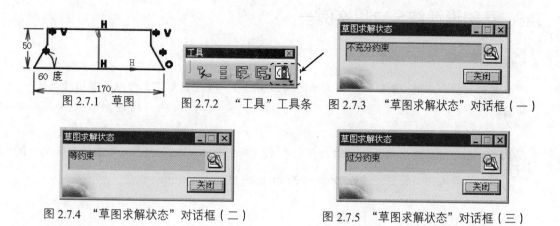

图 2.7.1 草图　　图 2.7.2 "工具"工具条　　图 2.7.3 "草图求解状态"对话框（一）

图 2.7.4 "草图求解状态"对话框（二）　　　　图 2.7.5 "草图求解状态"对话框（三）

2.7.2 草图轮廓检查

利用 工具 下拉菜单中的 草图分析 命令可以对草图几何图形、草图投影/相交和草图状态等进行分析。下面介绍利用"草图分析"命令分析草图的一般操作过程。

步骤01 打开文件 D:\catsc20\work\ch02.07.02\sketch-analysis.CATPart。

步骤02 选择下拉菜单 工具 ➡ 草图分析 命令（或在"工具"工具栏中单击"草图求解状态"按钮 中的 ，再单击 按钮），系统弹出图 2.7.6 所示的"草图分析"对话框。

步骤03 在"草图分析"对话框中单击 诊断 选项卡，其列表框中显示草图中所有的几何图形和约束以及它们的状态（图 2.7.7）。

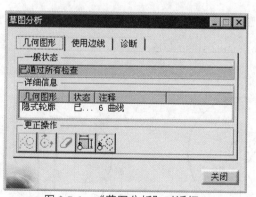

图 2.7.6 "草图分析"对话框

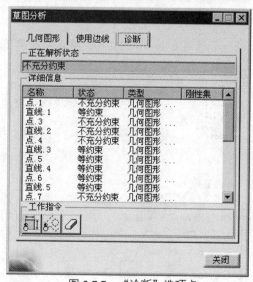

图 2.7.7 "诊断"选项卡

2.8 草图设计综合应用案例一

案例概述：

本案例主要介绍图 2.8.1 所示截面草图的绘制过程，重点讲解了二维截面草图绘制的一般过程。

 本应用的详细操作过程请参见随书光盘中 video\ch02\文件下的语音视频讲解文件。模型文件为 D:\catsc20\work\ch02.08\cam-support。

2.9 草图设计综合应用案例二

案例概述：

本案例主要介绍图 2.9.1 所示截面草图的绘制过程，该截面主要是由圆弧与圆构成的，在绘制过程中要特别注意圆弧之间端点的连接以及约束技巧。

 本应用的详细操作过程请参见随书光盘中 video\ch02\文件下的语音视频讲解文件。模型文件为 D:\catsc20\work\ch02.09\cam-wheel.prt。

2.10 草图设计综合应用案例三

案例概述：

本案例主要介绍图 2.10.1 所示截面草图的绘制过程，重点讲解了二维截面草图绘制的一般过程。

 本应用的详细操作过程请参见随书光盘中 video\ch02\文件下的语音视频讲解文件。模型文件为 D:\catsc20\work\ch02.10\spsk05。

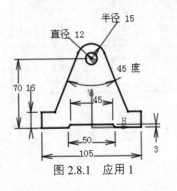

图 2.8.1 应用 1

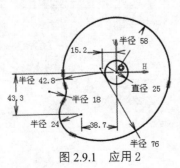

图 2.9.1 应用 2

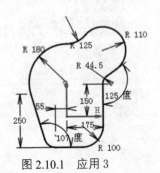

图 2.10.1 应用 3

第3章 零件设计

3.1 零件设计基础

3.1.1 零件设计概述

一般来说，基本的三维模型是具有长、宽（或直径、半径等）、高的三维几何体。图 3.1.1 中列举了几种典型的基本模型，用 CAD 软件创建基本三维模型的一般过程如下。

（1）首先要选取或定义一个用于定位的三维坐标系或三个垂直的空间平面，如图 3.1.2 所示。

（2）选定一个面（一般称为"草图平面"），作为二维平面几何图形的绘制平面。

（3）在草绘面上创建形成三维模型所需的截面、轨迹线等二维平面几何图形。

（4）形成三维立体模型。

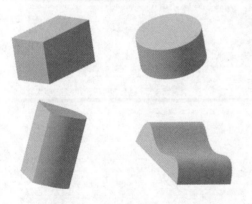

图 3.1.1　基本三维模型

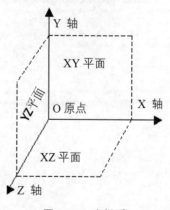

图 3.1.2　坐标系

3.1.2 零件工作台界面

进入 CATIA 软件环境后，系统默认创建了一个装配文件，名称为 Product1，此时应选择下拉菜单 开始 ➡ 机械设计 ➡ 零件设计 命令，系统弹出"新建零件"对话框，在对话框中输入零件名称，选中 启用混合设计 复选框，单击 确定 按钮，即可进入零件设计工作台。

在学习本节时，请先打开文件 D:\catsc20\work\ch03.01.02\ add-slider-01。

CATIA 零件设计工作台的用户界面包括标题栏、下拉菜单区、工具栏区、消息区、特征树区、图形区和功能输入区，如图 3.1.3 所示，其中右侧工具栏区是零部件工作台的常用工具栏区。

右侧工具栏中的命令按钮为快速进入命令及设置工作环境提供了极大方便，用户可以根据实际情况定制工具栏。

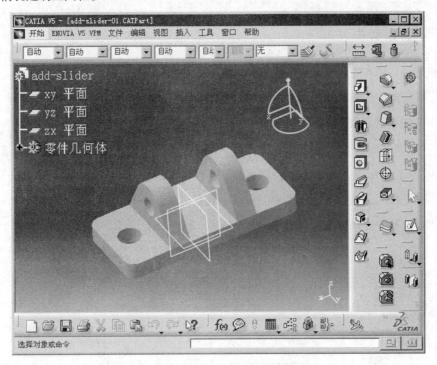

图 3.1.3　CATIA 零件设计工作台用户界面

3.1.3　零件设计命令及工具条

建模所需的各种工具按钮，其中常用的工具按钮及其功能注释如图 3.1.4 ~ 图 3.1.7 所示。

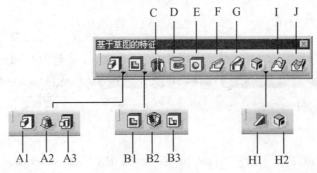

图 3.1.4　"基于草图的特征"工具条

图 3.1.4 所示"基于草图的特征"工具条中各工具按钮的说明如下。

A1（凸台）：将指定的封闭轮廓沿某一方向进行拉伸操作，建立三维实体。

A2（拔模圆角凸台）：该命令可使用户在对实体进行拔模的过程中，一并完成拔模斜角和倒圆角。

A3（多凸台）：与凸台功能相似，其特点在于可同时对多个封闭轮廓进行拉伸。

B1（凹槽）：与凸台相反。其特点是可以在实心物体上挖去槽、孔或其他形状的材料。

B2（拔模圆角凹槽）：在去除材料的过程中，可同时完成拔模和倒圆角的功能，不需要额外的操作。

B3（多凹槽）：与凹槽功能相似，其特点在于可同时对多个封闭轮廓进行除料操作。

C（旋转体）：将一组轮廓线绕轴旋转，形成实体。

D（旋转槽）：与旋转体相似，是将轮廓绕轴进行旋转成体，不同点是在旋转时进行除料操作。

E（孔）：可以在实体上钻出多种不同形状的孔。

F（肋）：将平面轮廓沿着中心曲线进行扫掠，形成三维实体。

G（开槽）：使轮廓沿中心曲线扫描，形成一个槽，它与肋的成形方式相反。

H1（加强肋）：其成形方式与凸台特征相似，但截面不封闭。

H2（实体混合）：将两个轮廓沿一定方向拉伸并进行求交运算即可形成三维实体。

I（多截面实体）：利用两个以上不同的轮廓，以渐变的方式产生实体，并可以使用引导线来引导实体的生成。

J（已移除的多截面实体）：可以在实体零件上切除两个以上轮廓所连接的空间，与多截面实体功能相反。

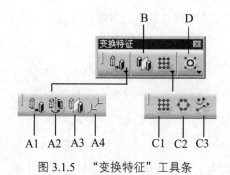

图 3.1.5 "变换特征"工具条

图 3.1.5 所示"变换特征"工具条中各工具按钮的说明如下。

A1（平移）：将实体沿着指定方向移动到坐标系中新的位置。

A2（旋转）：将实体绕轴旋转到新的位置。

A3（对称）：将实体相对于某个选定的平面进行移动，原来的实体不保留。

A4（定位）：将实体相对于某个选定的轴系移动至另一个轴系。

B（镜像）：让实体通过指定的对称面，生成对称的实体，原来的实体仍然存在。

C1（矩形阵列）：以矩形排列方式复制所选定的实体特征，形成新的实体特征。

C2（圆形阵列）：以圆形排列方式复制所选定的实体特征，形成新的实体特征。

C3（用户阵列）：按照用户指定的实例排布规则复制实体。

D（缩放）：对实体进行等比例放大或缩小。

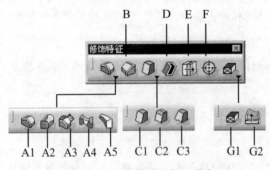

图 3.1.6　"修饰特征"工具条

图 3.1.6 所示"修饰特征"工具条中各工具按钮的说明如下。

A1（倒圆角）：可以在实体的边线进行倒圆角的操作。

A2（可变半径圆角）：与倒圆角的功能基本相同，但可以使圆角的半径在一条边线上进行变化。

A3（弦圆角）：以圆角的弦长定义圆角大小来创建圆角。

A4（面与面的圆角）：在两个面之间进行倒圆角操作。

A5（三切线内圆角）：可以将零件的某一面用倒圆角的方式改变成一个圆曲面。

B（倒角）：可以将尖锐的直角边磨成平直的斜角边线。

C1（拔模斜度）：可以把零件中需要拔模的部分向上或向下生成拔模斜角。

C2（拔模反射线）：可以将零件中的曲面以某条反射线为基准线进行拔模。

C3（可变角度拔模）：可以在实体上放置变化斜度的拔模角特征。

D（盒体）：将实体中多余的部分挖去，形成空腔薄壁实体。

E（厚度）：在不改变实体基本形状的情况下，增加或减少厚度。

F（内螺纹/外螺纹）：在圆柱面上建立螺纹。

G1（移除面）：通过定义要移除的面和要保留的面达到实体成形的目的。

G2（替换面）：通过定义要移除的面和可以替换的曲面达到实体成形的目的。

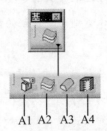

图 3.1.7 "基于曲面的特征"工具条

图 3.1.7 所示"基于曲面的特征"工具条中各工具按钮的说明如下。

A1（分割）：通过平面或曲面切除相交实体的某一部分。

A2（厚曲面）：使曲面（可以是实体的表面）沿其矢量方向拉伸变厚。

A3（封闭曲面）：可以将曲面构成的封闭体转换为实体，若为非封闭体，CATIA 也可以自动以线性的方式封闭。

A4（缝合曲面）：可以将实体零件与曲面连接在一起。

3.2 拉伸凸台

3.2.1 概述

凸台特征是通过对封闭截面轮廓进行单向或双向拉伸建立三维实体的特征。选取特征命令一般有如下两种方法。

方法一：从下拉菜单中获取特征命令。本例可以选择下拉菜单 插入 ➡️ 基于草图的特征 ▶ ➡️ 凸台... 命令。

方法二：从工具栏中获取特征命令。本例可以直接单击"基于草图的特征"工具栏中的 命令按钮，如图 3.2.1 所示。

图 3.2.1 "基于草图的特征"工具栏

完成特征命令的选取后，系统弹出图 3.2.2 所示的"定义凸台"对话框（一），不进行选项操作，创建系统默认的实体类型。

利用"定义凸台"对话框可以创建实体和薄壁两种类型的特征。

◆ 实体类型：创建实体类型时，特征的截面草图完全由材料填充，如图 3.2.3 所示。

◆ 薄壁类型：在"定义凸台"对话框（一）的 轮廓/曲面 区域选中 ▣厚 选项，通过展开对话框的隐藏部分可以将特征定义为薄壁类型（图 3.2.4）。在由草图截面生成实体时，薄壁特征的草图截面则由材料填充成均厚的环，环的内侧或外侧或中心轮廓边是截面草图，如图 3.2.5 所示。

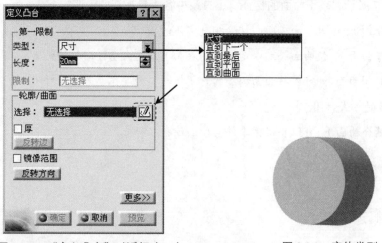

图 3.2.2　"定义凸台"对话框（一）

图 3.2.3　实体类型

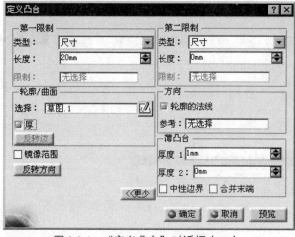

图 3.2.4　"定义凸台"对话框（二）

图 3.2.5　薄壁类型

◆ 如图 3.2.2 所示，单击"定义凸台"对话框（一）中 第一限制 区域的 类型: 下拉列表，可以选取特征的拉伸深度类型，各选项说明如下。

- ● **尺寸** 选项。特征将从草图平面开始，按照所输入的数值（即拉伸深度值）向特征创建的方向一侧进行拉伸。

- ● **直到下一个** 选项。特征将拉伸至零件的下一个曲面处终止。

- ● **直到最后** 选项。特征在拉伸方向上延伸，直至与所有曲面相交。

- ● **直到平面** 选项。特征在拉伸方向上延伸，直到与指定的平面相交。

- ● **直到曲面** 选项。特征在拉伸方向上延伸，直到与指定的曲面相交。

◆ 选择拉伸深度类型时，要考虑下列规则。

- ● 如果特征要拉伸至某个终止曲面，则特征截面草图的大小不能超出终止的曲面（或面组）范围。

- ● 如果特征应终止于其到达的第一个曲面，必须选择 **直到下一个** 选项。

- ● 如果特征应终止于其到达的最后曲面，必须选择 **直到最后** 选项。

- ● 使用 **直到平面** 选项时，可以选择一个基准平面（或模型平面）作为终止面。

- ● 穿过特征没有与深度有关的参数，修改终止平面（或曲面）可改变特征深度。

图 3.2.6 显示了凸台特征的有效深度选项。

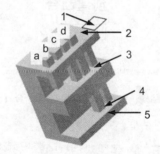

图 3.2.6　拉伸深度选项示意图

a —尺寸　b —直到下一个　c —直到平面　d —直到最后

1 —草绘平面　2 —下一个曲面（平面）　3、4、5 —模型的其他表面（平面）

退出草绘工作台后，接受系统默认的拉伸方向（截面法向），即进行凸台的法向拉伸。

　　CATIA V5 中的凸台特征可以通过定义方向以实现法向或斜向拉伸。若不选择拉伸的参考方向，则系统默认为法向拉伸（图 3.2.8）。若在图 3.2.7 所示的"定义凸台"对话框（三）的 **方向** 区域的 **参考:** 文本框中单击，则可激活斜向拉伸，这时只要选择一条斜线作为参考方向（图 3.2.9），便可实现实体的斜向拉伸。必须注意的是，作为参考方向的斜线必须事先绘制好，否则无法创建斜实体。

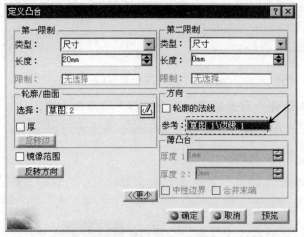

图 3.2.7　"定义凸台"对话框（三）

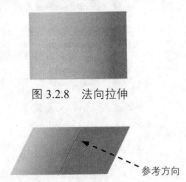

图 3.2.8　法向拉伸

图 3.2.9　斜向拉伸

3.2.2　创建拉伸凸台特征

下面以图 3.2.10 所示的凸台（Pad）特征为例说明创建凸台特征的一般过程。

图 3.2.10　凸台特征

步骤 01　选择下拉菜单 文件(F) ➡ 新建... 命令（或在"标准"工具栏中单击 按钮），此时系统弹出"新建"对话框。

步骤 02　选择文件类型。在"新建"对话框的 类型列表: 中选择文件类型为 Part，然后单击对话框中的 ● 确定 按钮。

步骤 03　选择命令。选择下拉菜单 插入(I) ➡ 基于草图的特征 ▶ ➡ 凸台... 命令（或单击"基于草图的特征"工具栏中的 按钮），系统弹出"定义凸台"对话框。

步骤 04　创建截面草图。

（1）选择"草图"命令并选取草图平面。在"定义凸台"对话框中单击 按钮，选取 yz 平面为草图平面，进入草绘工作台。

（2）绘制图 3.2.11 所示的截面草图。完成草图绘制后，单击"工作台"工具栏中的 按钮，退出草绘工作台。

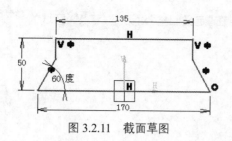

图 3.2.11 截面草图

步骤 05 选取拉伸方向。采用系统默认的拉伸方向（单击 反转方向 按钮，可使特征反向拉伸）。

步骤 06 定义拉伸深度。

（1）选取深度类型。在"定义凸台"对话框 第一限制 区域的 类型: 下拉列表中选取 尺寸 选项。

（2）定义深度值。在 长度: 文本框中输入深度值 400.0。

步骤 07 单击"定义凸台"对话框中的 ● 确定 按钮，完成特征的创建。

3.3 拉伸凹槽

凹槽特征与凸台特征本质上都属于拉伸，只不过凸台是增加实体（加材料特征），而凹槽则是减去实体（减材料特征）。

下面以图 3.3.1 所示的模型为例，说明创建凹槽特征的一般过程。

图 3.3.1 凹槽特征

步骤 01 打开文件 D:\catsc20\work\ch03.03\cavity.CATPart。

步骤 02 选择命令。选择下拉菜单 插入 ➡ 基于草图的特征 ➡ ▢ 凹槽... 命令（或单击"基于草图的特征"工具栏中的 按钮），系统弹出"定义凹槽"对话框。

步骤 03 创建截面草图。在对话框中单击 按钮，选取图 3.3.2 所示的模型表面为草绘基准面；在草绘工作台中创建图 3.3.3 所示的截面草图；单击"工作台"工具栏中的 按钮，退出草绘工作台。

步骤 04 选取拉伸方向。采用系统默认的拉伸方向。

步骤 05 定义拉伸深度。在"定义凹槽"对话框 第一限制 区域的 类型：下拉列表中选择 尺寸 选项，输入深度值 20。

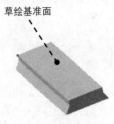

草绘基准面

图 3.3.2 凹槽特征

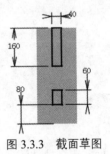

图 3.3.3 截面草图

说明   "定义凹槽"对话框 第一限制 区域的 偏移：文本框中的数值表示的是偏移凹槽特征拉伸终止面的距离。

步骤 06 单击"定义凹槽"对话框中的 确定 按钮，完成特征的创建。

3.4 零件设计一般过程

3.4.1 概述

用 CATIA 创建零件模型，有以下几种方法。

1. "积木"式的方法

这是大部分机械零件的实体三维模型的创建方法。这种方法是先创建一个反映零件主要形状的基础特征，然后在这个基础特征上添加其他的一些特征，如凸台、凹槽、倒角和圆角等。

2. 由曲面生成零件的实体三维模型的方法

这种方法是先创建零件的曲面特征，然后把曲面转换成实体模型。

3. 从装配体中生成零件的实体三维模型的方法

这种方法是先创建装配体，然后在装配体中创建零件。

本章将主要介绍用第一种方法创建零件模型的一般过程，其他的方法将在后面章节中陆续介绍。

下面以一个简单实体三维模型为例，说明用 CATIA 软件创建零件三维模型的一般过程，三维模型如图 3.4.1 所示。

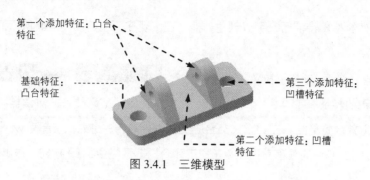

第一个添加特征: 凸台
特征

基础特征:
凸台特征

第三个添加特征:
凹槽特征

第二个添加特征: 凹槽
特征

图 3.4.1 三维模型

3.4.2 创建第一个特征（基础特征）

基础特征是一个零件的主要结构特征，创建什么样的特征作为零件的基础特征比较重要，一般由设计者根据产品的设计意图和零件的特点灵活掌握。本例中三维模型的基础特征是一个图 3.4.2 所示的凸台特征，具体操作步骤如下。

步骤 01 选择下拉菜单 文件(F) → □ 新建... 命令（或在"标准"工具栏中单击 □ 按钮），此时系统弹出"新建"对话框；在"新建"对话框的 类型列表: 中选择文件类型为 Part，然后单击对话框中的 ● 确定 按钮。在系统弹出的"新建零件"对话框中采用默认选项，单击按钮进入建模环境。

步骤 02 选择下拉菜单 插入 → 基于草图的特征 ▶ → □ 凸台... 命令（或单击 □ 按钮），系统弹出"定义凸台"对话框。

步骤 03 定义截面草图。在"定义凸台"对话框中单击 □ 按钮，选取 xy 平面作为草图平面;绘制图 3.4.3 所示的截面草图；单击"工作台"工具栏中的 □ 按钮，退出草绘工作台。

步骤 04 定义凸台的拉伸深度类型。单击"定义凸台"对话框中的 更多>> 按钮，展开对话框的隐藏部分，在对话框 第一限制 区域的 类型: 下拉列表中选择 尺寸 选项。

步骤 05 定义拉伸深度值。在对话框 第一限制 区域的 长度: 文本框中输入数值 7，完成拉伸深度值的定义。

步骤 06 单击"定义凸台"对话框中的 ● 确定 按钮，完成特征的创建。

图 3.4.2 凸台特征

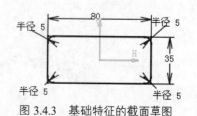

图 3.4.3 基础特征的截面草图

3.4.3 创建第二个特征

在创建零件的基本特征后，可以创建其他特征。现在要创建图 3.4.4 所示的凸台特征，操作步骤如下。

步骤 01 选择命令。选择下拉菜单 插入 ➡ 基于草图的特征 ➡ 凸台... 命令（或单击"基于草图的特征"工具栏中的 按钮），系统弹出"定义凸台"对话框。

步骤 02 定义截面草图。在"定义凸台"对话框中单击 按钮，选取 yz 平面为草绘基准面，绘制图 3.4.5 所示的截面草图，单击"工作台"工具栏中的 按钮，退出草绘工作台。

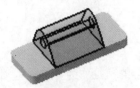

图 3.4.4 凸台特征

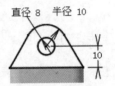

图 3.4.5 截面草图

步骤 03 定义拉伸深度。勾选"定义凸台"对话框的 镜像范围，使特征镜像拉伸；在"定义凸台"对话框 第一限制 区域的 类型: 下拉列表中选取 尺寸 选项；在 长度: 文本框中输入深度值 20。

步骤 04 单击"定义凸台"对话框中的 确定 按钮，完成特征的创建。

3.4.4 创建其他特征

现在要创建图 3.4.6 所示的凹槽特征，具体操作步骤如下。

步骤 01 选择命令。选择下拉菜单 插入 ➡ 基于草图的特征 ➡ 凹槽... 命令（或单击"基于草图的特征"工具栏中的 按钮），系统弹出"定义凹槽"对话框。

步骤 02 定义截面草图。在对话框中单击 按钮，选取 yz 平面为草绘基准面；绘制图 3.4.7 所示的截面草图；单击"工作台"工具栏中的 按钮，退出草绘工作台。

步骤 03 定义拉伸深度。勾选"定义凹槽"对话框的 镜像范围，使特征镜像拉伸；在"定义凹槽"对话框 第一限制 区域的 类型: 下拉列表中选取 尺寸 选项；在 长度: 文本框中输入深度值 11。

图 3.4.6 创建凹槽特征

图 3.4.7 截面草图

步骤 04 单击"定义凹槽"对话框中的 确定 按钮，完成特征的创建。

步骤 05 创建图 3.4.8 所示的凹槽特征。参照 **步骤 01** - **步骤 04** 的操作步骤，选择图 3.4.8 所示的模型表面为草绘基准面，绘制图 3.4.9 所示的截面草图；在"定义凹槽"对话框 第一限制 区域的 类型: 下拉列表中选取 直到最后 选项，完成凹槽特征的创建。

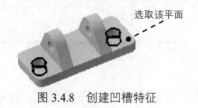

选取该平面

图 3.4.8 创建凹槽特征

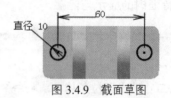

直径 10   60

图 3.4.9 截面草图

3.5 特征树

3.5.1 特征树的功能

CATIA V5 特征树的功能是以树的形式显示当前活动模型中的所有特征或零件，在树的顶部显示根（主）对象，并将从属对象（零件或特征）置于其下。在零件模型中，特征树列表的顶部是零部件名称，零部件名称下方是每个特征的名称；在装配体模型中，特征树列表的顶部是总装配，总装配下是各子装配和零件，每个子装配下方则是该子装配中每个零件的名称，每个零件名的下方是零件的各个特征的名称。

在学习本节时，请先打开文件 D:\catsc20\work\ch03.05\ add-slider-03.CATPart，下面介绍特征树的作用。

1. 在特征树中选取对象

可以从特征树中选取要编辑的特征或零件对象，当要选取的特征或零件在图形区的模型中不可见时，此方法尤为有用；当要选取的特征和零件在模型中禁用选取时，仍可在特征树中进行选取操作。

2. 在特征树中使用快捷命令

右击特征树中的特征名或零件名，可打开一个快捷菜单，从中可选择相对于选定对象的特定操作命令。

3.5.2 特征树的操作

1. 特征树的平移与缩放

方法一：在 CATIA V5 软件环境下，滚动鼠标滚轮可使特征树上下移动。

方法二：单击图 3.5.1 所示图形区右下角的坐标系，模型颜色将变灰暗，此时，按住中键不放移动鼠标，特征树将随鼠标移动而平移；按住鼠标中键不放，再单击鼠标右键，上移鼠标可放大特征树，下移鼠标可缩小特征树（若要重新用鼠标操纵模型，需再单击坐标系）。

2. 特征树的显示与隐藏

方法一：选择下拉菜单 视图 ➡ 规格 命令（或按 F3 键），可以切换特征树的显示与隐藏状态。

方法二：选择下拉菜单 工具 ➡ 选项… 命令，系统弹出"选项"对话框，选中对话框左侧 常规 下的 显示 选项，通过 树外观 选项卡中的 树显示/不显示模式 复选框可以调整特征树的显示与隐藏状态。

3. 特征树的折叠与展开

方法一：单击特征树根对象左侧的 ➕ 按钮，可以展开对应的从属对象，单击根对象左侧的 ➖ 按钮，可以折叠对应的从属对象。

方法二：选择下拉菜单 视图 ➡ 树展开 ▶ 命令，在图 3.5.2 所示的菜单中可以控制特征树的展开和折叠。

在用鼠标对特征树进行缩放时，可能将特征树缩为无限小，此时用特征树的"显示与隐藏"操作是无法使特征树复原的。使特征树重新显示的方法是：单击图 3.5.1 所示的坐标系，然后在图形区右击，从系统弹出的快捷菜单中选择 重新构造图形 选项，即可使特征树重新显示。

图 3.5.1　坐标系

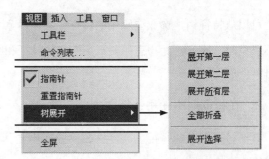

图 3.5.2　"视图"下拉菜单

4. 修改模型名称

右击位于特征树顶部的零件名称，在系统弹出的快捷菜单中选择 属性 命令，然后在系统弹出的"属性"对话框中选择 产品 选项卡，通过 零件编号 文本框即可修改模型的名称。

装配模型名称的修改方法与上面介绍的相同：在装配特征树中，选取某个部件，然后右击，选择 属性 命令，通过 零件编号 文本框，即可修改所选部件的名称。

3.6 对象的操作

3.6.1 对象的删除操作

学习本节时，请先打开模型文件 D:\catsc20\work\ch03.06.01\ support-base-01。

对象删除的一般操作过程如下。

步骤 01 选择命令。在特征树中右击 凸台.2 节点，在系统弹出的快捷菜单中选择 删除 命令，系统弹出图 3.6.1 所示的"删除"对话框。

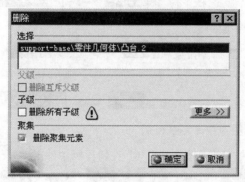

图 3.6.1 "删除"对话框

步骤 02 定义是否删除聚集元素。在"删除"对话框中选中 删除所有子级 复选框。

　　如果不勾选 删除所有子级 复选框，会导致子级特征因为参照的丢失而报错。聚集元素即所选特征的父级特征，如本例中所选特征的聚集元素即是草图。若取消选中 删除聚集元素 复选框，则系统执行删除命令时，只删除特征，而不删除草图。

步骤 03 单击对话框中的 确定 按钮，完成特征的删除。

3.6.2 对象的隐藏与显示操作

对象的隐藏包括两种：第一种隐藏是系统自动完成的，例如，用户可以先绘制一个草图

1，此时该草图处于显示状态，当用户选择此草图创建了一个凸台等特征后，草图 1 将会自动处于隐藏状态。第二种隐藏或显示是由用户控制的，通过选择显示隐藏命令，使某个或某一类对象在图形区中显示或不显示。

下面以图 3.6.2 所示的模型为例来说明隐藏与显示对象的一般操作过程。

a）隐藏前   b）隐藏后

图 3.6.2   隐藏对象

（步骤 01） 打开模型文件 D:\catsc20\work\ch03.06.02\ gear-shaft.CATPart。

（步骤 02） 隐藏所有平面。选择下拉菜单 工具 ➡ 隐藏 ▶ ➡ 所有平面 命令，此时将隐藏所有的平面对象。

（步骤 03） 隐藏所有点。选择下拉菜单 工具 ➡ 隐藏 ▶ ➡ 所有点 命令，此时将隐藏所有的点对象。

（步骤 04） 显示所有草图。选择下拉菜单 工具 ➡ 显示 ▶ ➡ 所有草图 命令，此时将显示所有的草图对象（图 3.6.3）。

（步骤 05） 隐藏不需要的草图。按住 Ctrl 键，在特征树中单击 草图.2 和 草图.3 节点，然后选择下拉菜单 视图 ➡ 隐藏/显示 ▶ ➡ 隐藏/显示 命令，此时结果如图 3.6.4 所示。

图 3.6.3   显示所有草图   图 3.6.4   隐藏不需要的草图

3.7   模型的显示样式与视图控制

学习本节时，请先打开模型文件 D:\catsc20\work\ch03.07\add-slider-04.CATPart。

3.7.1   模型的显示样式

对于模型的显示，CATIA 提供了六种方法，可通过选择下拉菜单 视图 ➡ 渲染样式 ▶

命令，或单击"视图（V）"工具栏中 ![icon] 按钮右下方的小三角形，从系统弹出的"视图方式"工具栏中选择显示方式。

◆ ![icon]（着色显示方式）：单击此按钮，只对模型表面着色，不显示边线轮廓，如图 3.7.1 所示。

◆ ![icon]（含边线着色显示方式）：单击此按钮，显示模型表面，同时显示边线轮廓，如图 3.7.2 所示。

◆ ![icon]（带边着色但不光顺显示方式）：这是一种渲染方式，也显示模型的边线轮廓，但是光滑连接面之间的边线不显示出来，如图 3.7.3 所示。

◆ ![icon]（含边和隐藏边着色显示方式）：显示模型可见的边线轮廓和不可见的边线轮廓，如图 3.7.4 所示。

图 3.7.1 着色显示方式　　图 3.7.2 含边线着色显示方式　　图 3.7.3 带边着色但不光顺显示方式

◆ ![icon]（含材料着色显示方式）：这种显示方式可以将已经应用了新材料的模型显示出模型的材料外观属性。图 3.7.5 所示即应用了新材料后的模型显示。

◆ ![icon]（线框显示方式）：单击此按钮，模型将以线框状态显示，如图 3.7.6 所示。

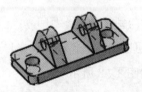  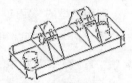

图 3.7.4 含边和隐藏边着色显示方式　　图 3.7.5 含材料着色显示方式　　图 3.7.6 线框显示方式

选择下拉菜单 视图 ➡ 渲染样式 ▶ ➡ 自定义视图 命令，系统将弹出"视图模式自定义"对话框，用户可以根据自己的需要选择合适的显示控制方式。

3.7.2 模型的视图控制

1. 平移视图的操作方法

方法一：选择下拉菜单 视图 ➡ 平移 命令，在图形区按住左键不放并移动鼠标，此时模型会随鼠标移动而平移。

方法二：按住鼠标中键不放并移动鼠标，模型将随鼠标移动而平移。

2. 旋转视图的操作方法

方法一：选择下拉菜单 视图 ➡ 旋转 命令，然后在图形区按住左键并移动鼠标，此时模型会随鼠标移动而旋转。

方法二：先按住鼠标中键，再按住鼠标左（或右）键不放并移动鼠标，模型将随鼠标移动而旋转（单击鼠标中键可以确定旋转中心）。

3. 缩放视图的操作方法

方法一：选择下拉菜单 视图 ➡ 缩放 命令，然后在图形区按住左键并移动鼠标，此时模型会随鼠标移动而缩放，向上可使视图放大，向下则使视图缩小。

方法二：选择下拉菜单 视图 ➡ 修改 ▶ ➡ 放大 命令，可使视图放大。

方法三：选择下拉菜单 视图 ➡ 修改 ▶ ➡ 缩小 命令，可使视图缩小。

方法四：按住鼠标中键不放，再单击左（或右）键，光标变成一个上下指向的箭头，向上移动鼠标可将视图放大，向下移动鼠标是缩小视图。

若缩放过度使模型无法显示清楚，可在"视图"工具栏中单击 ⊕ 按钮，使模型填满整个图形区。

3.7.3 模型的视图定向

利用模型的"定向"功能可以将绘图区中的模型精确定向到某个视图方向。

在"视图"工具栏中单击 ⬚ 按钮右下方的小三角形，可以展开图 3.7.7 所示的"快速查看"工具栏，工具栏中的按钮介绍如下（视图的默认方位如图 3.7.8 所示）。

◆ ⬚（等轴测视图）：单击此按钮，可将模型视图旋转到等轴测三维视图模式，如图 3.7.9 所示。

图 3.7.7 "快速查看"工具栏

图 3.7.8 默认方位

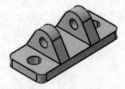

图 3.7.9 等轴测视图

◆ ⬚（正视图）：沿着 x 轴正向查看得到的视图，如图 3.7.10 所示。

◆ ⬚（后视图）：沿着 x 轴负向查看得到的视图，如图 3.7.11 所示。

◆ （左视图）：沿着 y 轴正向查看得到的视图，如图 3.7.12 所示。

图 3.7.10　正视图　　　　图 3.7.11　后视图　　　　图 3.7.12　左视图

◆ （右视图）：沿着 y 轴负向查看得到的视图，如图 3.7.13 所示。

◆ （俯视图）：沿着 z 轴负向查看得到的视图，如图 3.7.14 所示。

◆ （仰视图）：沿着 z 轴正向查看得到的视图，如图 3.7.15 所示。

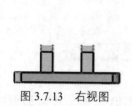　　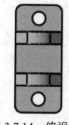　　

图 3.7.13　右视图　　　　图 3.7.14　俯视图　　　　图 3.7.15　仰视图

◆ （已命名的视图）：这是一个定制视图方向的命令，用于保存某个特定的视图方位。若用户需要经常查看某个模型方位，可以将该模型方位通过命名保存起来，然后单击 按钮，便可找到已命名的这个视图方位。

定制视图方位的操作方法如下。

（1）将模型旋转到预定视图方位，在"快速查看"工具栏中单击 按钮，系统弹出"已命名的视图"对话框。

（2）在"已命名的视图"对话框中单击 添加 按钮，系统自动将此视图方位添加到对话框的视图列表中，并将之命名为 camera 1（也可输入其他名称，如 C1）。

（3）单击"已命名的视图"对话框中的 确定 按钮，完成视图方位的定制。

（4）将模型旋转后，单击 按钮，在"已命名的视图"对话框的视图列表中选中 camera 1 视图，然后单击对话框中的 确定 按钮，即可观察到模型快速回到 camera 1 视图方位。

◆ 如要重新定义视图方位，只需旋转到预定的角度，再单击"已命名的视图"对话框中的 修改 按钮即可。

◆ 单击"已命名的视图"对话框中的 反转 按钮，即可反转当前的视图方位。

◆ 单击"已命名的视图"对话框中的 属性 按钮，系统弹出"相机属性"对话框，在该对话框中可以修改视图方位的相关属性。

3.8 层操作

CATIA V5 中提供了一种组织管理零件要素的工具，这就是"层（Layer）"。通过层，可以对所有共同的要素进行显示、隐藏等操作。通过组织层中的模型要素并用层来简化显示，可以使很多任务流水线化，并可提高可视化程度，极大地提高工作效率。

在学习本节时，请先打开文件 D:\catsc20\work\ch03.08\layer.CATPart。

3.8.1 设置图层

层的操作界面位于图 3.8.1 所示的"图形属性"工具栏中，进入层的操作界面和创建新层的操作方法如下。

 "图形属性"工具栏最初在用户界面中是不显示的，要使之显示，只需在工具栏区右击，从系统弹出的快捷菜单中选中 ✓ 图形属性 复选框即可。

（步骤 **01**）单击工具栏"层" 无 ▼ 下拉列表中的 ▼ 按钮，在"层"列表中选择 其他层... 选项，系统弹出图 3.8.2 所示的"已命名的层"对话框。

图 3.8.1 "图形属性"工具栏

图 3.8.2 "已命名的层"对话框

（步骤 **02**）单击"已命名的层"对话框中的 新建 按钮，系统将在列表中创建一个编号为 2 的新层，在新层的名称处单击，将其修改为 my layer（图 3.8.2）。单击"已命名的层"对话框中的 确定 按钮，完成新层的创建。

3.8.2 添加对象至图层

层中的内容，如特征、零部件、参考元素等，称为层的"项目"。本例中需将三个基准平面添加到层 1 Basic geometry 中，同时将模型添加到层 2 my layer 中，具体操作如下。

步骤 **01** 打开"图形属性"工具栏。

步骤 **02** 按住 Ctrl 键,在特征树中选取三个基准平面为需要添加到层 `1 Basic geometry` 中的项目。

步骤 **03** 单击"图形属性"工具栏"层" `无 ▼` 下拉列表中的 ▼ 按钮,在"层"列表中选择 `1 Basic geometry` 为项目所要放置的层。

步骤 **04** 在特征树中选中 `零件几何体` 为需要添加到层 `2 my layer` 中的项目。

步骤 **05** 单击"图形属性"工具栏"层" `无 ▼` 下拉列表中的 ▼ 按钮,在"层"列表中选择 `2 my layer` 为项目所要放置的层。

3.8.3 图层可视性设置

将某个层设置为"过滤"状态,则其层中的项目(如特征、零部件、参考元素等)在模型中将被隐藏。设置的一般方法如下。

步骤 **01** 选择下拉菜单 `工具` ➡ `可视化过滤器...` 命令,系统弹出"可视化过滤器"对话框。

步骤 **02** 单击对话框中的 `新建` 按钮,系统将弹出"可视化讨滤器编辑器"对话框。

步骤 **03** 在"可视化过滤器编辑器"对话框的 `条件:图层` 下拉列表中选择 `2 my layer` 选项加入过滤器,操作完成后,单击对话框中的 `● 确定` 按钮,新的过滤器将被命名为 `过滤器001` 并加入到过滤器列表中。

步骤 **04** 单击"图形属性"工具栏"层" `无 ▼` 下拉列表中的 ▼ 按钮,在"层"列表中选择 `0 General` 选项,在"可视化过滤器"对话框的过滤器列表中选中 `只有当前层可视` 选项,单击"可视化过滤器"对话框中的 `● 应用` 按钮,使当前不显示任何项目。

步骤 **05** 在过滤器列表中选中 `过滤器001` 选项,单击"可视化过滤器"对话框中的 `● 应用` 按钮,则图形区中仅模型可见,而三个基准平面则被隐藏。

步骤 **06** 单击对话框中的 `● 确定` 按钮,完成其他层的隐藏。

在"可视化过滤器编辑器"对话框的 `条件:图层` 栏中可进行层的 `And` 和 `Or` 操作,此操作的目的是将需要显示的层加入到过滤器中。

3.9 旋转体

3.9.1 概述

旋转体特征是将截面草图绕着一条轴线旋转以形成实体的特征,如图 3.9.1 所示。旋转体特征分为旋转体和薄旋转体。旋转体的截面必须是封闭的，而薄旋转体截面则可以不封闭。

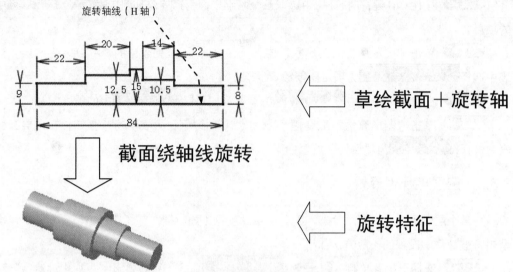

图 3.9.1　旋转体特征示意图

3.9.2　创建旋转体特征

1. 旋转体

下面以一个简单模型为例，说明创建旋转体的详细过程。

步骤 01　在零件工作台中新建一个文件，命名为 revolve01.CATPart。

步骤 02　选择命令。选择下拉菜单 插入 ➡ 基于草图的特征▶ ➡ 旋转体... 命令，系统弹出"定义旋转体"对话框。

步骤 03　定义截面草图。

（1）选择草图平面。单击对话框中的 按钮，选择 yz 平面为草图平面，进入草绘工作台。

（2）绘制图 3.9.1 所示的截面几何图形，完成特征截面的绘制后，单击 按钮，退出草绘工作台。

步骤 04　定义旋转轴线。单击"定义旋转体"对话框 轴线 区域的 选择: 文本框后，在图形区中选择 H 轴作为旋转体的中心轴线（此时 选择: 文本框显示为 横向 ）。

步骤 05　定义旋转角度。在对话框 限制 区域的 第一角度: 文本框中输入数值 360。

 限制 区域的 第一角度: 文本框中的值，表示截面草图绕旋转轴沿逆时针转过的角度，第二角度: 中的值与之相反，二者之和必须小于 360°。

步骤 **06** 单击对话框中的 ⬤ 确定 按钮，完成旋转体的创建。

◆ 旋转截面必须有一条轴线，围绕轴线旋转的草图只能在该轴线的一侧。

◆ 如果轴线和轮廓是在同一个草图中，系统会自动识别。

◆ "定义旋转体"对话框中的 第一角度: 和 第二角度: 的区别在于：第一角度: 是以逆时针方向为正向，从草图平面到起始位置所转过的角度；而 第二角度: 是以顺时针方向为正向，从草图平面到终止位置所转过的角度。

2. 薄旋转体

下面以一个简单模型为例，说明创建薄旋转体的一般过程。

步骤 **01** 新建文件。新建一个零件文件，命名为 revolve02.CATPart。

步骤 **02** 选择命令。选择下拉菜单 插入 ➡ 基于草图的特征 ▶ ➡ ⬛ 旋转体... 命令，系统弹出"定义旋转体"对话框。

步骤 **03** 选择旋转体类型。在"定义旋转体"对话框中选择 ☐ 厚轮廓 复选框，展开对话框的隐藏部分。

步骤 **04** 定义截面草图。

（1）选择草图平面。单击对话框中的 ✎ 按钮，选择 yz 平面为草图平面，系统进入草绘工作台。

（2）绘制截面几何图形，如图 3.9.2 所示。

① 绘制几何图形的大致轮廓。

② 按图中的要求，建立几何约束和尺寸约束，修改并整理尺寸。

（3）完成特征截面的绘制后，单击 ⬆ 按钮，退出草绘工作台。

步骤 **05** 定义旋转轴线。单击"定义旋转体"对话框 轴线 区域的 选择: 文本框后，在图形区中选择 V 轴作为旋转体的中心轴线（此时 选择: 文本框显示为 纵向 ）。

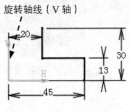

图 3.9.2 截面草图

图 3.9.3 薄旋转体

步骤 **06** 定义旋转角度。在对话框 限制 区域的 第一角度: 文本框中输入数值 360。

步骤 07 定义薄旋转体厚度。在 薄旋转体 区域的 厚度 1：文本框中输入厚度值 2.0，在 厚度 2：文本框中输入厚度值 0。

步骤 08 单击对话框中的 ●确定 按钮，完成薄旋转体的创建（图 3.9.3）。

3.10 旋转槽

旋转槽特征是将截面草图绕着一条轴线旋转成体并从另外的实体中切去。下面以一个简单模型为例，说明创建旋转槽的详细过程。

步骤 01 打开文件 D:\catsc20\work\ch03.10\groove.CATPart。

步骤 02 选择命令。选择下拉菜单 插入 ➡ 基于草图的特征▶ ➡ 🛢 旋转槽...命令，系统弹出"定义旋转槽"对话框。

步骤 03 定义截面草图。

（1）选择草图平面。单击对话框中的 🖉 按钮，选择 yz 平面为草图平面，系统进入草绘工作台。

（2）绘制截面几何图形，如图 3.10.1 所示。

（3）完成特征截面的绘制后，单击 🖆 按钮，退出草绘工作台。

　　　　　　旋转槽截面必须有一条轴线，轴线可以选择绝对轴，也可以在草图中绘制。

步骤 04 定义旋转轴线。单击"定义旋转槽"对话框 轴线 区域的 选择：文本框后，在图形区中选择图 3.10.1 所示的直线作为旋转体的中心轴线。

步骤 05 定义旋转角度。在对话框 限制 区域的 第一角度：文本框中输入数值 360。

步骤 06 单击对话框中的 ●确定 按钮，完成旋转槽的创建，结果如图 3.10.2 所示。

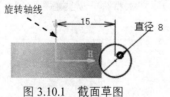

图 3.10.1　截面草图

图 3.10.2　旋转槽特征

3.11 圆角

圆角特征是零部件工作台中非常重要的三维建模特征，CATIA V5 中提供了三种圆角的创建方法，用户可以根据不同情况进行圆角操作。

◆ 倒圆角："倒圆角"命令可以创建曲面间的圆角或中间曲面位置的圆角，使实体曲面实现圆滑过渡。

◆ 可变半径圆角："可变半径圆角"命令的功能是通过在某条边线上指定多个圆角半径，从而生成半径以一定规律变化的圆角。

◆ 三切线内圆角："三切线内圆角"命令的功能是创建与三个指定面相切的圆角。

3.11.1 倒圆角

下面以图 3.11.1 所示的简单模型为例，说明创建倒圆角特征的一般过程。

4 边线

a）倒圆角前   b）倒圆角后

图 3.11.1 倒圆角特征

步骤 01 打开文件 D:\catsc20\work\ch03.11.1\add-slider-round。

步骤 02 选择命令。选择下拉菜单 插入 ➡ 修饰特征▶ ➡ 倒圆角... 命令，系统弹出"倒圆角定义"对话框。

步骤 03 定义要倒圆角的对象。在 选择模式: 下拉列表中选取 相切 选项，然后在系统 选择边线或面: 提示下，选取图 3.11.1 所示的 4 条边线为要倒圆角的对象。

步骤 04 定义倒圆角半径。在 半径: 文本框中输入数值 5。

步骤 05 单击对话框中的 ● 确定 按钮，完成倒圆角特征的创建。

◆ 在对话框的 拓展: 下拉列表中选择 相切 选项时，要圆角化的对象只能为面或锐边，且在选取对象时模型中与所选对象相切的边线也将被选择；选择 最小 选项时，要圆角化的对象只能为面或锐边，且系统只对所选对象进行操作；选择 相交 选项时，要圆角化的对象只能为特征，且系统只对与所选特征相交的锐边进行操作；选择 与选定特征相交 选项时，要圆角化的对象只能为特征，且还要选择一个与其相交的特征为相交对象，系统只对相交时所产生的锐边进行操作。

◆ 利用"倒圆角定义"对话框还可创建面的倒圆角特征。选择图 3.11.2a 所示的模型表面 1 作为要倒圆角的对象，再定义倒圆角参数即可完成特征的创建。

◆ 单击"倒圆角定义"对话框中的 更多>> 按钮，对话框变为图 3.11.3 所示的"倒圆角定义"对话框，在对话框中可以选择要保留的边线和限制元素等（限制元素即倒圆角的边界）。

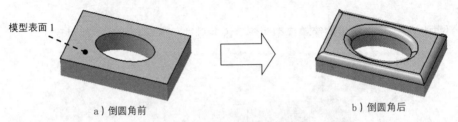

a）倒圆角前   b）倒圆角后

图 3.11.2   面倒圆角特征

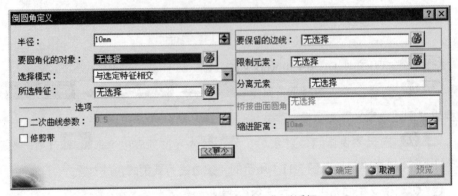

图 3.11.3   "倒圆角定义"对话框

3.11.2   三切线内圆角

下面以图 3.11.4 所示的简单模型为例，说明创建三切线内圆角特征的一般过程。

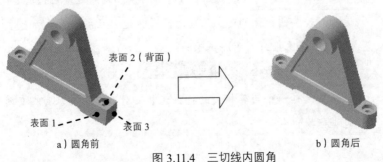

a）圆角前   b）圆角后

图 3.11.4   三切线内圆角

步骤 01 打开文件 D:\catsc20\work\ch03.11.02\round-03.CATPart。

步骤 02 选择命令。选择下拉菜单 `插入` ➡ `修饰特征▶` ➡ `三切线内圆角…`命令，系统弹出"定义三切线内圆角"对话框。

步骤 03 定义要圆化的面。在系统 `选择面。`提示下，选取图 3.11.4 所示的模型表面 1 和模型表面 2 为要圆化的对象。

步骤 04 选择要移除的面。选取模型表面 3 为要移除的面。

步骤 05 单击对话框中的 `确定` 按钮，完成三切线内圆角特征的创建。

3.12　倒角

"倒角"特征是在选定交线处截掉一块平直剖面的材料，以在共有该选定边线的两个平面之间创建斜面的特征。

下面以图 3.12.1 所示的简单模型为例，说明创建倒角特征的一般过程。

步骤 01 打开文件 D:\catsc20\work\ch03.12 \chamfer.CATPart。

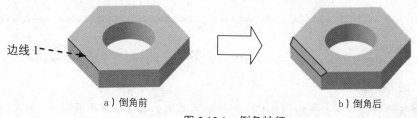

边线 1 ------

a）倒角前　　　　　　　　　　　b）倒角后

图 3.12.1　倒角特征

步骤 02 选择命令。选择下拉菜单 `插入` ➡ `修饰特征▶` ➡ `倒角…`命令，系统弹出"定义倒角"对话框。

步骤 03 选择要倒角的对象。在"定义倒角"对话框的 `拓展：`下拉列表中选择 `最小`选项，选择图 3.12.1a 所示的边线 1 为要倒角的对象。

步骤 04 定义倒角参数。

（1）定义倒角模式。在 `模式：`下拉菜单中选择 `长度 1/角度`选项。

（2）定义倒角尺寸。在 `长度 1：`和 `角度：`文本框中分别输入数值 5.0、45。

步骤 05 单击对话框中的 `确定` 按钮，完成倒角特征的定义。

◆　"定义倒角"对话框的 `模式：`下拉列表用于定义倒角的表示方法，模式中有两种类型：`长度 1/角度`设置的数值中，`长度 1：`表示一个面的切除长度，`角度：`表示斜面和切除面所成的角度；`长度 1/长度 2`设置的数值分别表示两个面的切除长度。

3.13 参考元素

3.13.1 平面

"平面"按钮的功能是在零件设计模块中建立平面，作为其他实体创建的参考元素。

1. 利用"偏移平面"创建平面

下面介绍图 3.13.1b 所示偏移平面的创建过程。

步骤 01 打开文件 D:\catsc20\work\ch03.13.1\datum-plane01。

步骤 02 选择命令。单击"参考元素（扩展）"工具栏中的 ⟋ 按钮，系统弹出图 3.13.2 所示的"平面定义"对话框。

a）创建前　　　　　　　　　　　　　　　　b）创建后

图 3.13.1　创建偏移平面

步骤 03 定义平面的创建类型。在对话框的 平面类型： 下拉列表中选择 偏移平面 选项。

步骤 04 定义平面参数。

（1）定义偏移参考平面。选取图 3.13.3 所示的平面 1 为偏移参考平面。

（2）定义偏移方向。接受系统默认的偏移方向。

说明　　如需更改方向，单击对话框中的 反转方向 按钮即可。

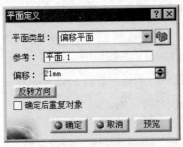

图 3.13.2　"平面定义"对话框（一）

图 3.13.3　定义偏移参考平面

（3）输入偏移值。在对话框的 偏移： 文本框中输入偏移数值 21.0。

步骤 05 单击对话框中的 确定 按钮，完成偏移平面的创建。

选中对话框中的☑**确定后重复对象**复选框，可以连续创建偏移平面，其后偏移平面的定义均以上一个平面为参照。

2. 利用"平行通过点"创建平面

下面介绍图 3.13.4b 所示平行通过点平面的创建过程。

　　a）创建前　　　　　　　　　　　　　　b）创建后

图 3.13.4 创建"平行通过点"平面

步骤 01 打开文件 D:\catsc20\work\ch03.13.1\datum-plane02。

步骤 02 选择命令。单击"参考元素（扩展）"工具栏中的⊿按钮，系统弹出"平面定义"对话框。

步骤 03 定义平面的创建类型。在对话框的 **平面类型:** 下拉列表中选择 **平行通过点** 选项，此时，对话框变为图 3.13.5 所示的"平面定义"对话框（二）。

步骤 04 定义参数。选取图 3.13.6 所示的 xy 平面为参考平面，选取图 3.13.6 所示的点为平面通过的点。

图 3.13.5　"平面定义"对话框（二）

图 3.13.6　定义参考平面

步骤 05 单击对话框中的●**确定**按钮，完成平面的创建。

3. 利用"与平面成一定角度或垂直"创建平面

下面介绍图 3.13.7b 所示的平面的创建过程。

步骤 01 打开文件 D:\catsc20\work\ch03.13.1\ angle_or_normal_to_plane.CATPart。

步骤 02 选择命令。单击"参考元素（扩展）"工具栏中的⊿按钮，系统弹出"平面定义"对话框。

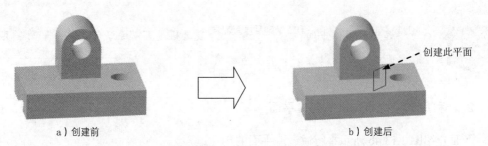

a）创建前　　　　　　　　　　　　　　b）创建后

图 3.13.7　创建"与平面成一定角度或垂直"平面

步骤 03　定 义 平 面 的 创 建 类 型 。 在 对 话 框 的 平面类型： 下 拉 列 表 中 选 择 与平面成一定角度或垂直 选项，此时，对话框变为图 3.13.8 所示的"平面定义"对话框（三）。

步骤 04　定义平面参数。

（1）选择旋转轴。选取图 3.13.9 所示的边线作为旋转轴。

（2）选择参考平面。选取图 3.13.9 所示的模型表面为旋转参考平面。

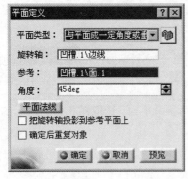

图 3.13.8　"平面定义"对话框（三）

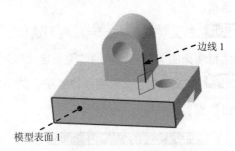

图 3.13.9　定义平面参数

（3）输入旋转角度值。在对话框的 角度： 文本框中输入数值 45。

步骤 05　单击对话框中的 ● 确定 按钮，完成平面的创建。

3.13.2　直线

"直线"按钮的功能是在零件设计模块中建立直线，作为其他实体创建的参考元素。

1. 利用"点—点"创建直线

下面介绍图 3.13.10b 所示直线的创建过程。

步骤 01　打开文件 D:\catsc20\work\ch03.13.2\point-point. CATPart。

步骤 02　选择命令。单击"参考元素（扩展）"工具栏中的 ╱ 按钮，系统弹出"直线定义"对话框。

a）创建直线前   b）创建直线后

图 3.13.10 利用"点－点"创建直线

步骤 03 定义直线的创建类型。在对话框的 线型:下拉列表中选择 点-点 选项。

步骤 04 定义直线参数。

（1）选择元素。在系统 选择第一元素（点、曲线甚至曲面）的提示下，选取图 3.13.10a 所示的点 1 为第一元素；在系统 选择第二点或方向 的提示下，选取图 3.13.10a 所示的点 2 为第二元素。

（2）定义长度值。在对话框的 起点:文本框和 终点:文本框中均输入数值 0，此时，模型如图 3.13.11 所示。

步骤 05 单击对话框中的 ● 确定 按钮，完成直线的创建。

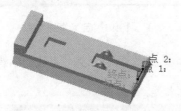

图 3.13.11 定义参考元素

◆ "直线定义"对话框中的 起点:和 终点:文本框用于设置第一元素和第二元素反向延伸的数值。

◆ 在对话框的 长度类型 区域中，用户可以定义直线的长度类型。

2. 利用"点-方向"创建直线

下面介绍图 3.13.12b 所示直线的创建过程。

步骤 01 打开文件 D:\catsc20\work\ch03.13.02\point-direction. CATPart。

步骤 02 选择命令。单击"参考元素（扩展）"工具栏中的 ／ 按钮，系统弹出"直线定义"对话框。

步骤 03 定义直线的创建类型。在对话框的 线型:下拉列表中选择 点-方向 选项。

a）创建直线前　　　　　　　　　　　　b）创建直线后

图 3.13.12　利用 "点 – 方向" 创建直线

步骤 04　定义直线参数。

（1）选择第一元素。选取图 3.13.12a 所示的点 1 为第一元素。

（2）定义方向。选取图 3.13.12a 所示的边线 1 为方向线，采用系统默认方向。

（3）定义起始值和结束值。在对话框的 起点：文本框和 终点：文本框中分别输入数值 0、360，定义之后的模型如图 3.13.13 所示。

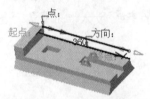

图 3.13.13　定义直线参数

步骤 05　单击对话框中的 确定 按钮，完成直线的创建。

3.13.3　点

"点" 的功能用于创建点作为其他实体创建的参考元素。

1. 利用 "坐标" 创建点

下面以图 3.13.14 所示的实例为例，说明利用坐标方式创建点的一般过程。

步骤 01　打开文件 D:\catsc20\work\ch03.13.03\point-coordinates.CATPart。

步骤 02　选择命令。单击 "参考元素（扩展）" 工具栏中的 · 按钮，系统弹出图 3.13.15 所示的 "点定义" 对话框。

步骤 03　定义点类型。在 点类型：下拉列表中选择 坐标 选项。

步骤 04　选择参考点。单击 参考 区域 点：后面的文本框，采用默认的原点为参考。

步骤 05　定义点坐标。在 X 文本框中输入数值 20，在 Y 文本框中输入数值 -30，在 Z 文本框中输入数值 50。

步骤 06　完成点的创建。其他设置保持系统默认，单击 确定 按钮，完成点的创建。

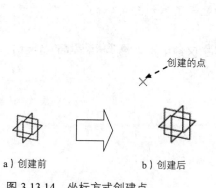

创建的点

a）创建前　　　　b）创建后

图 3.13.14　坐标方式创建点

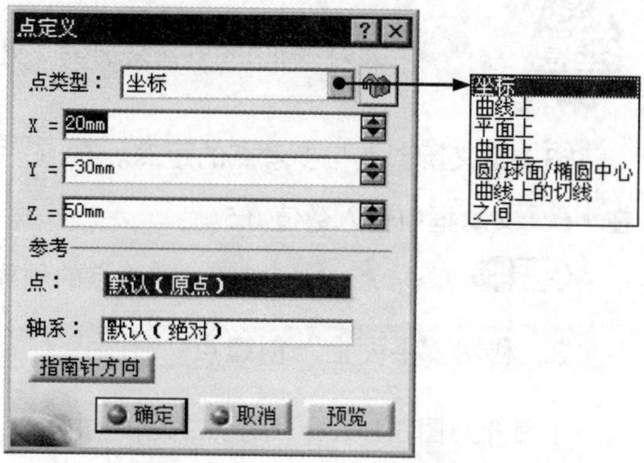

图 3.13.15　"点定义"对话框

2. 利用"曲线上"创建点

下面介绍图 3.13.16b 所示点的创建过程。

步骤 01　打开文件 D:\catsc20\work\ch03.13.03\on-curve. CATPart。

步骤 02　选择命令。单击"参考元素（扩展）"工具栏中的 ***** 按钮，系统弹出图 3.13.17 所示的"点定义"对话框。

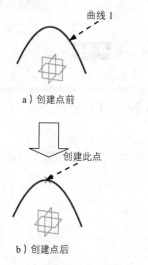

曲线 1

a）创建点前

创建此点

b）创建点后

图 3.13.16　在"曲线上"创建点

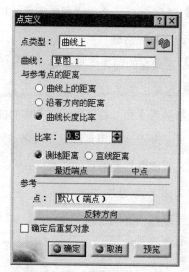

图 3.13.17　"点定义"对话框

步骤 03　定义点的创建类型。在 **点类型：** 下拉列表中选择 **曲线上** 选项。

步骤 04　定义点的参数。

（1）选择曲线。在系统 **选择曲线** 的提示下，选取图 3.13.16a 所示的曲线 1。

（2）定义参考点。采用系统默认的端点作为参考点。

在对话框 参考 区域的 点：文本框中显示了参考点的名称。

（3）定义所创点与参考点的距离。在 与参考点的距离 区域中选中 曲线长度比率 单选项，在 比率：文本框中输入数值 0.5。

步骤 05 单击 确定 按钮，完成点的创建。

3. 利用"平面上"创建点

下面介绍图 3.13.18b 所示点的创建过程。

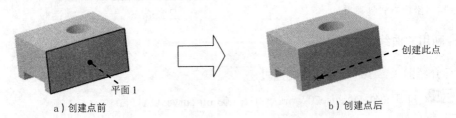

a）创建点前　　　　　　　　　　b）创建点后

图 3.13.18　在"平面上"创建点

步骤 01 打开文件 D:\catsc20\work\ch03.13.03\on-plane. CATPart。

步骤 02 选择命令。单击"参考元素（扩展）"工具栏中的 按钮，系统弹出图 3.13.19 所示的"点定义"对话框。

步骤 03 定义点的创建类型。在 点类型：下拉列表中选择 平面上 选项。

步骤 04 定义点的参数。

（1）选择参考平面。在系统 选择平面 的提示下，选取图 3.13.18a 所示的平面 1。

（2）定义参考点。采用系统默认参考点（原点）。

（3）定义所创点与参考点的距离。在 H：文本框和 V：文本框中分别输入数值 15、-45，定义之后模型如图 3.13.20 所示。

图 3.13.19　"点定义"对话框

图 3.13.20　定义参考点

步骤 **05** 单击 确定 按钮，完成点的创建。

3.13.4 轴系

CATIA V5 系统中的轴系即通常所说的坐标系，默认设置下系统不显示轴系。在创建复杂模型或装配体时，建立必要的轴系可以用来定位平面、方向等。下面以图 3.13.21 所示的模型为例，说明创建轴系的一般操作过程。

a）创建前　　　　　　　　　　　b）创建后

图 3.13.21　创建轴系

步骤 **01** 打开文件 D:\catsc20\work\ch03.13.04\ axis-system.CATPart。

步骤 **02** 选择命令。选择下拉菜单 插入 ➡ ⌐ 轴系... 命令，系统弹出图 3.13.22 所示的"轴系定义"对话框。

步骤 **03** 创建绝对轴系。此时图形区显示如图 3.13.23 所示，采用默认的参数设置，单击对话框中的 确定 按钮，完成轴系的创建。

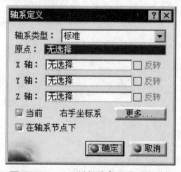

图 3.13.22　"轴系定义"对话框

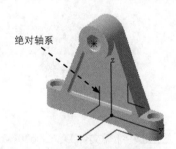

绝对轴系

图 3.13.23　创建绝对轴系

说明

在"轴系定义"对话框 轴系类型：下拉列表中包含 3 种类型。

◆ 标准 选项：用 X 轴、Y 轴和 Z 轴来创建一个标准的轴系统。

◆ 轴旋转 选项：通过在标准选项的基础上，增加一个点来定义旋转轴和旋转角度来创建轴系统。

◆ 欧拉角 选项：通过指定原点和 3 个角度来定义轴系统。

步骤 **04** 创建自定义轴系。

（1）选择下拉菜单 插入 ➡ ⌐ 轴系... 命令，系统弹出"轴系定义"对话框。

（2）在图形区选取图 3.13.24 所示的原点参考、X 轴参考和 Y 轴参考，其余参数采用默认设置，单击对话框中的 ● 确定 按钮，完成轴系的创建，结果如图 3.13.25 所示。

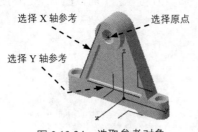
图 3.13.24 选取参考对象

图 3.13.25 创建轴系

3.14 孔

"孔特征"（Hole）命令的功能是在实体上钻孔，CATIA V5 系统中提供了专门的孔命令，用户可以方便快速地创建各种要求的孔。

1. 直孔的创建

下面以图 3.14.1 所示的简单模型为例，说明在模型上添加直孔特征的操作过程。

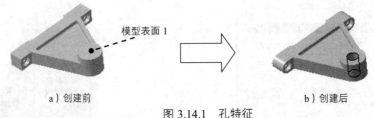
模型表面 1

a）创建前   b）创建后

图 3.14.1 孔特征

步骤 **01** 打开文件 D:\catsc20\work\ch03.14\hole01.CATPart。

步骤 **02** 选择命令。选择下拉菜单 插入 ➡ 基于草图的特征 ▶ ➡ ● 孔... 命令。

步骤 **03** 定义孔的放置面。选取图 3.14.1a 所示的模型表面 1 为孔的放置面，此时系统弹出"定义孔"对话框。

 ◆ "定义孔"对话框中有三个选项卡：扩展 选项卡、类型 选项卡、定义螺纹 选项卡。扩展 选项卡主要定义孔的直径和深度及延伸类型；类型 选项卡用来设置孔的类型以及直径、深度等参数；定义螺纹 选项卡用于创建标准孔。

步骤 04 定义孔的位置。

（1）进入定位草图。单击对话框 扩展 选项卡中的 ⊿ 按钮，系统进入草绘工作台。

（2）定义必要的几何约束，结果如图 3.14.2 所示。

（3）完成几何约束后，单击 凸 按钮，退出草绘工作台。

 当用户在模型表面单击以选取草图平面时，系统将在用户单击的位置自动建立 V－H 轴，并且 V－H 轴不随孔中心线移动，因此，V－H 轴不可作为几何约束的参照。

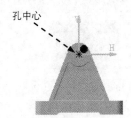

孔中心

图 3.14.2 孔草图

步骤 05 定义孔的类型。单击 类型 选项卡，在下拉列表中选择 简单 选项。

步骤 06 定义孔的延伸参数。

（1）定义孔的深度。在"定义孔"对话框 扩展 选项卡的下拉列表中选择 直到下一个 选项。

（2）定义孔的直径。在对话框 扩展 选项卡的 直径: 文本框中输入数值 12。

步骤 07 单击对话框中的 ● 确定 按钮，完成直孔的创建。

2. 螺孔的创建

下面以图 3.14.3 所示的简单模型为例，说明创建螺孔（标准孔）的一般过程。

步骤 01 打开文件 D:\catsc20\work\ch03.14\hole02.CATPart。

步骤 02 选择命令。选择下拉菜单 插入 ➡ 基于草图的特征▶ ➡ ● 孔... 命令。

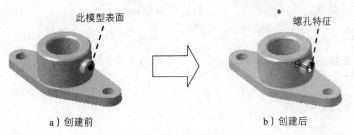

此模型表面

螺孔特征

a）创建前　　　　　　　　b）创建后

图 3.14.3 创建螺孔

步骤 03 选取孔的定位元素。在图形区中选取图 3.14.3a 所示的模型表面为孔的定位平面，系统弹出"定义孔"对话框。

步骤 04 定义孔的位置。

（1）进入定位草图。单击对话框 扩展 选项卡中的 按钮，系统进入草绘工作台。

（2）定义必要的几何约束，结果如图 3.14.4 所示（约束孔的中心与圆弧边线同心）。

（3）完成几何约束后，单击 按钮，退出草绘工作台。

步骤 05 定义孔的类型。单击 类型 选项卡，在下拉列表中选择 简单 选项。

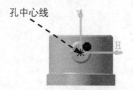

孔中心线

图 3.14.4　定义孔位置

"孔定义"对话框中，孔的五种类型如图 3.14.5 所示。

简单　　　　　锥形　　　　　沉头　　　　　埋头　　　　　倒钻

图 3.14.5　孔的类型

步骤 06 定义孔的螺纹。单击 定义螺纹 选项卡，选中 螺纹孔 复选框激活"定义螺纹"区域。

（1）选取螺纹类型。在 定义螺纹 区域的 类型: 下拉列表中选取 公制粗牙螺纹 选项。

（2）定义螺纹描述。在 螺纹描述: 下拉列表中选取 M3 选项。

（3）定义螺纹参数。在 螺纹深度: 和 孔深度: 文本框中分别输入数值 6.0。

步骤 07 单击对话框中的 确定 按钮，完成孔的创建。

3.15　加强筋（肋）

"加强肋"特征的创建过程与凸台特征基本相似，不同的是加强肋特征的截面草图是不封闭的。

　　　　加强肋截面两端必须与接触面对齐。

下面以图 3.15.1 所示的模型为例，说明创建加强肋特征的一般过程。

　　a）生成加强肋前　　　　　　　　　　b）生成加强肋后

图 3.15.1　加强肋特征

步骤 01 打开文件 D:\catsc20\work\ch03.15\rib.CATPart。

步骤 02 选择命令。选择下拉菜单 插入 ➡ 基于草图的特征 ➡ 加强肋... 命令，系统弹出图 3.15.2 所示的"定义加强肋"对话框。

步骤 03 定义截面草图。

（1）选择草绘平面。在"定义加强肋"对话框的 轮廓 区域单击 按钮，选取 xz 平面为草绘平面，进入草绘工作台。

（2）绘制图 3.15.3 所示的截面几何图形。

（3）单击"工作台"工具栏中的 按钮，退出草绘工作台。

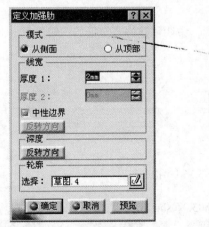

图 3.15.2　"定义加强肋"对话框

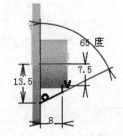

图 3.15.3　截面草图

步骤 04 定义加强肋的参数。

（1）定义加强肋的模式。在对话框的 模式 区域选中 ● 从侧面 单选项。

（2）定义加强肋的生成方向。加强肋的生成方向如图 3.15.4 所示，若方向与之相反，可单击对话框 深度 区域的 反转方向 按钮使之反向。

◆　定义加强肋的生成方向时，若未指示正确的方向，预览时系统将弹出图 3.15.5 所示的"特征定义错误"对话框，此时需将生成方向重新定义。

◆　加强肋的模式 ● 从侧面 表示输入的厚度沿图 3.15.4 所示的箭头方向生成。

（3）定义加强肋的厚度。在 线宽 区域的 厚度 1： 文本框中输入数值 2.0。

步骤 05 单击对话框中的 ● 确定 按钮，完成加强肋的创建。

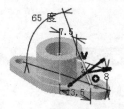

图 3.15.4　指示厚度生成方向

图 3.15.5　"特征定义错误"对话框

3.16　抽壳

"抽壳"特征是将实体的一个或几个表面去除，然后掏空实体的内部，留下一定壁厚的壳。

下面以图 3.16.1 所示的简单模型为例，说明创建抽壳特征的一般过程。

a）抽壳前　　　　　　　　　　　　　　　　　b）抽壳后

图 3.16.1　抽壳

步骤 01 打开文件 D:\catsc20\work\ch03.16\shell.CATPart。

步骤 02 选择命令。选择下拉菜单 插入 ➡ 修饰特征 ▶ ➡ ▶ 抽壳... 命令，系统弹出图 3.16.2 所示的"定义盒体"对话框。

图 3.16.2 "定义盒体"对话框

步骤 **03** 选取要移除的面。在系统 选择要移除的面。提示下，选取图 3.16.1a 所示的面 1 为要移除的面。

步骤 **04** 定义抽壳厚度。在对话框的 默认内侧厚度：文本框中输入数值 1。

步骤 **05** 单击对话框中的 ● 确定 按钮，完成抽壳特征的创建。

◆ **默认内侧厚度**：是指实体表面向内的厚度，**默认外侧厚度**：是指实体表面向外的厚度。

◆ **其他厚度面**：用于选择与默认壁厚不同的面，并需设定目标壁厚值，设定方法是双击模型表面的壁厚尺寸线，在系统弹出的对话框中输入相应的数值。

3.17 拔模

注射件和铸件往往需要一个拔模斜面，才能顺利脱模，CATIA V5 的拔模特征就是用来创建模型的拔模斜面。

下面以图 3.17.1 所示的简单模型为例，说明创建单一角度拔模特征的一般过程。

步骤 **01** 打开文件 D:\catsc20\work\ch03.17\add-slider-dra01.CATPart。

步骤 **02** 选择命令。选择下拉菜单 插入 ➡ 修饰特征 ▶ ➡ 🔲 拔模...命令，系统弹出 "定义拔模"对话框。

步骤 **03** 定义要拔模的面。在系统 选择要拔模的面 提示下，选取图 3.17.1a 所示的模型表面 1 为要拔模的面。

步骤 **04** 定义拔模的中性元素。单击以激活 中性元素 区域的 选择：文本框，选取图 3.17.1a 所示的模型表面 2 为中性元素。

步骤 **05** 定义拔模属性。

（1）定义拔模方向。右击 拔模方向 区域的 选择: 文本框，在快捷菜单中选取 z 轴为拔模方向面。

 在系统弹出"定义拔模"对话框的同时，模型表面将出现一个指示箭头，箭头表明的是拔模方向（即所选拔模方向面的法向），如图 3.17.2 所示。

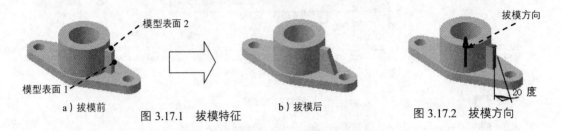

模型表面 2

模型表面 1

拔模方向

20 度

a）拔模前　　　　图 3.17.1　拔模特征　　　　b）拔模后　　　　图 3.17.2　拔模方向

（2）输入角度值。在对话框的 角度: 文本框中输入角度值 20。

步骤 06　单击对话框中的 ● 确定 按钮，完成单一角度拔模的创建。

◆　拔模角度可以是正值，也可以是负值，正值是沿拔模方向的逆时针方向拔模，负值则反之。
◆　单击"定义拔模"对话框中的 更多>> 按钮，展开对话框隐藏的部分，用户可以根据需要在对话框中设置不同的拔模形式和限制元素。

3.18　肋

"肋"特征是将一个轮廓沿着给定的中心曲线"扫掠"而生成的，如图 3.18.1 所示，所以也叫"扫描"特征。要创建或重新定义一个肋特征，必须给定两个要素（中心曲线和轮廓）。

下面以图 3.18.1 为例，说明创建肋特征的一般过程。

步骤 01　打开文件 D:\catsc20\work\ch03.18\sweep.CATPart。

步骤 02　选取命令。选择下拉菜单 插入 ➡ 基于草图的特征 ▶ ➡ 肋... 命令，系统弹出"定义肋"对话框。

步骤 03　选择中心曲线和轮廓线。单击以激活 轮廓 后的文本框，选取图 3.18.1 所示的草图为轮廓；单击以激活 中心曲线 后的文本框，选取图 3.18.1 所示的中心曲线。

步骤 04　在"定义肋"对话框 控制轮廓 区域的下拉列表中选择 保持角度 选项，单击对话框中的 ● 确定 按钮，完成肋特征的定义。

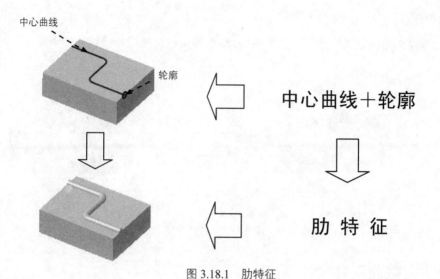

图 3.18.1 肋特征

在"定义肋"对话框中选择 ☐**厚轮廓** 选项，在 **薄肋** 区域的 **厚度 1：** 文本框中输入厚度值 0.5，然后单击对话框中的 ●**确定** 按钮，模型将变为图 3.18.2 所示的薄壁特征。

图 3.18.2 薄壁特征

3.19 开槽

创建开槽特征的操作步骤与创建肋特征相同，也是将一个轮廓沿着给定的中心曲线"扫掠"而成，二者的区别在于肋特征的功能是生成实体，而开槽特征则是用于切除实体。

下面以图 3.19.1 为例，说明创建开槽特征的一般过程。

步骤 01 打开文件 D:\catsc20\work\ch03.19\solt.CATPart。

步骤 02 选取命令。选择下拉菜单 插入 ➡ 基于草图的特征 ▶ ➡ ◢ 开槽... 命令，系统弹出"定义开槽"对话框。

步骤 03 定义开槽特征的轮廓。在系统 定义轮廓。 的提示下，选取图 3.19.1a 所示的草图截面作为开槽特征的轮廓。

步骤 04 定义开槽特征的中心曲线。在系统 定义中心曲线。 的提示下，选取图 3.19.1a 所示的中心曲线。

步骤 **05** 单击"定义开槽"对话框中的 ⬤ 确定 按钮，完成开槽特征的创建。

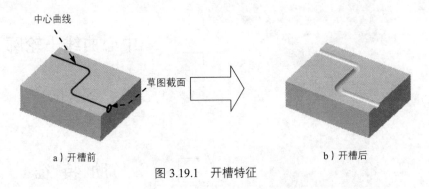

a）开槽前   b）开槽后

图 3.19.1   开槽特征

3.20   多截面实体

"多截面实体"特征是将一组不同的截面沿其边线用过渡曲面连接形成一个连续的特征。多截面实体特征至少需要两个截面。

下面以图 3.20.1 所示的模型为例，说明创建多截面实体特征的一般过程。

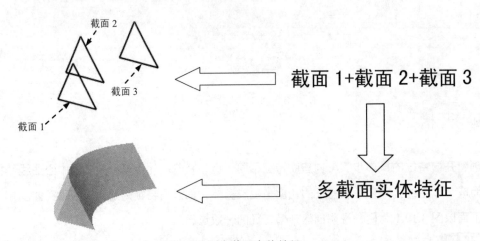

图 3.20.1   多截面实体特征

步骤 **01** 打开文件 D:\catsc20\work\ch03.20\loft.CATPart。

步骤 **02** 选取命令。选择下拉菜单 插入 ➡ 基于草图的特征▶ ➡ 🔧 多截面实体... 命令，系统弹出图 3.20.2 所示的"多截面实体定义"对话框。

步骤 **03** 选择截面轮廓。在系统 选择曲线 提示下，分别选取图 3.20.1 所示的截面 1、截面 2 和截面 3 作为多截面实体特征的截面轮廓。

步骤 04 定义闭合点和闭合位置及方向。如图 3.20.3 所示，在图形区选取闭合点 2 并右击，从系统弹出的快捷菜单中选择 **替换** 命令，在图形区单击图 3.20.3 所示的点为闭合点 2 的放置点，且方向一致，结果如图 3.20.4 所示。

 注意 多截面实体实际上是利用截面轮廓以渐变的方式生成的，所以在选择的时候要注意截面轮廓的先后顺序，否则实体无法正确生成。

步骤 05 选择连接方式。在对话框中单击 **耦合** 选项卡，在 **截面耦合：** 下拉列表中选择 **相切然后曲率** 选项。

步骤 06 单击"多截面实体定义"对话框中的 **● 确定** 按钮，完成多截面实体特征的创建。

◆ **耦合** 选项卡的 **截面耦合：** 下拉列表中有四个选项，分别代表四种不同的图形连接方式。

● **比率** 方式：将截面轮廓以比例方式连接，其具体操作方法是先将两个截面间的轮廓线沿闭合点的方向等分，再将等分线段依次连接，这种连接方式通常用在不同几何图形的连接上，如圆和四边形的连接。

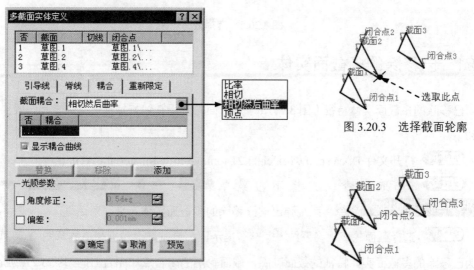

图 3.20.2 "多截面实体定义"对话框　　图 3.20.4 定义闭合点位置及方向

图 3.20.3 选择截面轮廓

● **相切** 方式：将截面轮廓上的斜率不连续点（即截面的非光滑过渡点）作为连接点，此时，各截面轮廓的顶点数必须相同。

● **相切然后曲率** 方式：将截面轮廓上的相切连续而曲率不连续点作为连接点，此时，各截面轮廓的顶点数必须相同。

- ● 顶点 方式：将截面轮廓的所有顶点作为连接点，此时，各截面轮廓的顶点数必须相同。

- ◆ 多截面实体特征的截面轮廓一般使用闭合轮廓，每个截面轮廓都应有一个闭合点和闭合方向，各截面的闭合点和闭合方向都应处于正确的位置，否则会发生扭曲（图 3.20.5）或生成失败。

- ◆ 闭合点和闭合方向均可修改。修改闭合点的方法是：在闭合点图标处右击，从系统弹出的快捷菜单中选择 替换 命令，然后在正确的闭合点位置单击，即可修改闭合点。修改闭合方向的方法是：在表示闭合方向的箭头上单击，即可使之反向。

- ◆ 多截面实体特征的生成可以指定脊线或者引导线来完成（若用户没有指定，系统采用默认的脊线引导实体生成），它的生成实际上也是截面轮廓沿脊线或者引导线的扫掠过程。

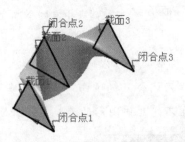

图 3.20.5　选择截面轮廓

3.21　已移除的多截面实体

已移除的多截面实体特征（图 3.21.1b）是截面轮廓沿脊线扫掠除去实体，其一般操作过程如下。

步骤 01　打开文件 D:\catsc20\work\ch03.21\remove-lofted-material.CATPart。

步骤 02　选取命令。选择下拉菜单 插入 ➡ 基于草图的特征 ▶ ➡ 已移除的多截面实体... 命令，系统弹出"已移除的多截面实体定义"对话框。

步骤 03　选择截面轮廓。在系统 选择曲线 提示下，分别选取特征树中的草图 2 和草图 3 作为已移除的多截面实体特征的截面轮廓，截面轮廓的闭合点和闭合方向如图 3.21.2 所示。

 各截面的闭合点和闭合方向都应处于正确的位置，若需修改闭合点或闭合方向，参见 3.20 节的说明。

步骤 04　选择连接方式。单击 耦合 选项卡，在 截面耦合： 下拉列表中选择 相切 选项。

(步骤 **05**) 单击对话框中的 ● 确定 按钮，完成已移除多截面实体特征的创建。

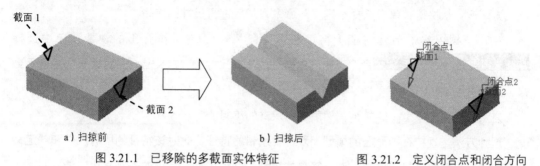

a）扫掠前   b）扫掠后

图 3.21.1 已移除的多截面实体特征   图 3.21.2 定义闭合点和闭合方向

3.22 特征编辑与操作

3.22.1 编辑参数

特征参数的编辑是指对特征的尺寸和相关修饰元素进行修改，以下将举例说明其操作方法（图 3.22.1）。

(步骤 **01**) 打开文件 D:\catsc20\work\ch03.22.01\edit-parametric.CATPart。

(步骤 **02**) 在特征树中右击要编辑的特征 开孔.2 ，在系统弹出的快捷菜单中选择 开孔.2 对象 ➡ 编辑参数 命令，此时该特征的所有尺寸都显示出来，以便进行编辑。

通过上述方法进入尺寸的编辑状态后，如果要修改特征的某个尺寸值，方法如下。

(步骤 **01**) 在模型中双击要修改的某个尺寸，系统弹出"参数定义"对话框。

(步骤 **02**) 在对话框的 值 文本框中输入新的尺寸值 20，并单击对话框中的 ● 确定 按钮。

(步骤 **03**) 编辑特征的尺寸后，必须进行"更新"操作，重新生成模型，这样修改后的尺寸才会重新驱动模型。方法是选择下拉菜单 编辑 ➡ ❸更新 命令。

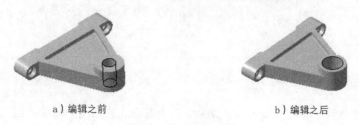

a）编辑之前   b）编辑之后

图 3.22.1 编辑参数

3.22.2 特征的重定义

当特征创建完毕后，如果需要重新定义特征的属性、草绘平面、截面的形状或特征的深度选项类型，就必须对特征进行"重定义"。特征的重定义有两种方法，下面以模型

（edit-parametric）的凸台特征为例说明其操作方法。

方法一：从快捷菜单中选择"定义"命令，然后进行尺寸的编辑。

在特征树中右击凸台特征（特征名为 📓凸台.2），在系统弹出的快捷菜单中选择 凸台.2 对象 ▶ ➡ 定义...命令，此时该特征的所有尺寸和"定义凸台"对话框都将显示出来，以便进行编辑。

方法二：双击模型中的特征，然后进行尺寸的编辑。

这种方法是直接在图形区的模型上双击要编辑的特征，此时该特征的所有尺寸和"定义凸台"对话框也都会显示出来。对于简单的模型，这是重定义特征的一种常用方法。

1．重定义特征的属性

在操控板中重新选定特征的深度类型和深度值及拉伸方向等属性。

2．重定义特征的截面草绘

（步骤 01）打开文件 D:\catsc20\work\ch03.22.02\edit-parametric02.CATPart。

（步骤 02）双击凸台 2 特征，在"定义凸台"对话框中单击📝按钮，进入草绘工作台。

（步骤 03）在草绘环境中修改特征截面草图的尺寸、约束关系、形状等。修改完成后，单击🔼按钮，退出草绘工作台。

（步骤 04）单击"定义凸台"对话框中的 ●确定 按钮，完成特征的修改。

在重定义特征的过程中可能需要修改草绘的基准平面，其方法是在特征树中右击 📝草图.2，从系统弹出的快捷菜单中选择 草图.2 对象 ▶ ➡ 更改草图支持面...命令，系统将弹出"警告"对话框（此对话框的含义是草图基准面基于其他特征，不可更改约束），单击对话框中的 ▭确定▭ 按钮，系统将弹出"草图定位"对话框，在对话框 草图定位 区域的 参考:文本框中可以选择草图平面。

3.22.3 特征撤销与重做

CATIA V5 提供了多级撤销及重做功能，这意味着，在所有对特征、组件和制图的操作中，如果错误地删除、重定义或修改了某些内容，只需一个简单的"撤销"操作就能恢复原状。下面以一个例子进行说明。

（步骤 01）打开文件 D:\catsc20\work\ch03.22.03\undo-operation.CATPart。

（步骤 02）创建图 3.22.2 所示的凸台 2 特征。

图 3.22.2 凸台 2 特征

步骤 03 删除上步创建的凸台 2 特征，然后单击工具栏中的 按钮，则刚刚被删除的凸台 2 特征又恢复回来了。

3.22.4 特征重排序

下面以塑件壳体（cup.CATPart）为例，说明特征重新排序（Reorder）的操作方法。

步骤 01 打开文件 D:\catsc20\work\ch03.22.04\ reorder.CATPart。

步骤 02 在图 3.22.3 所示的特征树中右击 **盒体.1** 特征，在系统弹出的快捷菜单中选择 **盒体.1 对象** ➡ **重新排序...** 命令，系统弹出图 3.22.4 所示的"重新排序特征"对话框。

图 3.22.3 特征树

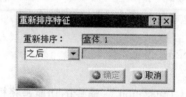

图 3.22.4 "重新排序特征"对话框

步骤 03 在特征树中选择特征 **拔模.1**，在"重新排序特征"对话框的下拉列表中选择 **之后** 选项，单击 **确定** 按钮。

步骤 04 右击抽壳特征，从快捷菜单中选择 **定义工作对象** 命令，模型将重新生成抽壳特征。

3.23 变换操作

CATIA V5 的特征变换包括镜像特征、矩形阵列、圆形阵列、删除阵列、分解阵列及用户自定义阵列。特征的变换命令用于创建一个或多个特征的副本。下面将分别介绍它们的操作过程。

本节"特征变换"中的"特征"是指拉伸、旋转、孔、肋、开槽、加强肋（筋）、多截面实体和已移除的多截面实体等这类对象。

3.23.1 镜像特征

镜像特征就是将源特征相对于一个平面进行对称复制，从而得到源特征的一个副本。如图 3.23.1 所示，对这个凸台特征进行镜像复制的操作过程如下。

步骤 01 打开文件 D:\catsc20\work\ch03.23.01\mirror-image.CATPart。

步骤 02 选择特征。在特征树中选取"凸台.3"作为需要镜像的特征。

步骤 03 选择命令。选择下拉菜单 插入 ➡ 变换特征 ▶ ➡ 镜像... 命令，系统弹出图 3.23.2 所示的"定义镜像"对话框。

步骤 04 选择镜像平面。选取 yz 平面作为镜像中心平面。

步骤 05 单击对话框中的 确定 按钮，完成特征的镜像操作。

图 3.23.1　镜像特征　　　　　　图 3.23.2　"定义镜像"对话框

3.23.2 平移

"平移（Translation）"命令的功能是将模型沿着指定方向移动到指定距离的新位置。

下面对图 3.23.3a 所示模型进行平移，操作步骤如下。

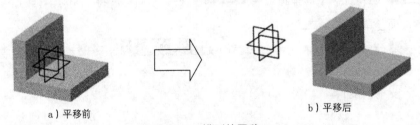

a）平移前　　　　　　　　　　　　　b）平移后

图 3.23.3　模型的平移

步骤 01 打开文件 D:\catsc20\work\ch03.23.02\translation.CATPart。

步骤 02 选择命令。选择下拉菜单 插入 ➡ 变换特征 ▶ ➡ 平移... 命令，系统弹出"问题"对话框。

步骤 03 定义是否保留变换规格。单击对话框中的 是(Y) 按钮，保留变换规格，此时系统弹出"平移定义"对话框。

步骤 04 定义平移类型和参数。

（1）选择平移类型。在"平移定义"对话框的 向量定义：下拉列表中选择 方向、距离 选项。

（2）定义平移方向。选取 Y 部件 作为平移的方向。

（3）定义平移距离。在对话框的 距离：文本框中输入数值 100。

步骤 05 单击对话框中的 ● 确定 按钮，完成模型的平移操作。

3.23.3　旋转

"旋转（Rotation）"命令的功能是将模型绕轴线旋转到新位置。

下面对图 3.23.4a 中的模型进行旋转，操作步骤如下。

a）旋转前　　　　　　　　　　　b）旋转后

图 3.23.4　模型的旋转

步骤 01 打开文件 D:\catsc20\work\ch03.23.3\gyrate.CATPart。

步骤 02 选择命令。选择下拉菜单 插入 ➡ 变换特征 ▶ ➡ ⌐ 旋转… 命令，系统弹出"问题"对话框。

步骤 03 定义变换规格。单击对话框中的 是(Y) 按钮，保留变换规格，此时系统弹出图 3.23.5 所示的"旋转定义"对话框。

步骤 04 定义旋转轴线。在 定义模式：下拉列表中选择 轴线-角度 选项，选取图 3.23.6 所示的边线 1 作为模型的旋转轴线。

步骤 05 定义旋转角度。在对话框的 角度：文本框中输入数值 45。

步骤 06 单击对话框中的 ● 确定 按钮，完成模型的旋转操作。

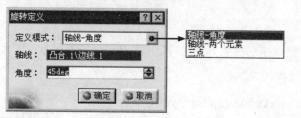

图 3.23.5　"旋转定义"对话框

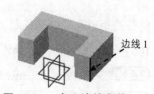

图 3.23.6　定义旋转参数

3.23.4　对称

"对称（Symmerty）"命令的功能是将模型关于某个选定平面移动到与原位置对称的位置，

即其相对于坐标系的位置发生了变化，操作的结果就是移动。

下面对图 3.23.7a 中的模型进行对称操作，操作步骤如下。

 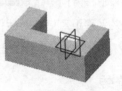

a）对称前   b）对称后

图 3.23.7　模型的对称

步骤 01 打开文件 D:\catsc20\work\ch03.23.4\both-sides.CATPart。

步骤 02 选择命令。选择下拉菜单 插入 ➡ 变换特征 ▶ ➡ ⚑ 对称... 命令，系统弹出"问题"对话框。

步骤 03 定义变换规格。单击对话框中的 是(Y) 按钮，保留变换规格，此时系统弹出图 3.23.8 所示的"对称定义"对话框。

步骤 04 选择对称平面。在 参考: 文本框中选取 yz 平面作为对称平面，结果如图 3.23.9 所示。

 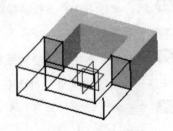

图 3.23.8　"对称定义"对话框   图 3.23.9　选择对称平面

步骤 05 单击对话框中的 ● 确定 按钮，完成模型的对称操作。

3.23.5　矩形阵列

特征的矩形阵列就是将源特征以矩形排列方式进行复制，使源特征产生多个副本。如图 3.23.10b 所示，进行阵列的操作过程如下。

步骤 01 打开文件 D:\catsc20\work\ch03.23.05\array01.CATPart。

步骤 02 选择要阵列的源特征。按住 Ctrl 键，在特征树中依次选中特征 ⬚ 凸台.7 和 ⬚ 孔.5 作为矩形阵列的源特征。

步骤 03 选择命令。选择下拉菜单 插入 ➡ 变换特征 ▶ ➡ ⬚⬚⬚ 矩形阵列... 命令，系统弹出"定义矩形阵列"对话框。

步骤 04 定义阵列参数。

（1）定义第一方向参考元素。单击以激活 **参考元素:** 文本框，选取图 3.23.10a 所示的边线 1 为第一方向参考元素。

（2）定义第一方向参数。在对话框中单击 **第一方向** 选项卡，在 **参数:** 下拉列表中选择 **实例和间距** 选项，在 **实例:** 和 **间距:** 文本框中分别输入数值 3、97.5。

> **参数:** 下拉列表中的选项用于定义源特征在第一方向上副本的分布数目和间距（或总长度），选择不同的列表项，则可输入不同的参数定义副本的位置。

（3）选择第二方向参考元素。在对话框中单击 **第二方向** 选项卡，在 **参考方向** 区域单击以激活 **参考元素:** 文本框，选取图 3.23.10a 所示的边线 2 为第二方向参考元素。

（4）定义第二方向参数。在 **参数:** 下拉菜单中选择 **实例和间距** 选项，在 **实例:** 和 **间距:** 文本框中分别输入数值 2、110。

步骤 05 单击对话框中的 **● 确定** 按钮，完成矩形阵列的创建。

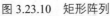

边线 2　　a）阵列前　　边线 1　　　　　　b）阵列后

图 3.23.10　矩形阵列

> ◆ 如果先单击 ⊞ 按钮，不选择任何特征，那么系统将对当前整个实体进行阵列操作。
>
> ◆ 如果已经选中某个要阵列的特征，在进行阵列操作的过程中又想将阵列的对象改为整个实体，可以在对话框 **要阵列的对象** 区域的 **对象:** 文本框中右击，选择 **获取当前实体** 选项。
>
> ◆ 单击"定义矩形阵列"对话框中的 **更多>>** 按钮，展开对话框隐藏的部分，在对话框中可以设置要阵列的特征在图样中的位置。

3.23.6 圆形阵列

特征的圆形阵列就是将源特征通过轴向旋转和（或）径向偏移，以圆周排列方式进行复制，使源特征产生多个副本。下面以图 3.23.11 所示模型为例来说明阵列的一般操作步骤。

步骤 01 打开文件 D:\catsc20\work\ch03.23.06\array02.CATPart。

步骤 02 选择要阵列的源特征。在特征树中选中特征 凹槽.1 作为圆形阵列的源特征。

a）阵列前　　　　　　　　　b）阵列后

图 3.23.11　圆形阵列

步骤 03 选择命令。选择下拉菜单 插入 ➡ 变换特征 ▶ ➡ 圆形阵列 命令，系统弹出"定义圆形阵列"对话框。

步骤 04 定义阵列参数。

（1）选择参考元素。激活 参考元素: 文本框，选取 z 轴为参考元素。

（2）定义轴向阵列参数。在对话框中单击 轴向参考 选项卡，在 参数: 下拉菜单中选择 实例和角度间距 选项，在 实例: 和 角度间距: 文本框中分别输入数值 6、60。

　　　参数: 下拉列表中的选项用于定义源特征在轴向的副本分布数目和角度间距，选择不同的列表项，则可输入不同的参数定义副本的位置。

（3）定义径向阵列参数。在对话框中单击 定义径向 选项卡，在 参数: 下拉列表中选择 圆和圆间距 选项，在 圆: 和 圆间距: 文本框中分别输入数值 1.0、20.0。

步骤 05 单击对话框中的 确定 按钮，完成圆形阵列的创建。

◆　　参数: 下拉列表中的选项用于定义源特征在径向的副本分布数目和角度间距，选择不同的列表项，则可输入不同的参数定义副本的位置。

◆　单击"定义圆形阵列"对话框中的 更多>> 按钮，展开对话框隐藏的部分，在对话框中可以设置要阵列的特征在图样中的位置。

3.23.7　用户阵列

用户阵列就是将源特征复制到用户指定的位置（指定位置一般以草绘点的形式表示），使源特征产生多个副本。如图 3.23.12 所示，进行用户阵列的操作过程如下。

a）阵列前　　　　　　　　　　　　　　　　b）阵列后

图 3.23.12　用户阵列

步骤 01　打开文件 D:\catia520\work\ch03.23.07\pattern_user.CATPart。

步骤 02　选择特征。在特征树中选取特征 📁 填充器.2 作为用户阵列的源特征。

步骤 03　选择命令。选择下拉菜单 插入 ➡ 变换特征▶ ➡ 用户阵列 命令，系统弹出"定义用户阵列"对话框。

步骤 04　定义阵列的位置。在系统 选择草图。 的提示下，选择 ✏ 草图.3 作为阵列位置。

步骤 05　单击对话框中的 ⬤确定 按钮，完成用户阵列的定义。

　　　"定义用户阵列"对话框中的 定位：文本框用于指定特征阵列的对齐方式，默认的对齐方式是实体特征的中心与指定放置位置重合。

3.23.8　缩放

模型的缩放就是将源模型相对一个点或平面（称为参考点和参考平面）进行缩放，从而改变源模型的大小。采用参考点缩放时，模型的角度尺寸不发生变化，线性尺寸进行缩放（图3.23.13a）；而选用参考平面缩放时，参考平面的所有尺寸不变，模型的其余尺寸进行缩放（图3.23.13c）。

a）缩放后（参考点）　　　　　b）缩放前　　　　　c）缩放后（参考平面）

图 3.23.13　模型的缩放

下面对图 3.23.13 中的模型进行缩放操作，操作步骤如下。

步骤 01 打开文件 D:\catsc20\work\ch03.23.08\scaling.CATPart。

步骤 02 选择命令。选择下拉菜单 插入 ➡ 变换特征 ▶ ➡ ◎ 缩放 命令，系统弹出"缩放定义"对话框。

步骤 03 定义参考平面。选取图 3.23.14a 所示的模型表面 1 作为缩放的参考平面，特征定义如图 3.23.14b 所示。

步骤 04 定义比率值。在对话框的 比率：文本框中输入数值 3。

步骤 05 单击对话框中的 ⊙ 确定 按钮，完成模型的缩放操作。

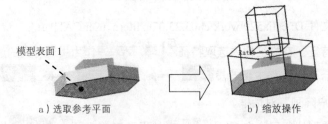

模型表面 1

a）选取参考平面　　　　　　　b）缩放操作

图 3.23.14　缩放（一）

3.24　模型的测量与分析

在零件设计工作台的"测量"工具栏（图 3.24.1）中有三个命令：测量间距、测量项和测量惯性（或称为测量质量属性）。

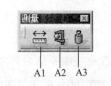

A1　A2　A3

图 3.24.1　"测量"工具栏

图 3.24.1 所示"测量"工具栏中各按钮的说明如下。

A1（测量间距）：此命令可以测量两个对象之间的参数，如距离、角度等。

A2（测量项）：此命令可以测量单个对象的尺寸参数，如点的坐标、边线的长度、弧的直（半）径、曲面的面积和实体的体积等。

A3（测量惯性）：此命令可以测量一个部件的惯性参数，如面积、质量、重心位置、对点的惯性矩和对轴的惯性矩等。

3.24.1 测量距离

下面以一个简单模型为例，说明测量距离的一般操作方法。

步骤 01 打开文件 D:\catsc20\work\ch03.24.01\measured-01. CATPart。

步骤 02 选择命令。单击"测量"工具栏中的 ⇔ 按钮，系统弹出图 3.24.2 所示的"测量间距"对话框（一）。

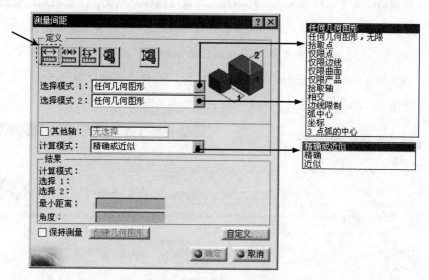

图 3.24.2 "测量间距"对话框（一）

步骤 03 选择测量方式。在对话框（一）中单击 按钮，测量面到面的距离。

◆ "测量间距"对话框（一）的 定义 区域中有五个测量的工具按钮，其功能及用法介绍如下。

  ● 按钮（测量间距）：每次测量限选两个元素，如果要再次测量，则需重新选择。

  ● 按钮（在链式模式中测量间距）：第一次测量时需要选择两个元素，而以后的测量都是以前一次选择的第二个元素作为再次测量的起始元素。

  ● 按钮（在扇形模式中测量间距）：第一次测量所选择的第一个元素一直作为以后每次测量的第一个元素，因此，以后的测量只需选择预测量的第二个元素即可。

  ● 按钮（测量项）：测量某个几何元素的特征参数，如长度、面积、体积等。

  ● 按钮（测量厚度）：此按钮专用作测量几何体的厚度。

◆ 若需要测量的部位有多种元素干扰用户选择，可在"测量间距"对话框（一）的选择模式 1：和选择模式 2：下拉列表中，选择测量对象的类型为某种指定的元素类型，以方便测量。

◆ 在"测量间距"对话框（一）的计算模式：下拉列表中，读者可以选择合适的计算方式，一般默认计算方式为精确或近似，这种方式的精确程度由对象的复杂程度决定。

◆ 如果在"测量间距"对话框（一）中单击自定义... 按钮，系统将弹出图 3.24.3所示的"测量间距自定义"对话框，在该对话框中有使"测量间距"对话框（一）显示不同测量结果的定制单选项。例如：取消选中"测量间距自定义"对话框中的"角度"复选框，单击对话框中的 应用 按钮，"测量间距"对话框（一）将变为图 3.24.4 所示的"测量间距"对话框（二）（请读者仔细观察对话框的变化），用户可根据实际情况，设置不同参数以获取想要的数据。

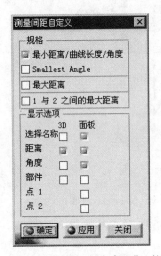

图 3.24.3 "测量间距自定义"对话框

图 3.24.4 "测量间距"对话框（二）

步骤 04 选取要测量的项。在系统指示用于测量的第一选择项的提示下，选取图 3.24.5 所示的模型表面 1 为测量第一选择项；在系统指示用于测量的第二选择项的提示下，选取图 3.24.5 所示的模型表面 2 为测量第二选择项。

步骤 05 查看测量结果。完成上步操作后，在图 3.24.5 所示的模型左侧可看到测量结果，同时"测量间距"对话框（二）变为图 3.24.6 所示的"测量间距"对话框（三），在该对话框的结果区域中也可看到测量结果。

◆ 在测量完成后，若直接单击 确定 按钮，模型表面与对话框中显示的测量结果都会消失，若要保留测量结果，需在"测量间距"对话框（三）中选中 保持测量 复选框，再单击 确定 按钮。

◆ 如在"测量间距"对话框（三）中单击 创建几何图形 按钮，系统将弹出图 3.24.7 所示的"创建几何图形"对话框，该对话框用于保留几何图形，如点、线等。对话框中 ● 关联的几何图形 单选项表示所保留的几何元素与测量物体之间具有关联性； ○ 无关联的几何图形 表示不具有关联性； 第一点 表示尺寸线的起点（即所选第一个几何元素所在侧的点）； 第二点 表示尺寸线的终止点； 直线 表示整条尺寸线。若单击这三个按钮，就表示保留这些几何图形，所保留的图形元素将在特征树上以几何图形集的形式显示出来，如图 3.24.8 所示。

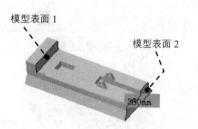

图 3.24.5 测量面到面的距离

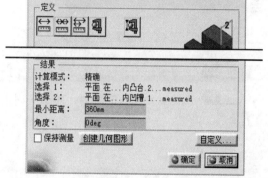

图 3.24.6 "测量间距"对话框（三）

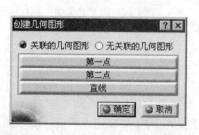

图 3.24.7 "创建几何图形"对话框

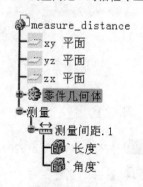

图 3.24.8 特征树

步骤 **06** 测量点到面的距离，如图 3.24.9 所示，操作方法参见 步骤 **04** 。

步骤 **07** 测量点到线的距离，如图 3.24.10 所示，操作方法参见 步骤 **04** 。

步骤 **08** 测量点到点的距离，如图 3.24.11 所示，操作方法参见 步骤 **04** 。

步骤 09 测量线到线的距离，如图 3.24.12 所示，操作方法参见**步骤 04**。

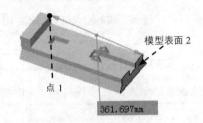

图 3.24.9　测量点到面的距离

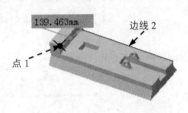

图 3.24.10　测量点到线的距离

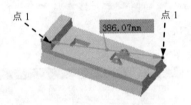

图 3.24.11　测量点到点的距离

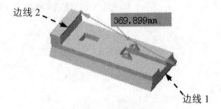

图 3.24.12　测量线到线的距离

步骤 10 测量直线到曲线的距离，如图 3.24.13 所示，操作方法参见**步骤 04**。

步骤 11 测量面到曲线的距离，如图 3.24.14 所示，操作方法参见**步骤 04**。

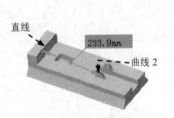

图 3.24.13　测量直线到曲线的距离

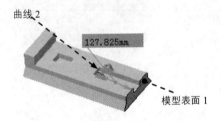

图 3.24.14　测量面到曲线的距离

3.24.2　测量角度

步骤 01 打开文件 D:\catsc20\work\ch03.24.02\measured-02. CATPart。

步骤 02 选择"测量"命令。单击"测量"工具栏中的按钮，系统弹出"测量间距"对话框（一）。

步骤 03 选择测量方式。在对话框（一）中单击按钮，测量面与面间的角度。

步骤 04 选取要测量的项。在系统提示下，分别选取图 3.24.15 所示的模型表面 1 和模型表面 2 为指示测量的第一、第二个选择项。

步骤 **05** 查看测量结果。完成选取后，在模型表面和图 3.24.16 所示"测量间距"对话框（四）的 结果 区域中均可看到测量的结果。

步骤 **06** 测量线与面间的角度，如图 3.24.17 所示，操作方法参见 步骤 **04** 。

步骤 **07** 测量线与线间的角度，如图 3.24.18 所示，操作方法参见 步骤 **04** 。

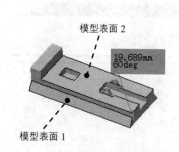

图 3.24.15　测量面与面间的角度

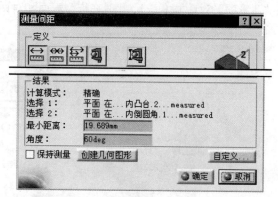

图 3.24.16　"测量间距"对话框（四）

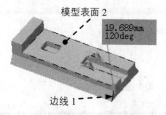

图 3.24.17　测量线与面间的角度

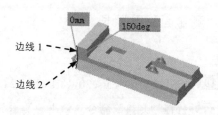

图 3.24.18　测量线与线间的角度

在选取模型表面或边线时，若鼠标单击的位置不同，所测得的角度值可能有锐角和钝角之分。

3.24.3　测量曲线长度

步骤 **01** 打开文件 D:\catsc20\work\ch03.24.03\measure-03. CATPart。

步骤 **02** 选择"测量"命令。单击"测量"工具栏中的 按钮，系统弹出"测量项"对话框（一）。

若需要测量的部位有多个元素可供系统自动选择，可在"测量项"对话框（一）的 选择 1 模式：下拉列表中，选择测量对象的类型为某种指定的元素类型。

步骤 **03** 选择测量方式。在"测量项"对话框（一）中单击 按钮，测量曲线的长度。

步骤 **04** 选取要测量的项。在系统 指示要测量的项 的提示下，选取图 3.24.19 所示的曲线 1 为要测量的项。

步骤 **05** 查看测量结果。完成上步操作后，"测量项"对话框（一）变为图 3.24.20 所示的"测量项"对话框（二），此时在模型表面和对话框的 结果 区域中可看到测量结果。

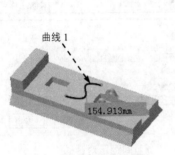

图 3.24.19　选取曲线

图 3.24.20　"测量项"对话框（二）

3.24.4　测量面积及周长

方法一：

步骤 **01** 打开文件 D:\catsc20\work\ch03.24.04\measure-04. CATPart。

步骤 **02** 选择"测量"命令。单击"测量"工具栏中的 按钮，系统弹出"测量项"对话框（一）。

步骤 **03** 自定义项目。在"测量项"对话框（一）中单击 自定义… 按钮，系统将弹出"测量间距自定义"对话框，选中 曲面 区域的 周长 选项，单击 确定 按钮，系统返回到"测量项"对话框（一）。

步骤 **04** 选取要测量的项。在系统 指示要测量的项 的提示下，选取图 3.24.21 所示的模型表面 1 为要测量的项。

步骤 **05** 查看测量结果。完成上步操作后，在模型表面和"测量项"对话框的 结果 区域中均可看到测量的结果。

方法二：

步骤 **01** 打开文件 D:\catsc20\work\ch03.24.04\measure-04. CATPart。

步骤 **02** 选择测量命令。单击"测量"工具栏中的 按钮，系统弹出图 3.24.22 所示的"测量惯量"对话框（一）。

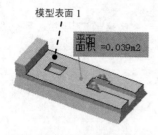

图 3.24.21 选取模型表面

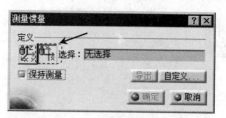

图 3.24.22 "测量惯量"对话框（一）

步骤 03 选择测量方式。在对话框中单击 按钮，测量模型的表面积。

此处选取的是"测量 2D 惯量"按钮 （图 3.24.22），在"测量惯量"对话框（一）弹出时，默认被按下的按钮是"测量 3D 惯量"按钮 ，请读者看清两者之间的区别。

步骤 04 选取要测量的项。在系统 指示要测量的项 的提示下，选取图 3.24.21 所示的模型表面 1 为要测量的项。

步骤 05 查看测量结果。完成上步操作后，"测量惯量"对话框（一）变为图 3.24.23 所示的"测量惯量"对话框（二），此时在模型表面和对话框 结果 区域的 特征 栏中均可看到测量的结果。

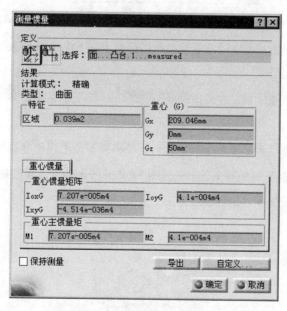

图 3.24.23 "测量惯性"对话框（二）

说明

在"测量惯量"对话框（一）中单击 定义 区域的 ![]按钮，系统自动捕捉的对象仅限于二维元素，即点、线、面；如在"测量惯量"对话框（一）中单击 定义 区域的 ![]按钮，则系统可捕捉的对象为点、线、面、体，此按钮的应用将在下一节中讲到。

3.24.5　模型的质量属性分析

通过模型的质量属性分析命令，可以分析模型的体积、总的表面积、质量、密度、重心位置、重心惯性矩阵和重心主惯性矩等，这对产品设计有很大参考价值。

下面以一个简单模型为例，说明质量属性分析的一般过程。

步骤 01 打开文件 D:\catsc20\work\ch03.24.05\measure-05.part。

步骤 02 选择命令。单击"测量"工具栏中的 ![]按钮，系统弹出图 3.24.24 所示的"测量惯量"对话框（三）。

图 3.24.24　"测量惯量"对话框（三）

步骤 03 选择测量方式。在"测量惯性"对话框（三）中单击 ![]按钮，测量模型的质量属性。

步骤 04 选取要测量的项。在系统 指示要测量的项 的提示下，选取 零件几何体 作为测量对象。

步骤 05 查看测量结果。完成上步操作后，模型表面会出现惯性轴的位置，如图 3.24.25 所示。同时"测量惯量"对话框（三）变为图 3.24.26 所示的"测量惯量"对话框（四），在 结果 区域中可看到质量属性的各项数据。

惯性轴

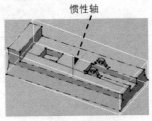

图 3.24.25　惯性轴

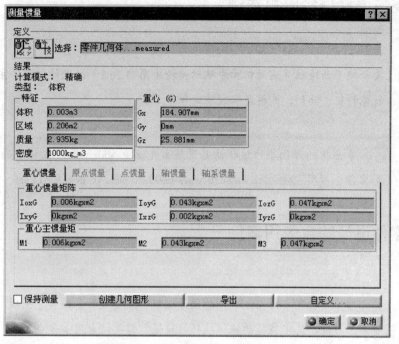

图 3.24.26 "测量惯性"对话框（四）

3.25 零件设计综合应用案例一

案例概述：

本案例介绍了支撑座的设计过程。通过对本应用的学习，读者可以对拉伸、圆角等特征有更为深入的理解。零件模型如图 3.25.1 所示。

图 3.25.1 支撑座模型

本应用的详细操作过程请参见随书光盘中 video\ch03\文件下的语音视频讲解文件。模型文件为 D:\catsc20\work\ch03.25\support-base。

3.26　零件设计综合应用案例二

案例概述：

　　本案例主要介绍了凸轮往复运动机构中从动齿轮（图 3.26.1）的设计过程，主要使用了旋转、拉伸、镜像特征、阵列、倒斜角和到圆角等命令。

　　　　本应用的详细操作过程请参见随书光盘中 video\ch03\文件下的语音视频讲解文件。模型文件为 D:\catsc20\work\ch03.26\passive-gear.CATPart。

3.27　零件设计综合应用案例三

案例概述：

　　本案例主要介绍了塑料凳（图 3.27.1）的设计过程，主要使用了凸台、拔模、盒体、阵列和倒圆角等命令。另外，其中拔模的操作技巧性较强，需要读者用心体会。

　　　　本应用的详细操作过程请参见随书光盘中 video\ch03\文件下的语音视频讲解文件。模型文件为 D:\catsc20\work\ch03.27\PLASTIC_STOOL。

图 3.26.1　从动齿轮模型

图 3.27.1　塑料凳模型

3.28　零件设计综合应用案例四

案例概述：

　　本案例介绍了支架的设计过程，主要运用了凸台、凹槽、孔、加强肋以及倒圆角等命令。

需要注意在选取孔平面、绘制加强肋草图等过程中用到的技巧和注意事项。零件模型如图 3.28.1 所示。

 　　本应用的详细操作过程请参见随书光盘中 video\ch03\文件下的语音视频讲解文件。模型文件为 D:\catsc20\work\ch03.28\bracket.CATPart。

3.29 零件设计综合应用案例五

案例概述：

　　本案例讲解了一个蝶形螺母的设计过程，主要运用了旋转体、倒圆角、螺旋线和开槽等命令。需要注意在选取草图平面及倒圆角等过程中用到的技巧和注意事项。零件模型如图 3.29.1 所示。

 　　本应用的详细操作过程请参见随书光盘中 video\ch03\文件下的语音视频讲解文件。模型文件为 D:\catsc20\work\ch03.29\bfbolt.CATPart。

　　图 3.28.1　支架模型　　　　　　　　图 3.29.1　蝶形螺母模型

第 4 章 装配设计

CAITA V5 的装配模块用来建立零件间的相对位置关系，从而形成复杂的装配体。

CAITA V5 提供了自底向上和自顶向下两种装配功能。如果首先设计好全部零件，然后将零件作为部件添加到装配体中，则称之为自底向上装配；如果是首先设计好装配体模型，然后在装配体中组建模型，最后生成零件模型，则称之为自顶向下装配。自底向上装配是一种常用的装配模式，本书主要介绍自底向上装配。

CAITA V5 的装配模块具有下面一些特点。

◆ 提供了方便的部件定位方法，轻松设置部件间的位置关系。系统提供了六种约束方式，通过对部件添加多个约束，可以准确地把部件装配到位。

◆ 提供了强大的爆炸图工具，可以方便地生成装配体的分解图。

◆ 提供了强大的零件库，可以直接向装配体中添加标准零件。

相关术语和概念

零件：组成部件与产品最基本的单位。

部件：可以是一个零件，也可以是多个零件的装配结果。它是组成产品的主要单位。

装配：也称为产品，是装配设计的最终结果。它是由部件之间的约束关系及部件组成的。

约束：在装配过程中，约束是指部件之间的相对的限制条件，可用于确定部件的位置。

4.1 装配约束

通过定义装配约束，可以指定零件相对于装配体（部件）中其他部件的放置方式和位置。在 CATIA V5 中，装配约束的类型包括相合、接触、偏移、固定等。零件通过装配约束添加到装配体后，它的位置会随与其有约束关系的部件改变而相应改变，而且约束设置值作为参数可随时修改，并可与其他参数建立关系方程，这样整个装配体实际上是一个参数化的组件。

4.1.1 装配中的"相合"约束

使用"相合"约束可以使两个装配部件中的两个平面（图 4.1.1a）重合，并且可以调整平面方向，如图 4.1.1b、c 所示；也可以使两条直线（包括轴线）或者两个点重合，如图 4.1.2b

所示, 其约束符号为 ⬛ 。

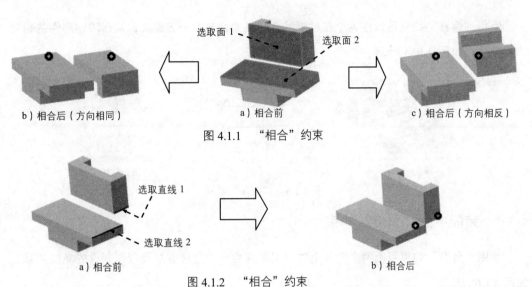

b) 相合后 (方向相同)   a) 相合前   c) 相合后 (方向相反)

图 4.1.1 "相合" 约束

选取直线 1

选取直线 2

a) 相合前   b) 相合后

图 4.1.2 "相合" 约束

注意: 使用 "相合" 约束时, 两个参照不必为同一类型, 直线与平面、点与直线等都可使用 "相合" 约束。

4.1.2 装配中的 "接触" 约束

使用 "接触" 约束可以对选定的两个面进行约束, 可分为以下三种情况。

◆ **点接触**: 使球面与平面处于相切状态, 约束符号为 ⬛ (图 4.1.3)。

◆ **线接触**: 使圆柱面与平面处于相切状态, 约束符号为 ⬛ (图 4.1.4)。

◆ **面接触**: 使两个面重合, 约束符号为 ⬛ 。

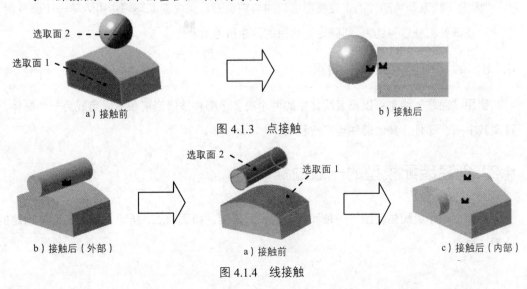

选取面 2

选取面 1

a) 接触前   b) 接触后

图 4.1.3 点接触

选取面 2

选取面 1

b) 接触后 (外部)   a) 接触前   c) 接触后 (内部)

图 4.1.4 线接触

4.1.3 装配中的"偏移"约束

使用"偏移"约束可以使两个部件上的点、线或面建立一定距离，从而限制部件的相对位置关系，如图 4.1.5b 所示。

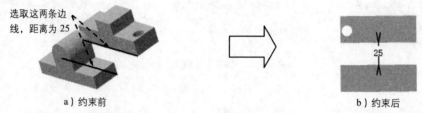

选取这两条边线，距离为 25

a）约束前   b）约束后

图 4.1.5 "距离"约束

4.1.4 装配中的"角度"约束

使用"角度"约束可使两个部件上的线或面建立一个角度，从而限制部件的角度关系，如图 4.1.6b 所示。

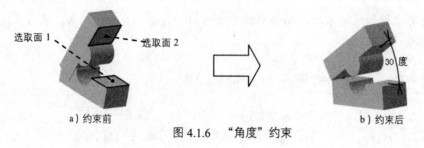

选取面 1   选取面 2   30 度

a）约束前   b）约束后

图 4.1.6 "角度"约束

4.1.5 装配中的"固定"约束

"固定"约束是将部件固定在图形窗口的当前位置。当向装配环境中引入第一个部件时，常常对该部件实施这种约束。"固定"约束的约束符号为 🔩 。

4.1.6 装配中的"固联"约束

使用"固联"约束可以把装配体中的两个或多个部件按照当前位置固定成为一个群体，移动其中一个部件，其他部件也将被移动。

4.2　创建装配模型的一般过程

下面以一个装配体模型——轴和轴套的装配为例，如图 4.2.1 所示，说明装配体创建的一般过程。

4.2.1 装配文件的创建

装配文件的创建一般操作过程如下。

步骤 01 选择命令。选择下拉菜单 文件 ➡ 新建... 命令，系统弹出图 4.2.2 所示的 "新建" 对话框。

步骤 02 选择文件类型。在 类型列表: 下拉列表中选择 Product 选项，单击 确定 按钮。

图 4.2.1　轴和轴套的装配

图 4.2.2　"新建" 对话框

说明： 新建之后确认系统是否在装配设计工作台中，如不是，则进行如下操作：选择下拉菜单 开始 ➡ 机械设计 ▶ ➡ 装配设计 命令，切换到装配设计工作台。

步骤 03 在 "属性" 对话框中更改文件名。

（1）右击特征树的 Product1，在系统弹出的快捷菜单中选择 属性 命令，系统弹出 "属性" 对话框。

（2）在 "属性" 对话框中选择 产品 选项卡。在 零件编号 文本框中将 "Product1" 改为 "asm_bush"，单击 确定 按钮。

4.2.2 第一个零件的装配

1．添加第一个零件

步骤 01 单击特征树中的 asm_bush，使 asm_bush 处于激活状态。

步骤 02 选择命令。选择下拉菜单 插入 ➡ 现有部件... 命令（或单击 "产品结构工具" 工具栏中的 按钮）。

注意： 在特征树中，部件文件和装配文件的图标是不同的。装配文件的图标是 ，部件文件的图标为 。

步骤 03 选取要添加的模型。完成上步操作后，系统将弹出 "选择文件" 对话框，选择路径 D:\catsc20\work\ch04.02，选取轴零件模型文件 bush_02，单击 打开(O) 按钮。

2．对第一个零件添加约束

选择下拉菜单 插入 ➡ 固定 命令，在系统 选择要固定的部件 的提示下，选取特征树中的 bush_02 (bush_02.1) （或单击模型），此时模型上会显示出"固定"约束符号，说明第一个零件已经完全被固定在当前位置。

4.2.3　第二个零件的装配

1．添加第二个零件

步骤 01　单击特征树中的 asm_bush ，使 asm_bush 处于激活状态。

步骤 02　选择命令。选择下拉菜单 插入 ➡ 现有部件... 命令。

步骤 03　选取添加文件。在系统弹出的"选择文件"对话框中选取轴套零件模型文件 bush_01.CATPart，单击 打开(O) 按钮。

2．约束第二个零件前的准备

第二个零件引入后，可能与第一个部件重合，或者其方向和方位不便于进行装配放置。解决这种问题的方法如下。

步骤 01　选择命令。选择图 4.2.3 所示的下拉菜单 编辑 ➡ 移动 ▶ ➡ 操作... 命令或在图 4.2.4 所示的"移动"工具栏中单击 按钮，系统弹出图 4.2.5 所示的"操作参数"对话框。

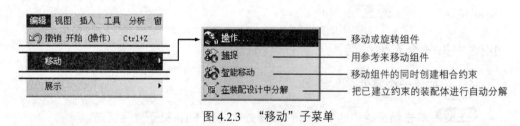

图 4.2.3　"移动"子菜单

图 4.2.3 所示"移动"子菜单中部分命令功能的说明如下。

◆　操作... ：该命令可以使部件沿各个方向移动或绕某个轴转动，也可以将部件放置到期望的目标位置。

◆　捕捉 ：通过选择需要移动部件上的点、线或面，与另一个固定部件的点、线或面相对齐。

◆　智能移动：智能移动的功能与敏捷移动类似，只是智能移动不需要选取参考部件，只需要选取被移动部件上的几何元素。

图 4.2.5　"操作参数"对话框

图 4.2.4　"移动"工具栏

步骤 02 在"操作参数"对话框中单击 按钮，在窗口中选定轴套模型，并拖动鼠标，可以看到轴套模型随着鼠标的移动而沿着 y 轴从图 4.2.6 中的位置平移到图 4.2.7 中的位置。

步骤 03 在"操作参数"对话框中单击 按钮，在窗口中选定轴套模型，并拖动鼠标，可以看到轴套模型随着鼠标的移动而绕着 y 轴旋转，将其调整到图 4.2.8 所示的位置。

步骤 04 在"操作参数"对话框中单击 按钮，在窗口中选定轴套模型，并拖动鼠标，将其从图 4.2.8 中的位置平移到图 4.2.9 中的位置。

图 4.2.6　位置 1

图 4.2.7　位置 2

图 4.2.8　位置 3

图 4.2.9　位置 4

3. 对第二个零件添加约束

要完全定位轴套需添加三个约束，分别为同轴约束、轴向约束和径向约束。

步骤 01 定义第一个装配约束（同轴约束）。

（1）选择命令。选择下拉菜单 插入 ➡ 相合… 命令。

（2）定义相合轴。分别选取两个零件的轴线，如图 4.2.10 所示，此时会出现一条连接两个零件轴线的直线，并出现相合符号 ，如图 4.2.11 所示。

（3）更新操作。选择下拉菜单 编辑 ➡ 更新 命令，完成第一个装配约束，如图 4.2.12 所示。

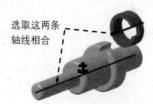

图 4.2.10　选取相合轴

图 4.2.11　建立相合约束

图 4.2.12　完成第一个装配约束

说明：

◆ 选择 ○ 相合... 命令后，将鼠标移动到部件的圆柱面之后，系统将自动出现一条轴线，此时只需单击即可选中轴线。

◆ 当选中第二条轴线后，系统将迅速地出现图 4.2.11 所示的画面。图 4.2.10 只是表明选取的两条轴线，设置过程中图 4.2.10 只是瞬间出现。

◆ 设置完一个约束之后，系统不会进行自动更新，可以做完一个约束之后就更新，也可以使部件完全约束之后再进行更新。

步骤 02 定义第二个装配约束（轴向约束）。

（1）选择命令。选择下拉菜单 插入 ➡ 接触... 命令。

（2）定义接触面。选取图 4.2.13 所示的两个接触面，此时会出现一条连接这两个面的直线，并出现面接触的约束符号 ▣，如图 4.2.14 所示。

（3）更新操作。选择下拉菜单 编辑 ➡ 更新 命令，完成第二个装配约束，如图 4.2.15 所示。

图 4.2.13　选取接触面　　　　图 4.2.14　建立接触约束　　　　图 4.2.15　完成第二个装配约束

说明：

◆ 本例应用了"面接触"约束方式，该约束方式是"接触"约束中的一种，系统会根据所选的几何元素来选用不同的接触方式。其余两种接触方式见"4.1 装配约束"。

◆ "面接触"约束方式是把两个面贴合在一起，并且使这两个面的法线方向相反。

步骤 03 定义第三个装配约束（径向约束）。

（1）选择命令。选择下拉菜单 插入 ➡ ○ 相合... 命令。

（2）定义相合面。分别选取图 4.2.16 所示的面 1、面 2 作为相合平面。

（3）确定相合方向。完成上步操作后，系统弹出图 4.2.17 所示的"约束属性"对话框，在对话框的 方向 下拉列表中选取 相同 选项，单击 确定 按钮。

（4）更新操作。选择下拉菜单 编辑 ➡ 更新 命令，完成装配体的创建，如图 4.2.18 所示。

图 4.2.17 所示的"约束属性"对话框中 方向 下拉列表的说明如下。

◆ **未定义**: 应用系统默认的两个相合面的法线方向。

◆ **相同**: 两个相合面的法线方向相同。

◆ **相反**: 两个相合面的法线方向相反。

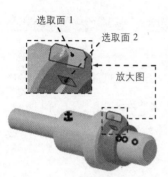

图 4.2.16　选取相合面

图 4.2.17　"约束属性"对话框

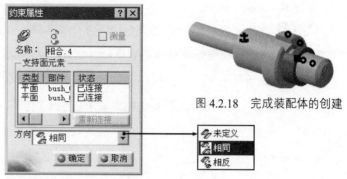

图 4.2.18　完成装配体的创建

4.3　在装配体中复制部件

一个装配体中往往包含了多个相同的部件，在这种情况下，只需将其中一个部件添加到装配体中，其余的采用复制操作即可。

4.3.1　部件的简单复制

使用 **编辑** 下拉菜单中的 **复制** 命令，复制一个已经存在于装配体中的部件，然后再用 **编辑** 下拉菜单中的 **粘贴** 命令，将复制的部件粘贴到装配体中。

注意：新部件与原有部件位置是重合的，必须对其进行移动或约束。

4.3.2　部件的"重复使用阵列"复制

"重复使用阵列"是以装配体中某一部件的阵列特征为参照来进行部件的复制。在图 4.3.1c 中，四个螺钉是参照装配体中部件 1 上的四个阵列孔创建的，所以在使用"重复使用阵列"命令之前，应在装配体的某一部件中创建阵列特征。

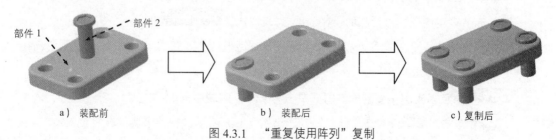

部件 1　　　部件 2

a）装配前　　　　　　　　b）装配后　　　　　　　　c）复制后

图 4.3.1　"重复使用阵列"复制

下面以图 4.3.1 为例，介绍"重复使用阵列"的操作过程。

步骤 01 打开文件 D:\catsc20\work\ch04.03.02\reusepattern.CATProduct。

步骤 02 选择命令。选择下拉菜单 插入 ➡ 重复使用阵列... 命令，系统弹出"在阵列上实体化"对话框。

步骤 03 选取阵列复制参考。在特征树中将 reusepattern01 (reusepattern01.1) 展开，选中 矩形阵列.1 作为阵列复制的参考。

步骤 04 确定阵列源部件。在特征树上选中 reusepattern02 (reusepattern02.1) 作为阵列的源部件，单击 确定 按钮，创建出图 4.3.1c 所示的部件阵列。

说明：在图 4.3.1c 的实例中，可以继续使用"重复使用阵列"命令，将螺母阵列复制到螺钉上。

4.3.3　部件的"定义多实例化"复制

如图 4.3.2 所示，可以使用"定义多实例化"将一个部件沿指定的方向进行阵列复制。设置"定义多实例化"的一般过程如下。

a)　阵列复制前　　　　　　　　　　　　b)　阵列复制后

图 4.3.2　"定义多实例化"阵列复制

步骤 01 打开文件 D:\catsc20\work\ch04.03.03\size.CATProduct。

步骤 02 选择命令。选择下拉菜单 插入 ➡ 定义多实例化... 命令，系统弹出图 4.3.3 所示的"多实例化"对话框。

步骤 03 定义实例化复制的源部件。如图 4.3.4 所示，在特征树上选取 size02 (size02.1) 作为多实例化复制的源部件。

步骤 04 定义多实例化复制的参数。

（1）在"多实例化"对话框的 参数 下拉列表中选取 实例和间距 选项。

（2）确定多实例化复制的新实例和间距。在对话框的 新实例 文本框中输入数值 3，在 间距 文本框中输入数值20。

步骤 05 确定多实例化复制的方向。单击 参考方向 区域中的 按钮。

步骤 06 单击 确定 按钮，此时，创建出图 4.3.2b 所示的部件多实例化复制。

图 4.3.3 所示的"多实例化"对话框中部分选项的说明如下。

◆ 参数 下拉列表中有三种排列方式。

- 实例和间距 ：生成部件的个数和每个部件之间的距离。
- 实例和长度 ：生成部件的个数和总长度。
- 间距和长度 ：每个部件之间的距离和总长度。

◆ 参考方向 区域是提供多实例化的方向。

- x̃ :表示沿 x 轴方向进行多实例化复制。
- ỹ :表示沿 y 轴方向进行多实例化复制。

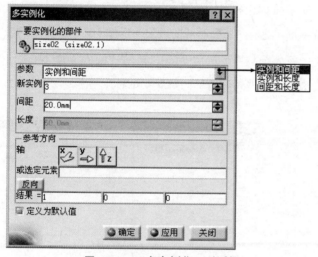

图 4.3.3 "多实例化"对话框

图 4.3.4 特征树

- ↑z :表示沿 z 轴方向进行多实例化复制。
- 或选定元素 ：表示沿选定的元素（轴或者是边线）作为实例的方向。
- 反向 ：单击此按钮，可使选定的方向相反。

◆ □ 定义为默认值 ：选中后，插入 下拉菜单中的 ✕ 快速多实例化 命令会以这些参数作

为实例化复制的默认参数。

4.3.4 部件的对称复制

如图 4.3.5 所示，在装配体中，经常会出现两个部件关于某一平面对称的情况，这时，不需要再次为装配体添加相同的部件，只需将原有部件进行对称复制即可。

对称复制操作的一般过程如下。

步骤 **01** 打开文件 D:\catsc20\work\ ch04.03.04\symmetry.CATProduct。

步骤 02 选择命令。选择下拉菜单 插入 ➡ ✦ 对称 命令，系统弹出图 4.3.6 所示的"装配对称向导"对话框（一）。

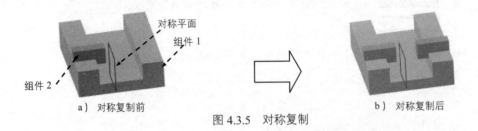

a）对称复制前　　　　　　　　　　　　b）对称复制后

图 4.3.5　对称复制

步骤 03 定义对称复制平面。在特征树中将 ✦symmetry01 (symmetry01) 展开，选取 ◻ zx 平面 作为对称复制的对称平面。此时"装配对称向导"对话框（二）如图 4.3.7 所示。

步骤 04 确定对称复制源部件。在特征树中选取 ✦symmetry02 (symmetry02) 作为对称复制的源部件。系统弹出图 4.3.8 所示的"装配对称向导"对话框（三）。

图 4.3.6　"装配对称向导"对话框（一）

图 4.3.7　"装配对称向导"对话框（二）

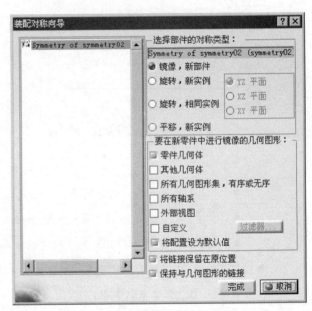

图 4.3.8　"装配对称向导"对话框（三）

注意： 子装配也可以进行对称复制操作。

步骤 05 在图 4.3.8 所示的"装配对称向导"对话框（三）中进行如下操作。

（1）定义类型。在 选择部件的对称类型： 区域选中 ● 镜像，新部件 单选项。

（2）定义结构内容。在 要在新零件中进行镜像的几何图形： 区域选中 ◻ 零件几何体 复选框。

（3）定义关联性。选中 将链接保留在原位置 和 保持与几何图形的链接 复选框。

步骤 06 单击 完成 按钮，系统弹出图 4.3.9 所示的"装配对称结果"对话框，单击 关闭 按钮，完成对称复制。

图 4.3.9 "装配对称结果"对话框

图 4.3.8 所示的"装配对称向导"对话框（三）中部分选项的说明如下。

◆ 选择部件的对称类型：区域中提供了镜像复制的类型。

● 镜像，新部件：对称复制后的部件只复制源部件的一个体特征。

● 旋转，新实例：对称复制后的部件将复制源部件所有特征，可以沿 xy 平面、yz 平面或 yz 平面进行翻转。

● 旋转，相同实例：使源部件只进行对称移动，可以沿 xy 平面、yz 平面或 xz 平面进行翻转。

● 平移，新实例：对称复制后的部件将复制源部件所有特征，但不能进行翻转。

◆ 要在新零件中进行镜像的几何图形：区域中提供了源部件的结构内容。

◆ 将链接保留在原位置：对称复制后的部件与源部件保持位置的关联。

◆ 保持与几何图形的链接：对称复制后的部件与源部件保持几何体形状和结构的关联。

4.4 在装配体中修改部件

一个装配体完成后，可以对该装配体中的任何部件（包括产品和子装配件）进行如下操作：部件的打开与删除、部件尺寸的修改、部件装配约束的修改（如偏移约束中偏距的修改）、部件装配约束的重定义等，完成这些操作一般要从特征树开始。

下面以图 4.4.1 所示的装配体 edit.CATProduct 中 edit_02.CATPart 部件为例，说明修改装配体中部件的一般操作过程。

步骤 01 打开文件 D:\catsc20\work\ch04.04\edit.CATProduct。

a）修改前

b）修改后

图 4.4.1　修改装配体中的部件

（步骤 02） 显示零件 edit_02 的所有特征。

（1）展开特征树中的部件 edit02（edit02），显示出部件 edit_02 中所包括的所有特征。

（2）展开特征树中的部件 edit02 ，显示出部件 edit_02 中所包括的所有特征。

（3）展开特征树中的 零部件几何体，显示出零件 edit_02 的所有特征。

（步骤 03） 在特征树中右击 凸台.1 ，在系统弹出的快捷菜单中选择 凸台.1 对象 ▶ ➡ 定义 命令，此时系统进入"零件设计"工作台。

说明： 在新窗口中打开 则是把要编辑的部件用"零件设计"工作台打开，并建立一个新的窗口，其余部件不发生变化。

（步骤 04） 重新编辑特征。

（1）在特征树中右击 凸台.1 ，在系统弹出的快捷菜单中选择 凸台.1 对象 ▶ ➡ 定义 命令，系统弹出"定义凸台"对话框。

（2）修改长度。双击图形区的"15"尺寸，系统弹出"参数定义"对话框，在其中的 值 文本框中输入数值 20，并单击此对话框中的 确定 按钮。

（3）单击"定义凸台"对话框中的 确定 按钮，完成特征的重定义。此时，部件 edit_02 的长度将发生变化（保证其装配约束未发生变化），如图 4.4.1b 所示。

（步骤 05） 选择下拉菜单 开始 ➡ 机械设计 ▶ ➡ 装配设计 命令，回到装配工作台。

说明： 如果修改之后发现零件 edit_02 的长度未发生变化，说明系统没有自动更新。选择下拉菜单 编辑 ➡ 更新 命令将其更新。

4.5　零件库的使用

CATIA 为用户提供了一个标准件库，库中有大量已经完成的标准件。在装配设计中可以直接把这些标准件调出来使用，具体操作方法如下。

（步骤 01） 选择命令。选择下拉菜单 工具 ➡ 目录浏览器 命令，系统弹出图 4.5.1 所示的"目录浏览器"对话框。

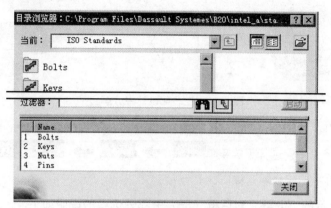

图 4.5.1 "目录浏览器"对话框

注意："零件库"的调用需在"Product"环境下进行。

步骤 02 定义要添加的标准件。在对话框中选择相应的标准件目录，双击此标准件目录后，在列出的标准件中双击标准件后，系统弹出图 4.5.2 所示的"目录"对话框。

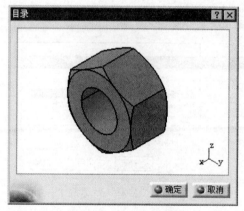

图 4.5.2 "目录"对话框

步骤 03 单击对话框中的 **⬤ 确定** 按钮，关闭"目录"对话框，此时，标准件将插入到装配文件中，同时特征树上也添加了相应的标准件信息。

说明：添加到装配文件中的标准件是独立的，可以进行保存和修改等操作。

4.6 装配体的分解视图

为了便于观察装配设计和反映装配体的结构，可将当前已完成约束的装配体进行自动分解操作。下面以 clutch_asm_explode.CATProduct 装配文件为例（图 4.6.1），说明自动爆炸的操作方法。

a）爆炸前   图 4.6.1   在装配设计中分解   b）爆炸后

步骤 01 打开文件 D:\catsc20\work\ch04.06\clutch_asm_explode.CATProduct。

步骤 02 选择命令。选择下拉菜单 **编辑** ➡ **移动 ▸** ➡ **在装配设计中分解** 命令，系统弹出图 4.6.2 所示的"分解"对话框（一）。

图 4.6.2 所示的"分解"对话框（一）中部分选项的说明如下。

◆ **深度**：下拉列表用来设置分解的层次。

● **第一级别**：将装配体完全分解，变成最基本的部件等级。

● **所有级别**：只将装配体下的第一层炸开，若其中有子装配，在分解时作为一个部件处理。

● **选择集**：确认将要分解的装配体。

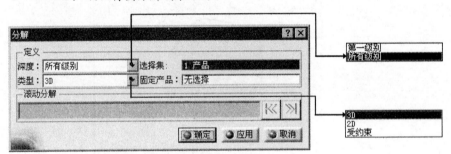

图 4.6.2   "分解"对话框（一）

◆ **类型**：下拉列表用来设置分解的类型。

● **3D**：装配体可均匀地在空间中炸开。

● **2D**：装配体会炸开并投射到垂直于 xy 平面的投射面上。

● **受约束**：只有在装配体中存在"相合"约束，设置了共轴或共面时才有效。

◆ **固定产品**：选择分解时固定的部件。

步骤 03 定义爆炸图的层次。在对话框的 **深度**：下拉列表中选择 **所有级别** 选项。

步骤 04 定义爆炸图的类型。在对话框的 **类型**：下拉列表中选择 **3D** 选项。

步骤 05 单击 **应用** 按钮，系统弹出图 4.6.3 所示的"信息框"对话框，单击 **确定** 按钮。

步骤 06 确定分解程度。将图 4.6.4 所示对话框的滑块拖拽到 0.78，单击对话框中的

 按钮，系统弹出图 4.6.5 所示的"警告"对话框。

图 4.6.3 "信息框"对话框

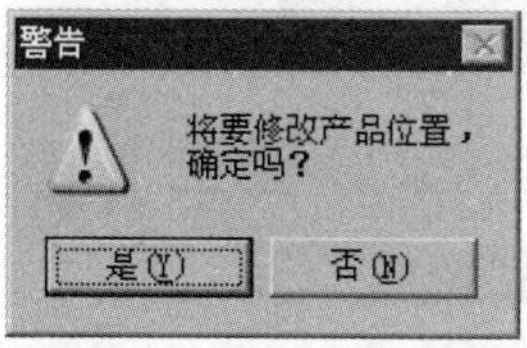

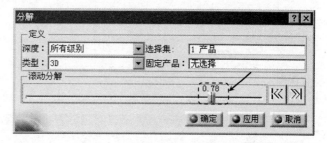

图 4.6.5 "警告"对话框

图 4.6.4 "分解"对话框（二）

说明：

◆ **滚动分解** 区域中的滑快 用来设置分解的程度。

● ⟪：使分解程度最小。

● ⟫：使分解程度最大。

步骤 07 单击对话框中的 **是(Y)** 按钮，完成自动分解。

4.7 模型的基本分析

4.7.1 质量属性分析

通过对模型的质量属性分析可以检验模型的优劣程度，对产品设计有很大参考价值。分析内容包括模型的体积、总的表面积、质量、密度、重心位置、重心惯性矩阵、重心主惯性矩等。

下面以一个简单模型为例，说明质量属性分析的一般过程。

步骤 01 打开文件 D:\catsc20\work\ ch04.07.01\measure_inertia.part。

步骤 02 选择命令。单击"测量"工具栏中的 按钮，系统弹出图 4.7.1 所示的"测量惯量"对话框（一）。

步骤 03 选择测量方式。在"测量惯量"对话框（一）中单击 按钮，测量模型的质量属性。

步骤 04 选取要测量的项。在系统 **指示要测量的项** 的提示下，选取图 4.7.2 所示的模型表面为要测量的项。

步骤 **05** 查看测量结果。完成上步操作后，"测量惯量"对话框（一）变为图 4.7.3 所示的"测量惯量"对话框（二），在该对话框的 结果 区域中可看到质量属性的各项数据，同时模型表面会出现惯性轴的位置，如图 4.7.2 所示。

图 4.7.1 "测量惯量"对话框（一）

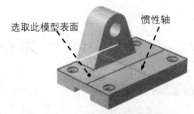

图 4.7.2 选取指示测量的项

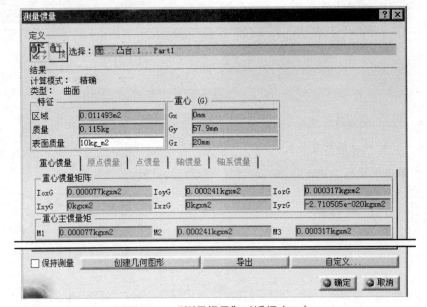

图 4.7.3 "测量惯量"对话框（二）

4.7.2 碰撞检测及装配分析

碰撞检测和装配分析功能可以帮助设计者了解其最关心的零部件之间的干涉情况等信息。下面以一个简单的装配说明碰撞检测和装配分析的操作过程。

1. 碰撞检测的一般过程

步骤 **01** 打开文件 D:\catsc20\work\ch04.07.02\asm_clutch.part。

步骤 **02** 选择检测命令。选择下拉菜单 分析 ━━▶ 计算碰撞 命令，系统弹出图 4.7.4 所示的"碰撞检测"对话框（一）。

步骤 **03** 选择检测类型。在 定义 区域的下拉列表中选择 碰撞 选项（一般为默认选项）。

说明：如在 定义 区域的下拉列表中选择 间隙 选项，在下拉列表右侧将出现另一个文本框，文本框中的数值"1mm"表示可以检测的间隙最小值。

步骤 04 选取要检测的零件。按住 Ctrl 键，选取图 4.7.5 所示模型中的零部件 1、2 为需要进行碰撞检测的项。

说明：

◆ 在"碰撞检测"对话框（一）的 定义 区域中可看到所选零部件的名称，同时特征树中与之对应的零部件显示加亮。

◆ 选取零部件时，只要选择的是零部件上的元素（点、线、面），系统都将以该零部件作为计算碰撞的对象。

步骤 05 查看分析结果。完成上步操作后，单击"碰撞检测"对话框（一）中的 应用 按钮，此时在图 4.7.6 所示的"碰撞检测"对话框（二）的 结果 区域中可以看到检测结果。

图 4.7.4 "碰撞检测"对话框（一）

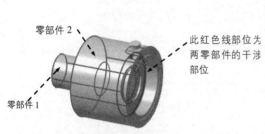

图 4.7.5 选取碰撞检测的项

图 4.7.6 "碰撞检测"对话框（二）

2. 装配分析

步骤 01 选择"分析"命令。选择下拉菜单 分析 ➡ 碰撞... 命令，系统弹出图 4.7.7 所示的"检查碰撞"对话框（一）。

步骤 02 定义分析对象。在"检查碰撞"对话框（一）定义 区域的 类型：下拉列表中分别选择 间隙 + 接触 + 碰撞 和 在所有部件之间 选项；单击"检查碰撞"对话框（一）中的 应用 按钮，系统弹出图 4.7.8 所示的"计算..."对话框。

图 4.7.7 "检查碰撞"对话框（一）

图 4.7.8 "计算…"对话框

步骤 03 查看分析结果。系统计算完成之后，"检查碰撞"对话框（一）变为图 4.7.9 所示的"检查碰撞"对话框（二），在该对话框的 结果 区域可查看所有干涉，同时系统还将弹出图 4.7.10 所示的"预览"对话框（一），以显示相应干涉位置的预览。

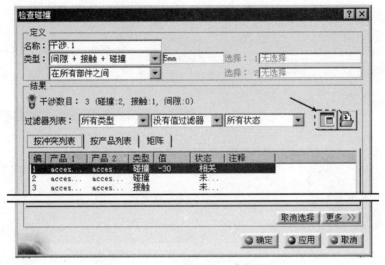

图 4.7.9 "检查碰撞"对话框（二）

说明：

◆ 在"检查碰撞"对话框（二）的 结果 区域中显示干涉数以及其中不同位置的干涉类型，但除编号 1 表示的位置外，其他各位置显示的状态均为 未检查 ，只有选择列表中的编号选项，系统才会计算干涉数值，并提供相应位置的预览图。如选择列表中的编号 2 选项，系统计算碰撞值为-7.48，同时"预览"对话框（一）将变为

图 4.7.11 所示的"预览"对话框（二），显示的正是装配分析中的碰撞部位。

◆ 若"预览"对话框被意外关闭，可以单击"检查碰撞"对话框（二）中的 按钮
使之重新显示。

图 4.7.10 "预览"对话框（一）　　　图 4.7.11 "预览"对话框（二）

◆ 在"检查碰撞"对话框（二）定义 区域的 类型: 下拉列表右侧文本框中数值"5mm"
表示当前的装配分析中间隙的最大值。如在"检查碰撞"对话框（二）中选中所有
的编号，可以看出其所对应的干涉值都小于 5mm（图 4.7.9）。读者也可以通过修改
数值检测其他的间隙位置，如在文本框中输入数值 10，则系统检测出的间隙数目
也会相应的增加。

◆ 单击 更多 >> 按钮，展开对话框隐藏部分，在对话框的 详细结果 区域，显示当前干
涉的详细信息。

◆ "检查碰撞"对话框（二）的 结果 区域中有一个过滤器列表，在下拉列表中可选
取用户需要过滤的类型、数值排列方法及所显示的状态，这个功能在进行大型装配
分析时具有非常重要的作用。

◆ "检查碰撞"对话框(二)的 结果 区域有三个选项卡：按冲突列表 选项卡、按产品列表
选项卡、矩阵 选项卡。按冲突列表 选项卡是将所有干涉以列表形式显示；按产品列表
选项卡是将所有产品列出，从中可以看出干涉对象；矩阵 选项卡则是将产品以矩
阵方式显示，矩阵中的红点显示处即产品发生干涉的位置。

4.8　装配设计综合范例

本节详细讲解了图 4.8.1 所示的一个多部件装配体的装配及分解设计过程，使读者进一
步熟悉 CATIA 中的装配操作。读者可以从 D:\catsc20\work\ch04.08 中找到该装配体的所有部
件。

a）装配视图

b）分解视图

图 4.8.1　装配设计综合范例

Task1. 创建装配体

步骤01 新建一个装配文件，命名为 asm_example. CATProduct。

步骤02 添加图 4.8.2 所示的下基座零件模型。

（1）单击特征树中的 asm_example，激活 asm_example。

（2）选择命令。选择下拉菜单 插入 ➡ 现有部件... 命令，系统弹出"选择文件"对话框。

（3）定义要添加的零件。选取文件 D:\catsc20\work\ch04.08\down_base.CATPart，单击 打开(0) 按钮。

（4）添加"固定"约束。选择下拉菜单 插入 ➡ 固定 命令，然后在特征树中单击 down_base （或单击模型），结果如图 4.8.2 所示。

步骤03 添加图 4.8.3 所示的轴套并定位。

（1）在确认 asm_example 处于激活状态后，选择下拉菜单 插入 ➡ 现有部件... 命令，在系统弹出的"选择文件"对话框中选取轴套文件 sleeve.CATPart，然后单击 打开(0) 按钮。

（2）选择命令。选择下拉菜单 编辑 ➡ 移动▶ ➡ 操作... 命令。

（3）把 sleeve 部件移动到图 4.8.4 所示的位置。

图 4.8.2　添加基座并定位

图 4.8.3　添加轴套并定位

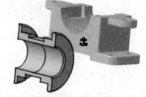

图 4.8.4　添加轴套并移动

（4）设置轴线相合约束。

① 选择命令。选择下拉菜单 插入 ➡ 相合... 命令。

② 选取相合轴。分别选取两个部件的轴线，如图 4.8.5 所示。

（5）设置平面相合约束。

① 选择命令。选择下拉菜单 插入 ➡ 相合... 命令。

② 选取相合平面。选取图 4.8.6 所示的面 1、面 2 作为相合平面。

③ 定义方向。在系统弹出的"约束属性"对话框的 方向 下拉列表中选择 相同 选项。

④ 单击 确定 按钮，完成平面相合约束的设置。

（6）设置面接触约束。

① 选择命令。选择下拉菜单 插入 ➡ 接触... 命令。

② 选取接触面。选取图 4.8.6 所示的面 3、面 4 作为接触面。

（7）更新操作。选择下拉菜单 编辑 ➡ 更新 命令，完成轴套的添加，结果如图 4.8.3 所示。

图 4.8.5　选取两条相合轴

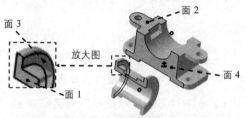

图 4.8.6　选取约束面

步骤 04 添加楔块并定位，如图 4.8.7 所示。

（1）在确认 asm_example 处于激活状态后，选择下拉菜单 插入 ➡ 现有部件... 命令，在系统弹出的"选择文件"对话框中选取楔块文件 chock.CATPart，然后单击 打开(0) 按钮。

（2）使用 操作... 命令，把 chock 部件移动到图 4.8.8 所示的位置。

图 4.8.7　添加楔块并定位

图 4.8.8　添加楔块并移动

（3）添加约束。选择下拉菜单 插入 ➡ 接触... 命令，分别选取图 4.8.9 所示的面 1 和面 2。

（4）添加约束。选择下拉菜单 插入 ➡ 接触... 命令，分别选取图 4.8.9 所示的面 3 和面 4。

（5）添加约束。选择下拉菜单 插入 ➡ 接触... 命令，分别选取图 4.8.9 所示的面 5 对侧的面和面 6。

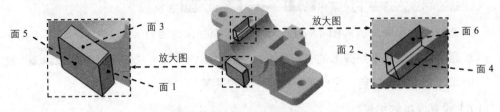

图 4.8.9　选取约束面

（6）更新操作。选择下拉菜单 编辑 ➡ ② 更新 命令，此时装配体如图 4.8.7 所示。

步骤 05 添加图 4.8.10 所示的楔块。

（1）选择命令。选择下拉菜单 插入 ➡ ↑ 对称 命令。

（2）定义对称平面。在特征树上选取 sleeve 部件的 xy 平面作为对称平面，如图 4.8.10 所示。

（3）定义对称部件。选取 chock 为要对称的部件，在系统弹出的"装配对称向导"对话框中，应用默认的参数设置值，单击 完成 按钮。

（4）单击"装配对称结果"对话框中的 关闭 按钮，完成对称复制楔块的添加，结果如图 4.8.10 所示。

步骤 06 添加图 4.8.11 所示的轴套。参照 **步骤 05**，选取图 4.8.11 所示的面为镜像平面。

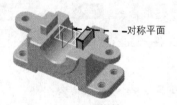

图 4.8.10　添加楔块

图 4.8.11　添加轴套

步骤 07 将上基座添加到装配体中并定位，如图 4.8.12 所示。

（1）在确认 asm_example 处于激活状态后，选择下拉菜单 插入 ➡ ↤ 现有部件... 命令，在系统弹出的"选择文件"对话框中选取上基座文件 top_cover.CATPart，然后单击 打开(o) 按钮。

（2）使用 ☜ 操作... 命令，把 top_cover 部件移动到图 4.8.13 所示的位置。

图 4.8.12　添加上基座并定位

图 4.8.13　添加上基座并移动

（3）添加"相合"约束。选择下拉菜单 插入 ➡ 🔾相合...命令，分别选取图 4.8.14
所示的轴 1、轴 2。

（4）添加"相合"约束。选择下拉菜单 插入 ➡ 🔾相合...命令，分别选取图 4.8.14
所示的轴 3、轴 4。

（5）添加"接触"约束。选择下拉菜单 插入 ➡ ▌接触...命令，分别选取图 4.8.14
所示的面 1、面 2。

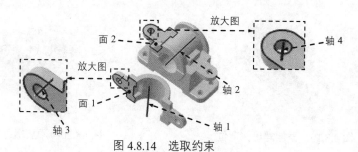

图 4.8.14　选取约束

（6）更新操作。选择下拉菜单 编辑 ➡ 🔄更新命令，得到图 4.8.13 所示的结果。

步骤 08 将螺栓添加到装配体中并定位，如图 4.8.15 所示。

（1）在确认 asm_example 处于激活状态后，选择下拉菜单 插入 ➡ 🔩现有部件...命
令，在系统弹出的"选择文件"对话框中选取螺栓文件 bolt.CATPart，单击对话框中的 打开(O)
按钮。

（2）使用 🔧操作...命令，把 bolt 部件移动到图 4.8.16 所示的位置。

图 4.8.15　添加螺栓并定位

图 4.8.16　添加螺栓并移动

（3）添加"相合"约束，相合轴如图 4.8.17 所示的轴 1、轴 2。

（4）添加"接触"约束，接触面如图 4.8.18 所示的面 1、面 2。

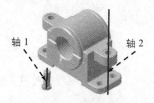

图 4.8.17　选取相合轴

图 4.8.18　选取接触面

（5）更新后得到图 4.8.15 所示的结果。

步骤 09 将部件螺母添加到装配体中并定位，如图 4.8.19 所示。

（1）在确认 asm_example 处于激活状态后，选择下拉菜单 插入 ➡ 现有部件... 命令，在系统弹出的"选择文件"对话框中选取螺母文件 nut.CATPart，然后单击 打开(O) 按钮。

（2）通过 操作... 命令，把 nut 部件移动到图 4.8.20 所示的位置。

图 4.8.19　添加螺母并定位　　　　图 4.8.20　添加螺母并移动

（3）添加"相合"约束，相合轴如图 4.8.21 所示的轴 1、轴 2。

（4）添加"接触"约束，接触面如图 4.8.22 所示的面 1、面 2。

（5）更新后得到图 4.8.19 所示的结果。

图 4.8.21　选取相合轴　　　　　　图 4.8.22　选取接触面

步骤 10 按照 步骤 05 的方法，分别对螺栓和螺母进行对称复制，在特征树上选取 sleeve 部件的 xy 平面作为对称平面，结果如图 4.8.23 所示。

图 4.8.23　对称复制螺栓和螺母

注意：对称复制只能复制一个部件或子装配，螺栓和螺母两个部件不能一起进行对称复制操作。

Task2. 创建分解视图

装配体完成后，把装配体进行分解生成爆炸图，便可以很清楚地反映出部件间的装配关系，如图 4.8.24 所示。

图 4.8.24 分解视图

步骤 **01** 选取命令。选择下拉菜单 编辑 ➡ 移动 ▶ ➡ 在装配设计中分解 命令，系统弹出"分解"对话框。

步骤 **02** 在"分解"对话框中进行如下设置。

（1）定义分解层次。在 深度: 下拉列表中选择 所有级别 选项。

（2）定义分解类型。在 类型: 下拉列表中选择 3D 选项。

步骤 **03** 单击 应用 按钮，在系统弹出的"信息框"对话框中单击 确定 按钮。

步骤 **04** 定义分解程度。将滑块拖拽到 0.39，单击 确定 按钮。在系统弹出的"警告"对话框中单击 是(Y) 按钮，此时，装配体如图 4.8.24 所示。

第5章 曲面设计

5.1 曲面设计基础

5.1.1 进入创成式外形设计工作台

进入 CATIA 软件环境后，系统默认创建了一个装配文件，关闭此窗口，然后选择下拉菜单 开始 ➡️ 形状 ➡️ 创成式外形设计 命令，系统弹出"新建零件"对话框，在对话框中输入零件名称，单击 ● 确定 按钮，即可进入创成式外形设计工作台。

5.1.2 用户界面简介

打开文件 D:\catsc20\work\ch05.01.02\remote_control.CATPart。

CATIA "创成式外形设计" 工作台包括下拉菜单区、工具栏区、消息区（命令联机帮助区）、特征树区、图形区及功能输入区等，如图 5.1.1 所示。

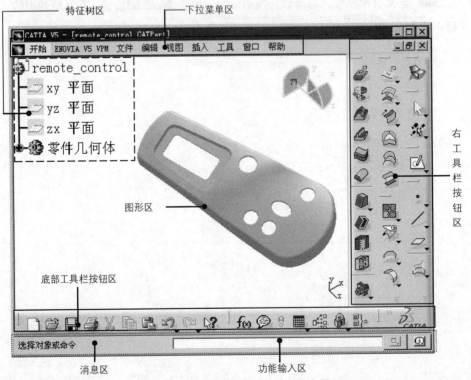

图 5.1.1 CATIA "创成式外形设计" 工作台用户界面

5.2 曲线线框设计

所谓曲线线框是指在空间中创建的点、线（直线和各种曲线）和平面，可利用这些点、线和平面作为辅助元素来创建曲面或实体特征。

5.2.1 圆

圆是一种重要的几何元素，在设计过程中得到广泛使用，它可以直接在实体或曲面上创建。下面以图 5.2.1 所示模型为例来说明创建圆的一般操作过程。

a）创建前   b）创建后

图 5.2.1 创建空间圆

步骤 **01** 打开文件 D:\catsc20\work\ch05.02.01\Circle.CATPart。

步骤 **02** 选择命令。选择下拉菜单 插入 ➡ 线框 ▶ ➡ ○ 圆... 命令，系统弹出"圆定义"对话框。

步骤 **03** 定义圆类型。在"圆定义"对话框的 圆类型：下拉列表中选择 中心和半径 选项。

步骤 **04** 定义圆的中心和支持面。选取图 5.2.2 所示的点为圆心，然后选取 xy 平面为圆的支持面。

点

图 5.2.2 选择圆中心点

步骤 **05** 确定圆半径。在"圆定义"对话框的 半径： 文本框中输入数值 20，单击"圆定义"对话框 圆限制 区域中的 ⊙ 按钮。

步骤 **06** 单击 ● 确定 按钮，完成圆的创建。

5.2.2 圆角

使用下拉菜单 插入 ➡ 线框 ▶ ➡ 圆角...命令，可以在空间或一个平面上建立圆角。如果选择的两条线在同一个平面内，则在此面上建立圆角，否则只能建立空间圆角。下面以图 5.2.3 所示的实例来说明创建圆角的一般操作过程。

步骤 01 打开文件 D:\catsc20\work\ch05.02.02\Corner.CATPart。

步骤 02 选择命令。选择下拉菜单 插入 ➡ 线框 ▶ ➡ 圆角...命令，系统弹出"圆角定义"对话框。

a）"圆角"前　　　　　　　　　　　　b）"圆角" 后

图 5.2.3　创建线圆角

步骤 03 定义圆角类型。在对话框的 圆角类型：下拉列表中选择 支持面上的圆角 选项。

步骤 04 定义圆角半径。在对话框的 半径：文本框中输入数值 10。

步骤 05 定义圆角边线。分别选取图 5.2.4 所示的曲线 1 和曲线 2 为圆角边线。

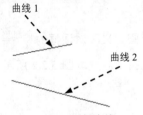

图 5.2.4　定义圆角边线

步骤 06 单击 ● 确定 按钮，完成圆角的创建。

5.2.3 连接曲线

使用下拉菜单 插入 ➡ 线框 ▶ ➡ 连接曲线...命令，可以把空间的多个点或线段用空间曲线进行连接。下面以图 5.2.5 所示的实例为例来说明创建连接曲线的一般操作过程。

步骤 01 打开文件 D:\catsc20\work\ch05.02.03\Connect_Curve.CATPart。

步骤 02 选择命令。选择下拉菜单 插入 ➡ 线框 ▶ ➡ 连接曲线...命令，系统弹出图 5.2.6 所示的"连接曲线定义"对话框。

步骤 **03** 定义连接类型。在对话框的 连接类型：下拉列表中选择 法线 选项。

步骤 **04** 定义第一条曲线。选取图 5.2.7 所示的点 1 为连接点,直线 1 为连接曲线,在 连续：下拉列表中选择 相切 选项,在 张度：文本框中输入数值 2。

步骤 **05** 定义第二条曲线。选取图 5.2.7 所示的点 2 为连接点,直线 2 为连接曲线,在 连续：下拉列表中选择 相切 选项,在 张度：文本框中输入数值 2,并单击 反转方向 按钮（图 5.2.6）。

步骤 **06** 单击 确定 按钮,完成曲线的连接。

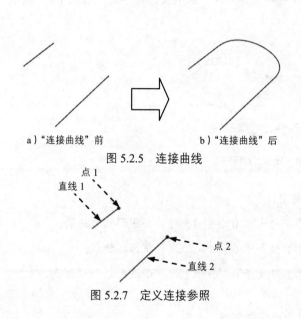

a）"连接曲线"前   b）"连接曲线"后

图 5.2.5　连接曲线

点 1
直线 1

点 2
直线 2

图 5.2.7　定义连接参照

图 5.2.6　"连接曲线定义"对话框

5.2.4　二次曲线

使用"二次曲线"命令,可以在空间的两点之间建立一条二次曲线,通过输入不同的参数可以定义二次曲线为椭圆、抛物线和双曲线。下面以图 5.2.8 所示的模型为例来说明通过空间两点创建二次曲线的一般过程。

a）创建前   b）创建后

图 5.2.8　二次曲线

步骤01 打开文件 D:\catsc20\work\ch05.02.04\conic.CATPart。

步骤02 选择命令。选择下拉菜单 插入 ➡ 线框 ▶ ➡ ⌐二次曲线... 命令，系统弹出"二次曲线定义"对话框。

步骤03 定义支持面。激活对话框 支持面 后的文本框，在特征树中选取 xy 平面作为支持面。

步骤04 定义约束限制。选取图 5.2.9 所示的点 1 为开始点，选取点 2 为结束点，选取直线 1 为开始切线，选取直线 2 为结束切线。

步骤05 定义中间约束。在对话框 中间约束 区域▢ 参数 后的文本框中输入数值 0.4，其他参数采用系统默认设置值。

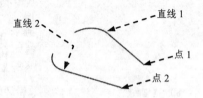

图 5.2.9 定义约束限制

二次曲线参数有三种类型。

类型 1：当二次曲线参数值大于 0 小于 0.5 时，曲线形状为椭圆。

类型 2：当二次曲线参数值等于 0.5 时，曲线形状为抛物线。

类型 3：当二次曲线参数值大于 0.5 小于 1 时，曲线形状为双曲线。

步骤06 单击 ●确定 按钮，完成二次曲线的创建。

5.2.5 样条曲线

使用下拉菜单 插入 ➡ 线框 ▶ ➡ ⌐样条线... 命令，可以通过空间一系列的点创建样条线。下面以图 5.2.10 所示的例子说明创建样条线的操作过程。

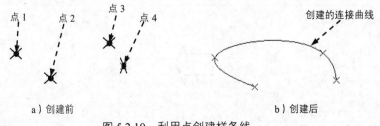

a）创建前   b）创建后

图 5.2.10 利用点创建样条线

步骤 01 打开文件 D:\catsc20\work\ ch05.02.05\Spline. CATPart。

步骤 02 选择命令。选择下拉菜单 插入(I) ➡️ 线框 ➡️ 样条线 命令，系统弹出图 5.2.11 所示的"样条线定义"对话框。

步骤 03 定义参考点。依次单击图 5.2.10 所示的点 2、点 1、点 3 和点 4 为参考点。

步骤 04 单击 确定 按钮，完成样条线的创建。

图 5.2.11 所示的"样条线定义"对话框中部分选项的说明如下。

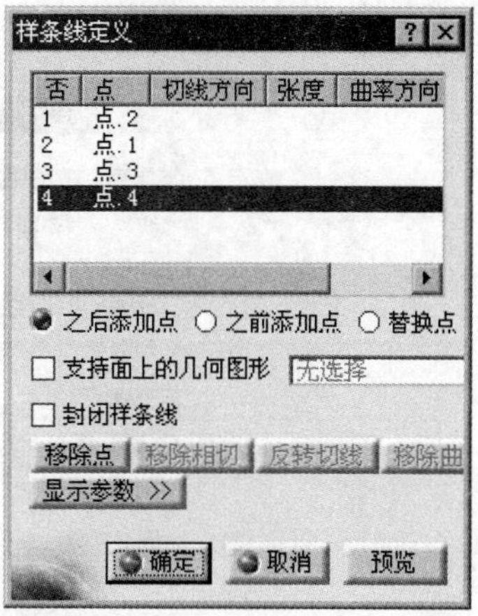

◆ 支持面上的几何图形 复选框：选中此选项，然后选取支持面，将样条线投影到支持面上(选取的点必须是支持面上的点)(图 5.2.12)。

◆ 封闭样条线 复选框：选中此选项将样条线封闭（图 5.2.13）。

图 5.2.11　"样条线定义"对话框

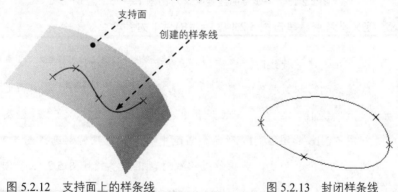

图 5.2.12　支持面上的样条线　　　　图 5.2.13　封闭样条线

5.2.6　螺旋线

使用下拉菜单 插入 ➡️ 线框 ➡️ 螺旋线 命令，可以通过已知的点创建螺旋线。下面以图 5.2.14 所示的例子说明通过已知的点创建螺旋线的操作过程。

步骤 01 打开文件 D:\catsc20\work\ ch05.02.06\Helix.CATPart。

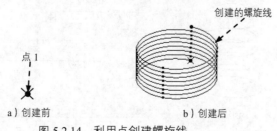

a）创建前　　　　　　b）创建后

图 5.2.14　利用点创建螺旋线

步骤 02 选择命令。选择下拉菜单 **插入** ➡ **线框** ▶ ➡ **螺旋线...** 命令，系统弹出图 5.2.15 所示的"螺旋曲线定义"对话框（一）。

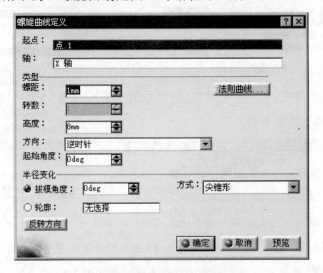

图 5.2.15 "螺旋曲线定义"对话框（一）

步骤 03 定义参考点。单击图 5.2.14a 所示的点 1 为参考点。

 在创建螺旋线时，还可以通过 **半径变化** 区域的 ● **拔模角度:** 和 ● **轮廓:** 选项改变螺旋线的形状。当选中 ● **拔模角度:** 选项时，在 ● **拔模角度:** 右侧的文本框中输入拔模角度值 10，在 **方式:** 下拉列表中选择 **尖锥形** 选项，其操作过程及对话框中参数如图 5.2.16 和图 5.2.17 所示。当选中 ● **轮廓:** 选项时，选择图 5.2.18a 所示的草图 1 作为轮廓曲线，其操作过程及对话框中参数如图 5.2.18 和图 5.2.19 所示。

参考点

a）创建前   b）创建后

图 5.2.16 利用点和拔模角度创建螺旋线

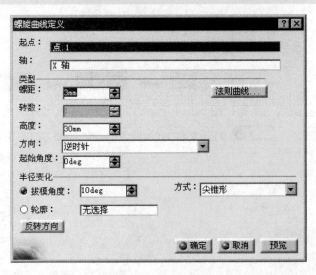

图 5.2.17 "螺旋曲线定义"对话框（二）

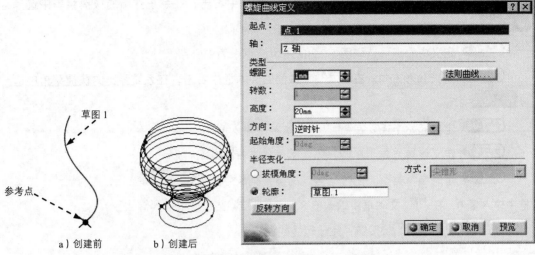

图 5.2.18 利用点和轮廓线创建螺旋线 　　图 5.2.19 "螺旋曲线定义"对话框（三）

（步骤 04） 定义参考轴。在 ⌷轴: 右侧的文本框中右击，在系统弹出的快捷菜单中选择 ⌷ X 轴 选项。

（步骤 05） 定义参考类型。在 类型 区域的 螺距: 文本框中输入值 1，在 高度: 文本框中输入值 8，在 方向: 下拉列表中选择 逆时针 选项，在 起始角度: 文本框中输入值 0。

（步骤 06） 单击 ● 确定 按钮，完成螺旋线的创建。

5.2.7　螺线

使用下拉菜单 插入 ➡ 线框 ▸ ➡ ◎ 螺线... 命令，可以通过已知的点创建螺线。 下面以图 5.2.20 所示的例子说明通过已知的点创建螺线的操作过程。

a）创建前　　　　　　　　　　　　　b）创建后

图 5.2.20 利用点创建螺线

（步骤 01） 打开文件 D:\catsc20\work\ch05.02.07\spiral.CATPart。

（步骤 02） 选择命令。选择下拉菜单 插入 ➡ 线框 ▸ ➡ ◎ 螺线... 命令，系统弹 出图 5.2.21 所示的"螺线曲线定义"对话框。

步骤 03 定义支持面。在 支持面: 右侧的文本框中右击，在系统弹出的快捷菜单中选择 XY 平面 选项。

步骤 04 定义中心点。选取图 5.2.20a 所示的点 1 为中心点。

步骤 05 定义参考方向。在 参考方向: 右侧的文本框中右击，在系统弹出的快捷菜单中选择 X 部件 选项。

步骤 06 定义起始半径。在 起始半径: 文本框中输入值 3。

步骤 07 定义旋转方向。在 方向: 下拉列表中选择 逆时针 选项。

步骤 08 定义参考类型。在 类型 区域的下拉列表中选择 角度和半径 选项，在 终止角度: 文本框中输入值 0，在 转数: 文本框中输入值 8，在 终止半径: 文本框中输入值 25。

步骤 09 单击 ● 确定 按钮，完成螺线的创建。

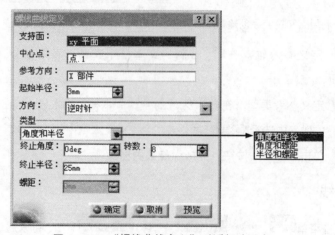

图 5.2.21　"螺线曲线定义"对话框（四）

5.2.8　创建投影曲线

使用"投影"命令可以将曲线向一个曲面上投影，投影时可以选择法向投影或沿一个给定的方向进行投影。下面以图 5.2.22 所示的模型为例来说明沿某一方向创建投影曲线的一般过程。

步骤 01 打开文件 D:\catsc20\work\ch05.02.08\Projection.CATPart。

步骤 02 选择命令。选择下拉菜单 插入 ➔ 线框 ▶ ➔ 投影 命令，系统弹出"投影定义"对话框。

步骤 03 确定投影类型。在对话框的 投影类型: 下拉列表中选择 沿某一方向 选项。

步骤 04 定义投影曲线。选取图 5.2.23 所示的曲线为投影曲线。

步骤 05 确定支持面。选取图 5.2.23 所示的曲面为投影支持面。

步骤 06 定义投影方向。选取平面 1（在特征树中），系统会沿平面 1 的法线方向作为投影方向。

步骤 07 单击 ● 确定 按钮，完成曲线的投影。

a）"投影曲线"前   b）"投影曲线"后

图 5.2.22　投影曲线

图 5.2.23　定义投影曲线

5.2.9　混合

使用"混合"命令，可以将非平行平面上的两条曲线进行"混合"创建一条空间曲线。混合曲线实际上就是将原始曲线按照指定的方向拉伸所得曲面的交线。下面以图 5.2.24 所示的例子说明创建混合曲线的操作过程。

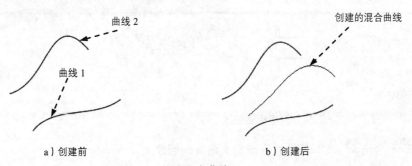

a）创建前   b）创建后

图 5.2.24　创建混合曲线

步骤 01 打开文件 D:\catsc20\work\ch05.02.09\combine.CATPart。

步骤 02 选择命令。选择下拉菜单 插入 ➡ 线框 ▶ ➡ 混合... 命令，系统弹出图 5.2.25 所示的"混合定义"对话框。

步骤 03 选择混合类型。在"混合定义"对话框的 混合类型：下拉列表中选择 法线 选项。

图 5.2.25　"混合定义"对话框

步骤 **04** 定义混合曲线。单击 曲线 1：后的文本框，然后选取图 5.2.24a 所示的曲线 1；单击 曲线 2：后的文本框，然后选取图 5.2.24a 所示的曲线 2。

步骤 **05** 单击 ● 确定 按钮，完成混合曲线的创建。

5.2.10 相交

使用"相交"命令，可以通过选取两个或多个相交的元素来创建相交曲线或交点。下面以图 5.2.26 所示的实例来说明创建相交曲线的一般过程。

步骤 **01** 打开文件 D:\catsc20\work\ch05.02.10\intersect.CATPart。

步骤 **02** 选择命令。选择下拉菜单 插入 ➡ 线框 ▶ ➡ 相交... 命令，系统弹出"相交定义"对话框。

步骤 **03** 定义相交曲面。选取图 5.2.27 所示的曲面 1 为第一元素，选取曲面 2 为第二元素。

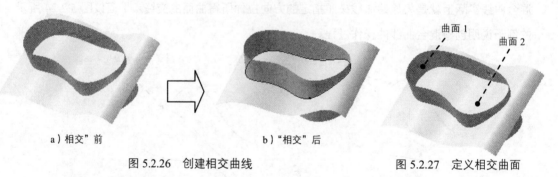

a)相交"前　　　　　　　　　b)"相交"后

图 5.2.26　创建相交曲线　　　　　　图 5.2.27　定义相交曲面

步骤 **04** 单击 ● 确定 按钮，完成相交曲线的创建。

5.3 曲线的分析

曲线质量的好坏直接影响到与之相关联的曲面、模型等。CATIA 为用户提供了多种曲线分析的工具，如箭状曲率、曲线连接检查等。箭状曲率是指系统用箭状图形的方式来显示样条曲线上各个点的曲率变化情况。而曲线的连续性分析可以检查曲线的连续性，其包括点连续分析、相切连续分析、曲率连续分析和交叠分析等。组合应用这两种分析工具可以得到高质量的曲线，从而也可以得到满足设计要求的曲面或模型。

5.3.1 曲线的曲率分析

曲线的曲率分析是指在使用曲线创建曲面之前，先检查曲线的质量，从曲率图中观察是否有不规则的"回折"和"尖峰"现象，这是判断曲线是否"平滑"的重要依据。下面以图 5.3.1 所示的实例来说明进行曲线曲率分析的一般过程。

a）分析前　　　　　　　　　　　　　　　　　　　b）分析结果

图 5.3.1　曲线曲率分析

步骤 01 打开文件 D:\catsc20\work\ch05.03.01\curve_curvature_analys.CATPart。

步骤 02 选择命令。选择下拉菜单 插入 ➡ 分析 ▶ ➡ ～ 箭状曲率分析 命令，此时系统弹出图 5.3.2 所示的"箭状曲率"对话框（一）和"工具控制板"工具栏。

步骤 03 定义分析类型。在"箭状曲率"对话框（一） 类型 区域的下拉列表中选择 曲率 选项。

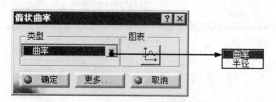

图 5.3.2　"箭状曲率"对话框（一）

步骤 04 定义对象。在系统 选择要显示/移除分析曲率的曲线 的提示下，选取图 5.3.1a 所示模型中的曲线 1 为要显示曲率分析的曲线。

步骤 05 观察分析结果。完成上步操作后，曲线 1 上出现曲率分析图，将鼠标指针移至曲率分析图的任意曲率线上，系统将自动显示该曲率线对应曲线位置的曲率数值（图 5.3.1b）。

步骤 06 单击 ● 确定 按钮，完成曲线的曲率分析。

◆ 在"箭状曲率"对话框（一）中单击 更多... 按钮，系统弹出图 5.3.3 所示的"箭状曲率"对话框（二），用户可以根据需要调整曲率图的密度、振幅等参数（图 5.3.4）。

◆ 在"箭状曲率"对话框中（一）单击"显示图表窗口"按钮 ，系统弹出图 5.3.5 所示的"2D 图表"对话框，在该对话框中可以选择不同的工程图模式，查看曲线的曲率分布。

图 5.3.3 "箭状曲率"对话框（二）

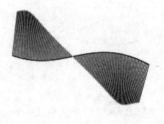

图 5.3.4 曲线曲率分析

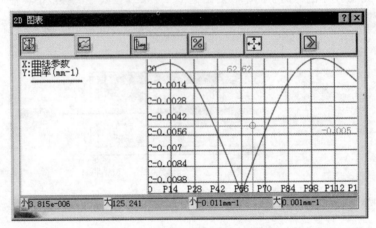

图 5.3.5 "2D 图表"对话框

5.3.2 曲线的连续性分析

使用 分析连接检查器 命令可以分析曲线的连续性。下面通过图 5.3.6 所示的实例，说明连续性分析的操作过程。

a）分析前   b）分析后

图 5.3.6 连续性分析

步骤 01 打开文件 D:\catsc20\work\ch05.03.02\Curve_Connect_Checker.CAT Part。

步骤 02 选择命令。选择下拉菜单 插入 ➡ 分析 ▶ ➡ 💱 分析连接检查器... 命令，系统弹出图 5.3.7 所示的"连接检查器"对话框。

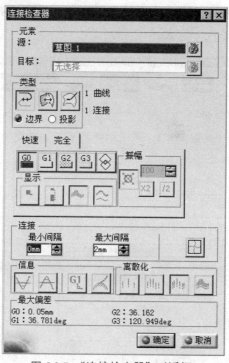

图 5.3.7 "连接检查器"对话框

步骤 03 定义分析类型。在 类型 区域中单击"曲线-曲线连接"按钮 ⤵，并选中 ⦿边界 单选项。

步骤 04 选择分析对象。选择图 5.3.6a 所示的曲线为分析对象。

步骤 05 单击 ⦿ 确定 按钮，完成曲线连接的分析，如图 5.3.6b 所示。

在 完全 选项卡中单击 G1 、 G2 、 G3 和 ◇ 按钮的情况分别如图 5.3.8~图 5.3.11 所示。

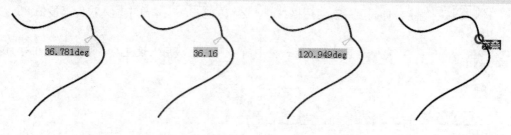

图 5.3.8 G1 连续　　图 5.3.9 G2 连续　　图 5.3.10 G3 连续　　图 5.3.11 交叠缺陷

5.4　简单曲面设计

5.4.1　拉伸

拉伸曲面是将曲线、直线、曲面边线沿着指定方向进行拉伸而形成的曲面。下面以图 5.4.1 所示的实例来说明创建拉伸曲面的一般操作过程。

步骤 01　打开文件 D:\catsc20\work\ch05.04.01\Extrude.CATPart。

步骤 02　选择命令。选择 插入 ➡ 曲面 ▶ ➡ 拉伸... 命令，系统弹出图 5.4.2 所示的"拉伸曲面定义"对话框。

步骤 03　选择拉伸轮廓。选取图 5.4.3 所示的曲线为拉伸轮廓。

a)"拉伸"前

b)"拉伸"后

图 5.4.1　创建拉伸曲面

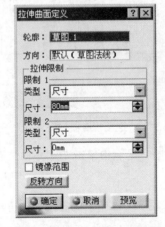

图 5.4.2　"拉伸曲面定义"对话框

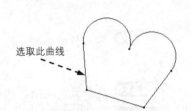

选取此曲线

图 5.4.3　选择拉伸轮廓

步骤 04　定义拉伸方向。默认选项，系统会以草图平面的法线方向作为拉伸方向。

步骤 05　定义拉伸类型。在对话框 限制 1 区域的 类型: 下拉列表中选择 尺寸 选项。

步骤 06　确定拉伸高度。在对话框 限制 1 区域的 尺寸: 文本框中输入拉伸高度值 80。

　　　　　"拉伸曲面定义"对话框中的 限制 2 区域用来设置与 限制 1 方向相对的拉伸参数。

步骤 07　单击 确定 按钮，完成曲面的拉伸。

5.4.2 旋转

旋转曲面是将曲线绕一根轴线进行旋转，从而形成的曲面。下面以图 5.4.4 为例来说明创建旋转曲面的一般操作过程。

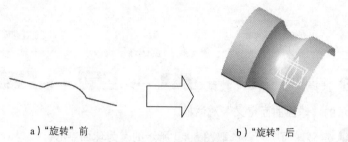

a)"旋转"前   b)"旋转"后

图 5.4.4 创建旋转曲面

步骤 01 打开文件 D:\catsc20\work\ch05.04.02\Revolve.CATPart。

步骤 02 选择命令。选择下拉菜单 插入 ➡ 曲面 ▶ ➡ 旋转... 命令，系统弹出图 5.4.5 所示的"旋转曲面定义"对话框。

步骤 03 选择旋转轮廓。选取图 5.4.6 所示的曲线为旋转轮廓。

图 5.4.5 "旋转曲面定义"对话框

选取此曲线

图 5.4.6 选择旋转轮廓

步骤 04 定义旋转轴。在对话框的 旋转轴:文本框中右击，选取 Z 轴作为旋转轴。

步骤 05 定义旋转角度。在对话框 角限制 区域的 角度 1:文本框中输入旋转角度值 180。

步骤 06 单击 确定 按钮，完成旋转曲面的创建。

5.4.3 球面

下面以图 5.4.7 为例来说明创建球面的一般操作过程。

步骤 01 打开文件 D:\catsc20\work\ch05.04.03\Sphere.CATPart。

a)"创建球面"前   b)"创建球面"后

图 5.4.7　创建球面

步骤 02 选择命令。选择下拉菜单 插入 → 曲面 ▶ → ● 球面... 命令，系统弹出图 5.4.8 所示的"球面曲面定义"对话框。

步骤 03 定义球面中心。选取图 5.4.9 所示的点为球面中心。

步骤 04 定义球面半径。在对话框的 球面半径: 文本框中输入球半径值 20。

步骤 05 定义球面角度。在对话框的 纬线起始角度: 文本框中输入数值 - 70，在 纬线终止角度: 文本框中输入数值 60，在 经线起始角度: 文本框中输入数值 40，在 经线终止角度: 文本框中输入数值 200。

　　　　单击对话框中的 ● 按钮（图 5.4.8），将创建一个完整的球面，如图 5.4.10 所示。

步骤 06 单击 ● 确定 按钮，得到图 5.4.7b 所示的球面。

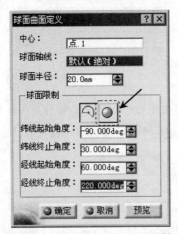

图 5.4.8　"球面曲面定义"对话框

图 5.4.9　选择球面中点

图 5.4.10　球面

5.4.4　柱面

使用下拉菜单 插入 → 曲面 ▶ → ▮ 圆柱面... 命令，可以通过空间一点及一个方向生成圆柱曲面。下面以图 5.4.11 所示的实例来说明创建圆柱面的一般操作过程。

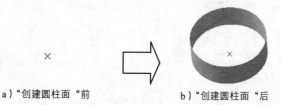

a）"创建圆柱面"前　　　　　　　b）"创建圆柱面"后

图 5.4.11　创建圆柱面

步骤 01 打开文件 D:\catsc20\work\ch05.04.04\Cylinder.CATPart。

步骤 02 选择命令。选择下拉菜单 插入 ➡ 曲面 ▶ ➡ 🛢 圆柱面... 命令，系统弹出 "圆柱曲面定义" 对话框。

步骤 03 定义中心点。选取图 5.4.12 所示的点为圆柱面的中心点。

步骤 04 定义方向。在 方向: 选项中右击选择 🔲 Z 部件 作为生成圆柱面的方向。

步骤 05 确定圆柱面的半径和长度。在对话框 参数: 区域的 半径: 文本框中输入数值 30，在 长度 1: 文本框中输入数值 20，如图 5.4.13 所示。

 在 "圆柱曲面定义" 对话框 参数: 区域的 长度 2: 文本框中输入相应的值可沿 长度 1: 相反的方向生成圆柱面。

步骤 06 单击 🔵 确定 按钮，完成圆柱曲面的创建。

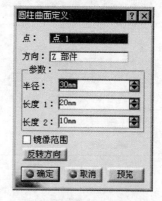

选择此点

图 5.4.12　定义圆柱面点　　　　图 5.4.13　"圆柱曲面定义"对话框

5.5　高级曲面设计

5.5.1　偏移曲面

偏移曲面就是将已有的曲面沿着曲面的法向向里或向外偏置一定的距离而形成新的曲

面。下面以图 5.5.1 所示的实例来说明创建偏移曲面的一般操作过程。

c) 单个偏移   a) 偏移前   b) 整体偏移

图 5.5.1   偏移曲面

（步骤 **01**） 打开文件 D:\catsc20\work\ch05.05.01\Offset.CATPart。

（步骤 **02**） 选择命令。选择下拉菜单 插入 ━━➤ 曲面 ▶ ━━➤ 偏移... 命令，系统弹出图

5.5.2 所示的"偏移曲面定义"对话框。

（步骤 **03**） 定义偏移曲面。选择图 5.5.3 所示的曲面为偏移对象。

（步骤 **04**） 设置偏移值。在"偏移曲面定义"对话框的 偏移 文本框中输入值 2。

说明：

◆ 单击"偏移曲面定义"对话框中的 要移除的子元素 选项卡，选择图 5.5.4 所示的曲面为

　 要移除的子元素，结果如图 5.5.1c 所示。

◆ 单击对话框中的 反转方向 ，可以切换偏移的方向。

（步骤 **05**） 单击 ● 确定 按钮，完成图 5.5.1b 所示的曲面偏移。

图 5.5.2   "偏移曲面定义"对话框

图 5.5.3   选择偏移曲面

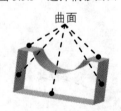

图 5.5.4   选择移除曲面

5.5.2   扫掠曲面

1. 显式扫掠

使用显式扫掠方式创建曲面，需要定义一条轮廓线、一条或两条引导线，还可以使用一

条脊线。用此方式创建扫掠曲面时有三种方式，分别为使用参考曲面、使用两条引导曲线和使用拔模方向。

类型 1. 使用参考曲面

在创建显式扫掠曲面时，可以定义轮廓线与某一参考曲面始终保持一定的角度。下面以图 5.5.5 所示的实例来说明创建使用参考曲面的显式扫掠曲面的一般过程。

步骤 01 打开文件 D:\catsc20\work\ch05.05.02\explicit_sweep_01.CATPart。

步骤 02 选择命令。选择下拉菜单 插入 ➡ 曲面 ▶ ➡ 扫掠... 命令，此时系统弹出"扫掠曲面定义"对话框。

步骤 03 定义扫掠类型。在对话框的 轮廓类型: 中单击 按钮，在 子类型: 下拉列表中选择 使用参考曲面 选项，如图 5.5.6 所示。

步骤 04 定义扫掠轮廓和引导曲线。选取图 5.5.5a 所示的曲线为扫掠轮廓，选取图 5.5.5a 所示的曲线为引导曲线。

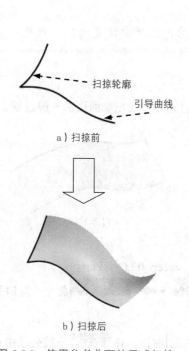

a）扫掠前

b）扫掠后

图 5.5.5 使用参考曲面的显式扫掠

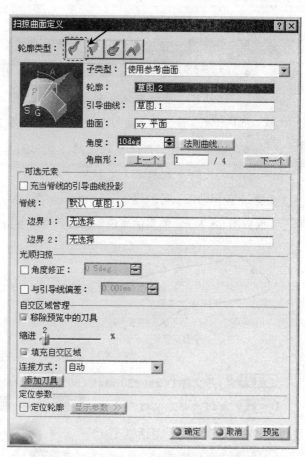

图 5.5.6 "扫掠曲面定义"对话框

步骤 **05** 定义参考平面和角度。选取 xy 平面为参考平面，在 角度：后的文本框中输入数值 10，其他参数采用系统默认设置值。

步骤 **06** 单击 ● 确定 按钮，完成扫掠曲面的创建。

图 5.5.6 所示的"扫掠曲面定义"对话框中各选项的说明如下。

◆ 轮廓类型：用于定义扫掠轮廓类型，包括 、 、 和 四种类型。

◆ 子类型：用于定义指定轮廓类型下的子类型，此处指的是 类型下的子类型，包括 使用参考曲面 、 使用两条引导曲线 和 使用拔模方向 三种类型。

◆ 脊线：系统默认脊线是第一条引导曲线，当然用户也可根据需要来重新定义脊线。

◆ 光顺扫掠：该区域包括 □角度修正：和 □与引导线偏差：两个选项。

　● □角度修正：选中该复选框,则允许按照给定角度值移除不连续部分，以执行光顺扫掠操作。

　● □与引导线偏差：选中该复选框，则允许按照给定偏差值来执行光顺扫掠操作。

◆ 自交区域管理：该区域主要用于设置扫掠曲面的扭曲区域。

　● ☑移除预览中的刀具：选中该复选框，则允许自动移除由扭曲区域管理添加的刀具，系统默认是将此复选框选中。

◆ 定位参数：该区域主要用于设置定位轮廓参数。

　● □定位轮廓：系统默认情况下使用定位轮廓。若选中该复选框，则可以自定义的方式来定义定位轮廓的参数。

类型 2. 使用两条引导曲线

下面以图 5.5.7 所示的实例来说明创建使用两条引导曲线的显式扫掠曲面的一般过程。

曲线 1　曲线 2

曲线 3

a）扫掠前　　　　　　　　　　　　　　　b）扫掠后

图 5.5.7　使用两条引导曲线的显式扫掠

步骤 **01** 打开文件 D:\catsc20\work\ch05.05.02\explicit_sweep_02.CATPart。

步骤 **02** 选择命令。选择下拉菜单 插入 ➡ 曲面 ▶ ➡ 扫掠... 命令，此时系统弹出"扫掠曲面定义"对话框。

步骤 **03** 定义扫掠类型。在对话框的 轮廓类型：中单击 按钮，在 子类型：下拉列表中选

择 使用两条引导曲线 选项。

步骤 04 定义扫掠轮廓和引导曲线。选取图5.5.7a所示的曲线1为扫掠轮廓,选取图5.5.7a 所示的曲线2和曲线3为引导曲线。

步骤 05 定义定位类型和参考。在 定位类型: 下拉列表中选择 两个点 选项,其他参数采用 系统默认设置值。

 定位类型包括"两个点"和"点和方向"两种类型。当选择"两个点"类型时,需 要在图形区选取两个点来定义曲面形状,此时生成的曲面沿第一个点的法线方 向。当选择"点和方向"类型时,需要在图形区选取一个点和一个方向参考(通常 选取一个平面),此时生成的曲面通过点并沿平面的法线方向。

步骤 06 单击 ● 确定 按钮,完成扫掠曲面的创建。

2. 直线式扫掠

使用直线扫掠方式创建曲面时,系统自动以直线作为轮廓线,所以只需要定义两条引导 线。用此方式创建扫掠曲面时有七种方式。下面以图 5.5.8 所示的模型为例,介绍创建两极 限类型的直线式扫掠曲面的一般过程。

曲线2

曲线1

a)扫掠前　　　　　　　　　　　　　　　　　　　　　b)扫掠后

图 5.5.8　两极限类型的直线式扫掠

步骤 01 打开文件 D:\catsc20\work\ch05.05.02\two_limits.CATPart。

步骤 02 选择命令。选择下拉菜单 插入 ➡ 曲面 ▶ ➡ 扫掠... 命令,此时系 统弹出"扫掠曲面定义"对话框。

步骤 03 定义扫掠类型。在对话框的 轮廓类型: 中单击 按钮,在 子类型: 下拉列表中选 择 两极限 选项。

步骤 04 定义引导曲线。选取图5.5.8a所示的曲线1为引导曲线1,选图5.5.8a所示的曲 线2为引导曲线2。

步骤 05 定义曲面边界。在对话框 长度 1: 后的文本框中输入数值40,在 长度 2: 后的文本框中输入数值 20，其他参数采用系统默认设置值。

步骤 06 单击 ◉ 确定 按钮，完成扫掠曲面的创建。

3. 圆式扫掠

使用圆式扫掠方式创建曲面时，系统自动以圆弧作为轮廓线。用此方式创建扫掠曲面时有七种方式。下面以图 5.5.9 所示的模型为例，介绍创建圆心和半径的圆式扫掠曲面的一般过程。

a）扫掠前　　　　　　　　　　　　　　　　　b）扫掠后

图 5.5.9　圆心和半径类型的圆式扫掠

步骤 01 打开文件 D: \catsc20\work\ch05.05.02\center_radius.CATPart。

步骤 02 选择命令。选择下拉菜单 插入 ➡ 曲面 ▶ ➡ 扫掠... 命令，此时系统弹出"扫掠曲面定义"对话框。

步骤 03 定义扫掠类型。在对话框的 轮廓类型：中单击 按钮，在 子类型：下拉列表中选择 圆心和半径 选项。

步骤 04 选取图 5.5.9a 所示的曲线为中心曲线，半径值为 10。其他参数采用默认设置。

步骤 05 单击 ◉ 确定 按钮，完成扫掠曲面的创建。

4. 二次曲线式扫掠

通过二次曲线式扫掠来创建曲面共有四种形式。下面以图 5.5.10 所示的模型为例，介绍创建两条引导曲线类型的二次曲线式扫掠曲面的一般过程。

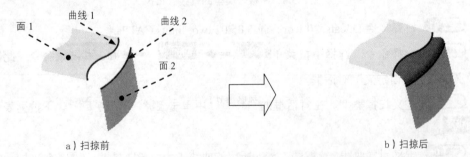

面 1　　曲线 1　　曲线 2　　面 2

a）扫掠前　　　　　　　　　　　　　　　　　b）扫掠后

图 5.5.10　两条引导曲线类型的二次曲线式扫掠

步骤 01 打开文件 D: \catsc20\work\ch05.05.02\two_guides.CATPart。

步骤02 选择命令。选择下拉菜单 插入 ➜ 曲面 ▸ ➜ 扫掠… 命令,此时系统弹出"扫掠曲面定义"对话框。

步骤03 定义扫掠类型。在对话框的 轮廓类型: 中单击 按钮,在 子类型: 下拉列表中选择 两条引导曲线 选项。

步骤04 定义引导曲线和参数。选取图 5.5.10a 所示的曲线 2 为引导曲线 1,选取图 5.5.10a 所示的面 2 为相切面;选取曲线 1 为结束引导曲线,选取面 1 为相切面,在 参数: 后的文本框中输入数值 0.7,其他参数采用系统默认参数值。

步骤05 单击 ● 确定 按钮,完成扫掠曲面的创建。

5.5.3 填充

填充曲面是由一组曲线或曲面的边线围成封闭区域而形成的曲面,它也可以通过空间中的一个点。下面以图 5.5.11 所示的实例来说明创建填充曲面的一般操作过程。

步骤01 打开文件 D:\catsc20\work\ ch05.05.03\fill_surfaces.CATPart。

步骤02 选择命令。选择下拉菜单 插入 ➜ 曲面 ▸ ➜ 填充… 命令,此时系统弹出"填充曲面定义"对话框。

步骤03 定义填充边界。依次选取图 5.5.12 所示的曲线 1~曲线 5 为填充边界。

步骤04 单击 ● 确定 按钮,完成填充曲面的创建。

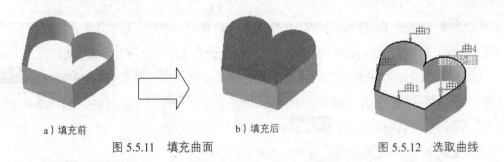

a)填充前   b)填充后

图 5.5.11 填充曲面   图 5.5.12 选取曲线

5.5.4 多截面曲面

多截面曲面就是通过多个截面轮廓线扫掠生成的曲面,这样生成的曲面中的各个截面可以是不同的。创建多截面扫掠曲面时,可以使用引导线、脊线,也可以设置各种耦合方式。下面以图 5.5.13 所示的实例来说明创建多截面曲面的一般操作过程。

步骤01 打开文件 D:\catsc20\work\ch05.05.04\Multi_sections_Surface.CATPart。

步骤02 选择命令。选择下拉菜单 插入 ➜ 曲面 ▸ ➜ 多截面曲面… 命令,此时系统弹出"多截面曲面定义"对话框。

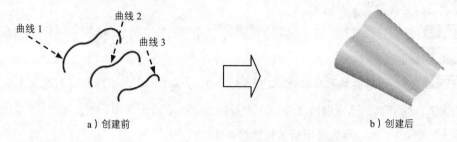

a）创建前　　　　　　　　　　　　　　b）创建后

图 5.5.13　创建多截面曲面

步骤 03 定义截面曲线。分别选取图 5.5.13a 所示的曲线 1、曲线 2 和曲线 3 作为截面曲线。

步骤 04 单击 ● 确定 按钮，完成多截面扫掠曲面的创建。

5.5.5　桥接

使用 插入 ➡ 曲面 ▶ ➡ 桥接 命令，可以用一个曲面连接两个曲面或曲线，并可以使生成的曲面与被连接的曲面具有某种连续性。下面以图 5.5.14 所示的实例来说明创建桥接曲面的一般过程。

步骤 01 打开文件 D:\catsc20\work\ch05.05.05\Blend.CATPart。

步骤 02 选择命令。选择下拉菜单 插入 ➡ 曲面 ▶ ➡ 桥接 命令，系统弹出"桥接曲面定义"对话框。

步骤 03 定义桥接曲线和支持面。选取图 5.5.14a 所示的曲线 1 和曲线 2 分别为第一曲线和第二曲线，选取图 5.5.14a 所示的曲面 1 和曲面 2 分别为第一支持面和第二支持面。

步骤 04 定义桥接方式。单击对话框中的 基本 选项卡，在 第一连续： 下拉列表中选择 相切 选项，在 第一相切边框： 下拉列表中选择 双末端 选项，在 第二连续： 下拉列表中选择 相切 选项，在 第二相切边框： 下拉列表中选择 双末端 选项。

步骤 05 单击 ● 确定 按钮，完成桥接曲面的创建。

a）"桥接"前　　　　　　　　　　　　b）"桥接"后

图 5.5.14　桥接曲面

5.6 曲线与曲面编辑操作

5.6.1 接合

使用"接合"命令可以将多个独立的元素（曲线或曲面）连接成为一个元素。下面以图 5.6.1 所示的实例来说明曲面接合的一般操作过程。

步骤 01 打开文件 D:\catsc20\work\ch05.06.01\join.CATPart。

步骤 02 选择命令。选择下拉菜单 插入 ➡ 操作 ▶ ➡ 接合 命令，系统弹出 "接合定义" 对话框，如图 5.6.2 所示。

步骤 03 定义要接合的元素。在图形区选取图 5.6.3 所示的曲面 1、曲面 2 和曲面 3 作为要接合的曲面。

图 5.6.1 接合曲面

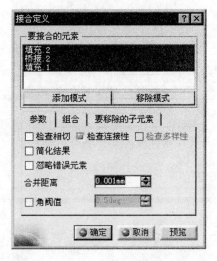

图 5.6.2 "接合定义" 对话框

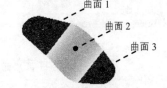

图 5.6.3 选取要接合的曲面

图 5.6.2 所示的"接合定义"对话框中各选项说明如下。

◆ **添加模式**：单击此按钮，可以在图形区选取要接合的元素，默认情况下此按钮被按下。

◆ **移除模式**：单击此按钮，可以在图形区选取已被选取的元素作为要移除的项目。

◆ **参数**：用于定义接合的参数。

● **□检查相切**：用于检查要接合元素是否相切。选中此复选框，然后单击 **预览** 按钮，如果要接合的元素没有相切，系统会给出提示。

● **☑检查连接性**：用于检查要接合元素是否相连接。

● **☑检查多样性**：用于检查要接合元素接合后是否有多种选择，此选项只用于定义曲线。

- **□简化结果**：选中此复选框，系统自动尽可能地减少接合结果中的元素数量。

- **□忽略错误元素**：选中此复选框，系统自动忽略不允许创建接合的曲面和边线。

- **合并距离**：用于定义合并距离的公差值，系统默认公差值为 0.001mm。

- **□角阈值**：选中此复选框并指定角度值，则只能接合小于此角度值的元素。

◆ **组合**：该选项卡主要用于定义组合曲面的类型。

- **无组合**：选择此选项，则不能选取任何元素。

- **全部**：选择此选项，则系统默认选取所有元素。

- **点连续**：选择此选项后，可以在图形区选取与选定元素存在点连续关系的元素。

- **切线连续**：选择此选项后，可以在图形区选取与选定元素相切的元素。

- **无拓展**：选择此选项，则不自动拓展任何元素，但是可以指定要组合的元素。

◆ **要移除的子元素**：用于定义要从某元素中移除的子元素。

步骤 04 单击 **确定** 按钮，完成接合曲面的创建。

5.6.2 修复

通过"修复曲面"命令可以完成两个或两个以上的曲面之间存在缝隙的修补。下面以图 5.6.4 所示的实例来说明修复曲面的一般操作过程。

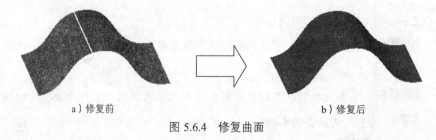

a) 修复前　　　　　　　　　　　　　　b) 修复后

图 5.6.4 修复曲面

步骤 01 打开文件 D:\catsc20\work\ch05.06.02\healing.CATPart。

步骤 02 选择命令。选择下拉菜单 **插入** ➡ **操作 ▶** ➡ **修复** 命令，系统弹出图 5.6.5 所示的"修复定义"对话框。

步骤 03 定义要修复的元素。在图形区中选取图 5.6.6 所示的曲面 1 和曲面 2 为要修复的

元素。

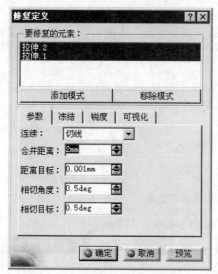

图 5.6.5 "修复定义"对话框

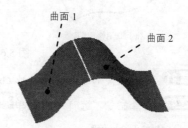

图 5.6.6 选取偏移曲面

步骤 04 定义修复参数。在 参数 选项卡的 连续: 下拉列表中选择 切线 选项，在 合并距离: 后的

文本框中输入值 2，其他参数采用系统默认设置值。

步骤 05 单击 ● 确定 按钮，完成修复曲面的创建。

图 5.6.5 所示的 **"修复定义"** 对话框各选项说明如下。

◆ 参数 ：此选项卡用于定义修复曲面的基本参数。

 ● 连续: ：此下拉列表用于定义修复曲面的连接类型，包括 点 连续和 切线 连续两种。

 ● 合并距离: ：用于定义修复曲面间的最大距离，若小于此最大距离，则将这两个

  修复曲面视为一个元素。

 ● 距离目标: ：用于定义点连续的修复过程的目标距离。

 ● 相切角度: ：用于定义修复曲面间的最大角度。若小于此最大角度，则将这两个

  修复曲面视为相切连续。只有在 连续: 下拉列表中选择 切线 选项时，此文本框才

  有效。

 ● 相切目标: ：用于定义相切连续的修复过程的目标角度。只有在 连续: 下拉列表中

  选择 切线 选项时，此文本框才有效。

◆ 冻结 ：此选项卡主要用于定义不受影响的边线或面。

◆ 锐度 ：此选项卡主要用于定义需要保持锐化的边线。

◆ 可视化：此选项卡主要用于定义显示修复曲面的解法。

5.6.3 取消修剪

取消修剪曲面功能用于还原被修剪或者被分割的曲面。下面以图 5.6.7 所示的模型为例来讲解创建取消修剪曲面的一般过程。

a）取消修剪前   b）取消修剪后

图 5.6.7 取消修剪曲面

步骤 01 打开文件 D:\catsc20\work\ch05.06.03\untrim.CATPart。

步骤 02 选择命令。选择下拉菜单 插入 ➡ 操作 ▶ ➡ 取消修剪... 命令，系统弹出"取消修剪"对话框。

步骤 03 定义取消修剪元素。选取图 5.6.7a 所示的曲面作为取消修剪的元素。

步骤 04 单击 确定 按钮，完成取消修剪曲面的创建。

5.6.4 拆解

拆解功能用于将包含多个元素的曲线或曲面分解成独立的单元。下面以图 5.6.8a 所示的模型为例来讲解创建拆解元素的一般过程。元素拆解前后特征树如图 5.6.9 所示。

步骤 01 打开文件 D:\catsc20\work\ch05.06.04\freestyle.CATPart。

步骤 02 选择命令。选择下拉菜单 插入 ➡ 操作 ▶ ➡ 拆解... 命令，系统弹出"拆解"对话框，如图 5.6.10 所示。

步骤 03 定义拆解模式和拆解元素。在"拆解"对话框中单击"所有单元"选项，在图形区选取图 5.6.11 所示的草图为拆解元素。

 在"拆解"对话框中包括两种拆解模式，并且系统会自动统计出完全拆解和部分拆解后的元素数。

步骤 04 单击 确定 按钮，完成拆解元素的创建。

a）拆解前

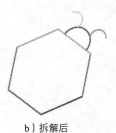
b）拆解后

图 5.6.8 拆解

a）拆解前

b）拆解后

图 5.6.9 特征树

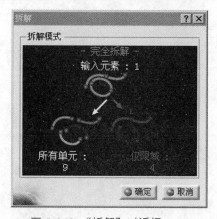

图 5.6.10 "拆解"对话框

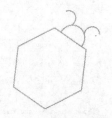

图 5.6.11 定义拆解元素

5.6.5 分割

"分割"是利用点、线元素对线元素进行分割，或者用线、面元素对面元素进行分割，或用其他元素对一个元素进行分割。下面以图 5.6.12 所示的模型为例，介绍创建分割元素的一般过程。

a）"分割"前   b）"分割"后

图 5.6.12 分割元素

步骤 01 打开文件 D:\catsc20\work\ch05.06.05\split.CATPart。

步骤 02 选择命令。选择下拉菜单 插入 ➡ 操作 ▶ ➡ 分割... 命令，此时系统弹出"分割定义"对话框，如图 5.6.13 所示。

步骤 03 定义要切除的元素。在图形区选取图 5.6.14 所示的面 1 为要切除的元素。

步骤 04 定义切除元素。选取图 5.6.14 所示的面 2 为切除元素。

步骤 05 单击 确定 按钮，完成分割元素的创建。

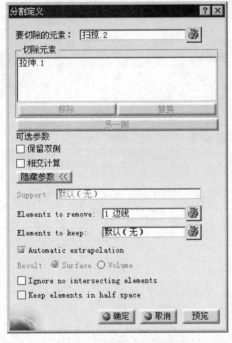

图 5.6.13 "分割定义"对话框

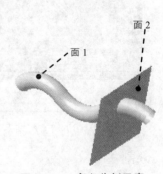

图 5.6.14 定义分割元素

5.6.6　修剪

"修剪"同样也是利用点、线元素对线元素进行修剪，或者用线、面元素对面进行修剪。要注意区分"分割"与"修剪"的区别：分割后曲面为多个独立曲面，修剪后曲面合并为一个整体，并且修剪是两个同类元素之间相互进行修剪。下面以图 5.6.15 所示的实例来说明曲面修剪的一般操作过程。

c）保留内侧　　　　　　　　a）修剪前　　　　　　　　b）保留外侧

图 5.6.15　曲面的修剪

步骤 01　打开文件 D:\catsc20\work\ch05.06.06\trim.CATPart。

步骤 02　选择命令。选择下拉菜单 插入 ➡ 操作▶ ➡ 🌐修剪...命令，系统弹出图 5.6.16 所示的"修剪定义"对话框。

步骤 03　定义修剪类型。在对话框的 模式: 下拉列表中选择 标准 选项，如图 5.6.16 所示。

步骤 04　定义修剪元素。选取图 5.6.17 所示的曲面 1 和曲面 2 为修剪元素。

步骤 05　单击 ⬤ 确定 按钮，完成曲面的修剪操作。

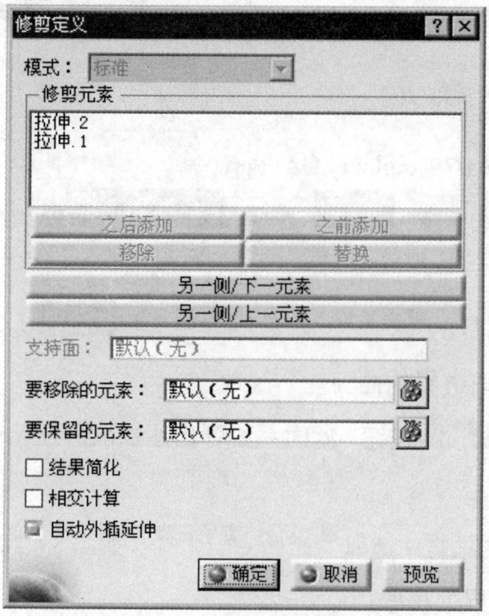

图 5.6.16　"修剪定义"对话框

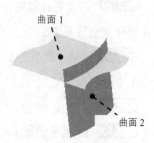

图 5.6.17　定义修剪元素

图 5.6.16 所示的"修剪定义"对话框中各选项的说明如下。

◆ 模式：：用于定义修剪类型。

● 标准：此模式可用于一般曲线与曲线、曲面与曲面或曲线与曲面的修剪。

● 段：此模式只用于修剪曲线，选定的曲线全部保留。

◆ □结果简化：选中此复选框，系统自动尽可能地减少修剪结果中面的数量。

　　　　在选取曲面后，单击"修剪定义"对话框中的 另一侧/下一元素 、
另一侧/上一元素 按钮可以改变修剪方向，结果如图 5.6.15b 所示。

5.6.7　提取

本节主要讲解在实体模型中提取边界和曲面的方法，包括提取边界、提取曲面和多重提取。下面将逐一进行介绍。

1. 提取边界

下面以图 5.6.18 所示的模型为例，介绍从实体中提取边界的一般过程。

a)"提取"前　　　　　　　　　　　　　　　　b)"提取"后

图 5.6.18　提取边界

步骤 01　打开文件 D:\catsc20\work\ch05.06.07\Boundary.CATPart。

步骤 02　选择命令。选择下拉菜单 插入(I) ➡ 操作 ▶ ➡ 边界... 命令，系统弹出图 5.6.19 所示的"边界定义"对话框。

步骤 03　定义要提取的边界曲面。在对话框的 拓展类型： 下拉列表中选择 无拓展 类型，然后在图形区选取图 5.6.18a 所示的曲面为要提取边界的曲面。

步骤 04　单击"边界定义"对话框中的 ● 确定 按钮，此时系统弹出图 5.6.20 所示的"多重结果管理"对话框。

步骤 05　在系统弹出的"多重结果管理"对话框中选取 ● 保留所有子元素，如图 5.6.20 所示。

步骤 06　单击 ● 确定 按钮，完成曲面边界的提取。

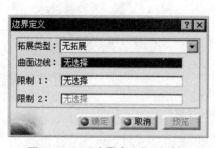

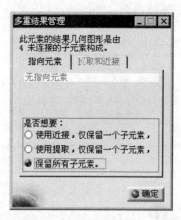

图 5.6.19 "边界定义"对话框　　　　　　图 5.6.20 "多重结果管理"对话框

2. 提取曲面

下面以图 5.6.21 所示的模型为例，介绍从实体中提取曲面的一般过程。

a）"提取"前　　　　　　　　　　　　　　　b）"提取"后

图 5.6.21 提取曲面

步骤 01 打开文件 D:\catsc20\work\ch05.06.07\Extract.CATPart。

步骤 02 选择命令。选择下拉菜单 插入 ➡ 操作▶ ➡ 📄提取 命令，系统弹

出图 5.6.22 所示的"提取定义"对话框。

步骤 03 定义拓展类型。在对话框的 拓展类型: 下拉列表中选择 无拓展 选项。

步骤 04 选取要提取的元素。在模型中选取图 5.6.23 所示的面 1 为要提取的元素。

步骤 05 单击 ● 确定 按钮，完成曲面的提取。

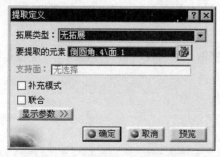　　　　　　　　　

图 5.6.22 "提取定义"对话框　　　　图 5.6.23 选取要提取的面

3. 多重提取

下面以图 5.6.24 所示的模型为例，介绍创建多重提取的一般过程。

a）"提取"前　　　　　　　　　　　　　　　b）"提取"后

图 5.6.24　多重提取

步骤 01 打开文件 D:\catsc20\ch05.06.07\Multiple Extract.CATPart。

步骤 02 选择命令。选择下拉菜单 **插入** ➡ **操作▶** ➡ **多重提取...** 命令，系统弹出图 5.6.25 所示的"多重提取定义"对话框。

步骤 03 选取要提取的元素。在模型中选取图 5.6.26 所示的面 1、面 2、面 3 和面 4 为要提取的元素。

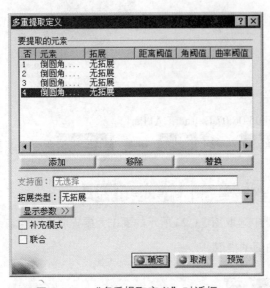

图 5.6.25　"多重提取定义"对话框

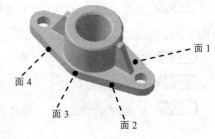

图 5.6.26　选取要提取的面

步骤 04 单击 **● 确定** 按钮，完成多重提取，此时在特征树中显示为一个提取特征。

5.6.8　曲面圆角

1. 简单圆角

使用"简单圆角"命令可以在两个曲面上直接生成圆角。该命令在"创成式外形设计"

工作台中进行操作。下面以图 5.6.27 所示的实例来说明创建简单圆角的一般过程。

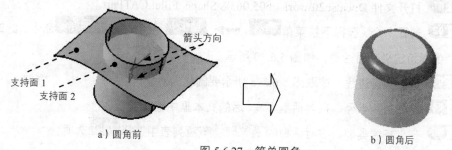

a）圆角前　　　　　　　　　　　　　　　　b）圆角后

图 5.6.27　简单圆角

步骤 01　打开文件 D:\catsc20\work\ch05.06.08\Simple_Fillet.CATPart。

步骤 02　选择命令。选择下拉菜单 插入 ➡ 操作 ➡ 简单圆角... 命令，系统弹出图 5.6.28 所示的"圆角定义"对话框。

步骤 03　定义圆角类型。在对话框的 圆角类型: 下拉列表中选择 双切线圆角 选项。

步骤 04　定义支持面。选取图 5.6.27a 所示的支持面 1 和支持面 2。

步骤 05　确定圆角半径。在对话框的 半径: 文本框中输入数值 20。

步骤 06　定义圆角方向。将图形中的箭头方向调整至图 5.6.27a 所示（单击箭头即可改变方向）。

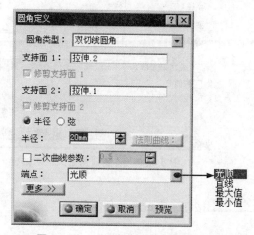

图 5.6.28　"圆角定义"对话框

步骤 07　单击 ● 确定 按钮，完成简单圆角的创建。

2. 倒圆角

使用"倒圆角"命令可以在某个曲面的边线上创建圆角。下面以图 5.6.29 所示的实例来说明创建倒圆角的一般过程。

步骤 01 打开文件 D:\catsc20\work\ch05.06.08\Shape_Fillet.CATPart。

步骤 02 选择命令。选择下拉菜单 插入 ➡ 操作▶ ➡ 倒圆角... 命令，此时系统弹出"倒圆角定义"对话框，如图 5.6.30 所示。

步骤 03 定义圆角边线。选取图 5.6.29a 所示要圆化的对象。

步骤 04 定义圆角半径。在对话框 半径: 后的文本框中输入数值 30。

步骤 05 定义拓展类型。在对话框的 选择模式: 下拉列表中选择 相切 选项。

图 5.6.29　创建倒圆角

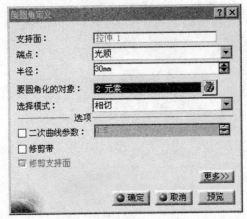

图 5.6.30　"倒圆角定义"对话框

步骤 06 单击 ● 确定 按钮，完成倒圆角的创建。

5.6.9　平移

使用"平移"命令可以将一个或多个元素平移。下面以图 5.6.31 所示的模型为例，介绍创建平移曲面的一般过程。

a）"平移"前

b）"平移"后

图 5.6.31　平移

步骤 01　打开文件 D:\ catsc20\work\ch05.06.09\Translate.CATPart。

步骤 02　选择命令。选择下拉菜单 `插入` ➡ `操作 ▸` ➡ `平移...` 命令，系统弹出 "平移定义"对话框。

步骤 03　定义平移类型。在对话框的 `向量定义：` 下拉列表中选择 `方向、距离` 选项。

步骤 04　定义平移元素。选取图 5.6.31 所示的曲面为要平移的元素。

步骤 05　定义平移参数。选择 zx 平面为平移方向参考，在 `距离：` 后的文本框中输入数值 50，其他参数采用系统默认设置值。

步骤 06　单击 `确定` 按钮，完成曲面的平移。

5.6.10　旋转

使用"旋转"命令可以将一个或多个元素复制并绕一根轴旋转。下面以图 5.6.32 所示的模型为例，介绍创建旋转曲面的一般过程。

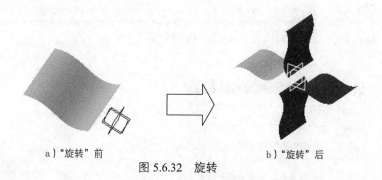
a）"旋转"前　　　　b）"旋转"后

图 5.6.32　旋转

步骤 01　打开文件 D:\catsc20\work\ch05.06.10\Rotate.CATPart。

步骤 02　选择命令。选择下拉菜单 `插入` ➡ `操作 ▸` ➡ `旋转...` 命令，系统弹出 "旋转定义"对话框。

步骤 03　定义旋转类型。在对话框的 `定义模式：` 下拉列表中选择 `轴线-角度` 选项。

步骤 04　定义旋转元素。选取图 5.6.32a 所示的曲面为要旋转的元素。

步骤 05　定义旋转参数。在 `轴线：` 后的文本框中右击，选择 z 轴选项，在 `角度：` 后的文本框中输入数值 90，选中 ☑ 确定后重复对象 复选框。

步骤 06 单击 ● 确定 按钮，系统弹出"复制对象"对话框，在 实例：后的文本框中输入数值 2，取消选中 □ 在新几何体中创建 复选框，单击 ● 确定 按钮，完成曲面的旋转。

5.6.11 对称

使用"对称"命令可以将一个或多个元素复制并与选定的参考元素对称放置。下面以图 5.6.33 所示的模型为例，介绍创建对称曲面的一般过程。

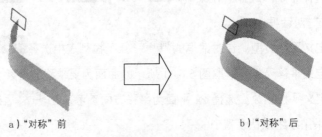

a）"对称"前   b）"对称"后

图 5.6.33 对称

步骤 01 打开文件 D:\catsc20\work\ch05.06.11\Symmetry.CATPart。

步骤 02 选择命令。选择下拉菜单 插入 ➡ 操作 ▶ ➡ 🧊 对称... 命令，系统弹出图 5.6.34 所示的"对称定义"对话框。

步骤 03 定义对称元素。在图形区选取图 5.6.35 所示的曲面 1 作为对称元素。

步骤 04 定义对称参考。选取图 5.6.35 所示 zx 平面作为对称参考。

步骤 05 单击 ● 确定 按钮，完成曲面的对称。

图 5.6.34 "对称定义"对话框

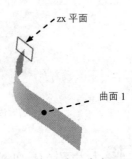

图 5.6.35 定义参考

5.6.12 缩放

"缩放"命令可将一个或多个元素复制，并以某参考元素为基准，在某个方向上进行缩小或者放大。下面以图 5.6.36 所示的模型为例，介绍创建缩放曲面的一般过程。

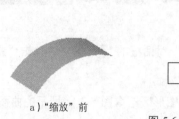

a）"缩放"前   图 5.6.36   缩放   b）"缩放"后

步骤 01 打开文件 D:\catsc20\work\ch05.06.12\scaling.CATPart。

步骤 02 选择命令。选择下拉菜单 插入 ➡ 操作▶ ➡ ⊙ 缩放... 命令，系统弹

出图 5.6.37 所示的"缩放定义"对话框。

步骤 03 定义缩放元素。在图形区选取图 5.6.38 所示的面 1 作为缩放元素。

步骤 04 定义缩放参考。选取 zx 平面为缩放参考。

 说明

> 缩放参考也可以是一个点，且此点可以是现有的点，也可以创建新点。

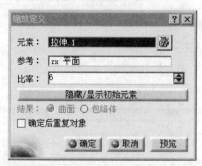

图 5.6.37   "缩放定义"对话框

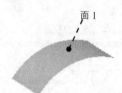

面 1

图 5.6.38   定义元素

步骤 05 定义缩放比率。在对话框 比率：后的文本框中输入数值 6。

步骤 06 单击 ⊙ 确定 按钮，完成曲面的缩放。

5.7 曲面的分析

5.7.1 连续性分析

使用 分析连接检查器 命令可以对已知曲面进行连续性分析。下面以图 5.7.1 所示的实例来

说明进行曲面连续性分析的一般过程。

步骤 01 打开文件 D:\catsc20\work\ch05.07.01\ connect_analysis.CATPart。

步骤 02 选择命令。选择下拉菜单 插入 ➡️ 分析 ▶ ➡️ 分析连接检查器... 命令，系统弹出图 5.7.2 所示的"连接检查器"对话框。

步骤 03 定义分析类型。在"连接检查器"对话框的 类型 区域中单击"曲面-曲面连接"按钮 。

步骤 04 选取分析元素。按住 Ctrl 键，在图形区选取图 5.7.1a 所示的曲面 1 和曲面 2 为分析元素。

步骤 05 定义分析。在对话框 连接 区域的 最大间隔 文本框中输入值 0.1；在 完全 选项卡中单击"G0 连续"按钮 ；在 显示 区域中单击"梳"按钮 ；在 振幅 区域取消单击"自动缩放"按钮 （使其弹起），然后在其后的文本框中输入振幅值 1200；在 信息 区域单击"最小值"按钮 ；在 离散化 区域中单击"中度离散化"按钮 。其他参数接受系统默认设置值（图 5.7.2）。

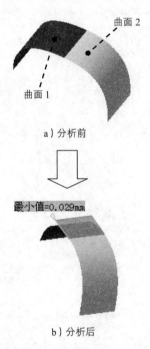

a）分析前

最小值=0.029mm

b）分析后

图 5.7.1 曲面连续性分析

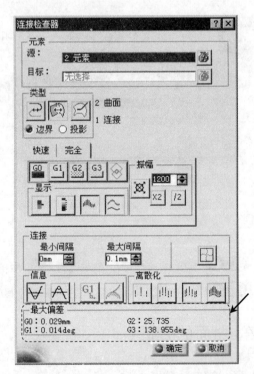

图 5.7.2 "连接检查器"对话框

步骤 06 观察分析结果。完成上步操作后，曲面上显示分析结果，同时，在"连接检查器"对话框的 最大偏差 区域中显示全部分析结果（图 5.7.2）。

5.7.2　距离分析

使用 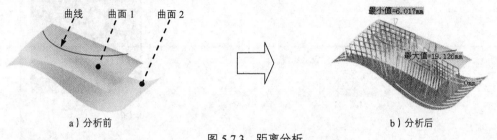命令可以对已知元素进行距离分析。下面通过图 5.7.3 所示的实例，说明距离分析的操作过程。

a）分析前 　　　　　　　　　　　　b）分析后

图 5.7.3　距离分析

步骤 01 打开文件 D:\catsc20\work\ch05.07.02\Distance Analysis.CATPart。

步骤 02 确认当前工作环境处于"自由曲面设计"工作台，如不是，则切换到该工作台。

步骤 03 选择命令。选择下拉菜单 插入 ➡ Shape Analysis ▶ ➡ Distance Analysis...

命令，系统弹出图 5.7.4 所示的"距离"对话框。

步骤 04 定义第一组元素。在绘图区选取图 5.7.3a 所示的曲面 1 为第一组元素。

步骤 05 定义第二组元素。在"距离"对话框的 选择状态

区域选中 ● 第二组 (0) 单选项，然后在绘图区选取图 5.7.3a

所示的曲面 2 为第二组元素。

步骤 06 定义测量方向。在"距离"对话框的 测量方向 区

域单击 ⊥ 按钮，将测量方向改为法向距离，此时在绘图区

显示图 5.7.5 所示的分析距离。

步骤 07 定义显示选项。单击 显示选项 区域的 ▮ 按钮，

系统弹出"距离.1"对话框。在"距离.1"对话框中单击

使用最小值和最大值 按钮。

步骤 08 分析统计分布。在"距离.1"对话框中选中

☐ 统计分布 复选框，此时对话框如图 5.7.6 所示。

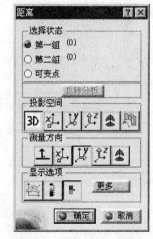

图 5.7.4　"距离"对话框

步骤 09 显示最小值和最大值。在"距离.1"对话框中选中 ☐ 最小值/最大值 复选框，此时

在绘图区域显示最小值和最大值，如图 5.7.7 所示。

步骤 10 单击 ● 确定 按钮，完成距离的分析，如图 5.7.3b 所示，并关闭"距离"对话

框。

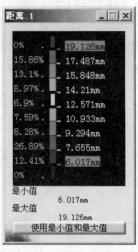

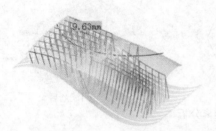

图 5.7.5　方向距离分析

图 5.7.6　"距离.1"对话框

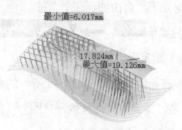

图 5.7.7　最小值和最大值

5.7.3　反射线分析

使用 Reflection Lines... 命令可以利用反射线对已知曲面进行分析。下面通过图 5.7.8 所示的实例说明反射线分析的操作过程。

选取此曲面

a）分析前

b）分析后

图 5.7.8　反射线分析

步骤 01　打开文件 D:\catsc20\work\ch05.07.03\Analyzing Reflect Curves.CATPart。

步骤 02　确认当前工作环境处于"自由曲面设计"工作台。

步骤 03　选择命令。选择下拉菜单 插入 ➡ Shape Analysis ▶ ➡ Reflection Lines...

命令，系统弹出图 5.7.9 所示的"反射线"对话框。

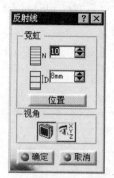

图 5.7.9 "反射线"对话框

步骤 04 定义要分析的对象。在绘图区选取图 5.7.8a 所示的曲面为要分析的对象。

步骤 05 定义霓虹参数。在对话框 霓虹 区域的 N 文本框中输入值 10，在 D 文本框中输入值 8。

步骤 06 定义视角。在"视图"工具栏的 下拉列表中选择 命令，调整视角为"等轴视图"，并在 视角 区域单击 按钮。

步骤 07 定义指南针位置。在图 5.7.10 所示的指南针的原点位置右击，然后在系统弹出的快捷菜单中选择 编辑... 命令，系统弹出"用于指南针操作的参数"对话框。在 沿 X 的位置 文本框中输入值 0，在 沿 Y 的位置 文本框中输入值 0，在 沿 Z 的位置 文本框中输入值 15，在 沿 X 的角度 文本框中输入值 30，在 沿 Y 的角度 文本框中输入值 0，在 沿 Z 的角度 文本框中输入值 0；单击 应用 按钮，此时指南针方向如图 5.7.11 所示。单击 关闭 按钮，关闭"用于指南针操作的参数"对话框。

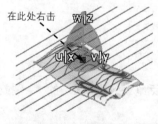

图 5.7.10 定义指南针位置

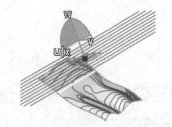

图 5.7.11 改变后的指南针位置

步骤 08 在"反射线"对话框中单击 确定 按钮，完成反射线分析，如图 5.7.8b 所示。

5.7.4　斑马线分析

使用  命令可以对已知曲面进行斑马线分析。下面通过图 5.7.12 所示的实例说明斑马线分析的操作过程。

　　　　　a）分析前　　　　　　　　　　　　　　　b）分析后

图 5.7.12　斑马线分析

步骤 01　打开文件 D:\catsc20\work\ch05.07.04\Isophotes Mapping Analysis.CATPart。

　　在进行斑马线分析时，需将视图调整到"带材料着色"视图环境下。

步骤 02　选择命令。选择下拉菜单 插入 ➡ Shape Analysis ▶ ➡ Isophotes Mapping... 命令，系统弹出图 5.7.13 所示的"等照度线映射分析"对话框。

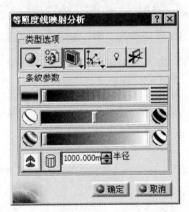

图 5.7.13　"等照度线映射分析"对话框

步骤 03　定义映射类型。在"等照度线映射分析"对话框 类型选项 区域的 下拉列表中单击 按钮。

步骤 04　定义要分析的对象。在绘图区选取图 5.7.12a 所示的曲面为要分析的对象。

步骤 05　单击 确定 按钮，完成映射分析，如图 5.7.12b 所示。

　　在分析完成后，用户可以转动模型观察映射。

5.8 将曲面转化为实体

5.8.1 使用"封闭曲面"命令创建实体

通过"封闭曲面"命令可以将封闭的曲面转化为实体，若非封闭曲面则自动以线性的方式转化为实体。此命令在零件设计工作台中。下面以图 5.8.1 所示的实例来说明创建封闭曲面的一般过程。

步骤 01 打开文件 D:\catsc20\work\ch05.08.01\Close_surface.CATPart。

如果当前打开的模型是在"创成式外形设计"工作台，则需要将当前的工作台切换到"零件设计"工作台。

a）封闭前　　　　　　　　　　　　　　　　　　　　b）封闭后

图 5.8.1 用封闭的面组创建实体

步骤 02 选择命令。选择下拉菜单 插入 ➡ 基于曲面的特征▶ ➡ 封闭曲面... 命令，此时系统弹出"定义封闭曲面"对话框。

步骤 03 定义封闭曲面。选取图 5.8.1a 所示的面组为要封闭的对象。

步骤 04 单击 ● 确定 按钮，完成封闭曲面的创建。

5.8.2 使用"分割"命令创建实体

"分割"命令通过与实体相交的平面或曲面切除实体的某一部分，此命令在零件设计工作台中。下面以图 5.8.2 所示的实例来说明使用分割命令创建实体的一般操作过程。

步骤 01 打开文件 D:\catsc20\work\ch05.08.02\Split.CATPart。

步骤 02 选择命令。选择下拉菜单 插入 ➡ 基于曲面的特征▶ ➡ 分割... 命令，系统弹出"定义分割"对话框。

步骤 03 定义分割元素。选取图 5.8.3 所示的曲面为分割元素，然后单击图 5.8.3 所示的箭头。

说明　图中的箭头所指方向代表着需要保留的实体方向，单击箭头可以改变箭头方向。

a）分割前　　　　　　　　b）分割后

图 5.8.2　用"分割"命令创建实体

图 5.8.3　定义分割元素

步骤 04　单击 ● 确定 按钮，完成分割的操作。

5.8.3　使用"厚曲面"命令创建实体

厚曲面是将曲面（或面组）转化为薄板实体特征，下面以图 5.8.4 所示的实例来说明使用"厚曲面"命令创建实体的一般操作过程。

a）"加厚"前　　　　　　　　　　　　　　b）"加厚"后

图 5.8.4　用"加厚"创建实体

步骤 01　打开文件 D:\catsc20\work\ch05.08.03\Thick_surface.CATPart。

说明：以下操作需在零部件设计工作台中完成。

步骤 02　选择命令。选择下拉菜单 插入 ➡ 基于曲面的特征 ▶ ➡ 厚曲面... 命令，系统弹出图 5.8.5 所示的"定义厚曲面"对话框。

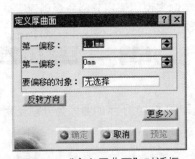

图 5.8.5　"定义厚曲面"对话框

步骤 03 定义加厚对象。选择图 5.8.6 所示的面组为加厚对象。

步骤 04 定义加厚值。在对话框的 第一偏移：文本框中输入值 1。

步骤 05 单击 确定 按钮，完成加厚操作。

说明：单击图 5.8.7 所示的箭头或者单击"定义厚曲面"对话框中的 反转方向 按钮，可以使曲面加厚的方向相反。

图 5.8.6 选择加厚面组

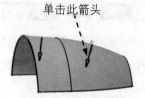

图 5.8.7 切换方向

第6章 自由曲面设计

6.1 自由曲面设计基础

用户可通过 开始 ➡ 形状 ➡ FreeStyle 命令，进入到"自由曲面设计"工作台。与"创成式外形设计"工作台相比，"自由曲面设计"工作台可以创建出更为复杂的曲面。该工作台还提供了一系列的辅助设计工具，可以使设计者方便、高效地创建和修改曲线或曲面。

6.2 创建曲线

"自由曲面设计"工作台提供了多种创建曲线的方法，其操作与"创成式外形设计"工作台基本相似。其方法有 3D 曲线、曲面上的曲线、自由投影、自由桥接、自由圆角和组合连接等。下面分别对它们进行介绍。

6.2.1 3D 曲线

3D 曲线命令可以通过空间上的一系列点创建样条曲线。下面通过图 6.2.1 所示的实例，说明创建 3D 曲线的过程。

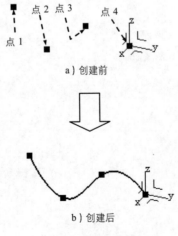

图 6.2.1 3D 曲线

步骤 01 打开文件 D:\catsc20\work\ch06.02\Throughpoints.CATPart。

步骤 02 选择命令。选择下拉菜单 插入 ➡ Curve Creation ▶ ➡ ◯ 3D Curve... 命令，系统弹出图 6.2.2 所示的"3D 曲线"对话框。

图 6.2.2 "3D 曲线"对话框

图 6.2.2 所示的"3D 曲线"对话框中部分选项的说明如下。

◆ 创建类型 下拉列表：用于设置创建 3D 曲线的类型，其包括 通过点 选项、 控制点 选项和 近接点 选项。

● 通过点 选项：使用此选项创建的 3D 曲线为一条通过每个选定点的多弧曲线。

● 控制点 选项：使用此选项创建的 3D 曲线上的点为结果曲线的控制点。

● 近接点 选项：使用此选项创建的 3D 曲线为一条具有固定度数并平滑通过选定点的单弧。

◆ 点处理 区域：用于编辑曲线，其包括 按钮、 按钮和 按钮。

● 按钮：用于在两个现有点之间添加新点。

● 按钮：用于移除现有点。

● 按钮：用于给现有点添加约束或者释放现有点的约束。

◆ 禁用几何图形检测 复选框：当选中此复选框时，允许用户在当前平面创建点（即使某些几何图形处于鼠标下）。使用"控制（CONTROL）"键，在当前平面中对几何图形上检测到的点进行投影。

◆ 选项 区域：用于设置使用接近点创建样条曲线的参数，其包括 偏差：文本框、分割：

文本框、 最大阶次：文本框和 隐藏预可视化曲线 复选框。

- 偏差：文本框：用于设置曲线与构造点之间的最大偏差。

- 分割：文本框：用于设置最大弧限制数。

- 最大阶次：文本框：用于设置单弧曲线的计算范围。

- 隐藏预可视化曲线 复选框：当选中此复选框时，可以隐藏正在创建的预可视化曲线。

◆ 光顺选项 区域：用于参数化曲线，其包括 弦长度 单选项、 统一 单选项和 光顺参数 文本框。此区域仅在 创建类型 为 近接点 时处于可用状态。

- 弦长度 单选项：用于设置使用弧长度的方式光顺曲线。

- 统一 单选项：用于设置使用均匀的方式光顺曲线。

- 光顺参数 文本框：用于定义光顺参数值。

步骤 03 定义类型。在"3D 曲线"对话框的 创建类型 下拉列表中选择 通过点 选项。

步骤 04 选取参考点。依次在图形区选取图 6.2.1a 所示的点 1、点 2、点 3 和点 4，保持"3D 曲线"对话框中的其他参数采用系统默认设置值。

步骤 05 单击 确定 按钮，完成 3D 曲线的创建，如图 6.2.1b 所示。

说明：

◆ 若创建曲线时，欲给创建的曲线添加切线或曲率约束，需在曲线的控制点上右击，然后在系统弹出的快捷菜单中利用相应的命令给曲线添加相应的约束。双击创建成功的 3D 曲线，添加图 6.2.3 所示的控制点。然后在新添加的控制点上右击，系统弹出图 6.2.4 所示的快捷菜单。用户可以使用 强加切线 命令和 强加曲率 命令给曲线添加约束，这里主要说明一下 强加切线 命令，因为 强加曲率 命令和 强加切线 命令基本相似，所以在此就不再赘述。在系统弹出的快捷菜单中选择 强加切线 命令后，在新添加点的位置处会出现图 6.2.5 所示的切线矢量箭头和两个圆弧。用户可拖动两个圆弧上的高亮处来改变切线的方向，也可以在其切线矢量的箭头上右击，然后在系统弹出的快捷菜单中选择 编辑 命令，系统弹出"向量调谐器"对话框，通过指定"向量调谐器"对话框中的参数改变切线方向和切线矢量长度。

◆ 在创建曲线时，用户可以通过"快速确定指南针方向"工具栏来确定点的位置。把鼠标放到新添加点上，在该点处会出现图 6.2.6 所示的方向控制器。用户可以通过拖动此方向控制器改变添加点的位置。单击 F5 键调出图 6.2.7 所示的"快速确定指南针方向"工具栏或者单击"工具仪表盘"工具栏中的 按钮，调出"快速确定指南针方向"工具栏，利用该工具栏中的前三个命令改变拖动方向。

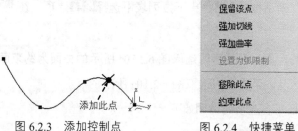

图 6.2.3　添加控制点　　　　图 6.2.4　快捷菜单

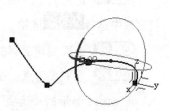

图 6.2.5　强加切线

图 6.2.6　方向控制器

图 6.2.7　"快速确定指南针方向"工具栏

◆　在使用 控制点 选项创建 3D 曲线时，用户可以给两个曲线的交点添加连续性约束。
在图 6.2.8 所示的点连续位置右击，在系统弹出的图 6.2.9 所示的快捷菜单中选择所
需的连续性。

图 6.2.8　设置连续性

图 6.2.9　快捷菜单

6.2.2　曲面上的曲线

在"自由曲面设计"工作台下也能在现有的曲面上创建空间曲线。下面通过图 6.2.10 所
示的例子说明在曲面上创建空间曲线的操作过程。

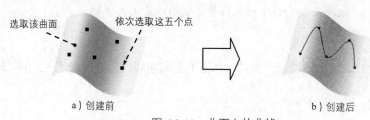

a）创建前　　　　　　　　　　　　　b）创建后

图 6.2.10　曲面上的曲线

步骤 **01**　打开文件 D:\catsc20\work\ch06.02\Curves on a surface.CATPart。

步骤 02 选择命令。选择下拉菜单 插入 ➡ Curve Creation ▶ ➡ Curve on Surface... 命令，系统弹出图 6.2.11 所示的"选项"对话框。

步骤 03 定义类型。在"选项"对话框的 创建类型 下拉列表中选择 逐点 选项，在 模式 下拉列表中选择 通过点 选项。

步骤 04 选取创建空间曲线的约束面。在图形区选取图 6.2.10a 所示的曲面为约束面。

步骤 05 选取参考点。在图形区从左至右依次选取图 6.2.10a 所示的点。

图 6.2.11 所示的"选项"对话框中各选项的说明如下。

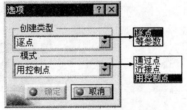

图 6.2.11 "选项"对话框

◆ 创建类型 下拉列表：用于选择在曲面上创建空间曲线的类型，其包括 逐点 选项和 等参数 选项。

● 逐点 选项：该选项为使用在曲面上指定每一点的方式创建空间曲线。

● 等参数 选项：该选项为在曲面上指定以一点的方式创建等参数空间曲线。

◆ 模式 下拉列表：用于选择在曲面上创建空间曲线的模式，其包括 通过点 选项、近接点 选项和 用控制点 选项。

● 通过点 选项：使用此选项是通过指定每个点创建多弧曲线。

● 近接点 选项：使用此选项创建的曲线为一条具有固定度数并平滑通过选定点的单弧。

● 用控制点 选项：使用此选项创建的曲线上的点为结果曲线的控制点。

说明　使用此命令创建出来的等参数曲线是无关联的。

步骤 06 单击 ● 确定 按钮，完成在曲面上空间曲线的创建，如图 6.2.10b 所示。

6.2.3　自由投影

使用 Project Curve... 命令可以创建投影曲线。下面通过图 6.2.12 所示的例子说明在曲面上创建投影曲线的操作过程。

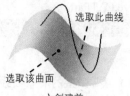

图 6.2.12 创建投影曲线

a）创建前　　　　　　　　　　　　　　b）创建后

步骤 01 打开文件 D:\catsc20\work\ch06.02\ProjectCurv.CATPart。

步骤 02 选择命令。选择下拉菜单 ➡  ➡ Project Curve... 命令，系统弹出图 6.2.13 所示的"投影"对话框。

图 6.2.13 所示的"投影"对话框中部分选项的说明如下。

◆ 按钮：该按钮是根据曲面的法线投影。

◆ 按钮：该按钮是沿指南针给出的方向投影。

步骤 03 定义投影曲线和投影面。选取图 6.2.12a 所示的曲线为投影曲线，然后按住 Ctrl 键选取图 6.2.12a 所示的曲面为投影面。

步骤 04 定义投影方向。在"投影"对话框中单击 按钮（系统默认此方向）。

步骤 05 单击 **确定** 按钮，完成投影曲线的创建，如图 6.2.12b 所示。

　　　若定义的投影方向为根据曲面的法线投影，则投影曲线如图 6.2.14 所示。

图 6.2.13　"投影"对话框　　　　　　图 6.2.14　根据曲面的法线投影

6.2.4　自由桥接

使用 Blend Curve 命令可以创建桥接曲线，即通过创建第三条曲线把两条不相连的曲线连接起来。下面通过图 6.2.15 所示的例子说明桥接曲线的操作过程。

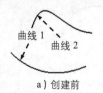

曲线 1　曲线 2

a）创建前　　　　　　　　　　　　　　b）创建后

图 6.2.15　创建桥接曲线

步骤 01 打开文件 D:\catsc20\work\ch06.02\Blendcurve.CATPart。

步骤 02 选择命令。选择下拉菜单  命令，系统弹出图 6.2.16 所示的"桥接曲线"对话框。

步骤 03 定义桥接曲线。选取图 6.2.15a 所示的曲线 1 为要桥接的一条曲线，然后选取曲线 2 为要桥接的另一条曲线，此时在绘图区出现图 6.2.17 所示的两个桥接点的连续性显示。

图 6.2.16 "桥接曲线"对话框   图 6.2.17 连续性

说明

◆ 在选择曲线时若靠近曲线某一个端点，则创建的桥接点就会显示在选择靠近曲线的端点处。

◆ 用户可以通过拖动图 6.2.17 所示的控制器改变桥接点的位置，也可在桥接点处右击，然后选择 编辑 命令，在系统弹出的 "调谐器"对话框中设置桥接点的相关参数来改变桥接点的位置。

步骤 04 设置桥接点的连续性。在上部的"曲率"两个字上右击，在系统弹出的快捷菜单中选择 切线连续 命令，将上部桥接点的曲率连续改为相切连续。同样方法，把下部的曲率连续改为相切连续。

步骤 05 单击 确定 按钮，完成桥接曲线的创建，如图 6.2.15b 所示。

6.2.5 自由圆角

使用 Styling Corner... 命令可以创建样式圆角，即在两条相交曲线的交点处创建圆角。下面通过图 6.2.18 所示的例子说明创建样式圆角的操作过程。

步骤 01 打开文件 D:\catsc20\work\ch06.02\Styling Corner.CATPart。

a）创建前   b）创建后

图 6.2.18 样式圆角

步骤 02 选择命令。选择下拉菜单 插入 ➡ Curve Creation ▸ ➡ Styling Corner...

命令，系统弹出图 6.2.19 所示的"样式圆角"对话框。

图 6.2.19 "样式圆角"对话框

图 6.2.19 所示的"样式圆角"对话框中部分选项的说明如下。

◆ 半径 文本框：用于定义样式圆角的半径值。

◆ 单个分割 复选框：该选项是强制限定圆角曲线的控制点数量，从而获得单一弧曲线。

◆ 修剪 单选项：用于设置创建限制在初始曲线端点的三单元曲线，使用圆角线段在接触点上复制并修剪初始曲线，如图 6.2.20a 所示。

◆ 不修剪 单选项：用于设置仅在初始曲线的相交处创建圆角，未修改初始曲线，如图 6.2.20b 所示。

◆ 连接 单选项：创建限制在初始曲线端点的单一单元曲线，使用圆角线段在接触点上复制并修剪初始曲线，且初始曲线与圆角线段连接，如图 6.2.20c 所示。

a）修剪　　　　　　　　　　b）不修剪　　　　　　　　　c）连接

图 6.2.20 修剪、无修剪和连接

步骤 03 定义样式圆角边。在绘图区选取图 6.2.18a 所示的曲线 1 和曲线 2 为样式圆角的两条边线。

步骤 04 设置样式圆角的参数。在 半径 文本框中输入数值 15，选中 单个分割 复选框和 修剪 单选项。

步骤 05 单击 应用 按钮，在绘图区显示出图 6.2.21 所示的 3 个符合上面设置参数的样式圆角。

步骤 06 定义要保留的圆角。在图 6.2.21 所示的圆角处单击，样式圆角预览图变成图 6.2.22 所示。

步骤 07 单击 ⚫ 确定 按钮，完成样式圆角的创建，如图 6.2.18b 所示（隐藏原有的曲线）。

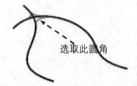

图 6.2.21 应用样式圆角的参数

图 6.2.22 选取保留样式圆角之后

6.2.6 组合连接

使用 Match Curve 命令可以创建匹配曲线，即把一条曲线按照定义的连续性连接到另一条曲线上。下面通过图 6.2.23 所示的例子说明创建匹配曲线的操作过程。

步骤 01 打开文件 D:\catsc20\work\\ch06.02\Match Curve.CATPart。

步骤 02 选择命令。选择下拉菜单 插入 ➡ Curve Creation ➡ Match Curve 命令，系统弹出图 6.2.24 所示的"匹配曲线"对话框。

曲线
匹配点
a）创建前

b）创建后

图 6.2.23 匹配曲线

匹配曲线 ? X

选项
☐ 投影终点
☐ 快速分析

⚫ 确定   ⚫ 取消

图 6.2.24 "匹配曲线"对话框

图 6.2.24 所示的"匹配曲线"对话框中部分选项的说明如下。

◆ 投影终点 复选框：选中此复选框，系统会将初始曲线的终点沿初始曲线匹配点切线方向的直线最小距离投影到目标曲线上。

◆ 快速分析 复选框：用于诊断匹配点的质量，包括距离、连续角度和曲率差异。

步骤 03 定义初始曲线和匹配点。选取图 6.2.23a 所示的曲线为初始曲线，然后选取图 6.2.23a 所示的匹配点，此时在绘图区显示匹配曲线的预览曲线，如图 6.2.25 所示。

说明　　　在选取曲线时要靠近匹配点的一侧。

步骤 04 调整匹配曲线的约束。在匹配曲线的阶次上右击，在系统弹出的快捷菜单中选择匹配曲线的阶次为 10 每个线段的阶次：6 线段：3；在"点"字上右击，在系统弹出的快捷菜

单中选择 切线连续 命令。

如果在创建匹配曲线时，没有显示匹配曲线的连续、接触点、张度和阶次，用户可以通过单击"工具仪表盘"工具栏中的"连续"按钮 、"接触点"按钮 、"张度" 按钮 和"阶次"按钮 显示相关参数。如果想修改这些参数，在绘图区相应的参数上右击，在系统弹出的快捷菜单中选择相应的命令即可。图6.2.26 显示了这四种参数。

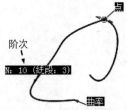

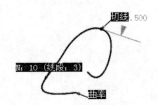

图 6.2.25　匹配曲线过约束　　　图 6.2.26　"连续""接触点""张度"和"阶次"参数

步骤 **05** 单击 ● 确定 按钮，完成匹配曲线的创建，如图 6.2.23b 所示。

6.3　创建曲面

与"创成式外形设计"工作台相比，"自由曲面设计"工作台提供了多种更为自由的建立曲面的方法，并且建立的曲面不可以进行参数的编辑。其方法有多点面片、拉伸、旋转、偏移、延伸、桥接、样式圆角、填充、自由填充、网状曲面和自由扫掠等。

6.3.1　多点面片

使用 Planar Patch 命令、 3-Point Patch 命令、 4-Point Patch 和 Geometry Extraction 命令都可以通过已知点来创建曲面，主要有两点缀面、三点缀面、四点缀面和通过点在现有曲面。下面分别介绍它们的创建操作过程。

1. 两点缀面

步骤 **01** 打开文件 D:\catsc20\work\ch06.03\Planar Patch.CATPart。

步骤 **02** 选择命令。选择下拉菜单 插入 ➡ Surface Creation ▶ ➡ Planar Patch 命令。

步骤 **03** 定义两点缀面的所在平面。单击"工具仪表盘"工具栏中的 按钮，系统弹出

"快速确定指南针方向"对话框，单击 按钮（设置两点缀面的所在平面为 XY 平面）。

步骤 04 指定两点缀面的一个点。选取图 6.3.1a 所示的点 1。

步骤 05 设置两点缀面的阶次。右击，在系统弹出的快捷菜单中选择 编辑阶次 命令，系统弹出"阶次"对话框。在"阶次"对话框的 U 文本框和 V 文本框中均输入数值 5，单击 关闭 按钮，完成阶次的设置。

图 6.3.1 两点缀面

◆ 使用 Ctrl 键，创建的缀面将以对应于最初单击处的点为中心，如图 6.3.2 所示；否则，默认情况下，该点对应于一个角或该缀面。

◆ 如果用户想定义两点缀面的尺寸，可以右击，在系统弹出的快捷菜单中选择 编辑尺寸 命令，系统弹出图 6.3.3 所示的"尺寸"对话框。通过该对话框可以设置两点缀面的尺寸。

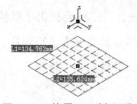

图 6.3.2 使用 Ctrl 键之后

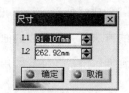

图 6.3.3 "尺寸"对话框

步骤 06 指定两点缀面的另一个点。选取图 6.3.1a 所示的点 2，完成图 6.3.1b 所示的两点缀面的创建。

2. 三点缀面

步骤 01 打开文件 D:\catsc20\work\ch06.03\3-point Patch.CATPart。

步骤 02 选择命令。选择下拉菜单 插入 ➞ Surface Creation ➞ 3-Point Patch 命令。

步骤 03 指定三点缀面的点。依次选取图 6.3.4a 所示的点 1、点 2 和点 3，完成图 6.3.4b 所示的三点缀面的创建。

a）创建前

图 6.3.4　三点缀面

b）创建后

3. 四点缀面

步骤 01 打开文件 D:\catsc20\work\ch06.03\4-point Patch.CATPart。

步骤 02 选择命令。选择下拉菜单 插入 ➡ Surface Creation ▶ ➡ 4-Point Patch 命令。

步骤 03 指定四点缀面的点。依次选取图 6.3.5a 所示的点 1、点 2、点 3 和点 4，完成图 6.3.5b 所示的四点缀面的创建。

4. 通过点在现有曲面

使用 Geometry Extraction 命令可以在现有的曲面上通过点创建新的曲面。下面通过图 6.3.6 所示的实例，说明通过点在现有曲面的操作过程。

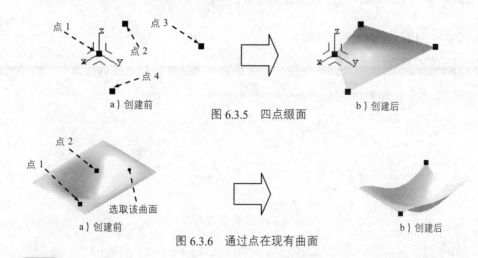

a）创建前

图 6.3.5　四点缀面

b）创建后

a）创建前

选取该曲面

图 6.3.6　通过点在现有曲面

b）创建后

步骤 01 打开文件 D:\catsc20\work\ch06.03\Geometry Extraction.CATPart。

步骤 02 选择命令。选择下拉菜单 插入 ➡ Surface Creation ▶ ➡ Geometry Extraction 命令。

步骤 03 选择现有的曲面。在绘图区选取图 6.3.6a 所示的曲面。

步骤 04 定义创建曲面的范围。在绘图区分别选取图 6.3.6a 所示的点 1 和点 2，完成曲面的创建，结果如图 6.3.6b 所示（已隐藏原有曲面）。

6.3.2 拉伸

使用 <img_1 inline>拉伸曲面... 命令可以选择已知的曲线创建拉伸曲面。下面通过图 6.3.7 所示的实例，说明创建拉伸曲面的操作过程。

a）创建前　　　　　　　　　　　　　　b）创建后

图 6.3.7　拉伸曲面

步骤 01 打开文件 D:\catsc20\work\ch06.03\Extrude Surface.CATPart。

步骤 02 选择命令。选择下拉菜单 插入 ➡ Surface Creation ▶ ➡ 拉伸曲面... 命令，系统弹出"拉伸曲面"对话框。

步骤 03 定义拉伸类型和长度。在对话框中单击 按钮，在 长度 文本框中输入数值 30。

步骤 04 定义拉伸曲线。在绘图区选取图 6.3.7a 所示的曲线为拉伸曲线。

步骤 05 单击 确定 按钮，完成拉伸曲面的创建。

6.3.3 旋转曲面

使用 Revolve... 命令可以选择已知的曲线和一个旋转轴创建旋转曲面。下面通过图 6.3.8 所示的实例，说明创建旋转曲面的操作过程。

a）创建前　　　　　　　　　　　　　　b）创建后

图 6.3.8　旋转曲面

步骤 01 打开文件 D:\catsc20\work\ch06.03\Revolution Surface.CATPart。

步骤 02 选择命令。选择下拉菜单 插入 ➡ Surface Creation ▶ ➡ Revolve... 命令，系统弹出"旋转曲面定义"对话框。

步骤 03 定义旋转曲面的轮廓。在绘图区选取图 6.3.8a 所示的曲线为旋转曲面的轮廓。

步骤 04 定义旋转轴。在 旋转轴: 文本框中右击，选取 Z 轴选项。

步骤 05 定义旋转曲面的旋转角度。在 角度 1: 文本框中输入数值 360，在 角度 2: 文本框中输入数值 0。

步骤 06 单击 ● **确定** 按钮，完成旋转曲面的创建，如图 6.3.8b 所示。

6.3.4 偏移

使用 🔺 **Offset...** 命令可以通过偏移已知的曲面来创建新的曲面。下面通过图 6.3.9 所示的实例，说明创建偏移曲面的操作过程。

a）创建前   b）创建后

图 6.3.9 偏移曲面

步骤 01 打开文件 D:\catsc20\work\ch06.03\Offset Surface.CATPart。

步骤 02 选择命令。选择下拉菜单 **插入** ➝ **Surface Creation** ➝ 🔺 **Offset...** 命令，系统弹出图 6.3.10 所示的"偏移曲面"对话框。

图 6.3.10 所示的"偏移曲面"对话框中部分选项的说明如下。

◆ **类型** 区域：用于设置偏移曲面的创建类型，其包括 ● **简单** 单选项和 ● **变量** 单选项。

● ● **简单** 单选项：使用该单选项创建的偏移曲面是偏移曲面上的所有点到初始曲面的距离均相等。

● ● **变量** 单选项：使用该单选项创建的偏移曲面是由用户指定每个角的偏移距离。

◆ **限制** 区域：用于设置限制参数，其包括 ● **公差** 单选项、 ● **公差** 单选项后的文本框、 ● **阶次** 单选项、 **增量 U：** 文本框和 **增量 V：** 文本框。

● ● **公差** 单选项：用于设置使用公差限制偏移曲面。

● ● **阶次** 单选项：用于设置使用阶次限制偏移曲面。

● **增量 U：** 文本框：用于定义 U 方向上的增量值。

● **增量 V：** 文本框：用于定义 V 方向上的增量值。

◆ **更多...** 按钮：用于显示"偏移曲面"对话框中的其他参数。单击此按钮，"偏移曲面"对话框会变成图 6.3.11 所示。

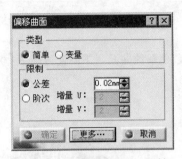

图 6.3.10 "偏移曲面"对话框

图 6.3.11 改变后的"偏移曲面"对话框

图 6.3.11 所示的"偏移曲面"对话框中的部分选项说明如下。

◆ 显示 区域：用于显示偏移曲面的相关参数，其包括 偏移值 复选框、 阶次 复选框、 法线 复选框、 公差 复选框和 圆角 复选框。

● 偏移值 复选框：用于显示偏移曲面的偏移值。用户可以通过在偏移值上右击，在系统弹出的快捷菜单中选择 编辑 命令，之后在系统弹出的"编辑框"对话框中设置偏移值。

● 阶次 复选框：用于显示偏移曲面的阶次。

● 法线 复选框：用于显示偏移曲面的偏移方向。用户可以通过单击图 6.3.12 所示的偏移方向箭头改变其方向。

● 公差 复选框：用于显示偏移曲面的公差。

● 圆角 复选框：用于显示偏移曲面的四个角的顶点，如图 6.3.13 所示。在使用"变量"方式创建偏移曲面时，此复选框处于默认选中状态，方便设置。

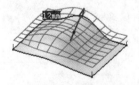

图 6.3.12 偏移方向

图 6.3.13 圆角

步骤 03 定义偏移初始面。在绘图区选取图 6.3.9a 所示的曲面为偏移初始面。

步骤 04 定义偏移距离。在图 6.3.14 所示的尺寸上右击，在系统弹出的快捷菜单中选择 编辑 命令，此时系统弹出图 6.3.15 所示的"编辑框"对话框。在"编辑框"对话框的 编辑值 文本框中输入数值 12，单击 关闭 按钮。

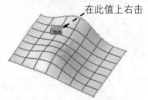

在此值上右击

图 6.3.14　定义偏移距离

图 6.3.15　"编辑框"对话框

步骤 05 设置限制参数。在"偏移曲面"对话框的 限制 区域选中 阶次 单选项，并在 增量 U: 文本框和 增量 V: 文本框中分别输入数值 2。

步骤 06 单击 确定 按钮，完成偏移曲面的创建，如图 6.3.9b 所示。

6.3.5　延伸

使用 Styling Extrapolate... 命令可以将曲线或曲面沿着与原始曲线或曲面的相切方向延伸。下面通过图 6.3.16 所示的实例，说明创建外插延伸曲面的操作过程。

步骤 01 打开文件 D:\catsc20\work\ch06.03\Styling Extrapolate.CATPart。

步骤 02 选择命令。选择下拉菜单 插入 → Surface Creation ▶ → Styling Extrapolate... 命令，系统弹出图 6.3.17 所示的"外插延伸"对话框。

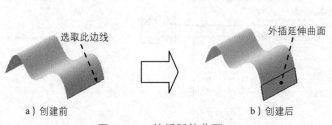

选取此边线

外插延伸曲面

a）创建前　　　　　　　　　　　　　b）创建后

图 6.3.16　外插延伸曲面

图 6.3.17　"外插延伸"对话框

图 6.3.17 所示的"外插延伸"对话框中部分选项的说明如下。

◆ 类型 区域：用于设置外插延伸的类型，其包括 切线 单选项和 曲率 单选项。

　● 切线 单选项：使用该单选项是按照指定元素处的切线方向延伸。

　● 曲率 单选项：使用该单选项是按照指定元素处的曲率方向延伸。

◆ 长度: 文本框：用于定义外插延伸的长度值。

◆ 精确 复选框：当选中此复选框时，外插延伸使用精确的延伸方式；反之，则使用粗糙的延伸方式。

步骤 03 定义延伸边线。在绘图区选取图 6.3.16a 所示的边线为延伸边线。

步骤 04 定义外插延伸的延伸类型。在对话框的 类型 区域选中 ⊙ 切線 单选项。

步骤 05 定义外插延伸的长度值。在对话框的 长度：文本框中输入数值 30。

步骤 06 单击 ● 确定 按钮，完成外插延伸曲面的创建，如图 6.3.16b 所示。

6.3.6 桥接

使用 ◈ Blend Surface... 命令可以在两个不相交的已知曲面间创建桥接曲面。下面通过图 6.3.18 所示的实例，说明创建桥接曲面的操作过程。

a）创建前　　　　　　　　　　　　　　　　　　　　b）创建后

图 6.3.18　桥接曲面

步骤 01 打开文件 D:\catsc20\work\ch06.03\Blend_Surfaces.CATPart。

步骤 02 选择命令。选择下拉菜单 插入 ➡ Surface Creation ▶ ➡ ◈ Blend Surface... 命令，系统弹出图 6.3.19 所示的"桥接曲面"对话框。

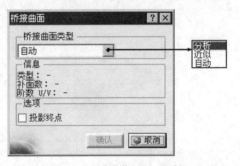

图 6.3.19　"桥接曲面"对话框

图 6.3.19 所示的"桥接曲面"对话框中部分选项的说明如下。

◆ 桥接曲面类型 下拉列表：用于选择桥接曲面的桥接类型，其包括 分析 选项、近似 选项和 自动 选项。

● 分析 选项：该选项是当选取的桥接曲面边缘为等参曲线时，系统将根据选取的面的控制点创建精确的桥接曲面。

● 近似 选项：该选项是无论选取的桥接曲面边缘是什么类型的曲线，系统将根据初始曲面的近似值创建桥接曲面。

● 自动 选项：该选项是最优的计算模式，系统将使用"分析"方式创建桥接曲面，如果不能创建桥接曲面，则使用"近似"方式创建桥接曲面。

◆ 信息 区域：用于显示桥接曲面的相关信息，其包括"类型""补面数"和"阶数"等相关信息的显示。

◆ 投影终点 复选框：当选中此复选框时，系统会将先选取的较小边缘的终点投影到与之桥接的边缘上，如图 6.3.20b 所示。相应文件存放于 D:\catsc20work\ch06.03\Blend_Surfaces_01.CATPart。

a）未选中投影终点　　　　图 6.3.20　是否选中"投影终点"复选框　　　　b）选中投影终点

步骤 **03** 定义桥接类型。在对话框的 桥接曲面类型 下拉列表中选择 分析 选项。

步骤 **04** 定义桥接曲面的桥接边缘。在绘图区选取图 6.3.18a 所示的边缘 1 和边缘 2 为桥接边缘，系统自动预览桥接曲面，如图 6.3.21 所示。

步骤 **05** 设置桥接边缘的连续性。右击图 6.3.21 所示的"点"连续，在系统弹出的图 6.3.22 所示的快捷菜单中选择 曲率连续 命令，同样方法将另一处的"点"连续设置为"曲率连续"。

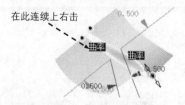

图 6.3.21　预览桥接曲面　　　　　　　　　　图 6.3.22　快捷菜单

图 6.3.22 所示的快捷菜单中各命令的说明如下。

◆ 点连续：连接曲面分享它们公共边上的每一点，其间没有间隙。

◆ 切线连续性：连接曲面分享连接线上每一点的切平面。

◆ 比例：与切线连续性相似，也是分享在连接线上每一点的切平面，但是从一点到另一点的纵向变化是平稳的。

◆ 曲率连续：连接曲面分享连接线上每一点的曲率和切平面。

步骤 **06** 单击 确定 按钮，完成桥接曲面的创建，如图 6.3.18b 所示。

6.3.7 样式圆角

使用  命令可以在两个相交的已知曲面间创建圆角曲面。下面通过图 6.3.23 所示的实例，说明创建圆角曲面的操作过程。

步骤 01 打开文件 D:\catsc20\work\ch06.03\ACA-Fillet.CATPart。

步骤 02 选择命令。选择下拉菜单 插入 ➡ Surface Creation ▶ ➡ FSS 样式圆角... 命令，系统弹出图 6.3.24 所示的"样式圆角"对话框（一）。

a）创建前　　　　　　　　　b）创建后

图 6.3.23　圆角

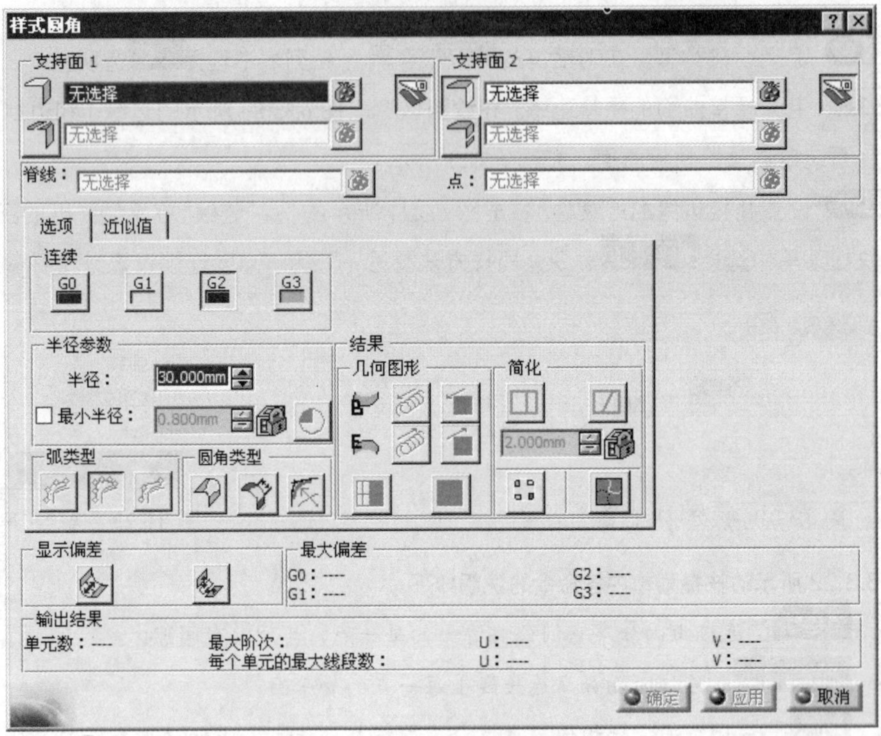

图 6.3.24　"样式圆角"对话框(一)

图 6.3.24 所示的"样式圆角"对话框（一）中部分选项的说明如下。

◆ **连续** 区域：用于选择连续性的类型，其包括 G0 、 G1 、 G2 和 G3 四种类型。

● G0 按钮：若选择该选项，则圆角后的曲面与源曲面保持位置连续关系。

- ● 📷 按钮：若选择该选项，则圆角后的曲面与源曲面保持相切连续关系。
- ● 📷 按钮：若选择该选项，则圆角后的曲面与源曲面保持曲率连续关系。
- ◆ 弧类型 区域：用于选择圆弧的类型，其包括📷（桥接）、📷（近似值）和📷（精确）三种类型；此下拉列表只用于 G1 连续。
  - ● 📷（桥接）按钮：用于在迹线间创建桥接曲面。
  - ● 📷（近似值）按钮：用于创建近似于圆弧的贝塞尔曲线曲面。
  - ● 📷（精确）按钮：用于使用圆弧创建有理曲面。
- ◆ 半径：文本框：用于定义圆角的半径。
- ◆ □ 最小半径：复选框：用于设置最小圆角的相关参数。
- ◆ 圆角类型 区域：用于设置圆角的类型，其包括📷（可变半径）、📷（弦圆角）和📷（最小真值）三种类型。
  - ● 📷 按钮：用于设置使用可变半径。
  - ● 📷 按钮：用于设置使用弦的长度的穿越部分取代半径来定义圆角面。
  - ● 📷 按钮：用于设置最小半径受到系统依靠 G2 、 G3 连续计算出来的迹线约束。此按钮仅当连续类型为 G2 、 G3 连续时可用。

步骤 03 定义圆角支持面。选取图 6.3.23a 所示的两个曲面为圆角支持面，并确认"修剪支持面"按钮📷被按下。

步骤 04 定义圆角曲面的连续性。在 连续 区域中单击 G2 选项。

步骤 05 定义圆角曲面的阶次。单击 近似值 选项卡，"样式圆角"对话框变为图 6.3.25 所示的"样式圆角"对话框（二），在 轨迹方向的几何图形 区域的 最大阶次：文本框中输入数值 6。

图 6.3.25 所示的"样式圆角"对话框（二）中部分选项的说明如下。

- ◆ 📷文本框：用于设置创建的圆角曲面的公共边的公差。
- ◆ 轨迹方向的几何图形 区域：用于设置圆角面公共边的阶次。用户可以在其下的 最大阶次：文本框中输入圆角曲面的阶次值。
- ◆ 参数 下拉列表：用于设置圆角曲面的参数类型，其包括 默认值 选项、 补面1 选项、 补面2 选项、 平均值 选项、 桥接 选项和 弦 选项。
  - ● 默认值 选项：用于设置采用计算的最佳参数。
  - ● 补面1 选项：用于设置采用第一个初始曲面的参数。
  - ● 补面2 选项：用于设置采用第二个初始曲面的参数。
  - ● 平均值 选项：用于设置采用两个初始曲面的平均参数。

● **桥接**选项：用于设置采用与混合迹线相应的参数。

● **弦**选项：用于设置采用弦的参数。

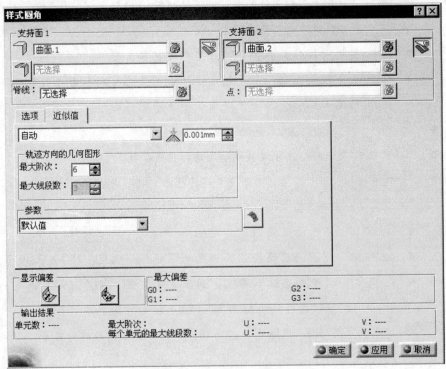

图 6.3.25 "样式圆角"对话框(二)

步骤 06 定义圆角半径。单击**选项**选项卡，在**半径：**文本框中输入数值 40。

步骤 07 定义几何图形。在**几何图形**区域中单击"外插延伸第 1 面"按钮，并单击其后的"重新限定第 1 面"按钮。

步骤 08 单击 **● 确定** 按钮，完成圆角的创建，如图 6.3.23b 所示。

6.3.8 填充

使用 **◆ Fill...** 命令可以在一个封闭区域内创建曲面。下面通过图 6.3.26 所示的实例，说明创建填充曲面的操作过程。

步骤 01 打开文件 D:\catsc20\work\ch06.03\Filling Surfaces.CATPart。

步骤 02 选择命令。选择下拉菜单 **插入** ➡ **Surface Creation ▶** ➡ **◆ Fill...** 命令，系统弹出图 6.3.27 所示的"填充"对话框。

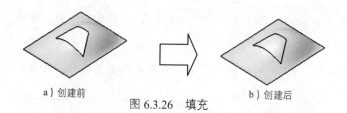

a) 创建前

图 6.3.26 填充

b) 创建后

图 6.3.27 "填充"对话框

图 6.3.27 所示的"填充"对话框中部分选项的说明如下。

◆ 按钮: 该按钮是根据曲面的法线填充。

◆ 按钮: 该按钮是沿指南针给出的方向填充。

步骤 03 定义填充区域。选取图 6.3.26a 所示的梯形的四条边线为填充区域。

步骤 04 单击 确定 按钮，完成填充曲面的创建，如图 6.3.26b 所示。

6.3.9 自由填充

使用 FreeStyle Fill... 命令可以在一个封闭区域内创建曲面。下面通过图 6.3.28 所示的实例，说明创建自由填充曲面的操作过程。

步骤 01 打开文件 D:\catsc20\ch06.03\FreeSyle Filling.CATPart。

步骤 02 选择命令。选择下拉菜单 插入 ➡ Surface Creation ▸ ➡ FreeStyle Fill... 命令，系统弹出图 6.3.29 所示的"填充"对话框。

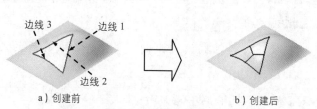

边线 3   边线 1

边线 2

a) 创建前

图 6.3.28 自由填充

b) 创建后

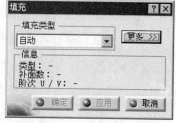

图 6.3.29 "填充"对话框

图 6.3.29 所示的"填充"对话框中部分选项的说明如下。

◆ 填充类型 下拉列表: 用于选择填充曲面的创建类型，其包括 分析 选项、进阶 选项和 自动 选项。

● 分析 选项: 用于根据选定的填充元素数目创建一个或多个填充曲面。

● 进阶 选项: 用于创建一个填充曲面。

● 自动 选项: 该选项是最优的计算模式，系统将使用"分析"方式创建填充曲面，如果不能创建填充曲面，则使用"进阶"方式创建填充曲面。

◆ **信息** 区域：用于显示填充曲面的相关信息，其包括"类型""补面数"和"阶次"
等相关信息的显示。

◆ **更多 >>** 按钮：用于显示"填充"对话框中的其他参数。单击此按钮，显示"填
充"对话框的更多参数，如图 6.3.30 所示。

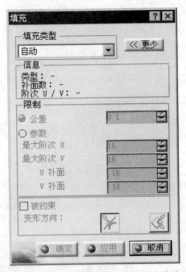

图 6.3.30 "填充"对话框的其他参数

图 6.3.30 所示的"填充"对话框中部分选项的说明如下。

◆ **限制** 区域：用于设置限制参数，其包括 **公差** 单选项、 **公差** 单选项后的文本框、
参数 单选项、 **最大阶次U** 文本框、 **最大阶次V** 文本框、 **U补面** 文本框和 **V补面** 文本
框。此区域仅当 **填充类型** 为 **进阶** 时可用。

● **公差** 单选项：用于设置使用公差限制填充曲面，用户可以在其后的文
本框中定义公差值。

● **参数** 单选项：用于设置使用参数限制填充曲面。

● **最大阶次U** 文本框：用于定义 U 方向上曲面的最大阶次。

● **最大阶次V** 文本框：用于定义 V 方向上曲面的最大阶次。

● **U补面** 文本框：用于定义 U 方向上曲面的补面数。

● **V补面** 文本框：用于定义 V 方向上曲面的补面数。

◆ **被约束** 区域：用于设置使用约束方向控制曲面的形状，其包括 按钮和 按钮。

● 按钮：该按钮是根据曲面的法线控制填充曲面的形状。

● 按钮：该按钮是沿指南针给出的方向控制填充曲面的形状。

步骤 03 定义填充曲面创建类型。在 **填充类型** 下拉列表中选择 **分析** 选项。

定义填充范围。依次选取图 6.3.28a 所示的边线 1、边线 2 和边线 3 为填充范围。

说明   填充区域为奇数时才会出现图 6.3.28b 所示的相交点，填充区域为偶数时是不会出现相交点的。

步骤 05 定义相交点的坐标。单击 更多 >> 按钮，勾选 □ 被约束 复选框；右击填充面的相交点，在系统弹出的快捷菜单中选择 编辑 命令，系统弹出"调谐器"对话框。按照从上到下的顺序依次在 位置 区域的三个文本框中输入数值−7、−34、10，单击 关闭 按钮，关闭"调谐器"对话框。

步骤 06 单击 ● 确定 按钮，完成自由填充曲面的创建，如图 6.3.28b 所示。

6.3.10 网格曲面

使用 🏵 Net Surface... 命令可以通过已知的网状曲线创建面。下面通过图 6.3.31 所示的实例，说明创建网状曲面的操作过程。

步骤 01 打开文件 D:\catsc20\work\ch06.03\Net_Surface.CATPart。

步骤 02 选择命令。选择下拉菜单 插入 ➡ Surface Creation ▶ ➡ 🏵 Net Surface... 命令，系统弹出图 6.3.32 所示的"网状曲面"对话框。

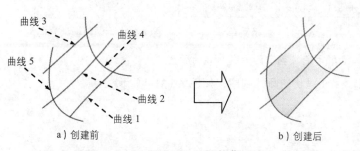

图 6.3.31 网状曲面

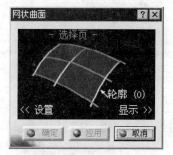

图 6.3.32 "网状曲面"对话框

步骤 03 定义引导线。按住 Ctrl 键在绘图区依次选取图 6.3.31a 所示的曲线 1 为主引导线，曲线 2 和曲线 3 为引导线。

步骤 04 定义轮廓。在对话框中单击"轮廓"字样，然后按住 Ctrl 键在绘图区依次选取图 6.3.31a 所示的曲线 4 为主轮廓，曲线 5 为轮廓。

步骤 05 单击 ● 应用 按钮，预览创建的网状曲面，如图 6.3.33 所示。

步骤 06 复制主线的参数到曲面上。在对话框中单击"设置"字样进入"设置页"，然后在"工具仪表盘"工具栏中单击 按钮，显示曲面阶次如图 6.3.34 所示。然后单击"复制（d）

网格曲面上"字样，单击 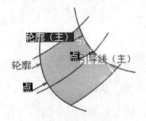 按钮，此时曲面阶次如图 6.3.35 所示。

说明："复制（d）网格曲面上"是将主引导线和主轮廓曲线上的参数复制到曲面上。

图 6.3.33　预览网状曲面　　　图 6.3.34　显示网状曲面的阶次　　　图 6.3.35　复制主线参数到曲面上

步骤 07 定义轮廓沿引导线的位置。单击"选择"字样，回到"选择页"，单击"显示"字样进入"显示页"；然后单击"移动框架"字样，在绘图区显示图 6.3.36 所示的框架。用鼠标靠近绘图区的框架，当在绘图区出现"平面的平行线"字样时右击，系统弹出图 6.3.37 所示的快捷菜单。在该快捷菜单中选择 主引导曲线的垂线 命令，此时在绘图区的框架变成图 6.3.38 所示的方向。

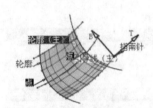
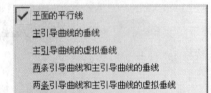
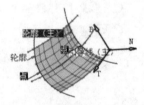

图 6.3.36　显示框架　　　　　　图 6.3.37　快捷菜单　　　　　　图 6.3.38　调整框架方向

说明：图 6.3.37 所示的快捷菜单用于定义轮廓沿着引导线的位置。

步骤 08 单击 确定 按钮，完成网状曲面的创建，如图 6.3.31b 所示。

6.3.11　自由扫掠

使用 Styling Sweep... 命令可以通过已知的轮廓曲线、脊线和引导线创建曲面。下面通过图 6.3.39 所示的实例，说明创建扫掠曲面的操作过程。

步骤 01 打开文件 D:\catsc20\work\ch06.03\Styling Sweep.CATPart。

a）创建前　　　　　　　　　　　　　　　　b）创建后

图 6.3.39　扫掠曲面

步骤 02 选择命令。选择下拉菜单 插入 ➡ Surface Creation ▸ ➡ ⌒ Styling Sweep...
命令，系统弹出图 6.3.40 所示的"样式扫掠"对话框。

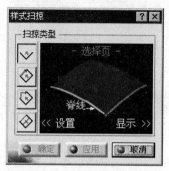

图 6.3.40　"样式扫掠"对话框

图 6.3.40 所示的"样式扫掠"对话框中部分选项的说明如下。

◆ ⌄ 按钮：用于使用轮廓线和脊线创建简单扫掠。

◆ ◇ 按钮：用于使用轮廓线、脊线和引导线创建扫掠和捕捉。在此模式中，轮廓未变形且仅在引导线上捕捉。

◆ ◇ 按钮：用于使用轮廓线、脊线和引导线创建扫掠和拟合。在此模式中，轮廓被变形以拟合引导线。

◆ ◇ 按钮：用于使用轮廓线、脊线、引导线和参考轮廓创建近轮廓扫掠。在此模式中，轮廓被变形以拟合引导线，并确保在引导线接触点处参考轮廓的 G1 连续。

步骤 03 定义轮廓。在绘图区选取图 6.3.39a 所示的曲线 1 为轮廓曲线。

步骤 04 定义脊线。在对话框中单击"脊线"字样，然后在绘图区选取图 6.3.39a 所示的曲线 2 为脊线。

步骤 05 单击 ● 确定 按钮，完成扫掠曲面的创建，如图 6.3.39b 所示。

 说明

◆ 用户可以通过单击"设置"字样对扫掠曲面的"最大偏差"和"阶次"进行设置。

◆ 用户可以通过单击"显示"字样对扫掠曲面的"限制点""信息"和"移动框架"等参数进行设置。其中该命令为"移动框架"提供了四个子命令，分别为 平移 命令、在轮廓上 命令、固定方向 命令和 轮廓的切线 命令。平移 命令表示在扫掠过程中，轮廓沿着脊线做平移运动。在轮廓上 命令表示轮廓沿脊线外形扫掠并保证它们的相对位置不发生改变。固定方向 命令表示轮廓沿着指南针方向做平移扫掠。轮廓的切线 命令表示轮廓沿着指南针方向做平移扫掠，并确保与脊线始终不变的相切位置。

6.4 曲线与曲面的编辑操作

"自由曲面设计"工作台提供了多种曲线与曲面编辑的方法，且其中的一些方法对曲线和曲面编辑均适用；这里仅对一些常用命令进行详细讲解。

6.4.1 中断

使用 **断开...** 命令可以中断已知曲面或曲线，从而达到修剪的效果。下面通过图 6.4.1 所示的实例，说明中断的操作过程。

步骤 01 打开文件 D:\catsc20\work\ch06.04\Break Surface.CATPart。

步骤 02 选择命令。选择下拉菜单 **插入** ➡ **Operations ▶** ➡ **断开...** 命令，系统弹出图 6.4.2 所示的"断开"对话框。

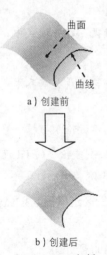

a）创建前

b）创建后

图 6.4.1 中断

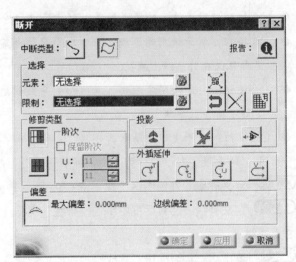

图 6.4.2 "断开"对话框

图 6.4.2 所示的"断开"对话框中部分选项的说明如下。

◆ **中断类型：** 区域：用于定义中断的类型，其包括 按钮和 按钮。

● 按钮：用于通过一个或多个点、一条或多条曲线、一个或多个曲面中断一条或多条曲线。

● 按钮：用于通过一条或多条曲线、一个或多个平面或曲面中断一个或多个曲面。

◆ **选择** 区域：用于定义要切除元素和限制元素，其包括 **元素：** 文本框、**限制：** 文本框和 按钮。

● **元素：** 文本框：单击此文本框，用户可以在绘图区选择要切除的元素。

- 限制：文本框：单击此文本框，用户可以在绘图区选择要切除的元素的限制元素。

- ⊠按钮：用于中断元素和限制元素。

◆ 修剪类型 区域：用于设置修剪后控制点网格的类型，其包括 ⊞ 按钮和 ⊞ 按钮。

- ⊞按钮：用于设置保留原始元素上的控制点网格。

- ⊞按钮：用于设置 U/V 方向的控制点网格。

◆ 投影 区域：用于设置投影的类型，其包括 ⬆ 按钮、✖ 按钮和 ⬌ 按钮。当限制元素没有在要切除的元素上时，可以用此区域中的命令进行投影。

- ⬆按钮：用于设置沿指南针方向投影。

- ✖按钮：用于设置沿法线方向投影。

- ⬌按钮：用于设置沿用户视角投影。

◆ 阶次 子区域：用于定义阶数的相关参数，其包括 ☐ 保留阶次 复选框、U: 文本框和 V: 文本框。

- ☐ 保留阶次 复选框：用于设置将结果元素的阶数保留为与初始元素的阶数相同。

- U: 文本框：用于定义 U 方向上的阶数。

- V: 文本框：用于定义 V 方向上的阶数。

◆ 外插延伸 区域：用于设置外插延伸的类型，其包括 ↻ 按钮、↻ 按钮、↻ 按钮和 ↻ 按钮。当限制元素没有贯穿要切除的元素时，可以用此区域中的命令进行延伸。

- ↻按钮：用于设置沿切线方向外插延伸。

- ↻按钮：用于设置沿曲率方向外插延伸。

- ↻按钮：用于设置沿标准方向 U 外插延伸。

- ↻按钮：用于设置沿标准方向 V 外插延伸。

◆ ⓘ按钮：用于显示中断操作的报告。

(步骤 **03**) 定义要中断类型。在对话框中单击 ⌇ 按钮。

(步骤 **04**) 定义要中断的曲面。在绘图区选取图 6.4.1a 所示的曲面为要中断的曲面。

(步骤 **05**) 定义限制元素。在绘图区选取图 6.4.1a 所示的曲线为限制元素。

(步骤 **06**) 单击 ● 应用 按钮，此时在绘图区显示曲面已经被中断，如图 6.4.3 所示。

(步骤 **07**) 定义保留部分。在绘图区选取图 6.4.4 所示的曲面为要保留的曲面。

图 6.4.3 中断曲面

图 6.4.4 定义保留部分

步骤 08 单击 ● 确定 按钮，完成中断曲面的创建，如图 6.4.1b 所示。

6.4.2 取消修剪

使用 Untrim... 命令可以取消以前对曲面或曲线所创建的所有修剪操作，从而使其恢复到修剪前的状态。下面通过图 6.4.5 所示的实例，说明取消修剪的操作过程。

步骤 01 打开文件 D:\catsc20\work\ch06.04\Untrim Surface.CATPart。

步骤 02 选择命令。选择下拉菜单 插入 ➡ Operations ➡ Untrim... 命令，系统弹出图 6.4.6 所示的"取消修剪"对话框。

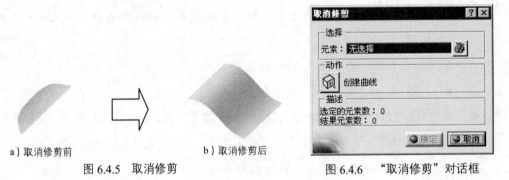
a）取消修剪前　　　　　　b）取消修剪后
图 6.4.5 取消修剪

图 6.4.6 "取消修剪"对话框

步骤 03 定义取消修剪对象。在绘图区选取图 6.4.5a 所示的曲面为取消修剪的对象。

步骤 04 单击 ● 确定 按钮，完成取消修剪的编辑，如图 6.4.5b 所示。

6.4.3 连接

使用 Concatenate... 命令可以将已知的两个曲面或曲线连接到一起，从而使它们成为一个曲面。下面通过图 6.4.7 所示的实例，说明连接的操作过程。

a）连接前　　　　　　　　　　　　　　　b）连接后
图 6.4.7 连接

步骤 01 打开文件 D:\catsc20\work\ch06.04\Concatenate.CATPart。

步骤 02 选择命令。选择下拉菜单 插入 ➡ Operations▶ ➡ 📐 Concatenate... 命令，系统弹出图 6.4.8 所示的"连接"对话框（一）。

图 6.4.8 所示的"连接"对话框（一）中部分选项的说明如下。

◆ 📐 文本框：用于设置连接公差值。

◆ 更多 >> 按钮：用于显示"连接"对话框更多的选项。单击此按钮，"连接"对话框（二）显示图 6.4.9 所示的更多选项。

图 6.4.8　"连接"对话框（一）

图 6.4.9　"连接"对话框（二）

图 6.4.9 所示的"连接"对话框（二）中部分选项的说明如下。

◆ ☐信息 复选框：用于显示偏差值、序号和线段数。

◆ ☐自动更新公差 复选框：如果用户设置的公差值过小，系统会自动更新公差。

步骤 03 定义连接公差值。在 📐 文本框中输入数值 0.1。

步骤 04 定义连接对象。按住 Ctrl 键，在绘图区选取图 6.4.7a 所示的曲面 1 和曲面 2。

步骤 05 单击 ● 应用 按钮，然后单击 ● 确定 按钮，完成连接曲面的编辑，如图 6.4.7b 所示。

6.4.4　分割

使用 🗗 Fragmentation... 命令可以将一个已知的多弧几何体沿 U/V 方向分割成若干个单弧几何体，其对象可以是曲线或者曲面。下面通过图 6.4.10 所示的实例，说明分割的操作过程。

步骤 01 打开文件 D:\catsc20\work\ch06.04\Fragmentation.CATPart。

步骤 02 选择命令。选择下拉菜单 插入 ➡ Operations▶ ➡ 🗗 Fragmentation... 命令，系统弹出图 6.4.11 所示的"分段"对话框。

a）分割前

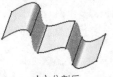

b）分割后

图 6.4.10　分割

图 6.4.11　"分割"对话框

图 6.4.11 所示的"分段"对话框中部分选项的说明如下。

◆ ⊙U方向 单选项: 用于设置在 U 方向上分割元素。

◆ ⊙V方向 单选项: 用于设置在 V 方向上分割元素。

◆ ⊙UV方向 单选项: 用于设置在 U 方向上和 V 方向上分割元素。

(步骤 03) 定义分割类型。在 类型 区域中选中 ⊙UV方向 单选项,设置在 UV 方向上分割元素。

(步骤 04) 定义分割对象。在绘图区选取图 6.4.10a 所示的曲面为分割对象。

(步骤 05) 单击 ⊙ 确定 按钮,完成分割曲面的创建,如图 6.4.10b 所示。

6.4.5 曲线/曲面的转换

使用 ⟨X⟩ Converter Wizard... 命令可以将有参曲线或曲面转换为 NUPBS (非均匀多项式 B 样条线) 曲线或曲面,并修改所有曲线或曲面上的弧数量。下面通过图 6.4.12 所示的实例,说明创建曲线/曲面的转换的操作过程。

 因为其他样式的曲线或者曲面在"自由曲面"工作台下不可用,所以就要将它们进行转换。

图 6.4.12 曲线/曲面的转换

(步骤 01) 打开文件 D:\catsc20\work\ch06.04\Converter Wizard.CATPart。

(步骤 02) 选择命令。选择下拉菜单 插入 ➡ Operations ▶ ➡ ⟨X⟩ Converter Wizard... 命令,系统弹出图 6.4.13 所示的"转换器向导"对话框。

图 6.4.13 所示的"转换器向导"对话框中部分选项的说明如下。

◆ △ 按钮: 用于设置转换公差值。当此按钮处于按下状态时, 公差 文本框被激活。

◆ △ 按钮: 用于设置定义最大阶次控制曲线或者曲面的值。当此按钮处于按下状态时, 阶次 区域被激活。

◆ △ 按钮: 用于设置定义最大段数控制的曲线或者曲面。当此按钮处于按下状态时, 分割 区域被激活。

◆ 公差 文本框: 用于设置初始曲线的公差。

◆ **阶次** 区域: 用于设置最大阶数的相关参数, 其包括 **优先级** 复选框、**沿 U** 文本框和 **沿 V** 文本框。

● **优先级** 复选框: 用于指示阶数参数的优先级。

● **沿 U** 文本框: 用于定义 U 方向上的最大阶数。

● **沿 V** 文本框: 用于定义 V 方向上的最大阶数。

◆ **分割** 区域: 用于设置最大段数的相关参数, 其包括 **优先级** 复选框、**单个** 复选框、**沿 U** 文本框和 **沿 V** 文本框。

● **优先级** 复选框: 用于指示分段参数的优先级。

● **单个** 复选框: 用于设置创建单一线段曲线。

● **沿 U** 文本框: 用于定义 U 方向上的最大段数。

● **沿 V** 文本框: 用于定义 V 方向上的最大段数。

◆ 按钮: 用于将曲面上的曲线转换为 3D 曲线。

◆ 按钮: 用于保留曲面上的 2D 曲线。

◆ **更多...** 按钮: 用于显示 "转换器向导" 对话框的更多选项。单击该按钮, 可显示图 6.4.14 所示的更多选项。

图 6.4.13 "转换器向导" 对话框

图 6.4.14 "转换器向导" 对话框的更多选项

图 6.4.14 所示的 "转换器向导" 对话框中部分选项的说明如下。

◆ **信息** 复选框: 用于设置显示有关该元素的更多信息, 其包括 "最大值" "控制点的数量" "曲线的阶数" 和 "曲线中的线段数"。

◆ **控制点** 复选框: 用于设置显示曲线的控制点。

◆ **自动应用** 复选框: 用于动态更新结果曲线。

步骤 03 定义转换对象。在特征树中选取 **拉伸.1** 为转换对象。

步骤 04 设置转换参数。在 "转换器向导" 对话框中单击 按钮, 然后在 **阶次** 区域的 **沿 U**

文本框中输入数值 6，在 沿 V 文本框中输入数值 6。

步骤 05 单击 ● 应用 按钮，然后单击 ● 确定 按钮，完成曲面的转换并隐藏拉伸 1。

6.4.6 复制几何参数

使用 Copy Geometric Parameters... 命令可以将目标曲线的阶次和段数等参数复制到其他曲线上。下面通过图 6.4.15 所示的实例，说明复制几何参数的操作过程。

a）复制前   b）复制后

图 6.4.15 复制几何参数

步骤 01 打开文件 D:\catsc20\work\ch06.04\CopyParameters.CATPart。

步骤 02 选择命令。选择下拉菜单 插入 ➡ Operations ▶ ➡ Copy Geometric Parameters... 命令，系统弹出图 6.4.16 所示的"复制几何参数"对话框。

步骤 03 显示控制点。在"工具仪表盘"工具栏中单击"隐秘显示"按钮 ，显示控制点。

步骤 04 定义模板曲线。选取图 6.4.15a 所示的曲线 1 为模板曲线。

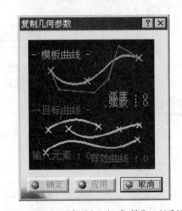

图 6.4.16 "复制几何参数"对话框

步骤 05 定义目标曲线。按住 Ctrl 键选取图 6.4.15a 所示的曲线 2 和曲线 3 为目标曲线。

步骤 06 单击 ● 应用 按钮，再单击 ● 确定 按钮，完成几何参数的复制，如图 6.4.15b 所示。

6.5　自由形状编辑

"自由曲面设计"工作台提供了对自由形状编辑的各种方法，其主要包括控制点调整、匹配曲面、外形拟合、全局变形和扩展延伸等。下面分别对它们进行介绍。

6.5.1　控制点调整

使用 █████ 控制点... 命令可以对已知曲线或者曲面上的控制点进行调整，从而使其变形。下面通过图 6.5.1 所示的实例，说明控制点调整的操作过程。

步骤 01 打开文件 D:\catsc20\work\ch06.05\Control Points.CATPart。

步骤 02 选择命令。选择下拉菜单 插入 ➡ Shape Modification ▶ ➡ █ 控制点... 命令，系统弹出图 6.5.2 所示的"控制点"对话框。

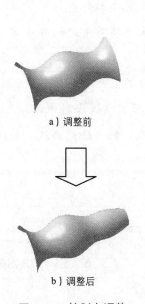

a）调整前

b）调整后

图 6.5.1　控制点调整

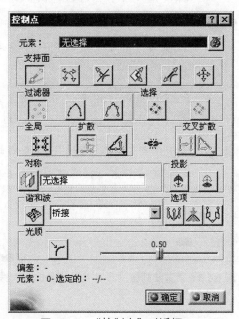

图 6.5.2　"控制点"对话框

图 6.5.2 所示的"控制点"对话框中部分选项的说明如下。

◆ 元素: 文本框：激活此文本框，用户可以在绘图区选取要调整的元素。

◆ 支持面 区域：用于设置平移控制点的方式，其包括 █ 按钮、█ 按钮、█ 按钮、█ 按钮、█ 按钮和 █ 按钮。

● █ 按钮：单击此按钮，则沿指南针法线平移控制点。

● █ 按钮：单击此按钮，则沿网格线平移控制点。

- ● 按钮：单击此按钮，则沿元素的局部法线平移控制点。
- ● 按钮：单击此按钮，则在指南针主平面中平移控制点。
- ● 按钮：单击此按钮，则沿元素的局部切线平移控制点。
- ● 按钮：单击此按钮，则在屏幕平面中平移控制点。
- ◆ 过滤器 区域：用于设置过滤器的过滤类型，包括 按钮、 按钮和 按钮。
- ● 按钮：单击此按钮，则仅对点进行操作。
- ● 按钮：单击此按钮，则仅对网格进行操作。
- ● 按钮：单击此按钮，则允许同时对点和网格进行操作。
- ◆ 选择 区域：用于选择或取消选择控制点，其包括 按钮和 按钮。
- ● 按钮：用于选择网格的所有控制点。
- ● 按钮：用于取消选择网格的所有控制点。
- ◆ 扩散 区域：用于设置扩散的方式，其包括 按钮和 下拉列表。
- ● 按钮：用于设置以同一个方式将变形拓展至所有选定的点（常量法则曲线）。
- ● 下拉列表：用于设置以指定方式将变形拓展至所有选定的点。其包括 选项、 选项、 选项和 选项。 选项：线性法则曲线。 选项：凹法则曲线、 选项：凸法则曲线。 选项：钟形法则曲线。各法则曲线分别如图 6.5.3~图 6.5.7 所示。

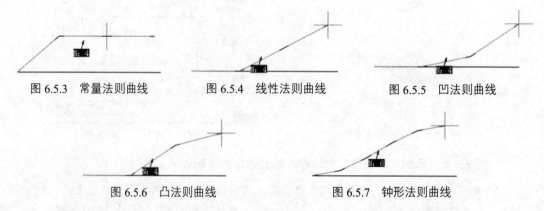

图 6.5.3　常量法则曲线　　　图 6.5.4　线性法则曲线　　　图 6.5.5　凹法则曲线

图 6.5.6　凸法则曲线　　　图 6.5.7　钟形法则曲线

- ◆ 按钮：用于设置是否链接。 表示取消链接，此时使用扩散方式编辑。当前状态为表示启用链接时，此时使用交叉扩散方式编辑。
- ◆ 交叉扩散 区域：用于设置交叉扩散的方式，其包括 按钮和 下拉列表。
- ● 按钮：用于设置以同一个方式将变形拓展至另一网格线上的所有选定

点。

- 下拉列表: 用于设置以指定方式将变形拓展至另一网格线上的所有选定点, 其包括⬚选项、⬚选项、⬚选项和⬚选项。⬚选项: 交叉线性法则曲线。⬚选项: 交叉凹法则曲线、⬚选项: 交叉凸法则曲线。⬚选项: 交叉钟形法则曲线。

◆ **对称**区域: 用于设置对称参数, 其包括⬚按钮和⬚按钮后的文本框。

- ⬚按钮: 用于设置使用指定的对称平面进行网格对称计算, 如图 6.5.8 所示。

- ⬚按钮后的文本框: 单击此文本框, 用户可以在绘图区选取对称平面。

◆ **投影**区域: 用于定义投影方式, 其包括⬚按钮和⬚按钮。

- ⬚按钮: 单击此按钮, 按指南针法线对一些控制点进行投影。

- ⬚按钮: 单击此按钮, 按指南针平面对一些控制点进行投影。

a) 对称前   b) 对称后

图 6.5.8 对称

◆ **谐和波**区域: 用于设置谐和波的相关选项, 其包括⬚按钮和**桥接**▼下拉列表。

- ⬚按钮: 单击此按钮, 使用选定的谐和波运算法则计算网格谐和波。

- **桥接**▼下拉列表: 用于设置谐和波的控制方式, 其包括**桥接**选项、**平均平面**选项和**三点平面**选项。**桥接**选项: 使用桥接曲面的方式控制谐和波。**平均平面**选项: 使用平均平面的方式控制谐和波。**三点平面**选项: 使用 3 点平面的方式控制谐和波。

◆ **选项**区域:

- ⬚按钮: 用于设置在控制点位置显示箭头, 以示局部法线并推导变形。

- ⬚按钮: 用于设置显示当前几何图形和它以前版本的最大偏差。

- ⬚按钮: 用于设置显示谐和波平面。

步骤 **03** 定义控制元素。在绘图区选取图 6.5.1a 所示的曲面为控制元素, 此时在绘图区显示图 6.5.9 所示的指定曲面的所有控制点。

步骤 **04** 定义支持面局部法线方向。在"控制点"对话框的 支持面 区域中单击 ⚓ 按钮。

步骤 **05** 定义过滤器。在 过滤器 区域单击 △ 按钮，指定过滤方式为网格。

步骤 **06** 定义变形网格。将鼠标移至图 6.5.10 所示的网格线上，按住鼠标左键向右拖拽一定距离，在 光顺 区域中单击 ⌒ 按钮，将其线条调整至光顺，此时曲面变成图 6.5.11 所示。

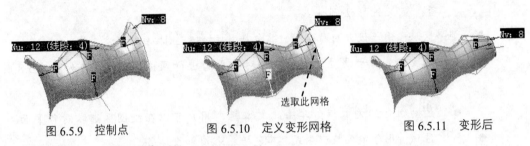

图 6.5.9 控制点   图 6.5.10 定义变形网格   图 6.5.11 变形后

步骤 **07** 单击 ● 确定 按钮，完成曲面控制点的调整，如图 6.5.1b 所示。

6.5.2 匹配曲面

匹配曲面可以变形已知曲面，从而与其他曲面按照指定的连续性连接起来。下面分别介绍匹配曲面的创建操作过程（图 6.5.12）。

1. 单边

步骤 **01** 打开文件 D:\catsc20\work\ch06.05\Matching Surfaces.CATPart。

步骤 **02** 选择命令。选择下拉菜单 插入 ➡ Shape Modification ▶ ➡ Match Surface... 命令，系统弹出图 6.5.13 所示的"匹配曲面"对话框。

a）创建前   图 6.5.12 单边匹配   b）创建后

图 6.5.13 所示的"匹配曲面"对话框中部分选项的说明如下。

◆ 类型 下拉列表：用于设置创建匹配曲面的类型，其包括 分析 选项、近似 选项和 自动 选项。

● 分析 选项：用于利用指定匹配边的控制点参数创建匹配曲面。

● 近似 选项：用于将指定的匹配边离散，从而近似地创建匹配曲面。

- **自动**选项：该选项是最优的计算模式，系统将使用"分析"方式创建匹配曲面，如果不能创建匹配曲面，则使用"近似"方式创建匹配曲面。

- **更多 >>** 按钮：单击此按钮，显示"匹配曲面"对话框的更多选项，如图 6.5.14 所示。

◆ **信息** 区域：用于显示匹配曲面的相关信息，其包括"补面数""阶次""类型"和"增量"等相关信息的显示。

◆ **选项** 区域：用于设置匹配曲面的相关选项，其包括 **投影终点** 复选框、**投影边界** 复选框、**在主轴上移动** 复选框和 **扩散** 复选框。

- **投影终点** 复选框：用于投影目标曲线上的边界终点。

- **投影边界** 复选框：用于投影目标面上的边界。

- **在主轴上移动** 复选框：用于约束控制点，使其在指南针的主轴方向上移动。

- **扩散** 复选框：用于沿截线方向拓展变形。

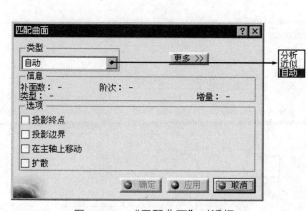

图 6.5.13 "匹配曲面"对话框

图 6.5.14 "匹配曲面"对话框的更多选项

图 6.5.14 所示的"匹配曲面"对话框中部分选项的说明如下。

◆ **显示** 区域：用于设置显示的相关选项，其包括 **快速连接检查器** 复选框和 **控制点** 复选框。

- **快速连接检查器** 复选框：用于显示曲面之间的最大偏差。

- **控制点** 复选框：选中此复选框，系统弹出"控制点"对话框。用户可以通过此对话框对曲面的控制点进行调整。

步骤 03 定义匹配边。在绘图区选取图 6.5.12a 所示的边线 1 和边线 2 为匹配边，此时在绘图区显示图 6.5.15 所示的匹配面，然后在"切线"连续的位置上右击，在系统弹出的快捷

菜单中选择 比例 命令。

步骤 04 设置曲面阶次。在图 6.5.16 所示的阶次 N: 8 上右击，在系统弹出的快捷菜单中选择 6 选项，将曲面的阶次改为六阶。

步骤 05 检查连接。单击 更多 >> 按钮，然后选中 ☐快速连接检查器 复选框，此时在绘图区显示图 6.5.16 所示的连接检查。

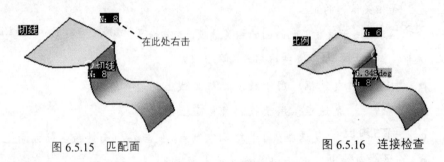

图 6.5.15　匹配面　　　　　　　　　　图 6.5.16　连接检查

步骤 06 单击 ● 确定 按钮，完成单边匹配曲面的创建，如图 6.5.12b 所示。

2. 多边

"多边"匹配就是将曲面的所有边线贴合到参考曲面上。下面介绍图 6.5.17 所示的"多边"匹配的一般操作过程。

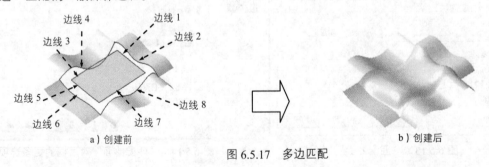

a) 创建前　　　　　　　　　　　　　　　　　b) 创建后

图 6.5.17　多边匹配

步骤 01 打开文件 D:\catsc20\work\ch06.05\Multi-Side Match Surface.CAT Part。

步骤 02 选择命令。选择下拉菜单 插入 ➡ Shape Modification ▶ ➡

Multi-Side Match Surface... 命令，系统弹出图 6.5.18 所示的"多边匹配"对话框。

图 6.5.18　"多边匹配"对话框

图 6.5.18 所示的"多边匹配"对话框中部分选项的说明如下。

◆ 选项 区域：用于设置匹配的参数，其包括 散射变形 复选框和 优化连续 复选框。

   ● 散射变形 复选框：用于设置变形将遍布整个匹配的曲面，而不仅是数量有限的控制点。

   ● 优化连续 复选框：用于设置优化用户定义的连续时变形，而不是根据控制点和网格线变形。

步骤 03　定义匹配边。在绘图区选取图 6.5.17a 所示的边线 1 和边线 2 为相对应的匹配边，边线 3 和边线 4 为相对应的匹配边，边线 5 和边线 6 为相对应的匹配边，边线 7 和边线 8 为相对应的匹配边，此时在绘图区显示图 6.5.19 所示的匹配面。

步骤 04　定义连续性。在"点"连续上右击并在系统弹出的快捷菜单中选择 曲率连续 命令，用相同的方法将其余的"点"连续改成"曲率连续"，如图 6.5.20 所示。

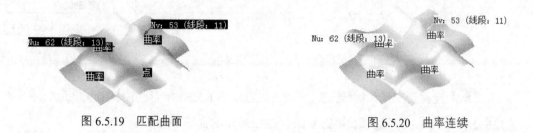

图 6.5.19　匹配曲面　　　　　　图 6.5.20　曲率连续

在定义连续性时，若系统已默认为"曲率连续"，此时读者就不需要进行此步的操作。

步骤 05　单击 确定 按钮，完成多边匹配曲面的创建，如图 6.5.17b 所示。

6.5.3　外形拟合

使用 Fit to Geometry... 命令可以使已知曲线或曲面向目标元素的外形进行拟合，以达到逼近目标元素的目的。下面通过图 6.5.21 所示的实例，说明外形拟合的操作过程。

步骤 01　打开文件 D:\catsc20\work\ch06.05\Fit to Geometry.CATPart。

步骤 02　选择命令。选择下拉菜单 插入 ➡ Shape Modification ➡ Fit to Geometry... 命令，系统弹出图 6.5.22 所示的"拟合几何图形"对话框。

图 6.5.22 所示的"拟合几何图形"对话框中部分选项的说明如下。

◆ 选择 区域：用于定义选取源和目标元素，其包括 源 (0) 单选项和 目标 (0) 单选项。

- ● 源 (0) 单选项：用于允许选择要拟合的元素。

- ● 目标 (0) 单选项：用于允许选择目标元素。

- ◆ 拟合 区域：用于定义拟合的相关参数，其包括 ⌒ 滑块和 滑块。

- ● ⌒ 滑块：用于定义张度系数。

- ● 滑块：用于定义光顺系数。

- ◆ 自动封闭曲线 复选框：用于设置自动封闭拟合曲线。

- ◆ 强制方向 复选框：用于允许定义投影方向，而不是源曲面或曲线的投影法线。

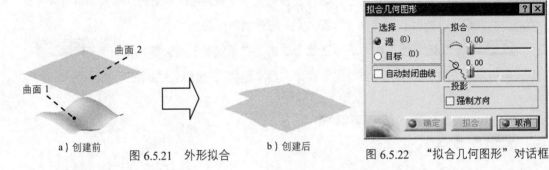

a) 创建前　　图 6.5.21　外形拟合　　b) 创建后　　　图 6.5.22　"拟合几何图形"对话框

步骤 03 定义源元素和目标元素。在绘图区选取图 6.5.21a 所示的曲面 1 为源元素，在 选择 区域中选中 目标 (0) 单选项，再选取图 6.5.21a 所示的曲面 2 为目标元素。

步骤 04 设置拟合参数。在 拟合 区域滑动 ⌒ 滑块，将张度系数调整为 0.6，然后滑动 滑块，将光顺系数调整为 0.51，单击 拟合 按钮。

步骤 05 单击 ● 确定 按钮，完成外形拟合的创建，如图 6.5.21b 所示。

6.5.4　全局变形

使用 Global Deformation... 命令可以沿指定元素改变已知曲面的形状。下面通过图 6.5.23 所示的实例，说明全局变形的操作过程。

a) 创建前　　　　　　　　　　　　　　　　　　b) 创建后

图 6.5.23　中间曲面全局变形

1. 中间曲面

步骤 01 打开文件 D:\catsc20\work\ch06.05\Global Deformation 01.CAT Part。

步骤 02 选择命令。选择下拉菜单 插入 ➡ Shape Modification ▶ ➡

Global Deformation... 命令，系统弹出图 6.5.24 所示的"全局变形"对话框。

图 6.5.24 所示的"全局变形"对话框中部分选项的说明如下。

◆ 类型 区域：用于定义全局变形，包括 按钮和 按钮。

● 按钮：用于设置使用中间曲面全局变形所选曲面集。

● 按钮：用于设置使用轴全局变形所选曲面集。

◆ 引导线 区域：用于设置引导线的相关参数，其包括 引导线 下拉列表和 引导线连续 复选框。

● 引导线 下拉列表：用于设置引导线数量，其包括 无引导线 选项、1条引导线 选项和 2条引导线 选项。

● 引导线连续 复选框：用于设置保留变形元素与引导曲面之间的连续性。

步骤 03 定义全局变形类型。在对话框的 类型 区域中单击 按钮。

步骤 04 定义全局变形对象。在绘图区选取图 6.5.23a 所示的曲面为全局变形的对象。此时在绘图区会出现图 6.5.25 所示的中间曲面，单击 运行 按钮，系统弹出"控制点"对话框。

步骤 05 设置"控制点"对话框参数。在"控制点"对话框的 支持面 区域单击 按钮，在 过滤器 区域单击 按钮。

步骤 06 进行全局变形。将中间曲面最上方的网格线向下拖动，拖动至图 6.5.26 所示的形状。

图 6.5.24 "全局变形"对话框   图 6.5.25 中间曲面   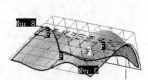 图 6.5.26 变形后

步骤 07 单击 确定 按钮，完成全局变形的创建，如图 6.5.23b 所示。

2. 引导曲面

步骤 01 打开文件 D:\catsc20\work\ch06.05\Global Deformation 02.CAT Part。

步骤 02 选择命令。选择下拉菜单 插入 ➡ Shape Modification ▶ ➡

Global Deformation... 命令，系统弹出"全局变形"对话框。

步骤 **03** 定义全局变形类型。在对话框的 **类型** 区域中单击 按钮。

步骤 **04** 定义全局变形对象。按住 Ctrl 键，在绘图区选取图 6.5.27a 所示的圆柱曲面为全局变形的对象。

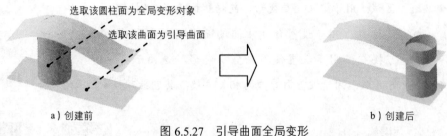

选取该圆柱面为全局变形对象

选取该曲面为引导曲面

a）创建前　　　　　　　　　　　　　　　　　b）创建后

图 6.5.27　引导曲面全局变形

步骤 **05** 定义引导线数目。在 **引导线** 区域的下拉列表中选择 **1条引导线** 选项，取消选中 □ **引导线连续** 复选框，单击 **运行** 按钮。

步骤 **06** 定义引导曲面。在绘图区选取图 6.5.27a 所示的曲面为引导曲面，此时在绘图区出现图 6.5.28 所示的方向控制器。

步骤 **07** 进行全局变形。在绘图区向左拖动图 6.5.28 所示的方向控制器，拖动到图 6.5.29 所示的位置。

步骤 **08** 单击 **● 确定** 按钮，完成全局变形的创建，如图 6.5.27b 所示。

说明　　如果在 **引导线** 区域下拉列表中选择 **2条引导线** 选项，然后选取上下两个曲面，则全局变形对象将沿着两个引导曲面进行移动，如图 6.5.30 所示。

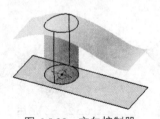　　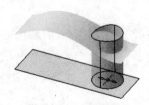　　

图 6.5.28　方向控制器　　　　图 6.5.29　变形后　　　　图 6.5.30　两个引导曲面

6.5.5　扩展延伸

使用 **Extend...** 命令可以扩展已知曲面或曲线的长度。下面通过图 6.5.31 所示的实例，说明扩展的操作过程。

步骤 **01** 打开文件 D:\catsc20\work\ch06.05\Extend.CATPart。

a）创建前   b）创建后

图 6.5.31　扩展

步骤 **02** 选择命令。选择下拉菜单 插入 ➡ Shape Modification ▶ ➡ Extend... 命令，系统弹出图 6.5.32 所示的"扩展"对话框。

图 6.5.32 所示的"扩展"对话框中部分选项的说明如下。

◆ 保留分段 复选框：用于设置允许负值扩展。

步骤 **03** 定义要扩展的曲面。在绘图区选取图 6.5.31a 所示的曲面为要扩展的曲面。

步骤 **04** 设置扩展参数。在对话框中选中 保留分段 复选框。

步骤 **05** 编辑扩展。拖动图 6.5.33 所示的方向控制器，拖动后结果如图 6.5.34 所示。

步骤 **06** 单击 确定 按钮，完成扩展曲面的创建，如图 6.5.31b 所示。

拖动此方向控制器

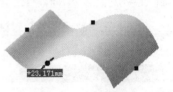

+23.171mm

图 6.5.32　"扩展"对话框　　　图 6.5.33　方向控制器　　　图 6.5.34　拖动结果

6.6　自由曲面设计综合应用案例

案例概述：

　　本案例介绍了吸尘器盖的设计过程，主要讲述了一些自由曲面的基本操作命令，如 3D曲线、样式扫掠、断开和填充等特征命令的应用。零件模型如图 6.6.1 所示。

图 6.6.1　零件模型

　　　　　　本应用的详细操作过程请参见随书光盘中 video\ch06\文件下的语音视频讲解文件。模型文件为 D:\catsc20\work\ch06.06\clearner_surface。

第**7**章 钣 金 设 计

7.1 钣金设计基础

7.1.1 进入钣金设计工作台

下面介绍进入钣金设计环境的一般操作过程。

步骤01 选择命令。选择下拉菜单 文件 ➡ 🗋 新建... 命令（或在"标准"工具栏中单击"新建文件"按钮 🗋 ），此时系统弹出"新建"对话框。

步骤02 选择文件类型。

（1）在"新建"对话框的 类型列表: 列表中选择文件类型为 Part ，然后单击 ● 确定 按钮，此时系统弹出"新建零件"对话框。

（2）在"新建零件"对话框中单击 ● 确定 按钮，新建一个文件。

步骤03 切换工作台。选择下拉菜单 开始 ➡ 🔧机械设计 ▶ ➡ 🗻Generative Sheetmetal Design 命令，此时系统切换到"创成式钣金设计"工作台。

7.1.2 钣金设计命令及工具条

进入钣金设计工作台后，钣金设计的命令主要分布在 插入 下拉菜单中，如图 7.1.1 所示。

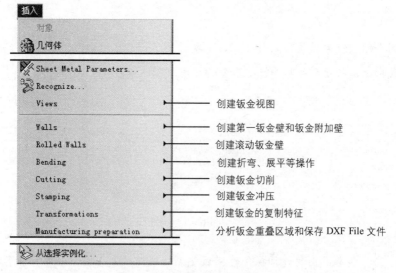

图 7.1.1 "插入"下拉菜单

7.1.3 设置全局钣金参数

在创建第一钣金壁之前首先需要对钣金的参数进行设置，然后再创建第一钣金壁，否则钣金设计模块的相关钣金命令处于不可用状态。

选择下拉菜单 插入 ➡ Sheet Metal Parameters... 命令（或者在"Walls"工具栏中单击 按钮），系统弹出图 7.1.2 所示的"Sheet Metal Parameters"对话框。

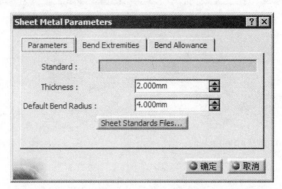

图 7.1.2 "Sheet Metal Parameters"对话框

图 7.1.2 所示的"Sheet Metal Parameters"对话框中的部分选项说明如下。

◆ Parameters 选项卡：用于设置钣金壁的厚度和折弯半径值，其包括 Standard：文本框、Thickness：文本框、Default Bend Radius：文本框和 Sheet Standards Files... 按钮。

● Standard：文本框：用于显示所使用的标准钣金文件名。

● Thickness：文本框：用于定义钣金壁的厚度值。

● Default Bend Radius：文本框：用于定义钣金壁的折弯半径值。

● Sheet Standards Files... 按钮：用于调入钣金标准文件。单击此按钮，用户可以在相应的目录下载入钣金设计参数表。

◆ Bend Extremities 选项卡：用于设置折弯末端的形式，其包括 Minimum with no relief 下拉列表、 下拉列表、L1：文本框和 L2：文本框。

● Minimum with no relief 下拉列表：用于定义折弯末端的形式，其包括 Minimum with no relief 选项、Square relief 选项、Round relief 选项、Linear 选项、Tangent 选项、Maximum 选项、Closed 选项和 Flat joint 选项。各个折弯末端形式如图 7.1.3~图 7.1.10 所示。

● 下拉列表：用于创建止裂槽，其包括"Minimum with no relief"选项 、"Minimum with square relief"选项 、"Minimum with round relief"选项

▦、"Linear shape"选项▧、"Curved shape"选项▧、"Maximum bend"选项▨、"Closed"选项▧和"Flat joint"选项▧。此下拉列表是与 `Minimum with no relief ▼`下拉列表相对应的。

● L1:文本框:用于定义折弯末端为 `Square relief` 选项和 `Round relief` 选项的宽度限制。

● L2:文本框:用于定义折弯末端为 `Square relief` 选项和 `Round relief` 选项的长度限制。

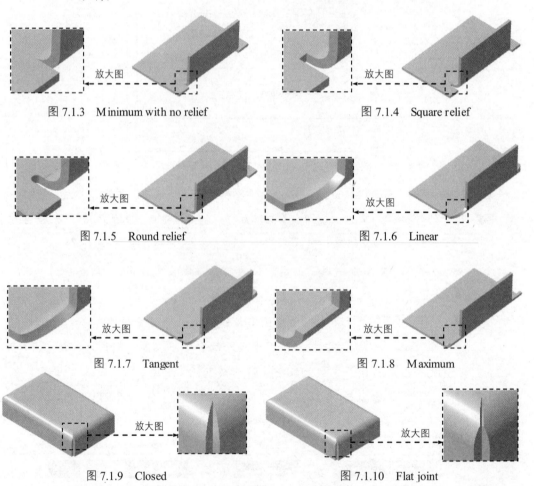

图 7.1.3　Minimum with no relief　　　　　　图 7.1.4　Square relief

图 7.1.5　Round relief　　　　　　　　　图 7.1.6　Linear

图 7.1.7　Tangent　　　　　　　　　　图 7.1.8　Maximum

图 7.1.9　Closed　　　　　　　　　　　图 7.1.10　Flat joint

◆ `Bend Allowance` 选项卡:用于设置钣金的折弯系数,其包括 `K Factor:` 文本框、`f(x)`按钮和 `Apply DIN` 按钮。

● `K Factor:` 文本框:用于指定折弯系数 K 的值。

● `f(x)`按钮:用于打开允许更改驱动方程的对话框。

● Apply DIN 按钮：用于根据 DIN 公式计算并应用折弯系数。

7.2 钣金基础特征

7.2.1 平面钣金

平面钣金是一个平整的薄板（图 7.2.1），在创建这类钣金壁时，需要先绘制钣金壁的正面轮廓草图（必须为封闭的线条），然后给定钣金厚度值即可。

下面以图 7.2.1 所示的模型为例来说明创建平面钣金的一般操作过程。

步骤 01 新建一个钣金件模型，将其命名为 Wall-Definition。

步骤 02 设置钣金参数。选择下拉菜单 插入 ➡ Sheet Metal Parameters... 命令，系统弹出"Sheet Metal Parameters"对话框。在 Thickness 文本框中输入值 3，在 Default Bend Radius : 文本框中输入数值 2；单击 Bend Extremities 选项卡，然后在 Minimum with no relief 下拉列表中选择 Minimum with no relief 选项。单击 ● 确定 按钮，完成钣金参数的设置。

步骤 03 创建附加平整钣金壁。

（1）选择命令。选择下拉菜单 插入 ➡ Walls ▶ ➡ Wall... 命令，系统弹出图 7.2.2 所示的"Wall Definition"对话框。

图 7.2.1　平面钣金

图 7.2.2　"Wall Definition"对话框

图 7.2.2 所示的"Wall Definition"对话框中的部分选项说明如下。

◆ Profile: 文本框：单击此文本框，用户可以在绘图区选取钣金壁的轮廓。

◆ 按钮：用于绘制平整钣金的截面草图。

◆ 按钮：用于定义钣金厚度的方向（单侧）。

◆ 按钮：用于定义钣金厚度的方向（对称）。

◆ Tangent to: 文本框：单击此文本框，用户可以在绘图区选取与平整钣金壁相切的金属壁特征。

◆ Invert Material Side 按钮：用于转换材料边，即钣金壁的创建方向。

（2）定义截面草图平面。在对话框中单击 按钮，在特征树中选取 xy 平面为草图平面。

（3）绘制截面草图。绘制图 7.2.3 所示的截面草图。

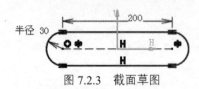

图 7.2.3　截面草图

（4）在"工作台"工具栏中单击 按钮，退出草图环境。

（5）单击 确定 按钮，完成平整钣金壁的创建。

7.2.2　拉伸钣金

拉伸钣金需要先绘制钣金壁的侧面轮廓草图，然后给定钣金的厚度值，则系统将轮廓草图延伸至指定的深度，形成薄壁实体，如图 7.2.4 所示，下面说明创建拉伸钣金的一般操作过程。

步骤01　新建一个钣金件模型，将其命名为 Extrusion-Definition。

步骤02　设置钣金参数。选择下拉菜单 插入 ➡ Sheet Metal Parameters... 命令，系统弹出 "Sheet Metal Parameters" 对话框。在 Thickness : 文本框中输入数值 3，在 Default Bend Radius : 文本框中输入数值 2；单击 Bend Extremities 选项卡，然后在 Minimum with no relief 下拉列表中选择 Minimum with no relief 选项。单击 确定 按钮，完成钣金参数的设置。

步骤03　创建拉伸钣金壁。

（1）选择命令。选择下拉菜单 插入 ➡ Walls ▶ ➡ Extrusion... 命令，系统弹出图 7.2.5 所示的 "Extrusion Definition" 对话框。

图 7.2.4　拉伸钣金壁

图 7.2.5　"Extrusion Definition" 对话框

图 7.2.5 所示的 "Extrusion Definition" 对话框中的部分选项说明如下。

◆ `Limit 1 dimension:` 下拉列表：该下拉列表用于定义拉伸第一方向属性，其中包含 `Limit 1 dimension:`、`Limit 1 up to plane:` 和 `Limit 1 up to surface:` 三个选项。选择 `Limit 1 dimension:` 选项时激活其后的文本框，可输入数值以数值的方式定义第一方向限制；选择 `Limit 1 up to plane:` 选项时激活其后的文本框，可选取一平面来定义第一方向限制；选择 `Limit 1 up to surface:` 选项时激活其后的文本框，可选取一曲面来定义第一方向限制。

◆ `Limit 2 dimension:` 下拉列表：该下拉列表用于定义拉伸第二方向属性，其中包含 `Limit 2 dimension:`、`Limit 2 up to plane:` 和 `Limit 2 up to surface:` 三个选项。选择 `Limit 2 dimension:` 选项时激活其后的文本框，可输入数值以数值的方式定义第二方向限制；选择 `Limit 2 up to plane:` 选项时激活其后的文本框，可选取一平面来定义第二方向限制；选择 `Limit 2 up to surface:` 选项时激活其后的文本框，可选取一曲面来定义第二方向限制。

◆ ☑ `Mirrored extent` 复选框：用于镜像当前的拉伸偏置。

◆ ☑ `Automatic bend` 复选框：选中该复选框，当草图中有尖角时，系统自动创建圆角。

◆ ☑ `Exploded mode` 复选框：选中该复选框，用于设置分解，依照草图实体的数量自动将钣金壁分解为多个单位。

◆ `Invert direction` 按钮：单击该按钮，可反转拉伸方向。

（2）定义截面草图平面。在对话框中单击 按钮，在特征树中选取 zx 平面为草图平面。

（3）绘制截面草图。绘制图 7.2.6 所示的截面草图。

图 7.2.6 截面草图

（4）退出草图环境。在"工作台"工具栏中单击 按钮，退出草图环境。

（5）设置拉伸参数。在"Extrusion Definition"对话框的 `Limit 1 dimension:` 下拉列表中选择 `Limit 1 dimension:` 选项，然后在其后的文本框中输入数值 60。

（6）单击 ● 确定 按钮，完成拉伸钣金壁的创建。

7.2.3 附加平面钣金

附加平面钣金是一种正面平整的钣金薄壁，其壁厚与主钣金壁相同。其主要是通过 插入 ➡ Walls ➡ 🖼 Wall On Edge... 命令来创建的。

下面以图 7.2.7 所示的的模型为例来说明创建附加平面钣金的一般操作过程。

步骤 01 打开模型文件 D:\catsc20\work\ch07.02.03\Wall-On-Edge-Definition.CATPart，如图 7.2.7a 所示。

a）创建前　　　　　　　　图 7.2.7　附加平面钣金　　　　　　　b）创建后

步骤 02 选择命令。选择下拉菜单 插入 ➡ Walls ▶ ➡ Wall On Edge... 命令，系统弹出图 7.2.8 所示的 "Wall On Edge Definition" 对话框。

图 7.2.8 所示的 "Wall On Edge Definition" 对话框中的部分选项说明如下。

◆ Type: 下拉列表：用于设置创建折弯的类型，其包括 Automatic 选项和 Sketch Based 选项。

● Automatic 选项：使用自动方式创建钣金壁。

● Sketch Based 选项：定义附着边，并使用绘制草图的方式创建钣金壁，如图 7.2.9 所示。

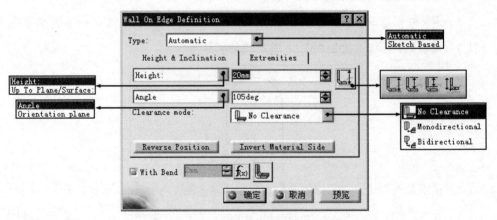

图 7.2.8　"Wall On Edge Definition" 对话框

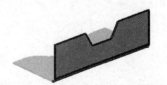

图 7.2.9　自定义附加平面钣金

◆ Height & Inclination 选项卡：用于设置创建的平整钣金壁的相关参数，如高度、角度、长度类型、间隙类型和位置等。其包括 Height: ▼ 下拉列表、Angle ▼ 下拉列表、

下拉列表、 `Clearance mode:` 下拉列表、 `Reverse Position` 按钮和 `Invert Material Side` 按钮。

- `Height: ▼` 下拉列表：用于设置限制平整钣金壁高度的类型，其包括 `Height:` 选项和 `Up To Plane/Surface:` 选项。 `Height:` 选项：用于设置使用定义的高度值限制平整钣金壁高度，用户可以在其后的文本框中输入值来定义平整钣金壁高度。 `Up To Plane/Surface:` 选项：用于设置使用指定的平面或者曲面限制平整钣金壁的高度。单击其后的文本框，用户可以在绘图区选取一个平面或者曲面限制平整钣金壁的高度。

- `Angle ▼` 下拉列表：用于设置限制平整钣金壁弯曲的形式，其包括 `Angle` 选项和 `Orientation plane` 选项。 `Angle` 选项：用于使用指定的角度值限制平整钣金壁的弯曲。用户可以在其后的文本框中输入值来定义平整钣金壁的弯曲角度。 `Orientation plane` 选项：用于使用方向平面的方式限制平整钣金壁的弯曲。

- 下拉列表：用于设置长度的类型，其包括 选项、 选项、 选项和 选项。 选项：用于设置平整钣金壁的开放端到第一钣金壁下端面的距离。 选项：用于设置平整钣金壁的开放端到第一钣金壁上端面的距离。 选项：用于设置平整钣金壁的开放端到平整平面下端面的距离。 选项：用于设置平整钣金壁的开放端到折弯圆心的距离。

- `Clearance mode:` 下拉列表：用于设置平整钣金壁与第一钣金壁的位置关系，其包括 `No Clearance` 选项、 `Monodirectional` 选项和 `Bidirectional` 选项。 `No Clearance` 选项：用于设置第一钣金壁与平整钣金壁之间无间隙。 `Monodirectional` 选项：用于设置以指定的距离限制第一钣金壁与平整钣金壁之间的水平距离。 `Bidirectional` 选项：用于设置以指定的距离限制第一钣金壁与平整钣金壁之间的双向距离。

- `Reverse Position` 按钮：用于改变平整钣金壁的位置，如图 7.2.10 所示。

a）方向 1　　　　图 7.2.10　改变位置　　　　b）方向 2

- Invert Material Side 按钮：用于改变平整钣金壁的附着边，如图 7.2.11 所示。

◆ Extremities 选项卡：用于设置平整钣金壁的边界限制，其包括 Left limit: 文本框、Left offset: 文本框、Right limit: 文本框、Right offset: 文本框和两个 下拉列表，如图 7.2.12 所示。

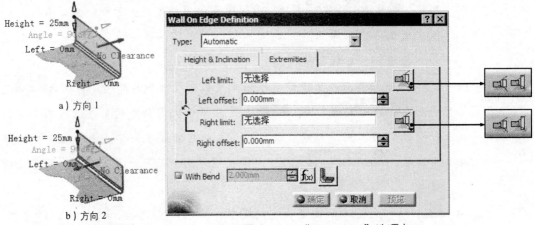

a）方向 1

b）方向 2

图 7.2.11 改变附着边   图 7.2.12 "Extremities" 选项卡

- Left limit: 文本框：单击此文本框，用户可以在绘图区选取平整钣金壁的左边界限制。

- Left offset: 文本框：用于定义平整钣金壁左边界与第一钣金壁相应边的距离值。

- Right limit: 文本框：单击此文本框，用户可以在绘图区选取平整钣金壁的右边界限制。

- Right offset: 文本框：用于定义平整钣金壁右边界与第一钣金壁相应边的距离值。

- 下拉列表：用于定义限制位置的类型，其包括 选项和 选项。

◆ With Bend 复选框：用于设置创建折弯半径。

◆ 2mm 文本框：用于定义弯曲半径值。

◆ f(x) 按钮：用于打开允许更改驱动方程式的对话框。

◆ 按钮：用于定义折弯参数。单击此按钮，系统弹出图 7.2.13 所示的 "Bend Definition" 对话框。用户可以通过此对话框对折弯参数进行设置。

步骤 03 设置创建折弯的类型。在对话框的 Type: 下拉列表中选择 Automatic 选项。

步骤 04 定义附着边。在绘图区选取图 7.2.14 所示的边为附着边。

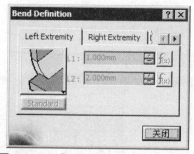

图 7.2.13 "Bend Definition"对话框

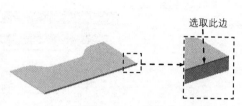

图 7.2.14 定义附着边

步骤 05 设置平整钣金壁的高度和折弯参数。在 Height: 下拉列表中选择 Height: 选项，并在其后的文本框中输入数值 25；在 Angle 下拉列表中选择 Angle 选项，并在其后的文本框中输入数值 90；在 Clearance mode: 下拉列表中选择 No Clearance 选项。

步骤 06 定义限制参数。单击 Extremities 选项卡，在 Left offset: 文本框中输入数值-10，在 Right offset: 文本框中输入数值-10。

步骤 07 设置折弯圆弧。在对话框中选中 With Bend 复选框。

步骤 08 单击 确定 按钮，完成附加平面钣金的创建，如图 7.2.7b 所示。

7.2.4 附加扫描钣金

附加扫描钣金是一种可以定义其侧面形状的钣金薄壁，其壁厚与主钣金壁相同。在钣金设计工作台中其分为凸缘、边缘、滴料折边和用户凸缘四种类型。这里仅以图 7.2.15 所示的凸缘为例来说明创建附加扫描钣金的一般过程。

步骤 01 打开模型文件 D:\catsc20\work\ch07.02.04\Flange-Definition.CATPart，如图 7.2.15a 所示。

步骤 02 选择命令。选择下拉菜单 插入 ➡ Walls ▶ ➡ Swept Walls ▶ ➡ Flange... 命令，系统弹出图 7.2.16 所示的"Flange Definition"对话框。

图 7.2.16 所示的"Flange Definition"对话框中的部分选项说明如下。

◆ Basic ▼ 下拉列表：用于设置创建凸缘的类型，其包括 Basic 选项和 Relimited 选项。

● Basic 选项：用于设置创建的凸缘完全附着在指定的边上。

● Relimited 选项：用于设置创建的凸缘截止在指定的点上。

◆ 下拉列表：用于设置限制折弯角的方式，其包括 选项和 选项。

◆ Remove All 按钮：用于清除所选择的附着边。

◆ **Spine:** 文本框：单击此文本框，用户可以在绘图区选取凸缘的附着边。

◆ **Propagate** 按钮：用于选择与指定边相切的所有边。

◆ **Trim Support** 复选框：用于设置裁剪指定的边线，如图 7.2.17b 所示。

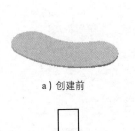

a）创建前

b）创建后

图 7.2.15　凸缘

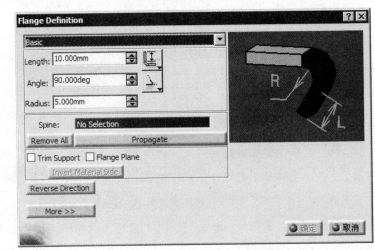

图 7.2.16　"Flange Definition" 对话框

a）未裁剪

b）裁剪后

图 7.2.17　裁剪对比

◆ **Flange Plane** 复选框：选取该复选框后，可选取一平面作为凸缘平面。

◆ **More >>** 按钮：用于显示 "Flange Definition" 对话框的更多参数。

步骤 03 定义附着边。在"视图"工具栏的下拉列表中选择选项，并在绘图区选取图 7.2.18 所示的边为附着边，然后单击 **Propagate** 按钮。

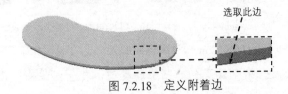

图 7.2.18　定义附着边

步骤 04 定义创建的凸缘类型。在对话框的 Basic 下拉列表中选择 Basic 选项。

步骤 05 设置凸缘参数。在 Length: 文本框中输入值 12，然后在下拉列表中选择选项；在 Angle: 文本框中输入数值 90，在其后的下拉列表中选择选项；在 Radius: 文本框中输入数值 2。

步骤 06 单击 ● **确定** 按钮，完成凸缘的创建，如图 7.2.15b 所示。

7.2.5 钣金切割

钣金切割是在成形后的钣金零件上创建去除材料的特征，如槽、孔和圆形切口等。钣金切割与实体切削有些不同。

当草图平面与钣金平面平行时，二者没有区别；当草图平面与钣金平面不平行时，钣金切割是将截面草图投影至模型的实体面，然后垂直于该表面去除材料，形成垂直孔，如图 7.2.19 所示；实体切削的孔是垂直于草图平面去除材料，形成斜孔，如图 7.2.20 所示。

图 7.2.19 钣金切割   图 7.2.20 实体切削

钣金切割有槽切割、孔和圆形切口三种类型，如图 7.2.21 所示。

这里仅以槽切割为例来讲解钣金切割的一般操作过程。

步骤 01 打开模型文件 D:\catsc20\work\ch07.02.05\Cutout.CATPart，模型如图 7.2.22a 所示。

步骤 02 选择命令。选择下拉菜单 **插入** ➡ **Cutting ▶** ➡ **L Cut Out...** 命令，系统弹出图 7.2.23 所示的 "Cutout Definition" 对话框。

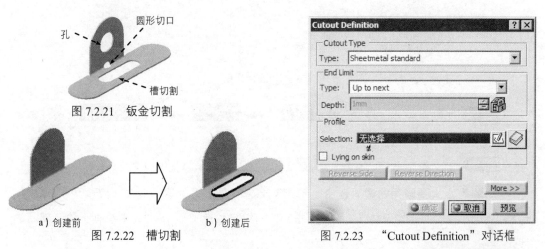

图 7.2.21 钣金切割

a）创建前   b）创建后

图 7.2.22 槽切割   图 7.2.23 "Cutout Definition" 对话框

步骤 03 设置对话框参数。在 **Cutout Type** 区域的 **Type:** 下拉列表中选择 **Sheetmetal standard** 选项，在 **End Limit** 区域的 **Type:** 下拉列表中选择 **Up to next** 选项。

步骤 04 定义轮廓参数。在"Cutout Definition"对话框的 Profile: 区域中单击 按钮，选取图 7.2.24 所示平面为草图平面，绘制图 7.2.25 所示的截面草图；单击 按钮，退出草图环境。

步骤 05 调整轮廓方向。单击 Reverse Direction 按钮调整轮廓方向，结果如图 7.2.26 所示。

步骤 06 单击 确定 按钮，完成钣金切割的创建，如图 7.2.22b 所示。

选取该平面

图 7.2.24　定义草图平面

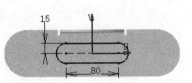

图 7.2.25　截面草图

图 7.2.26　调整方向结果

7.2.6　钣金圆角

钣金设计工作台中的圆角是指在钣金件边角处创建圆弧过渡，对钣金件进行补充或切除。下面以图 7.2.27 所示的实例来讲解创建圆角的一般操作步骤。

步骤 01 打开模型文件 D:\catsc20\work\ch07.02.06\Corner-Rlief.CATPart，模型如图 7.2.27a 所示。

a）创建前

图 7.2.27　钣金圆角

b）创建后

步骤 02 选择命令。选择下拉菜单 插入 ➡ Cutting ▶ ➡ Corner... 命令，系统弹出图 7.2.28 所示的"Corner"对话框。

步骤 03 定义圆角半径。在 Radius: 文本框中输入圆角半径值 8。

步骤 04 定义要圆角的边。选中 Convex Edge(s) 复选框，取消选中 Concave Edge(s) 复选框，单击 Select all 按钮，系统自动选取图 7.2.29 中模型上的全部凸边线。

步骤 05 单击 确定 按钮，完成圆角的创建，如图 7.2.27b 所示。

图 7.2.28 "Corner" 对话框

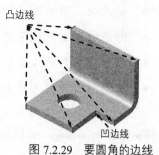

图 7.2.29 要圆角的边线

7.3 钣金的折弯与展开

7.3.1 钣金折弯

钣金折弯是将钣金的平面区域弯曲某个角度，图 7.3.1b 是一个典型的折弯特征。在进行折弯操作时，应注意折弯特征仅能在钣金的平面区域建立，不能跨越另一个折弯特征。

下面介绍创建图 7.3.1b 所示的钣金折弯的一般过程。

步骤 01 打开模型文件 D:\catsc20\work\ch07.03\Bend-From-Flat-Definition.CATPart，如图 7.3.1a 所示。

步骤 02 选择命令。选择下拉菜单 插入 ➡ Bending ▶ ➡ Bend From Flat... 命令，系统弹出图 7.3.2 所示的 "Bend From Flat Definition" 对话框。

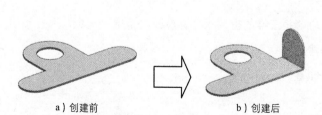

a) 创建前   b) 创建后

图 7.3.1 钣金折弯

图 7.3.2 "Bend From Flat Definition" 对话框

图 7.3.2 所示的 "Bend From Flat Definition" 对话框中的部分选项说明如下。

◆ Lines: 下拉列表：用于选择折弯草图中的折弯线，以便于定义折弯线的类型。

◆ ⌐ 下拉列表：用于定义折弯线的类型，其包括 ⌐ 选项、⌐ 选项、⌐ 选项、⌐ 选项和 ⌐ 选项。

● ⌐ 选项：用于设置折弯半径对称分布于折弯线两侧。

● 选项：用于设置折弯半径与折弯线相切。

● 选项：用于设置折弯线为折弯后两个钣金壁板内表面的交叉线。

● 选项：用于设置折弯线为折弯后两个钣金壁板外表面的交叉线。

● 选项：使折弯半径与折弯线相切，并且使折弯线在折弯侧平面内。

◆ K Factor：文本框：用于定义折弯系数。

步骤 03　绘制折弯草图。在"视图"工具栏的下拉列表中选择选项，然后在对话框中单击按钮，之后选取图 7.3.3 所示的模型表面为草图平面，并绘制图 7.3.4 所示的折弯草图；单击按钮，退出草图环境。

步骤 04　定义折弯线的类型。在下拉列表中选择"Axis"选项。

步骤 05　定义固定侧。采用系统默认的固定点所在的一侧为折弯固定侧。

选取此模型表面

图 7.3.3　定义草图平面

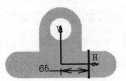

图 7.3.4　折弯草图

步骤 06　定义折弯参数。单击 Radius：文本框后的按钮，系统弹出"公式编辑器"对话框，然后在钣金参数.1\弯曲半径后的文本框中输入数值 2，在 Angle：文本框中输入数值 90，其他参数保持系统默认设置值。

步骤 07　单击　确定　按钮，完成折弯的创建，如图 7.3.1b 所示。

7.3.2　钣金伸直

在钣金设计中，可以使用"伸直"命令将三维的折弯钣金件展开为二维平面板，有些钣金特征，如止裂槽需要在钣金展开后创建。

下面介绍创建图 7.3.5b 所示的钣金伸直的一般过程。

a）展开前　　图 7.3.5　钣金伸直　　b）展开后

步骤 01　打开模型文件 D:\catsc20\work\ch07.03\Unfolding-Definition.CATPart，如图 7.3.6a 所示。

步骤 02 选择命令。选择下拉菜单 插入 ➡ Bending ▶ ➡  Unfolding... 命令，系统弹出图 7.3.7 所示的 "Unfolding Definition" 对话框。

a）展平前　　图 7.3.6　部分展开　　b）展平后　　　图 7.3.7　"Unfolding Definition" 对话框

步骤 03 定义固定几何平面。在绘图区选取图 7.3.8 所示的平面为固定几何平面。

步骤 04 定义展开面。选取图 7.3.9 所示的模型表面为展开面。

选取该平面　　　　　　　　　　　　选取该平面

图 7.3.8　定义固定几何平面　　　　　图 7.3.9　定义展开面

步骤 05 单击 ● 确定 按钮，完成伸直的创建，如图 7.3.5b 所示。

7.3.3　重新折弯

可以将展开钣金壁部分或全部重新折弯，使其还原至展开前的状态，这就是钣金的折叠，如图 7.3.10b 所示。

a）展开钣金件　　　图 7.3.10　重新折弯　　　b）钣金的折叠

下面介绍创建图 7.3.10b 所示的钣金折叠的一般过程。

步骤 01 打开模型文件 D:\catsc20\work\ch07.03\Folding-Definition.CATPart，如图 7.3.10a 所示。

步骤 02 选择命令。选择下拉菜单 插入 ➡ Bending ▶ ➡ Folding... 命令，系统弹出图 7.3.11 所示的 "Folding Definition" 对话框。

图 7.3.11 所示的"Folding Definition"对话框中的部分选项说明如下。

- ◆ Reference Face : 文本框：用于选取折弯固定几何平面。
- ◆ Fold Faces : 下拉列表：用于选择折弯面。
- ◆ Angle 文本框：用于定义折弯角度值。
- ◆ Angle type : 下拉列表：用于定义折弯角度类型，其包括 Natural 选项、 Defined 选项和 Spring back 选项。
  - ● Natural 选项：用于设置使用展开前的折弯角度值。
  - ● Defined 选项：用于设置使用用户自定义的角度值。
  - ● Spring back 选项：用于设置使用用户自定义的角度值的补角值。

步骤 03 定义固定几何平面。在绘图区选取图 7.3.12 所示的平面为固定几何平面。

步骤 04 定义折弯面。选取图 7.3.13 所示的模型表面为折弯面。

| 图 7.3.11　"Folding Definition"对话框 | 图 7.3.12　定义固定几何平面 | 图 7.3.13　定义折弯面 |

步骤 05 单击 确定 按钮，完成折叠的创建，如图 7.3.10b 所示。

7.4　将实体转换成钣金件

创建钣金零件还有另外一种方式，就是先创建实体零件，然后将实体零件转化为钣金件。对于复杂钣金护罩的设计，使用这种方法可简化设计过程，提高工作效率。下面以图 7.4.1 为例说明将实体零件转化为第一钣金壁的一般操作步骤。

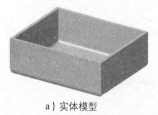

a）实体模型

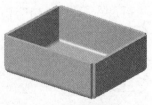

b）钣金模型

图 7.4.1　将实体零件转化为第一钣金壁

步骤01 打开模型文件 D:\catsc20\work\ch07.04\Recognze-Definition.CATPart，如图 7.4.1a 所示。

步骤02 选择命令。选择下拉菜单 插入 ➡ Recognize... 命令，系统弹出图 7.4.2 所示的 "Recognize Definition" 对话框。

步骤03 定义识别的参考平面。在对话框中单击 Reference face 文本框，然后在绘图区选取图 7.4.3 所示的面为识别参考平面。

步骤04 设置识别选项。在 "Recognize Definition" 对话框中选中 Full recognition 复选框，其他参数采用系统默认设置值。

步骤05 单击 确定 按钮，完成实体零件转化为第一钣金壁的操作（图 7.4.1b）。

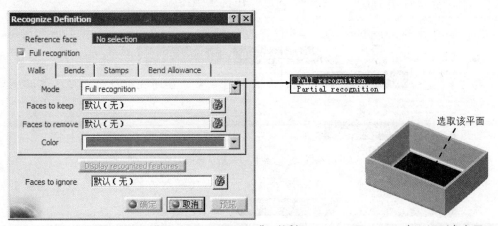

图 7.4.2 "Recognize Definition" 对话框　　图 7.4.3 定义识别参考平面

7.5 钣金高级特征

7.5.1 漏斗钣金

漏斗钣金是指先定义两个截面，并指定两个截面的闭合点，系统便将这些截面混合形成薄壁实体，或创建放样曲面生成漏斗类型的钣金壁。下面讲解创建漏斗类型的钣金壁的一般操作步骤。

步骤01 打开模型文件 D:\catsc20\work\ch07.05.01\Hopper.CATPart。

步骤02 选择命令。选择下拉菜单 插入 ➡ Rolled Walls ▶ ➡ Hopper... 命令，系统弹出图 7.5.1 所示的 "Hopper" 对话框。

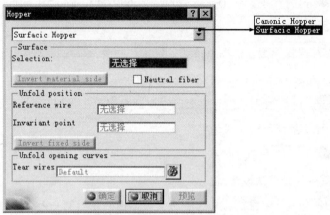

图 7.5.1　"Hopper"对话框

图 7.5.1 所示的"Hopper"对话框中的各选项说明如下。

◆　"类型"下拉列表：包含 Surfacic Hopper 和 Canonic Hopper 两个选项。

●　选择 Surfacic Hopper 选项时，可创建多截面曲面来创建钣金壁或直接选取曲面创建钣金壁。

●　选择 Canonic Hopper 选项时，可选取两个截面生成钣金壁。

◆　Surface 区域：该区域用来定义生成钣金壁的曲面。

●　Selection: 文本框：激活该文本框，可选取一个曲面或右击，在系统弹出的快捷菜单中选择 创建多截面曲面 命令来创建曲面生成钣金壁。

●　Invert Material Side 按钮：用于转换材料边，即钣金壁的创建方向。

●　Neutral fiber 复选框：选中该复选框，使生成的钣金壁在曲面的两侧，此时 Invert Material Side 按钮不可用；当取消选中时，使生成的钣金壁在曲面的一侧，此时 Invert Material Side 按钮可用。

◆　Unfold position 区域：用于定义钣金在展平时的参考边和参考点。

●　Reference wire 文本框：用于定义钣金在展平时的参考边。

●　Invariant point 文本框：用于定义钣金在展平时的参考点。

◆　Unfold opening curves 区域：在该区域 Tear wires 文本框中可以选取或创建一条直线以定义钣金壁在展平时的起始边。

步骤 03　定义漏斗钣金的创建类型。在"Hopper"对话框的下拉列表中选择 Surfacic Hopper 选项。

步骤 04　定义多截面曲面。在 Surface 区域的 Selection: 文本框中单击，选取图 7.5.2 所示的多截面曲面。

步骤 05 选中 Neutral fiber 复选框，清除 Reference wire 文本框中系统自动选取的参考边线并选取草图 1 为钣金展平时的参考边线；清除 Invariant point 文本框中系统自动选取的参考点，选取点 1 为钣金展平时的参考点。

步骤 06 在 Unfold opening curves 区域的 Tear wires 文本框中右击，在系统弹出的快捷菜单中选择 ╱创建直线 命令，过图 7.5.2 所示的点 1 和点 2 创建直线作为钣金展平时的起始边线。单击 ●确定 按钮，完成漏斗类型钣金壁的创建，结果如图 7.5.3 所示。

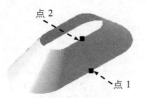

图 7.5.2　多截面曲面

图 7.5.3　漏斗钣金

7.5.2　钣金工艺孔

钣金工艺孔（止裂口）是指在展开钣金零件的内边角处切除材料，以去除钣金相邻两边在折弯时产生的材料淤积。下面以图 7.5.4 所示的实例来讲解创建钣金工艺孔的一般操作步骤。

步骤 01 打开模型文件 D:\catsc20\work\ch07.05.02\Corner-Rlief.CATPart，如图 7.5.4a 所示。

步骤 02 将钣金视图切换至平面视图。选择下拉菜单 插入 ➡ Views ▶ ➡ Fold/Unfold... 命令，将钣金视图切换至平面视图，如图 7.5.5 所示。

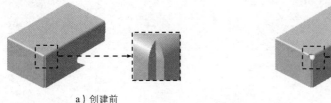

a）创建前

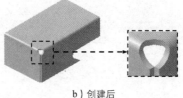

b）创建后

图 7.5.4　创建钣金工艺孔

步骤 03 创建止裂口。

（1）选择命令。选择下拉菜单 插入 ➡ Cutting ▶ ➡ CornerRelief... 命令，系统弹出图 7.5.6 所示的"Corner Relief Definition"对话框。

图 7.5.6 所示的"Corner Relief Definition"对话框中的部分选项说明如下。

◆ Type : 下拉列表：在该下拉列表中可选择要创建的止裂口的类型，包含 用户配置文件 、圆弧 和 正方形 三种类型。

- 选择 用户配置文件 选项后，可选择或创建一草图，使用草图中绘制的形状创建止裂口。

- 选择 圆弧 选项后，可指定圆弧半径，创建圆弧形的止裂口。

- 选择 正方形 选项后，可指定正方形的边长，创建正方形的止裂口。

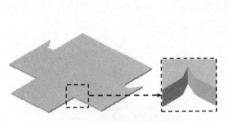

图 7.5.5　平面视图

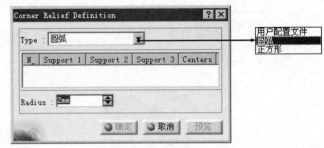

图 7.5.6　"Corner Relief Definition"对话框

（2）定义止裂口类型。在"Corner Relief Definition"对话框的 Type : 下拉列表中选择 圆弧 选项。

（3）定义支持面。在平面视图中选取图 7.5.7 所示的两个面为支持面。

（4）定义圆弧半径。在 Radius : 文本框中输入数值 2。

（5）单击 ● 确定 按钮，完成钣金工艺孔的创建，结果如图 7.5.8 所示。

步骤 04　将钣金视图切换至 3D 视图。选择下拉菜单 插入 ➡ Views ➡ Fold/Unfold... 命令，将钣金视图切换至 3D 视图，如图 7.5.4b 所示。

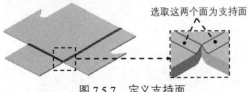

选取这两个面为支持面

图 7.5.7　定义支持面

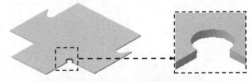

图 7.5.8　平面视图中的圆形止裂口

7.5.3　钣金成形特征

CATIA 的"钣金设计"工作台为用户提供了多种模具来创建成形特征，如曲面冲压、圆缘槽冲压、曲线冲压、凸缘开口、散热孔冲压、桥形冲压、凸缘孔冲压、环状冲压、加强筋冲压和销子冲压。这里仅针对一些常见命令进行详细讲解。

1.　曲面冲压

步骤 01　打开模型文件 D:\catsc20\work\ch07.05.03\Surface-Stamp.CATPart，如图 7.5.9a 所示。

步骤02 选择命令。选择下拉菜单 插入 ➡ Stamping ▶ ➡ 🗁 Surface Stamp... 命令，系统弹出图 7.5.10 所示的"Surface Stamp Definition"对话框。

图 7.5.10 所示的"Surface Stamp Definition"对话框中的部分选项说明如下。

◆ Definition Type : 区域：用于定义曲面冲压的类型，其包括 Parameters choice : 下拉列表和 ☐ Half pierce 复选框。

● Parameters choice : 下拉列表：用于选择限制曲面冲压的参数类型，其包括 Angle 选项、 Punch & Die 选项和 Two profiles 选项。 Angle 选项：用于使用角度和深度限制冲压曲面。 Punch & Die 选项：用于使用高度限制冲压曲面。 Two profiles 选项：用于使用两个截面草图限制冲压曲面。

● ☐ Half pierce 复选框：用于设置使用半穿刺方式创建冲压曲面，如图 7.5.11 所示。

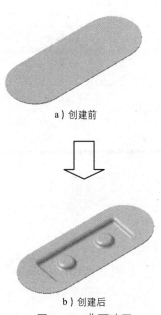

a）创建前

b）创建后

图 7.5.9 曲面冲压　　　　　图 7.5.10 "Surface Stamp Definition"对话框

◆ Parameters 区域：用于设置限制冲压曲面的相关参数，其包括 Angle A : 文本框、 Height H : 文本框、 Limit : 文本框、 ☑ Radius R1 : 复选框、 ☑ Radius R2 : 复选框和 ☑ Rounded die 复选框。

● Angle A : 文本框：用于定义冲压后竖直内边与草图平面间的夹角值。

● Height H : 文本框：用于定义冲压深度值。

- Limit：文本框：单击此文本框，用户可以在绘图区选取一个平面限制冲压深度。

- Radius R1：复选框：用于设置创建圆角 R1，用户可以在其后的文本框中定义圆角 R1 的值。

- Radius R2：复选框：用于设置创建圆角 R2，用户可以在其后的文本框中定义圆角 R2 的值。

- Rounded die 复选框：用于设置自动创建过渡圆角，如图 7.5.12b 所示。

◆ Type 按钮组：用于设置冲压轮廓的类型，其包括 按钮和 按钮。 按钮：用于设置使用所绘轮廓限制冲压曲面的上截面。 按钮：用于设置使用所绘轮廓限制冲压曲面的下截面。

◆ Opening Edges：文本框：单击此文本框，用户可以在绘图区选取开放边，如图 7.5.13b 所示。

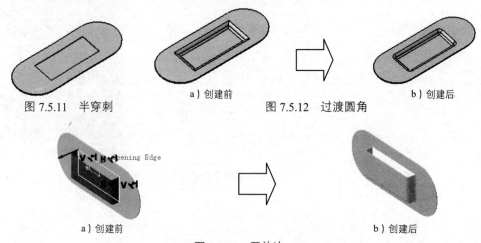

图 7.5.11　半穿刺　　　　a）创建前　　　图 7.5.12　过渡圆角　　　b）创建后

a）创建前　　　　　　　　　　　　　　　b）创建后

图 7.5.13　开放边

步骤 03　设置参数。在对话框 Definition Type：区域的 Parameters choice：下拉列表中选择 Angle 选项；在 Parameters 区域的 Angle A：文本框中输入数值 90，在 Height H：文本框中输入数值 4，选中 Radius R1：复选框和 Radius R2：复选框，并分别在其后的文本框中输入数值 2，选中 Rounded die 复选框。

步骤 04　绘制冲压曲面的轮廓。在对话框中单击 按钮，选取图 7.5.14 所示的模型表面为草图平面，然后绘制图 7.5.15 所示的截面草图，单击 按钮，退出草图环境。

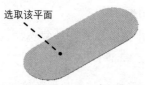

选取该平面

图 7.5.14　定义草图平面

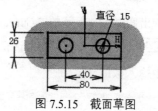

直径 15

26

40
80

图 7.5.15　截面草图

说明

步骤 05 单击 ⬤ **确定** 按钮，完成曲面冲压的创建，如图 7.5.9b 所示。

使用 `Punch & Die` 和 `Two profiles` 类型创建冲压曲面时的草图与使用 `Angle` 类型创建冲压曲面有所不同。

◆ 使用 `Punch & Die` 类型创建冲压曲面时其草图一般为相似的两个轮廓，如图 7.5.16b 所示。

◆ 使用 `Two profiles` 类型创建冲压曲面时其草图一般为分布在两个不同的平行草图平面上的两个轮廓，同时添加图 7.5.17a 所示的耦合点，结果如图 7.5.17b 所示。

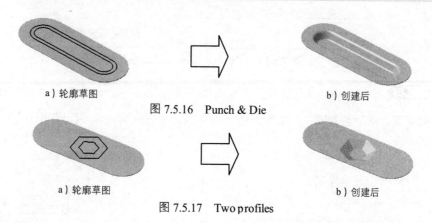

a）轮廓草图　　　　图 7.5.16　Punch & Die　　　　b）创建后

a）轮廓草图　　　　图 7.5.17　Two profiles　　　　b）创建后

2. 曲线冲压

步骤 01 打开模型文件 D:\catsc20\work\ch07.05.03\Curve-Stamp.CATPart，如图 7.5.18a 所示。

a）创建前

图 7.5.18　曲线冲压

b）创建后

步骤 02 选择命令。选择下拉菜单 插入 ➡ Stamping ▶ ➡ ⌂ Curve Stamp... 命令，系统弹出图 7.5.19 所示的"Curve stamp definition"对话框。

步骤 03 设置参数。在对话框的 Definition Type: 区域中选中 ☑ Obround 复选框，在 Angle A: 文本框中输入数值 75，在 Height H: 文本框中输入数值 3，在 Length L: 文本框中输入数值 6；选中 ☑ Radius R1: 复选框和 ☑ Radius R2: 复选框，并分别在其后的文本框中输入数值 2 和 1。

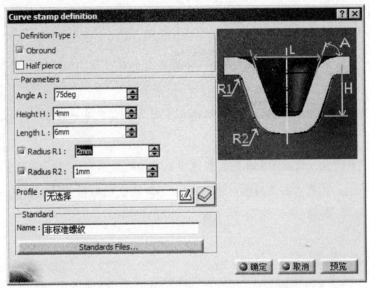

图 7.5.19 "Curve stamp definition"对话框

步骤 04 绘制曲线冲压的轮廓。在对话框中单击 ✎ 按钮，选取图 7.5.20 所示的模型表面为草图平面，然后绘制图 7.5.21 所示的截面草图，单击 ⬆ 按钮，退出草图环境。

图 7.5.20 定义草图平面

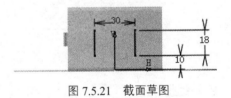

图 7.5.21 截面草图

步骤 05 单击 ● 确定 按钮，完成曲线冲压的创建，如图 7.5.18b 所示。

3. 加强筋冲压

步骤 01 打开模型文件 D:\catsc20\work\ch07.05.03\Stiffening-Rib.CATPart，如图 7.5.22a 所示。

步骤 02 选择命令。选择下拉菜单 插入 ➡ Stamping ▶ ➡ ⬟ Stiffening Rib... 命令。

步骤 03 定义附着面。选取图 7.5.23 所示的模型表面为附着面，系统弹出图 7.5.24 所示的"Stiffening Rib Definition"对话框。

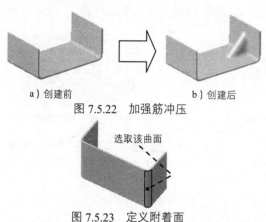

a）创建前   b）创建后

图 7.5.22 加强筋冲压

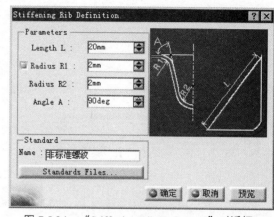

图 7.5.24 "Stiffening Rib Definition"对话框

选取该曲面

图 7.5.23 定义附着面

步骤 04 设置参数。在对话框 Parameters 区域的 Length L: 文本框中输入数值 20，选中 ☑ Radius R1: 复选框，并在其后的文本框中输入数值 2，在 Radius R2: 文本框中输入数值 2，在 Angle A: 文本框中输入数值 90。

步骤 05 单击 ● 确定 按钮，完成加强筋冲压的创建。

步骤 06 编辑加强筋冲压的位置。在 加强肋.1 节点的 草图.2 上双击进入草图环境，添加图 7.5.25 所示的尺寸；单击 按钮，退出草图环境。

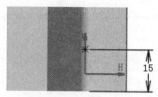

图 7.5.25 添加尺寸

4. 以自定义方式创建成形特征

钣金设计工作台为用户提供了多种模具来创建成形特征，同时也为用户提供了能自定义模具的命令，用户可以通过这个命令创建自定义的模具来完成特殊的成形特征。下面对其进行介绍。

步骤 01 打开模型文件 D:\catsc20\ch07.05.03\solid-punch；确认处于"建模"环境中。

步骤 02 创建图 7.5.26 所示的冲压模具。

（1）创建几何体。选择下拉菜单 插入 ➡ 几何体 命令，创建几何体。

（2）切换工作台。选择下拉菜单 开始 ➡ 机械设计 ▶ ➡ 零件设计 命令，切换至"零件设计"工作台。

（3）创建图 7.5.27 所示的凸台特征。

① 选择命令。选择下拉菜单 插入 ➡ 基于草图的特征 ▶ ➡ 凸台... 命令，系统弹出"定义凸台"对话框。

② 绘制截面草图。在"定义凸台"对话框中单击 按钮，选取图 7.5.27 所示的模型表面为草图平面，并绘制图 7.5.28 所示的截面草图，单击 按钮，退出草图环境。

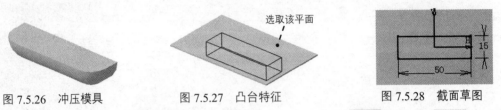

图 7.5.26　冲压模具　　　　图 7.5.27　凸台特征　　　　图 7.5.28　截面草图

③ 定义拉伸距离。在 第一限制 区域的 类型: 下拉列表中选取 尺寸 选项，在 长度: 文本框中输入数值 10，并单击 反转方向 按钮调整其方向。

④ 单击 ● 确定 按钮，完成凸台特征的创建。

（4）创建倒圆角特征 1，选取图 7.5.29a 所示的两条边线为圆角对象，其半径值为 8。

a）圆角前　　　　　　　　　　b）圆角后

图 7.5.29　倒圆角特征 1

（5）创建倒圆角特征 2，选取图 7.5.30a 所示的边链为圆角对象，其半径值为 10。

a）圆角前　　　　　　　　　　b）圆角后

图 7.5.30　倒圆角特征 2

步骤 03 创建图 7.5.31 所示的用户冲压。

（1）切换工作台。选择下拉菜单 开始 ➡ 机械设计 ▶ ➡ Generative Sheetmetal Design 命令，切换至"创成式钣金设计"工作台。

（2）定义工作对象。在 零件几何体 上右击，然后在系统弹出的快捷菜单中选择 定义工作对象 命令。

（3）选择命令。选择下拉菜单 插入 ➡ Stamping ▶ ➡ User Stamp... 命令，系统弹出图 7.5.32 所示的"User-Defined Stamp Definition"对话框。

（4）定义附着面。在绘图区选取图 7.5.33 所示的模型表面为附着面。

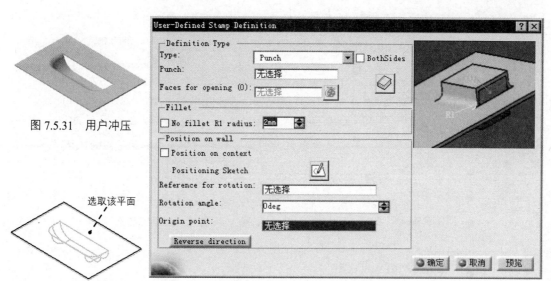

图 7.5.31 用户冲压

图 7.5.33 定义附着面

图 7.5.32 "User-Defined Stamp Definition" 对话框

图 7.5.32 所示的 "User-Defined Stamp Definition" 对话框中的部分选项说明如下。

◆ Definition Type ：区域：该区域用于设置冲压的类型、冲压模及开放面，包含 Type: 下拉列表、BothSides 复选框、Punch: 文本框和 Faces for opening (O): 文本框。

  ● Type: 下拉列表：用于设置创建用户冲压的类型，包括 Punch 选项和 Punch & Die 选项。当选择 Punch 选项时，只使用冲头进行冲压，在冲压时可创建开放面；当选择 Punch & Die 选项时，同时使用冲头和冲模进行冲压，不可选择开放面。

  ● BothSides 复选框：当选中该复选框时，使用双向冲压；当取消选中该复选框时，使用单向冲压。

  ● Punch 文本框：单击此文本框，用户可以在绘图区选取冲头。

  ● Faces for opening (O): 文本框：单击此文本框，用户可在绘图区选取开放面。

◆ Fillet 区域：用于设置圆角的相关参数，其包括 No fillet 复选框和 R1 radius: 文本框。

  ● No fillet 复选框：用于设置是否创建圆角。当选中此复选框时不创建圆角，如图 7.5.34 所示；反之，则创建圆角，如图 7.5.35 所示。

图 7.5.34 不创建圆角

图 7.5.35 创建圆角

- R1 radius: 文本框：用于定义创建圆角的半径值。

◆ Position on wall 区域：用于设置冲压的位置参数，其包括 Reference for rotation: 文本框、
Rotation angle: 文 本 框 、 Origin point: 文 本 框 、 Position on context 复 选 框 和
Reverse direction 按钮。

- Reference for rotation: 文本框：单击此文本框，用户可以在绘图区选取一个参考旋转的草图。一般系统会自动创建一个由一个点构成的草图为默认草图。

- Rotation angle: 文本框：用于设置旋转角度值。

- Origin point: 文本框：单击此文本框，用户可以在绘图区选取一个旋转参考点。

- Position on context 复选框：用于设置冲头在最初创建的位置。当选中此复选框时，Position on wall 区域的其他参数均不可用。

- Reverse direction 按钮：用于设置冲压的方向。

（5）定义冲压类型。在 Type: 下拉列表中选择 Punch 选项。

（6）定义冲压模具。在特征树中选取 插几何体.2 为冲压模具。

（7）定义开放面。在 Faces for opening (O): 文本框中单击，选取图 7.5.36 所示的模型表面为开放面。

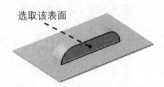

选取该表面

图 7.5.36　定义开放面

（8）定义圆角参数。在 Fillet 区域取消选中 □ No fillet 复选框，在 R1 radius: 文本框中输入数值 2。

（9）定义冲压模具的位置。在 Position on wall 区域选中 □ Position on context 复选框。

（10）单击 ● 确定 按钮，完成用户冲压的创建。

7.6　钣金设计综合应用案例一

案例概述：

本案例介绍了钣金支架的设计过程：主要应用了附加钣金壁特征、折弯特征、切割特征和镜像特征等特征，需要读者注意的是"带弯曲的边线上的墙体"和"从平面弯曲"命令的操作方法及过程。钣金件模型如图 7.6.1 所示。

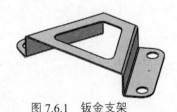

图 7.6.1　钣金支架

本应用的详细操作过程请参见随书光盘中 video\ch07\文件下的语音视频讲解文件。模型文件为 D:\catsc20\work\ch07.06\sheet-part。

7.7　钣金设计综合应用案例二

案例概述：

　　本案例介绍了计算机 USB 接口的设计过程，先创建实体零件，然后将实体零件转化为钣金件，用于第一钣金壁特征的创建。创建钣金模型时，依次创建附加钣金壁特征、钣金壁切削特征和折弯特征等。钣金件模型如图 7.7.1 所示。

　　本应用的详细操作过程请参见随书光盘中 video\ch07\文件下的语音视频讲解文件。模型文件为 D:\catsc20\work\ch07.07\USB_SOCKET。

7.8　钣金设计综合应用案例三

案例概述：

　　本案例介绍了剃须刀手柄的设计过程，由于刀柄的主体形状较为特殊，故需在第一钣金壁上通过成形特征"用户冲压"命令创建出大致的钣金件模型，再进行其他细节特征的创建，这种钣金的设计方法值得读者借鉴。钣金件模型如图 7.8.1 所示。

　　本应用的详细操作过程请参见随书光盘中 video\ch07\文件下的语音视频讲解文件。模型文件为 D:\catsc20\work\ch07.08\SHAVER_PARTY.CATPart。

7.9　钣金设计综合应用案例四

案例概述：

　　本案例介绍了一个生活中较为常见的钣金件——计算机光驱盒底盖的设计方法，主要运用了附加钣金壁特征、切割特征、折弯特征、镜像特征和成形特征等特征，而使用的"曲线冲压"命令使钣金件外形更为逼真，也可弥补钣金件强度较小的缺点。钣金件模型如图 7.9.1

所示。

本应用的详细操作过程请参见随书光盘中 video\ch07\文件下的语音视频讲解文件。模型文件为 D:\catsc20\work\ch07.09\BOX_BOTTOM.CATPart。

图 7.7.1　计算机 USB 接口

图 7.8.1　剃须刀手柄

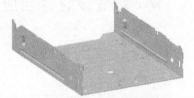

图 7.9.1　光驱盒底盖

第 8 章　工程图设计

8.1　工程图设计基础

使用 CATIA 工程图工作台可方便、高效地创建三维模型的工程图（图样），而且工程图与模型相关联，工程图能够反映模型在设计阶段中的更改，可以使工程图与装配模型或单个零部件保持同步更新。

在学习本节前，请打开图 8.1.1 所示的工程图（D:\catsc20\work\ch08.01\add-slider.CATDrawing）。CATIA 的工程图主要由三个部分组成。

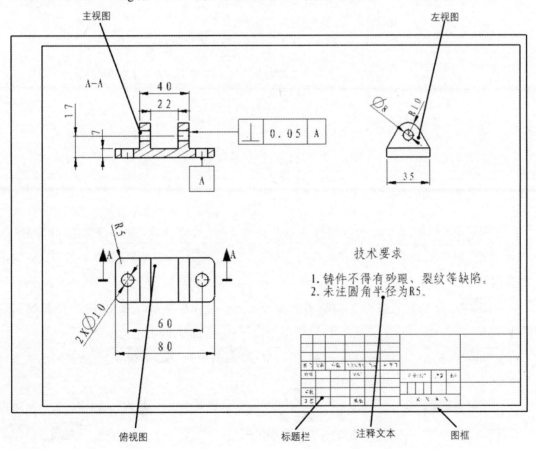

◆　视图：包括六个基本视图（主视图、后视图、左视图、右视图、仰视图和俯视图）、

轴测视图、各种剖视图、局部放大图、折断视图和断面图等。

◆ 标注：一般包括尺寸标注、尺寸公差标注、表面粗糙度标注、几何公差标注等。

◆ 图框、标题栏及其他表格。

8.1.1 进入工程图设计工作台

CATIA 工程图的制图工具类型分为下拉菜单和工具条两种。打开工程图文件 D:\catsc20\work\ch08.01\add-slider.CATDrawing，进入工程图工作台，此时系统的下拉菜单和工具条将会发生一些变化，如图 8.1.2 所示。

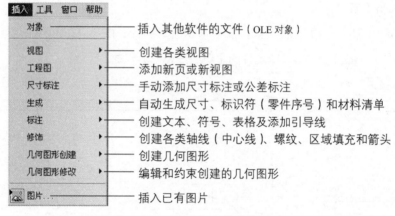

图 8.1.2 "插入"下拉菜单

8.1.2 设置工程图环境

本书随书光盘的 cat20-system-file 文件夹中提供了一个CATIA软件的系统文件GB.XML，该系统文件中的配置可以使创建的工程图基本符合我国国标。请读者按下面的方法将这些文件复制到指定目录，并对其进行设置。

步骤 01 复制配置文件。将随书光盘 drafting 文件夹中的 GB.XML 文件复制到 C:\Program Files\Dassault Systemes\B20\intel-a\resources\standard\drafting 文件夹中。

步骤 02 启动 CATIA 软件后，选择下拉菜单 **工具** ➡ **选项...** 命令，系统弹出"选项"对话框，进行如下方面的设置。

（1）设置制图标准。在"选项"对话框的左侧选择 **兼容性**，连续单击对话框右上角的 ▶ 按钮，直至出现 IGES 2D 选项卡并单击该选项卡，在 **工程制图** 下拉列表中选择 **GB** 选项作为制图标准。

（2）设置图形生成。在"选项"对话框的左侧依次选择 **机械设计** ➡ **工程制图**，

单击 视图 选项卡，在 视图 选项卡的 生成/修饰几何图形 区域中选中 ☑生成轴 、 ☑生成中心线 、
☑生成圆角 、 ☑应用 3D 规格 复选框，单击 生成圆角 后的 配置 按钮，在系统弹出的"生成圆角"
对话框中选中 ◉投影的原始边线 单选项，单击 关闭 按钮，关闭"生成圆角"对话框。

（3）设置尺寸生成。在"选项"对话框中选择 生成 选项卡，在 生成 选项卡的 尺寸生成
区域中选中 ☑生成前过滤 和 ☑生成后分析 复选框。

（4）设置视图布局。在"选项"对话框中选择 布局 选项卡，取消选中 ☐视图名称 和 ☐缩放系数
复选框，完成后单击 确定 按钮，关闭"选项"对话框。

8.2 工程图的管理

1. 新建工程图

步骤01 选择下拉菜单 文件 ➡ 新建... 命令，系统弹出"新建"对话框。

步骤02 在"新建"对话框的 类型列表: 选项组中选取 Drawing 选项以创建工程图文件，
单击 确定 按钮，系统弹出"新建工程图"对话框。

步骤03 选择制图标准。

（1）在"新建绘图"对话框的 标准 下拉列表中选择 GB 。

（2）在 图纸样式 下拉列表中选取 A0 ISO 选项，选中 ◉横向 单选项，取消选中
☐启动工作台时隐藏 复选框（系统默认取消选中）。

（3）单击 确定 按钮，至此系统进入工程图工作台。

 在特征树中右击 ☐ 图纸.1，在系统弹出的快捷菜单中选择 🖱 属性 命令，
系统弹出图 8.2.1 所示的"属性"对话框。

图 8.2.1 所示的"属性"对话框中各选项的说明如下。

- ◆ 名称: 文本框：设置当前图纸页的名称。
- ◆ 标度: 文本框：设置当前图纸页中所有视图的比例。
- ◆ 格式 区域：在该区域中可进行图纸格式的设置。
  - ● A0 ISO ▼ 下拉列表中可设置图纸的幅面大小。选中 显示 复选框，则在图形
    区显示该图样页的边框，取消选中则不显示。
  - ● 宽度: 文本框：显示当前图纸的宽度，不可编辑。

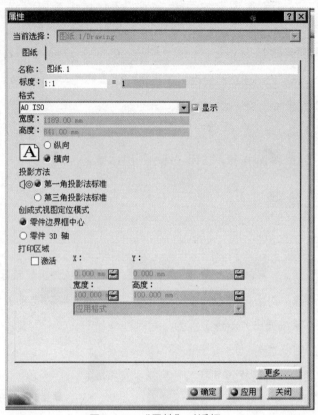

图 8.2.1　"属性"对话框

- 高度：文本框：显示当前图纸的高度，不可编辑。
- 纵向单选项：纵向放置图纸。
- 横向单选项：横向放置图纸。
◆ 投影方法区域：该区域可设置投影视角的类型，包括第一角投影法标准单选项和第三角投影法标准单选项。
  - 第一角投影法标准单选项：用第一视角的投影方式排列各个视图，即以主视图为中心，俯视图在其下方，仰视图在其上方，左视图在其右侧，右视图在其左侧，后视图在其左侧或右侧；我国以及欧洲采用此标准。
  - 第三角投影法标准单选项：用第三视角的投影方式排列各个视图，即以主视图为中心，俯视图在其上方，仰视图在其下方，左视图在其左侧，右视图在其右侧，后视图在其左侧或右侧；美国常用此标准。
◆ 创成式视图定位模式区域：该区域包括零件边界框中心单选项和零件 3D 轴单选项。
  - 零件边界框中心单选项：选中该单选项，表示根据零部件边界框中心的对齐来对齐视图。

● ⊙ 零件3D轴 单选项：选中该单选项，表示根据零部件3D轴的对齐来对齐视图。

◆ 打印区域 区域：用于设置打印区域。选中 ☐ 激活 复选框，后面的各选项显示为可用；用户可以在 应用格式 ▼ 下拉列表中选择一种打印图纸规格，也可以自己设定打印图纸的尺寸，在 宽度： 和 高度： 文本框中输入打印图纸的宽度和高度尺寸即可。

2. 编辑图纸页

在添加页面时，系统默认以前一页的图纸幅面、格式来生成新的页面。在实际工作中，需根据不同的工作需求来选取图纸幅面大小。下面以图 8.2.2a 所示的 A0 图纸更改为图 8.2.2b 所示的 A4 图纸为例来介绍更改图纸幅面大小的一般操作步骤。

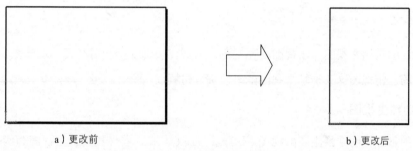

a）更改前　　　　　　　　　　　　　　　　b）更改后

图 8.2.2　更改页面格式

步骤 01　打开工程图文件 D:\catsc20\work\ch08.02\Drawing1.CATDrawing。

步骤 02　选择下拉菜单 文件 ➡ 页面设置... 命令，系统弹出图 8.2.3 所示的"页面设置"对话框。

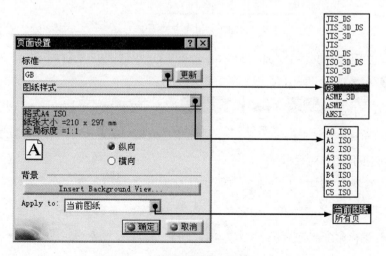

图 8.2.3　"页面设置"对话框

◆ 当前图纸 ：选中此选项，系统将新的页面设置应用到当前图纸。

◆ 所有页 ：选中此选项，系统将新的页面设置应用到所有图纸页。

步骤 03 在对话框的 标准 下拉列表中选取 GB 选项，在 图纸样式 下拉菜单中选取 A4 ISO 选项，选中 ● 纵向 单选项，其他参数采用系统默认设置，单击 ● 确定 按钮，完成页面设置。

8.3 工程图视图创建

工程图视图是按照三维模型的投影关系生成的，主要用来表达部件模型的外部和内部结构及形状。在 CATIA 的工程图工作台中，视图包括基本视图、轴测图、各种剖视图、局部放大图、折断视图和断面图等。下面分别以具体的实例来介绍各种视图的创建方法。

8.3.1 基本视图

基本视图包括主视图、俯视图、左视图、右视图、仰视图和后视图，本节主要介绍主视图、左视图、俯视图这三种基本视图的一般创建过程。

1. 创建主视图

主视图是工程图中最主要的视图。下面以 base.CATpart 零件模型的主视图为例（图 8.3.1）来说明创建主视图的一般操作过程。

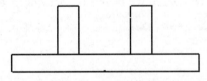

图 8.3.1　创建主视图

步骤 01 打开零件文件 D: \catsc20\work\ch08.03.01\add-slider.CATPart。

步骤 02 新建一个工程图文件。

（1）选择下拉菜单 文件 ➡ 新建... 命令，系统弹出"新建"对话框。

（2）在"新建"对话框的 类型列表：选项组中选取 Drawing 选项，单击 ● 确定 按钮，系统弹出"新建工程图"对话框。

（3）在"新建工程图"对话框的 标准 下拉列表中选择 GB 选项，在 图纸样式 选项组中选择 A4 ISO 选项，选中 ● 横向 单选项，单击 ● 确定 按钮，进入工程图工作台。

步骤 03 选择命令。选择下拉菜单 插入 ➡ 视图▶ ➡ 投影▶ ➡ 正视图 命令。

步骤 04 切换窗口。在系统 在 3D 几何图形上选择参考平面 的提示下，选择下拉菜单 窗口

➡ 1 add-slider.CATPart 命令，切换到零件模型的窗口。

步骤 05 选择投影平面。在零件模型窗口中，将指针放置（不单击）在图 8.3.2 所示的模型表面时，在绘图区右下角会出现图 8.3.3 所示的预览视图；单击图 8.3.2 所示的模型表面作为参考平面，此时系统返回到图 8.3.4 所示的工程图窗口。

选取此表面

图 8.3.2　选取参考平面

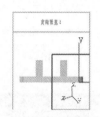

图 8.3.3　预览视图

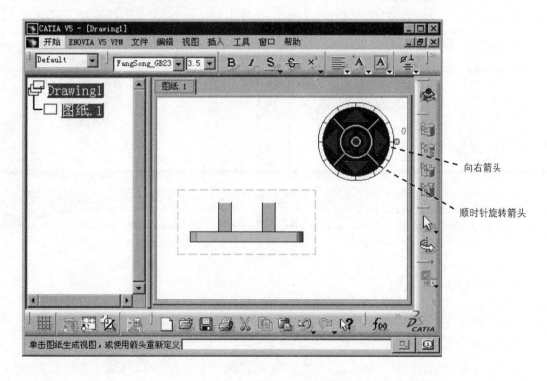

向右箭头

顺时针旋转箭头

图 8.3.4　主视图预览图

步骤 06 放置视图。在图纸上单击以放置主视图，完成主视图的创建。

◆ 读者也可以通过选取一点和一条直线（或中心线）、两条不平行的直线（或中心线）、三个不共线的点来确定投影平面。

◆ 当投影视图的投影方位不是很理想时，可单击图 8.3.4 所示控制器的各按钮来调整视图方位。

● 单击方向控制器中的"向右箭头"，预览图向右旋转 90°，如图 8.3.5 所示。

● 单击方向控制器中的"顺时针旋转箭头"，预览图沿顺时针旋转 30°，如图 8.3.6 所示。

图 8.3.5　向右旋转 90°

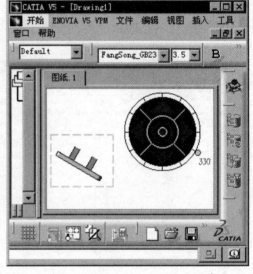

图 8.3.6　顺时针旋转 30°

2. 创建投影视图

投影视图包括仰视图、俯视图、右视图和左视图。下面接着上一小节的模型为例，来说明创建投影视图的一般操作过程，如图 8.3.7 所示。

步骤 01 激活视图。在特征树中双击 正视图 （或右击 正视图 ，在系统弹出的快捷菜单中选择 激活视图 命令），激活主视图。

步骤 02 选择命令。选择下拉菜单 插入 ➡ 视图 ▶ ➡ 投影 ▶ ➡ 投影 命令，在窗口中出现图 8.3.8 所示投影视图的预览图。

步骤 03 放置视图。在主视图右侧的任意位置单击，生成左视图。

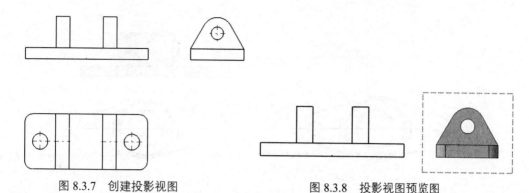

图 8.3.7 创建投影视图   图 8.3.8 投影视图预览图

 将鼠标分别放在主视图的上、下、左或右侧，投影视图会相应地变成仰视图、俯视图、右视图或左视图。

步骤 04 创建俯视图。选择下拉菜单 插入 ➡ 视图▶ ➡ 投影▶ ➡ 投影 命令，在系统 单击视图 的提示下，在主视图的下方单击，生成俯视图，结果如图 8.3.7 所示。

8.3.2 全剖视图

全剖视图是用剖切面完全地剖开零件，将处于观察者和剖切平面之间的部分移去，而将其余部分向投影面投影所得的图形。下面以图 8.3.9 所示的全剖视图为例来说明创建全剖视图的操作过程。

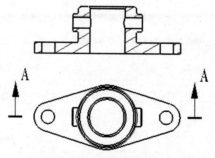

图 8.3.9 创建全剖视图

步骤 01 打开工程图文件 D:\catsc20\work\ch08.03.02\all-cut-view.CATDrawing。

步骤 02 选择命令。在特征树中双击 正视图 来激活主视图，选择下拉菜单 插入 ➡ 视图▶ ➡ 截面▶ ➡ 偏移剖视图 命令。

步骤 03 绘制剖切线。在系统 选择起点、圆弧边或轴线 的提示下，绘制图 8.3.10 所示的剖切线（绘制剖切线时，根据系统 选择边线或单击 的提示，双击鼠标左键可以结束剖切线的绘制），系统显示图 8.3.11 所示的全剖视图预览图。

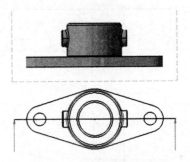

图 8.3.10　剖切线　　　　　　　　　图 8.3.11　全剖视图预览图

步骤 04 放置视图。在主视图的上方单击来放置全剖视图，完成全剖视图的创建。

◆　双击全剖视图中的剖面线，系统弹出"属性"对话框，利用该对话框可以修改剖面线的类型、角度、颜色、间距、线型、偏移量和厚度等属性。

◆　本书后面的其他剖视图也可利用"属性"对话框来修改剖面线的属性。

8.3.3　半剖视图

步骤 01 打开文件 D:\catsc20\work\ch08.03.03\cut-half-view.CATDrawing。

步骤 02 选择命令。在特征树中双击 🔲 正视图 以激活俯视图，选择下拉菜单 插入 ➡ 视图 ▶ ➡ 截面 ▶ ➡ 偏移剖视图 命令。

步骤 03 绘制剖切线。在系统 选择起点、圆弧边或轴线 的提示下，绘制图 8.3.12 所示的剖切线（绘制剖切线时，根据系统 选择边线，单击或双击结束轮廓定义 的提示，双击鼠标左键可以结束剖切线的绘制）。

步骤 04 放置视图。在俯视图的上侧单击来放置半剖视图，完成半剖视图的创建（图 8.3.13 ）。

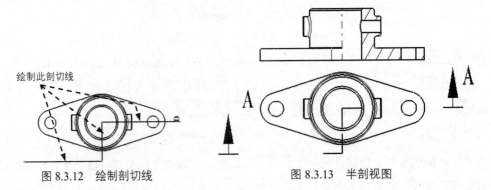

图 8.3.12　绘制剖切线　　　　　　　图 8.3.13　半剖视图

8.3.4 旋转剖视图

旋转剖视图是完整的截面视图，但它的截面是一个偏距截面（因此需要创建偏距剖截面），其显示绕某一轴的展开区域的截面视图，且该轴是一条折线。下面创建图 8.3.14 所示的旋转剖视图，其操作过程如下。

步骤 01 打开工程图文件 D:\catsc20\work\ch08.03.04\revolved-cutting-view. CATDrawing。

步骤 02 选择命令。在特征树中双击 正视图 来激活主视图，选择下拉菜单 插入 ➡ 视图▶ ➡ 截面 ➡ 对齐剖视图 命令。

步骤 03 绘制剖切线。绘制图 8.3.15 所示的剖切线，系统显示旋转剖视图的预览图。

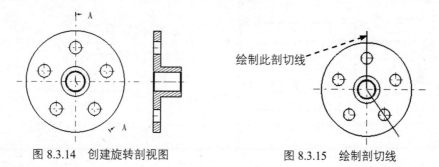

绘制此剖切线

图 8.3.14　创建旋转剖视图　　　　图 8.3.15　绘制剖切线

步骤 04 放置视图。在主视图的右侧单击来放置旋转剖视图，完成旋转剖视图的创建。

8.3.5 阶梯剖视图

阶梯剖视图属于 2D 截面视图，其与全剖视图在本质上没有区别，但它的截面是偏距截面。创建阶梯剖视图的关键是创建好偏距截面，可以根据不同的需要创建偏距截面来实现阶梯剖视以达到充分表达视图的需要。下面创建图 8.3.16 所示的阶梯剖视图，其操作过程如下。

步骤 01 打开工程图文件 D:\catsc20\work\ch08.03.05\stepped-cutting-view. CATDrawing。

步骤 02 选择命令。在特征树中双击 正视图 来激活主视图，选择下拉菜单 插入 ➡ 视图▶ ➡ 截面▶ ➡ 偏移剖视图 命令。

步骤 03 绘制剖切线。绘制图 8.3.17 所示的剖切线，系统显示阶梯剖视图的预览图。

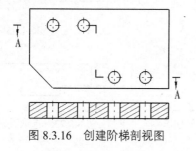

绘制此剖切线

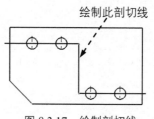

图 8.3.16　创建阶梯剖视图　　　　图 8.3.17　绘制剖切线

步骤 **04** 放置视图。在主视图的上方单击来放置阶梯剖视图，完成阶梯剖视图的创建。

8.3.6 局部剪裁图

步骤 **01** 打开文件 D:\catsc20\work\ch08.03.06\part-away-view.CATD rawing。

步骤 **02** 选择命令。在特征树中双击 剖视图A-A 以激活主视图，选择下拉菜单 插入 ➡ 视图▶ ➡ 裁剪▶ ➡ 草绘的快速裁剪轮廓 命令。

步骤 **03** 绘制视图范围。在系统 单击第一点 的提示下，绘制图 8.3.18 所示的视图范围，结果如图 8.3.19 所示。

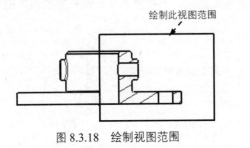

图 8.3.18 绘制视图范围

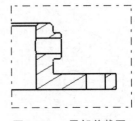

图 8.3.19 局部剪裁图

8.3.7 局部剖视图

局部剖视图是用剖切面局部地剖开零件所得的剖视图。下面创建图 8.3.20 所示的局部剖视图，其操作过程如下。

步骤 **01** 打开文件 D:\catsc20\work\ch08.03.07\part-cutaway-view. CATDrawing。

步骤 **02** 选择命令。在特征树中双击 正视图 来激活主视图，选择下拉菜单 插入 ➡ 视图▶ ➡ 断开视图▶ ➡ 剖面视图 命令。

步骤 **03** 绘制图 8.3.21 所示的剖切范围，系统弹出"3D 查看器"对话框。

步骤 **04** 在"3D 查看器"对话框的 定义深度 区域单击 参考元素: 文本框，然后选择图 8.3.22 所示的孔的边线。

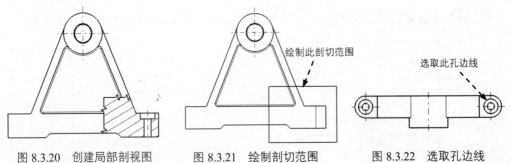

图 8.3.20 创建局部剖视图   图 8.3.21 绘制剖切范围   图 8.3.22 选取孔边线

步骤 **05** 单击 ● **确定** 按钮，完成局部剖视图的创建。

8.3.8 局部放大图

局部放大图是将零件的部分结构用大于原图形所采用的比例画出的图形，根据需要可画成视图、剖视图、断面图，放置时应尽量放在被放大部位的附近。下面创建图 8.3.23 所示的局部放大图，其操作过程如下。

步骤 **01** 打开文件 D:\catsc20\work\ch08.03.08\coupling-hook. CATDrawing。

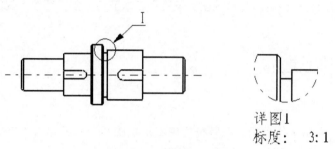

图 8.3.23 创建局部放大图

步骤 **02** 选择命令。在特征树中双击 正视图，激活全剖视图；选择下拉菜单 插入 ➡ 视图▶ ➡ 详细信息▶ ➡ 详细信息 命令。

步骤 **03** 定义放大区域。

（1）选取放大范围的圆心。在系统 选择一点或单击以定义圆心 的提示下，在全剖视图中选取图 8.3.24 所示的点为圆心位置。

（2）绘制放大范围。在系统 选择一点或单击以定义圆半径 的提示下，绘制图 8.3.25 所示的圆为放大范围，此时系统显示局部放大图的预览图。

步骤 **04** 选择合适的位置单击来放置局部放大视图。

步骤 **05** 修改局部放大视图的比例和标识。

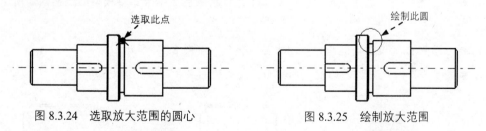

图 8.3.24 选取放大范围的圆心　　　　图 8.3.25 绘制放大范围

（1）在特征树中右击 详图A，在系统弹出的快捷菜单中选择 属性 命令，系统弹出"属性"对话框。

（2）修改局部放大视图的比例。在 比例和方向 区域的 缩放：文本框中输入比例值"3:1"。

（3）修改局部放大视图的标识。在 视图名称 区域的 ID 文本框中输入文本"I"。

（4）单击 ● 确定 按钮，完成局部放大视图比例和标识的修改，结果如图 8.3.23 所示。

8.4　工程图视图操作

在创建视图时，有的地方不满足设计要求，这时需要对视图进行调整。视图的基本操作包括视图的显示与更新、视图的对齐和视图的编辑等。本节将分别介绍以上视图基本操作的一般步骤。

8.4.1　视图的显示与更新

1. 视图的显示

在 CATIA 的工程图工作台中，在特征树中右击视图，在系统弹出的快捷菜单中选择 属性 命令，系统弹出"属性"对话框，利用该对话框可以设置视图的显示模式。下面介绍几种常用的显示模式。

◆ 隐藏线：选中该复选框，视图中的不可见边线以虚线显示，如图 8.4.1 所示。

◆ 中心线：选中该复选框，视图中显示中心线。

◆ 3D 规格：选中该复选框，视图中只显示可见边，如图 8.4.2 所示。

图 8.4.1　隐藏线　　　　　　　　　　图 8.4.2　3D 规格

◆ 3D 颜色：选中该复选框，视图中的线条颜色显示为三维模型的颜色，如图 8.4.3 所示。

◆ 轴：选中该复选框，视图中显示轴线，如图 8.4.4 所示。

◆ 圆角：选中该复选框，可控制视图切边的显示，如图 8.4.5 所示。

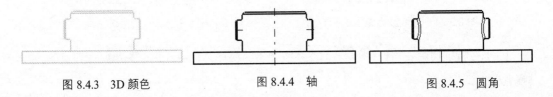

图 8.4.3　3D 颜色　　　　　图 8.4.4　轴　　　　　图 8.4.5　圆角

下面以模型 support-base 的主视图为例来说明如何通过"视图显示"操作将视图设置为 隐藏线 显示状态，如图 8.4.1 所示。

步骤 01 打开工程图文件 D:\catsc20\work\ch08.04.01\support-base.CATDrawing。

步骤 02 在特征树中右击 ⬚正视图，在系统弹出的快捷菜单中选择 📋 属性 命令，系统弹出 "属性" 对话框。

步骤 03 在"属性"对话框中选中 ☑ 隐藏线 、☑ 中心线 和 ☑ 圆角 复选框，然后选中 ☑ 圆角 复选框右侧的 ◉ 边界 单选项。

步骤 04 单击 ◉ 确定 按钮，完成操作。

> 📖 说明 　　一般情况下，在工程图中选中 ☑ 中心线 、☑ 3D规格 和 ☑ 轴 三个复选框来定义视图的显示模式。

2. 视图的更新

如果在零件设计工作台中修改了零件模型，那么该零件的工程图也要进行相应的更新才能保持图样与模型的表达一致。下面以主视图为例来讲解更新视图的一般操作步骤。

步骤 01 打开图 8.4.6 所示的三维模型文件 D:\catsc20\work\ch08.04.01\ end-cover-01.CATPart。

步骤 02 打开图 8.4.7 所示的工程图文件 D:\catsc20\work\ch08.04.01\ end-cover-01.CATDrawing。

图 8.4.6　三维模型

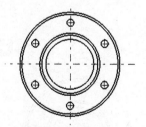

图 8.4.7　工程图

步骤 03 更改三维模型参数。

（1）切换窗口。选择下拉菜单 窗口 ➡ end-cover-01.CATPart 命令，切换到三维模型的窗口。

（2）删除特征。在特征树中单击 🔧 零件几何体 前的 ✚ 节点，然后选取 ◇ 倒角.2 并右击，在系统弹出的快捷菜单中选择 删除 命令，系统弹出"删除"对话框，单击 ◉ 确定 按钮，将此特征删除。

（3）修改特征尺寸。在特征树中双击 🔧 旋转体.1 图标，系统弹出"定义旋转体"对话框，单击 按钮，系统进入草绘环境，修改草图的截面尺寸，如图 8.4.8b 所示；单击 按钮，系统返回至 "定义旋转体" 对话框，单击 确定 按钮，完成特征尺寸的修改。

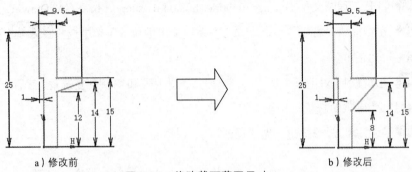

a) 修改前　　　　　　　　　　　　　　　b) 修改后

图 8.4.8　修改截面草图尺寸

步骤 04 更新工程图。

（1）切换窗口。选择下拉菜单 窗口 ➡ end-cover-01.CATDrawing 命令，切换到工程图窗口。

说明　此时特征树的图标已经发生变化，如图 8.4.9b 所示。

a) 修改模型前　　　　　　　　　　　　b) 修改模型后

图 8.4.9　工程图的特征树

（2）更新视图。选择下拉菜单 编辑 ➡ 更新当前图纸 命令，结果如图 8.4.10b 所示。

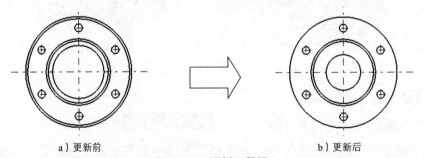

a) 更新前　　　　　　　　　　　　　　b) 更新后

图 8.4.10　更新工程图

说明　在完成修改需要保存工程图时，应先保存三维模型文件再保存工程图文件，否则系统将会报错。

8.4.2 视图的对齐

当视图创建完成后发生了移动，这时可通过"使用元素对齐视图"命令使基准元素对齐，从而使视图摆放到合适的位置。

下面以左视图对齐为例讲解视图对齐的一般操作步骤。

步骤 01 打开工程图文件 D:\catsc20\work\ch08.04.02\add-slider.CATDrawing。

步骤 02 在特征树中右击 左视图 ，在系统弹出的快捷菜单中依次选择 视图定位 ▶ ➡ 使用元素对齐视图 命令。

步骤 03 在系统 选择要对齐或叠加的第一个元素（直线、圆或点）。 的提示下，选取图 8.4.11 所示的边线 1 为第一元素，然后在系统 选择要对齐或叠加的第二个元素，确保它与第一个元素的类型相同。 的提示下，选取图 8.4.11 所示的边线 2 为第二元素，结果如图 8.4.12 所示。

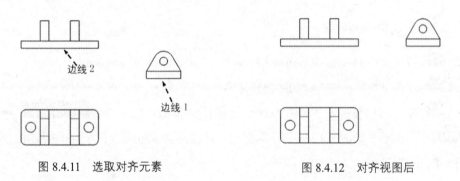

图 8.4.11 选取对齐元素   图 8.4.12 对齐视图后

8.4.3 视图的编辑

1. 修改剖切线

在创建剖视图时，系统会在其父视图上创建剖切线，以指示剖切的位置。在创建好剖视图后可以根据需要重新调整剖切线的长度及替换剖切线等，以便于满足一定的表达要求。下面介绍修改剖切线的一般操作步骤。

类型 1：修改剖切线的长度

步骤 01 打开文件 D:\catsc20\work\ch08.04.03\cutting-line.CATDrawing。

步骤 02 双击剖切线，进入编辑环境，系统显示图 8.4.13 所示的"编辑/替换"工具条。

图 8.4.13 "编辑/替换"工具条

步骤 **03** 分别拖动剖切线的两个端点（图 8.4.14a 所示的点 1 和点 2）改变剖切线的长度，单击 ⬆ 按钮，退出编辑环境，结果如图 8.4.14b 所示。

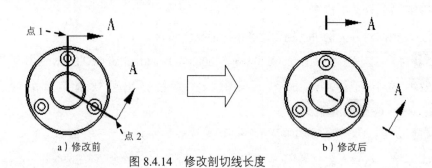

a）修改前　　　　　　　　　　　　b）修改后

图 8.4.14　修改剖切线长度

类型 2：替换剖切线

任务 **01** 手动拖动剖切线

步骤 **01** 打开文件 D:\catsc20\work\ch08.04.03\cutting-line.CATDrawing。

步骤 **02** 双击剖切线，进入剖切线编辑环境。

步骤 **03** 选中剖切线并右击，在系统弹出的快捷菜单中依次选择 直线.1 对象 ▶ ➡

取消固定 命令，然后拖动图 8.4.15a 所示的剖切线将其移至视图的正下方，单击 ⬆ 按钮，结果如图 8.4.15b 所示。

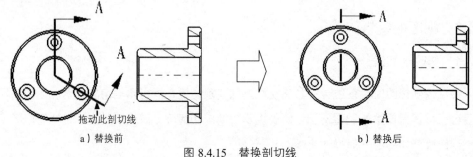

拖动此剖切线

a）替换前　　　　　　　　　　　　b）替换后

图 8.4.15　替换剖切线

如果调整剖切线前剖切线并没有被固定，那么就不需要对其进行"取消固定"的操作。

任务 **02** 重新定义剖切线

步骤 **01** 打开文件 D:\catsc20\work\ch08.04.03\Drawing01.CATDrawing。

步骤 **02** 双击剖切线，进入剖切线编辑环境。

步骤 **03** 单击"编辑/替换"工具条中的 按钮，然后绘制图 8.4.16a 所示的剖切线(双击结束绘制)，单击 按钮，结果如图 8.4.16b 所示。

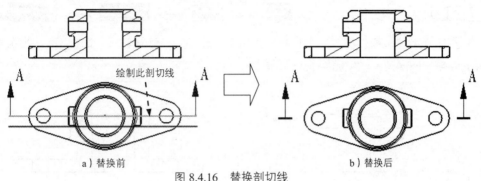

a) 替换前　　　　　　　　　　　　　　　　b) 替换后

图 8.4.16　替换剖切线

2. 修改剖面线

当创建剖视图时，零件被剖切的部分以剖面线显示；而在装配工程图中，为了表达清楚，相邻零件的剖面线要有所区别，否则容易产生错觉与混淆。在 CATIA 软件中，读者可以通过调整剖面线的间距和角度等使剖面线符合工程图要求。下面讲解修改剖面线的一般操作步骤。

选择下拉菜单 插入 ➡ 修饰 ➡ 区域填充 ➡ 创建区域填充 命令，可以对模型面、封闭的草图轮廓或由模型边线和草图实体组合成的封闭区域中应用剖面线或实体填充。下面介绍剖面线填充的一般操作步骤。

类型 1：自动检测命令

步骤 **01** 打开工程图文件 D:\catsc20\work\ch08.04.03\Drawing02.CATDrawing。

步骤 **02** 选择命令。选择下拉菜单 插入 ➡ 修饰 ➡ 区域填充 ➡ 创建区域填充 命令，系统弹出图 8.4.17 所示的"工具控制板"工具栏；单击工具栏中的"自动检测"图标 ，然后选取图 8.4.18 所示的区域，结果如图 8.4.19 所示。

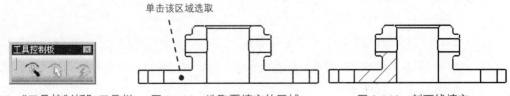

图 8.4.17　"工具控制板"工具栏　　　图 8.4.18　选取要填充的区域　　　图 8.4.19　剖面线填充

类型 2：轮廓选择命令

步骤 01 打开工程图文件 D:\catsc20\work\ch08.04.03\Drawing02.CATDrawing。

步骤 02 选取要填充区域。按住鼠标左键框选图 8.4.20 所示的区域为要填充的区域。

步骤 03 选择命令。选择下拉菜单 插入 ➡ 修饰▶ ➡ 区域填充▶ ➡ 创建区域填充

命令，系统弹出"工具控制板"工具栏；单击工具栏中的"选择轮廓"图标 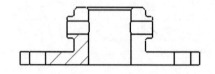，再次单击图 8.4.20 所示的区域，结果如图 8.4.21 所示。

单击该区域

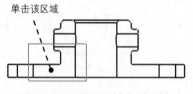

图 8.4.20　选取要填充的区域　　　　图 8.4.21　剖面线填充

说明

◆ 在使用"选择轮廓"命令创建剖面线填充时，如果没有提前选取必要的轮廓，就需要逐条地选取所需要的轮廓。当所选轮廓封闭后，再单击轮廓内部空白处即可完成填充。

◆ 选取要填充区域的时候，所选的区域一定是封闭的区域。如果轮廓不封闭，单击轮廓内部空白处，系统会弹出图 8.4.22 所示的对话框，此时单击 是(Y) 按钮继续选取轮廓，直至封闭。

图 8.4.22　"区域填充"对话框

8.5　工程图的标注

尺寸标注是工程图的一个重要组成部分。CATIA 工程图工作台具有方便的尺寸标注功能，既可以由系统根据已存约束自动生成尺寸，也可以由用户根据需要自行标注。本节将详细介绍尺寸标注的各种方法。

8.5.1 尺寸标注

自动生成尺寸是将三维模型中已有的约束条件自动转换为尺寸标注。草图中存在的全部约束都可以转换为尺寸标注；零件之间存在的角度、距离约束也可以转换为尺寸标注；部件中的拉伸特征可转换为长度约束，旋转特征可转换为角度约束，光孔和螺纹孔可转换为长度和角度约束，倒圆角特征可转换为半径约束，薄壁、筋板可转换为长度约束；装配件中的约束关系可转换为装配尺寸。在 CATIA 工程图工作台中，自动生成尺寸有"生成尺寸"和"逐步生成尺寸"两种方式。

1. 生成尺寸

"生成尺寸"命令可以一步生成全部的尺寸标注（图 8.5.1），其操作过程如下。

步骤 01 打 开 工 程 图 文 件 D:\catsc20\work\ch08.05.01\autogeneration-dimension-01. CATDrawing。

步骤 02 选择命令。双击特征树中的 `正视图` 来激活主视图；然后选择下拉菜单 `插入` ➡ `生成▸` ➡ `生成尺寸` 命令，系统弹出图 8.5.2 所示的"尺寸生成过滤器"对话框。

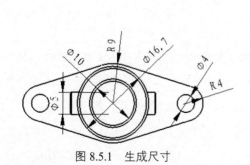

图 8.5.1 生成尺寸　　　　　　图 8.5.2 "尺寸生成过滤器"对话框

步骤 03 尺寸生成过滤。在"尺寸生成过滤器"对话框中将 `草图编辑器约束` 、 `3D 约束` 和 `已测量的约束` 复选框选中，然后单击 `确定` 按钮，系统弹出图 8.5.3 所示的"生成的尺寸分析"对话框,并显示自动生成尺寸的预览。

图 8.5.3   "生成的尺寸分析"对话框

图 8.5.3 所示的"生成的尺寸分析"对话框中各选项的功能说明如下。

◆   3D 约束分析 选项组:该选项组用于控制在三维模型中尺寸标注的显示。

● □已生成的约束:在三维模型中显示所有在工程图中标出的尺寸标注。

● □其他约束:在三维模型中显示没有在工程图中标出的尺寸标注。

● □排除的约束:在三维模型中显示自动标注时未考虑的尺寸标注。

◆   2D 尺寸分析 选项组:该选项组用于控制在工程图中尺寸标注的显示。

● □新生成的尺寸:在工程图中显示最后一次生成的尺寸标注。

● □生成的尺寸:在工程图中显示所有已生成的尺寸标注。

● □其他尺寸:在工程图中显示所有手动标注的尺寸标注。

步骤 04   单击"生成的尺寸分析"对话框中的 ● 确定 按钮,完成尺寸的自动生成。

◆   自动生成后的尺寸标注在视图中的排列较凌乱,可通过手动来调整尺寸的
位置,尺寸的相关操作将在后面章节中讲到;图 8.5.1 所示的尺寸标注为调
整后的结果。

◆   如果生成尺寸的文本字体太小,为了方便看图,可在生成尺寸前,在"文
本属性"工具条的"字体大小"文本框中输入尺寸的文本高度值 14.0(或
其他值,如图 8.5.4 所示),再进行尺寸标注,此方法在手动标注时同样适
用。

图 8.5.4 "文本属性"工具条

2. 逐步生成尺寸

"逐步生成尺寸"命令可以逐个地生成尺寸标注,生成时可以决定是否生成某个尺寸,还可以选择标注尺寸的视图。下面以图 8.5.5 为例,其一般操作过程如下。

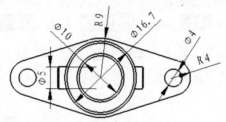

图 8.5.5 逐步生成尺寸

步骤 01 打开工程图文件 D:\catsc20\work\ch08.05.01\autogeneration-dimension-02. CATDrawing。

步骤 02 选择命令。双击特征树中的 🔲 **正视图** 来激活主视图,然后选择下拉菜单 **插入** ➡ **生成** ➡ **逐步生成尺寸** 命令,系统弹出"尺寸生成过滤器"对话框。

步骤 03 尺寸生成过滤。在"尺寸生成过滤器"对话框中单击 **● 确定** 按钮,以接受默认的过滤选项,系统弹出"逐步生成"对话框。

步骤 04 在"逐步生成"对话框中取消选中 **□ 超时:** 复选框,然后单击 ▶ 按钮,系统逐个地生成尺寸;不需要的尺寸,可单击 🔲 按钮将其删除。

步骤 05 生成完想要标注的尺寸后,系统弹出"生成的尺寸分析"对话框。

步骤 06 单击 **● 确定** 按钮,完成尺寸标注的生成。

3. 手动标注尺寸

当自动生成尺寸不能全面地表达零件的结构或在工程图中需要增加一些特定的标注时,就需要通过手动标注尺寸。这类尺寸受零件模型所驱动,所以又常被称为"从动尺寸"。手动标注尺寸与零件或组件具有单向关联性,即这些尺寸受零件模型所驱动。当零件模型的尺寸改变时,工程图中的这些尺寸也随之改变,但这些尺寸的值在工程图中不能被修改。

类型 1:标注长度

下面以图 8.5.6b 为例来说明标注长度的一般过程。

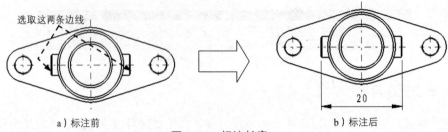

图 8.5.6　标注长度

步骤 01　打开文件 D:\catsc20\work\ch08.05.01\dimension-01.CATDrawing。

步骤 02　选择下拉菜单 插入 ➡ 尺寸标注▶ ➡ 尺寸▶ ➡ ▣长度/距离尺寸 命令，系统弹出"工具控制板"工具条，选取图 8.5.6a 所示的边线，系统出现尺寸的预览。

步骤 03　移动到合适的位置来放置尺寸，然后在空白区域单击完成操作。

说明：

◆　在选取边线后，右击，在系统弹出的快捷菜单中选择 部分长度 命令，在图 8.5.7a 所示的两点处单击（系统将这两点投影到该直线上），可标注这两投影点之间的线段长度，结果如图 8.5.7b 所示。

◆　在选取边线后，右击，在系统弹出的快捷菜单中选择 添加尺寸标注 命令，系统弹出"尺寸标注"对话框，在该对话框中设置图 8.5.8 所示的参数，单击 ● 确定 按钮，结果如图 8.5.9 所示。

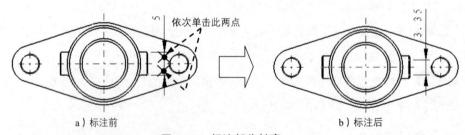

图 8.5.7　标注部分长度

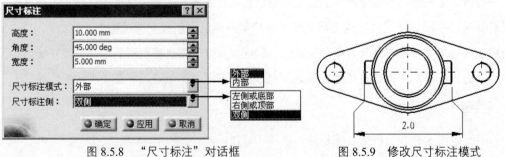

图 8.5.8　"尺寸标注"对话框　　　　　图 8.5.9　修改尺寸标注模式

◆ 选取边线后，右击，在系统弹出的快捷菜单中选择 值方向 命令，系统弹出"值方向"
对话框，利用该对话框可以设置尺寸文字的放置方向；在该对话框中添加图 8.5.10
所示的设置，单击 ● 确定 按钮，结果如图 8.5.11 所示。

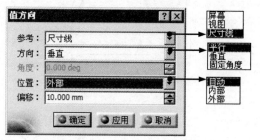

图 8.5.10 "值方向"对话框

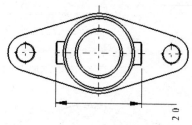

图 8.5.11 值方向

类型 2：标注角度

下面以图 8.5.12b 为例来说明标注角度的一般过程。

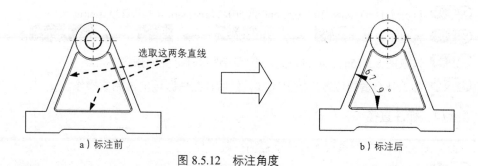

a）标注前   b）标注后

图 8.5.12 标注角度

步骤 01 打开文件 D:\catsc20\work\ch08.05.01\dimension-02.CATDrawing。

步骤 02 选择下拉菜单 插入 ➡ 尺寸标注▶ ➡ 尺寸▶ ➡ 角度尺寸 命令。

步骤 03 选取图 8.5.12a 所示的两条直线，系统出现尺寸标注的预览。

步骤 04 移动到合适的位置来放置尺寸，然后在空白区域单击完成操作。

◆ 在 步骤 03 中，右击，在系统弹出的快捷菜单中选择 角扇形▶ ➡ 扇形 1
命令，结果如图 8.5.13 所示。右击，在系统弹出的快捷菜单中选择 角扇形▶
➡ 补充 命令，结果如图 8.5.14 所示。

类型 3：标注半径

下面以图 8.5.15b 为例来说明标注半径的一般过程。

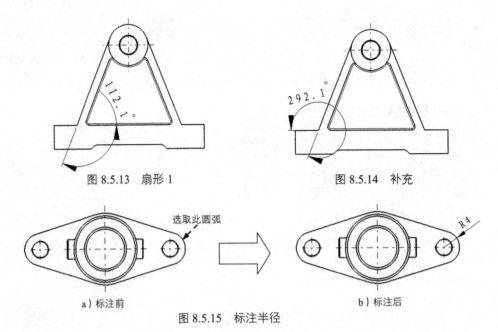

图 8.5.13 扇形 1　　　　　　　　　图 8.5.14 补充

图 8.5.15 标注半径

a) 标注前　　　　　　　　　　　　　　　b) 标注后

步骤 01 打开文件 D:\catsc20\work\ch08.05.01\dimension-01.CATDrawing。

步骤 02 选择下拉菜单 插入 ➡ 尺寸标注 ▶ ➡ 尺寸 ▶ ➡ 半径尺寸 命令。

步骤 03 选取图 8.5.15a 所示的圆弧，系统出现尺寸标注的预览。

步骤 04 移动到合适的位置来放置尺寸，然后在空白区域单击完成操作。

类型 4：标注直径

下面以图 8.5.16b 为例来说明标注直径的一般过程。

步骤 01 打开文件 D:\catsc20\work\ch08.05.01\dimension-01.CATDrawing。

步骤 02 选择下拉菜单 插入 ➡ 尺寸标注 ▶ ➡ 尺寸 ▶ ➡ 直径尺寸 命令。

步骤 03 选取图 8.5.16a 所示的圆，系统出现尺寸标注的预览。

步骤 04 移动到合适的位置来放置尺寸，然后在空白区域单击完成操作。

选取此圆

a) 标注前　　　　　　　　　　　　　　　　b) 标注后

图 8.5.16 标注直径

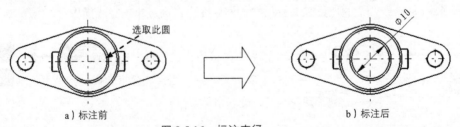

说明

在**步骤 03** 中，右击，在系统弹出的图 8.5.17 所示的快捷菜单中选择 1个符号 命令，则箭头显示为单箭头，结果如图 8.5.18 所示。

图 8.5.17　快捷菜单

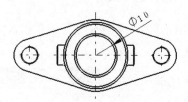

图 8.5.18　一个符号

类型 5：标注螺纹

下面以图 8.5.19b 为例来说明标注螺纹的一般过程。

步骤 01　打开文件 D:\catsc20\work\ch08.05.01\dimension-01.CATDrawing。

步骤 02　选择下拉菜单 `插入` ➡ `尺寸标注 ▶` ➡ `尺寸 ▶` ➡ `螺纹尺寸` 命令，系统弹出"工具控制板"工具条。

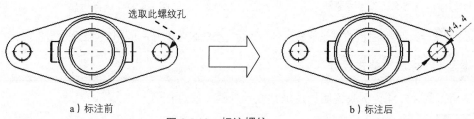

a）标注前

b）标注后

图 8.5.19　标注螺纹

步骤 03　选取图 8.5.19a 所示的螺纹孔，系统生成图 8.5.19b 所示的尺寸。

类型 6：标注链式尺寸

下面以图 8.5.20 为例来说明标注链式尺寸的一般过程。

步骤 01　打开文件 D:\catsc20\work\ch08.05.01\dimension-01.CATDrawing。

步骤 02　选择下拉菜单 `插入` ➡ `尺寸标注 ▶` ➡ `尺寸 ▶` ➡ `链式尺寸` 命令。

步骤 03　依次选取图 8.5.21 所示的中心线 1、中心线 2 和中心线 3，此时图形区中显示尺寸链。

步骤 04　移动到合适的位置来放置尺寸，然后在空白区域单击完成操作，结果如图 8.5.20 所示。

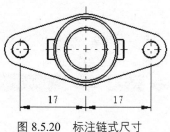

图 8.5.20　标注链式尺寸

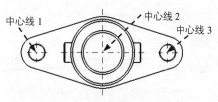

图 8.5.21　选择对象

类型 7：**标注累积尺寸**

下面以图 8.5.22 为例来说明标注累积尺寸的一般过程。

步骤 01 打开文件 D:\catsc20\work\ch08.05.01\dimension-01.CATDrawing。

步骤 02 选择下拉菜单 **插入** ➡ **尺寸标注** ▶ ➡ **尺寸** ▶ ➡ **累积尺寸** 命令。

步骤 03 依次选取图 8.5.23 所示的中心线 1、中心线 2 和中心线 3，此时图形区中显示尺寸链。

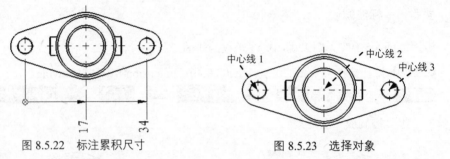

图 8.5.22　标注累积尺寸　　　　　图 8.5.23　选择对象

步骤 04 移动到合适的位置来放置尺寸，然后在空白区域单击完成操作，结果如图 8.5.22 所示。

类型 8：**标注堆叠式尺寸**

下面以图 8.5.24 为例来说明标注堆叠式尺寸的一般过程。

步骤 01 打开文件 D:\catsc20\work\ch08.05.01\dimension-01.CATDrawing。

步骤 02 选择下拉菜单 **插入** ➡ **尺寸标注** ▶ ➡ **尺寸** ▶ ➡ **堆叠式尺寸** 命令。

步骤 03 依次选取图 8.5.25 所示的中心线 1、中心线 2 和中心线 3，此时图形区中显示尺寸链。

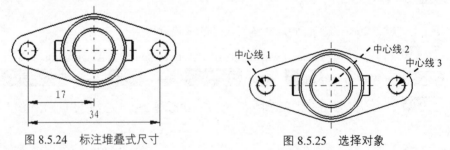

图 8.5.24　标注堆叠式尺寸　　　　　图 8.5.25　选择对象

步骤 04 移动到合适的位置来放置尺寸，然后在空白区域单击完成操作，结果如图 8.5.24 所示。

类型 9：**标注倒角**

标注倒角需要指定倒角边和参考边。下面以图 8.5.26b 为例来说明标注倒角的一般过程。

步骤 01 打开工程图文件 D:\catsc20\work\ch08.05.01\chamfer.CATDrawing。

步骤 02 选择下拉菜单 **插入** ➡ **尺寸标注** ▶ ➡ **尺寸** ▶ ➡ **倒角尺寸** 命令，系统弹出图 8.5.27 所示的"工具控制板"工具条。

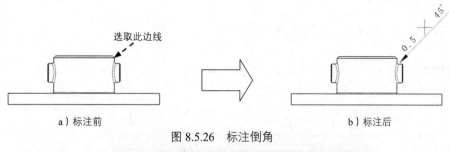

选取此边线

a）标注前   b）标注后

图 8.5.26   标注倒角

图 8.5.27   "工具控制板"工具条

步骤 03 单击"工具控制板"工具条中的"单符号"按钮 ⟵×，选中 ⬤ **长度×角度** 单选项。

步骤 04 选取图 8.5.26a 所示的边线。

步骤 05 移动到合适的位置来放置尺寸，然后在空白区域单击完成操作。

图 8.5.27 所示的"工具控制板"工具条中各选项的说明如下。

◆ ⬤ **长度×长度**：倒角尺寸以"长度×长度"的方式标注，如图 8.5.28 所示。

◆ ⬤ **长度×角度**：倒角尺寸以"长度×角度"的方式标注，如图 8.5.26b 所示。

◆ ⬤ **角度×长度**：倒角尺寸以"角度×长度"的方式标注，如图 8.5.29 所示。

◆ ⬤ **长度**：倒角尺寸以只显示倒角长度的方式标注，如图 8.5.30 所示。

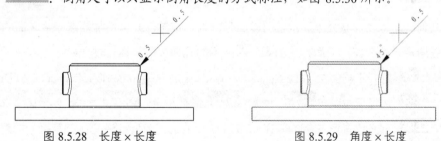

图 8.5.28   长度×长度   图 8.5.29   角度×长度

◆ ⟵×：倒角尺寸以单箭头引线的方式标注，该选项为默认选项，以上各图均使用此选项进行标注。

◆ ↔×：倒角尺寸以线性尺寸的方式标注，如图 8.5.31 所示。

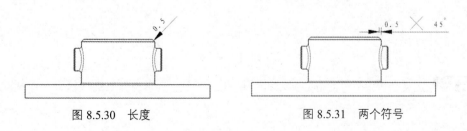

图 8.5.30   长度   图 8.5.31   两个符号

8.5.2 基准符号标注

下面标注图 8.5.32b 所示的基准符号，操作过程如下。

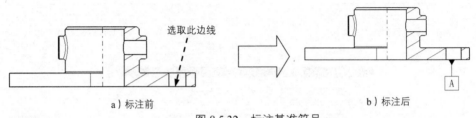

a）标注前　　　　　　　　　　　　　　b）标注后

图 8.5.32　标注基准符号

步骤 01 打开文件 D:\catsc20\work\ch08.05.02\datum-plane.CATDrawing。

步骤 02 选择下拉菜单 插入 ➡ 尺寸标注▶ ➡ 公差▶ ➡ **A基准特征**命令。

步骤 03 选取图 8.5.32a 所示的边线为要标注基准特征的对象。

步骤 04 定义放置位置。选择合适的放置位置并单击，系统弹出"创建基准特征"对话框。

步骤 05 定义基准符号的名称。系统默认设置基准符号 A，单击 ● 确定 按钮，结果如图 8.5.32b 所示。

8.5.3 几何公差标注

几何公差包括形状公差和位置公差，是针对构成零件几何特征的点、线、面的形状和位置偏差所规定的公差。下面标注图 8.5.33 所示的几何公差，操作过程如下。

步骤 01 打开工程图文件 D:\catsc20\work\ch08.05.03\geometric-tolerance. CATDrawing。

步骤 02 选择下拉菜单 插入 ➡ 尺寸标注▶ ➡ 公差▶ ➡ **形位公差**命令。

步骤 03 定义放置位置。选取图 8.5.33a 所示的边线为要标注几何公差符号的对象，按住 Shift 键，选择合适的放置位置并单击，系统弹出"形位公差"对话框。

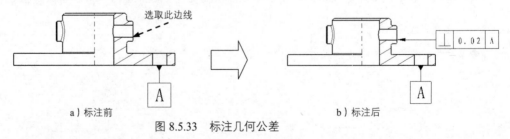

a）标注前　　　　　　　　　　　　　　b）标注后

图 8.5.33　标注几何公差

步骤 04 定义公差。在对话框的文本框中单击◯按钮，在系统弹出的快捷菜单中选取⊥

按钮，在 公差 文本框中输入公差数值 0.02，在 参考 文本框中输入基准字母 A。

步骤 **05** 单击 ● 确定 按钮，完成几何公差的标注，结果如图 8.5.33b 所示。

8.5.4 注释文本

在工程图中，除了尺寸标注外，还应有相应的文字说明，即技术说明，如工件的热处理要求、表面处理要求等。所以在创建完视图的尺寸标注后，还需要创建相应的注释标注。下面分别介绍不带引导线文本（即技术要求等）、带有引导线文本的创建和文本的编辑。

1. 创建文本

下面创建图 8.5.34 所示的文本，操作步骤如下。

技术要求

1. 铸件不得有砂眼、裂纹等缺陷。
2. 未注圆角半径为R1-R2。

图 8.5.34 创建注释文本

步骤 **01** 打开工程图文件 D:\catsc20\work\ch08.05.04\annotation.CATDrawing。

步骤 **02** 选择下拉菜单 插入 ➡ 标注 ▶ ➡ 文本 ▶ ➡ 「T 文本命令。

步骤 **03** 在图样中任意位置单击，确定文本放置位置，系统弹出"文本编辑器"对话框。

步骤 **04** 在"文本属性"工具条中设置文本的高度值为 8，输入图 8.5.35 所示的文本。

步骤 **05** 在"文本属性"工具条中设置文本的高度值为 6，按 Ctrl+Enter 键换行，输入图 8.5.36 所示的文本。单击 ● 确定 按钮，结果如图 8.5.34 所示。

图 8.5.35 "文本编辑器"对话框（一）　　　　图 8.5.36 "文本编辑器"对话框（二）

说明　　　在创建文本的过程中，如果"文本属性"工具条没有出现，需手动将其显示。

2. 创建带有引线的文本

下面继续上一节的内容创建带有引线的文本，操作过程如下。

步骤 **01** 选择下拉菜单 插入 ➡ 标注 ▶ ➡ 文本 ▶ ➡ 带引出线的文本命令。

步骤 02 选取图 8.5.37a 所示的边线为引线起始位置。

步骤 03 在合适的位置单击以放置文本，此时系统弹出"文本编辑器"对话框。

步骤 04 在"文本编辑器"对话框中输入"此孔需要铰削加工"，单击 ⬤ 确定 按钮，结果如图 8.5.37b 所示。

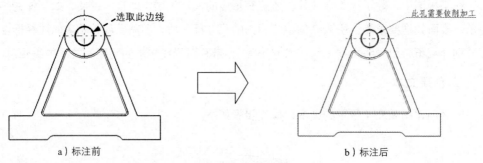

图 8.5.37　创建带有引线的文本

3. 编辑文本

下面继续上一节的内容来说明编辑文本的一般操作过程。

步骤 01 选取图 8.5.38a 所示的文本，右击，在系统弹出的快捷菜单中选择 文本.1 对象 ▶ ➡ 定义... 命令（或直接双击需要编辑的文本），系统弹出"文本编辑器"对话框。

步骤 02 在对话框中删除第二行文字，单击 ⬤ 确定 按钮，完成文本的编辑，如图 8.5.38b 所示。

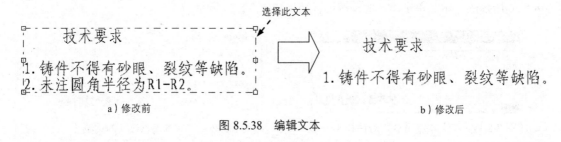

图 8.5.38　编辑文本

8.6　工程图设计综合应用案例

案例概述：

本案例以一个箱体工程图为例讲述 CATIA 工程图创建的一般过程。希望通过此例的学习，读者能对 CATIA 工程图的制作有比较清楚的认识。完成后的工程图如图 8.6.1 所示。

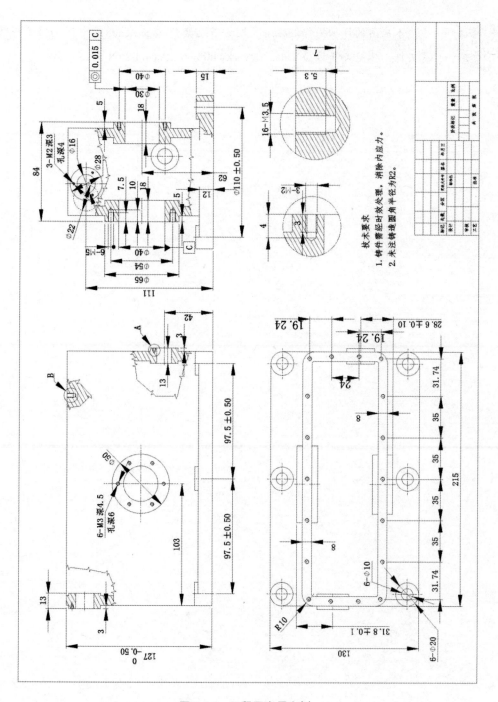

图 8.6.1　工程图应用案例

本应用的详细操作过程请参见随书光盘中　video\ch08\文件下的语音视频讲解文件。模型文件为 D:\catsc20\work\ch08.06\ transmission-box.CATPart。

第 9 章 高级渲染

9.1 概述

产品的三维建模完成以后，为了更好地观察产品的造型、结构和外观颜色及纹理情况，需要对产品模型进行外观设置和渲染处理。

利用材质的技术规范，生成模型的逼真渲染图：渲染产品可以通过利用材质的技术规范来生成模型的逼真渲染显示。纹理可以通过草图创建，也可以由导入的数字图像或选择库中的图案来修改。材质库和零件的指定材质之间具有关联性，可以通过规范驱动方法或直接选择来指定材质。显示算法可以快速地将模型转化为逼真渲染图。

9.2 渲染工作台用户界面

9.2.1 进入渲染设计工作台

进入 CATIA 软件环境后，系统默认创建了一个装配文件，名称为 Product1，关闭此窗口，然后选择下拉菜单 开始 ➡ 基础结构 ➡ 图片工作室 命令，即可进入图片工作室渲染设计工作台，图片工作室可以将渲染成功的产品模型非常精致地输出成图片和视频，可用于内部和外部的沟通协调，这个工作台的渲染中拥有强大的光线跟踪功能。

9.2.2 用户界面简介

打开文件 D:\catsc20\work\ch09.02\cup_render.CATProduct。

CATIA 渲染工作台包括下拉菜单区、工具栏区、信息区（命令联机帮助区）、特征树区、图形区及功能输入区等，如图 9.2.1 所示。

CATIA 渲染工作台中包含有应用材料、渲染、场景编辑器、视点和动画工具栏，工具栏中的命令按钮为快速进入命令及设置工作环境提供了极大方便，用户根据实际情况可以定制工具栏。

以下是渲染工作台相应的工具栏中快捷按钮的功能介绍。

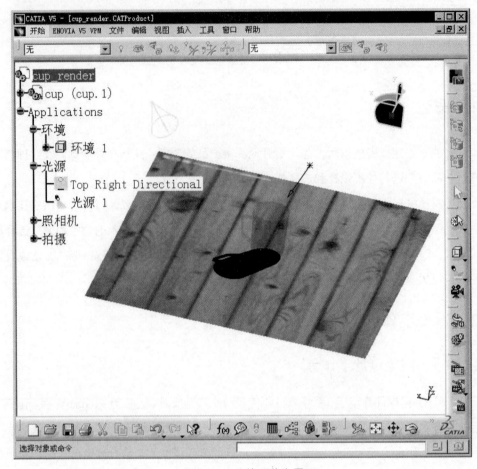

图 9.2.1 渲染工作台界面

1．"应用材料"工具条

使用图 9.2.2 所示"应用材料"工具条中的命令，可以对模型进行材料的添加、渲染环境和光源的设置。

2．"渲染"工具条

图 9.2.3 所示"渲染"工具条中的命令，用于对图片的拍摄及渲染操作。

图 9.2.2 "应用材料"工具条

图 9.2.3 "渲染"工具条

3．"场景编辑器"工具条

图 9.2.4 所示"场景编辑器"工具条中的命令，用于对场景中的环境、光源及相机的创建操作。

图 9.2.4 "场景编辑器"工具条

4．"视点"工具条

图 9.2.5 所示"视点"工具条中的命令，用于观察局部模型的操作。

5．"动画"工具条

图 9.2.6 所示"动画"工具条中的命令，用于对渲染的模型进行动画模拟。

图 9.2.5 "视点"工具条　　　　　图 9.2.6 "动画"工具条

9.3 渲染范例

下面首先以一个杯子的零件为例介绍在 CATIA 中进行渲染的一般过程。

9.3.1 渲染一般流程

在 CATIA 中进行渲染一般流程如下。

（1）将渲染模型导入渲染工作台。

（2）添加模型的材质。

（3）定义渲染环境。

（4）添加光源。

（5）定义渲染效果。

（6）对产品进行渲染。

9.3.2 渲染操作步骤

任务 01 将渲染模型导入渲染工作台

步骤 01 新建一个渲染文件。选择下拉菜单 开始 ➡ 基础结构 ▶ ➡ 图片工作室 命令，进入渲染设计工作台。

步骤 02 更改名称。在特征树中将 Product1 选项的名称更改为 cup_render。

步骤 03 加载模型。

（1）在特征树中单击 cup_render 选项将其激活，然后选择下拉菜单 插入 ➡ 现有部件... 命令，系统弹出"选择文件"对话框。

（2）在"选择文件"对话框中选择目录 D:\catsc20\work\ch09.03，然后在列表框中选择文件 cup.CATPart，单击 打开(0) 按钮。

任务 02 添加模型的材质

步骤 01 添加材料属性。单击"应用材料"工具条中的"应用材料"按钮 📦，系统弹出图 9.3.1 所示的"库（只读）"对话框，在对话框中单击 Other 选项卡，然后选择"Glass"材料，将其拖动到模型上，单击 ● 确定 按钮，即可将选定的材料添加到模型中。

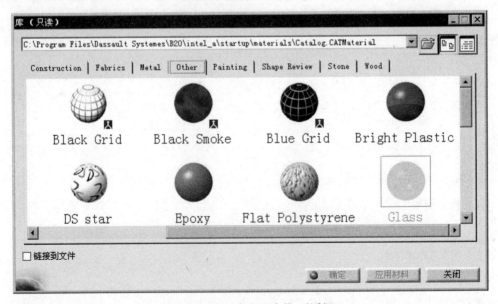

图 9.3.1 "库（只读）"对话框

步骤 02 修改材料属性。

（1）在特征树中依次单击 cup (cup.1) ➡ cup ➡

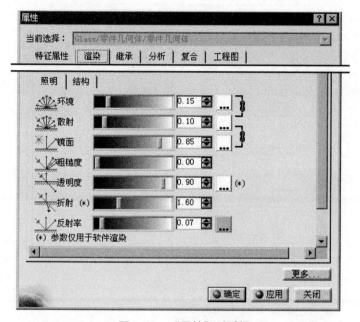 **零件几何体**，然后在其节点下右击 **Glass**选项，在系统弹出的快捷菜单中选择 **属性**命令，系统弹出图 9.3.2 所示的"属性"对话框。

（2）在"属性"对话框中选择 **渲染** 选项卡，然后在 **环境** 区域的后面单击 **...**按钮，在系统弹出的"颜色"对话框中选择一种绿色（大致颜色即可）。

（3）在"属性"对话框的 **反射率** 文本框中输入数值 0.23，单击 **确定**按钮，添加后的材质如图 9.3.3 所示。

图 9.3.2 "属性"对话框 　　　　　图 9.3.3 添加材质后

任务 03 设置渲染环境

设置渲染环境就是将模型放置到特定的环境中，从而在渲染时能够产生特定的效果，主要是影响渲染中的反射效果。

步骤 01 添加环境。在"场景编辑器"工具条中单击"创建箱环境"按钮，添加一个立方体的环境。

步骤 02 调整环境大小。

（1）在特征树中依次单击 **Applications** ➡ **环境**节点，然后在其节点下右击 **环境 1**选项，在系统弹出的快捷菜单中选择 **属性**命令，系统弹出"属性"对话框。

（2）在"属性"对话框中选择 **尺寸** 选项卡，在 **长度** 和 **高度** 文本框中分别输入数值 500，单击 **确定**按钮。

步骤 03 调整环境位置。

（1）将视图的方位调整到仰视图的方位，如图 9.3.4 所示。

（2）在特征树中右击 ╋ 🗔 环境 1 选项，在系统弹出的快捷菜单中选择 🖻 属性 命令，系统弹出"属性"对话框。

（3）在"属性"对话框中选择 位置 选项卡，在 原点 区域的 Y 文本框中输入数值 84.3，使其接近模型的底部，单击 ✓ 确定 按钮，结果如图 9.3.5 所示。

图 9.3.4　仰视图方位

图 9.3.5　调整位置后

步骤 04 隐藏墙壁特征。

（1）将视图方位调整到大致如图 9.3.6 所示的状态。

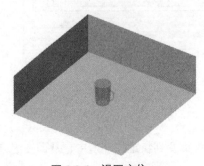
图 9.3.6　视图方位

（2）在特征树 ╋ 🗔 环境 1 节点下将除选项 🔲 西 以外的所有选项进行隐藏，如图 9.3.7 所示，此时视图的状态如图 9.3.8 所示。

步骤 05 对地板面进行贴图。

（1）在特征树 ╋ 🗔 环境 1 节点下右击 🔲 西 选项，在系统弹出的快捷菜单中依次选择 西 对象 ▶ ➡️ 定义... 命令，系统弹出"属性"对话框。

（2）在"属性"对话框中选择 纹理 选项卡，然后在 图像名称 区域后单击 ⋯ 按钮，系统弹出"选择文件"对话框。

图 9.3.7　选项隐藏后　　　　　　　　图 9.3.8　地板面显示视图状态

（3）在"选择文件"对话框中选择 D:\catsc20\work\ch09.03，然后在列表框中选择"地板.jpg"文件，单击 打开(O) 按钮。

（4）在"属性"对话框中单击 ● 确定 按钮，结果如图 9.3.9 所示。

图 9.3.9　地板贴图后

任务 04 添加光源

步骤 01 添加一个系统自带的定向光源。

（1）定义路径。在"应用材料"工具条中单击"目录浏览器"按钮 📖，在系统弹出的"目录浏览器"对话框中单击 🖿 按钮，选择安装目录 C:\Program Files\Dassault Systemes\B20\intel_a\startup\components\Rendering，然后在列表框中选择"Scene.catalog"文件，单击 打开(O) 按钮。

（2）选择类型。在"目录浏览器"对话框的列表区域中双击 🔳 Lights 选项，然后在其列表中双击 █ Top Right Directional 选项，此时对话框如图 9.3.10 所示，单击 关闭 按钮。

（3）定义阴影。在特征树中单击 ╋ 光源 前的节点，然后右击 ○ Top Right Directional 选项，在系统弹出的快捷菜单中依次选择  命令，在系统弹出的"属性"对话框中选择 阴影 选项卡，然后在 实时 区域中选中 ☐ 在环境上

复选框，单击 确定 按钮，结果如图 9.3.11 所示。

说明：图 9.3.11 所示的定向光源可进行位置的调整，具体操作为在特征树中单击 光源前的节点，然后选择 Top Right Directional 选项，此时在图形中会出现两个绿点，拖动绿点即可进行位置的调整。

步骤 02 添加一个自定义的聚光源。

（1）选择命令。在"场景编辑器"工具条中单击"创建聚光源"按钮，如图 9.3.12 所示。

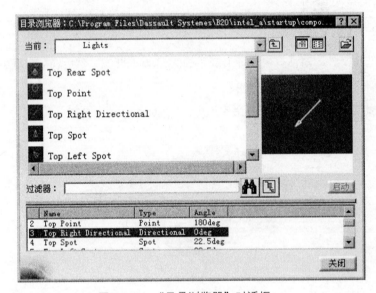

图 9.3.10 "目录浏览器"对话框

图 9.3.11 系统自带定向光源

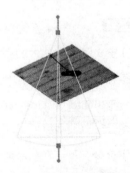

图 9.3.12 聚光源

（2）调整位置（一）。将视图调整到正视图状态，然后通过拖动绿点将光源调整到图 9.3.13 所示的位置。

（3）调整位置（二）。将视图调整到左视图状态，然后通过拖动绿点将光源调整到图 9.3.14

所示的位置。

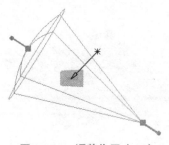

图 9.3.13 调整位置（一）

图 9.3.14 调整位置（二）

（4）将视图调整到便于观察的一个状态，结果如图 9.3.15 所示。

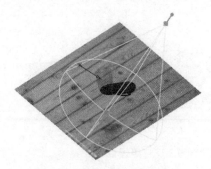

图 9.3.15 聚光源位置调整后

任务 05 定义渲染效果

步骤 01 创建照相机（一）。

（1）选择命令。在"场景编辑器"工具条中单击"创建照相机"按钮，在图形区会出现相机轮廓，将其绿点拖动到杯子模型上。

说明：在创建照相机前可将视图先调整到拍摄的一个理想状态，以便于得到一个好的图片视觉效果。

（2）修改照相机参数。

① 在特征树中单击 照相机 前的节点，然后右击节点下的 照相机 1 选项，在系统弹出的快捷菜单中选择 属性 命令，系统弹出"属性"对话框。

② 在"属性"对话框中选择 镜头 选项卡，然后在 焦点 区域的 缩放 文本框中输入数值 0.009（或通过滚轮来进行调整），结果如图 9.3.16 所示（显示效果相似即可）。

（3）在"属性"对话框中单击 确定 按钮，完成照相机（一）的创建。

步骤 02 参照步骤 01，创建图 9.3.17 所示的照相机（二）和图 9.3.18 所示的照相机（三）。

图 9.3.16　照相机（一）

图 9.3.17　照相机（二）

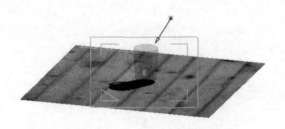

图 9.3.18　照相机（三）

任务 06 对产品进行渲染

Stage1．渲染拍摄（一）

步骤 01 定义拍摄。在"渲染"工具条中单击"创建拍摄"按钮 ，系统弹出图 9.3.19 所示的"拍摄定义"对话框。

步骤 02 选择场景。在"拍摄定义"对话框 场景 区域的 照相机: 下拉列表中选择 照相机 1 选项，其余参数采用默认设置值。

步骤 03 定义渲染质量。在"拍摄定义"对话框中选择 质量 选项卡，然后在 精确度 区域中将 预定义: 的滑块拖动到 高 区域。

步骤 04 定义保存路径。在"拍摄定义"对话框中选择 帧 选项卡，然后在 输出 区域中选中 在磁盘上 单选项，在 目录: 区域后单击 按钮，然后将保存路径指定到 D:\catsc20\work\ch10\ch10.03，单击 确定 按钮，完成拍摄（一）的定义。

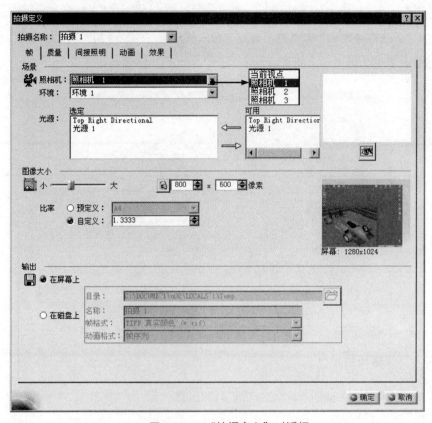

图 9.3.19 "拍摄定义"对话框

步骤 05 进行渲染。

（1）在"渲染"工具条中单击"渲染拍摄"按钮，系统弹出图 9.3.20 所示的"渲染"对话框。

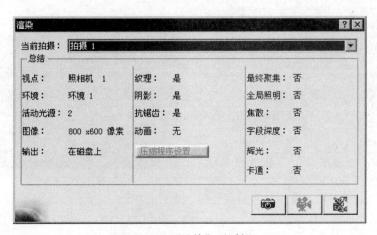

图 9.3.20 "渲染"对话框

（2）在"渲染"对话框的 当前拍摄: 下拉列表中选择 拍摄 1 选项，然后单击 📷 按钮，系统会弹出"正在渲染输出"对话框，经过几秒后，渲染后的效果如图 9.3.21 所示，单击 🔘 确定 按钮，完成拍摄（一）的渲染。

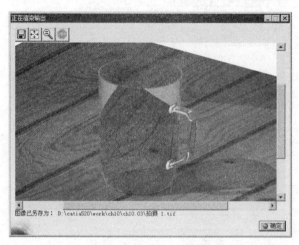

图 9.3.21　拍摄（一）渲染后

Stage2. 渲染拍摄（二）

参照 Stage1 步骤，完成图 9.3.22 所示的渲染效果。

Stage3. 渲染拍摄（三）

参照 Stage1 步骤，完成图 9.3.23 所示的渲染效果。

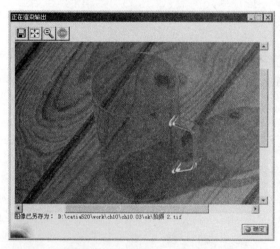

图 9.3.22　拍摄（二）渲染后

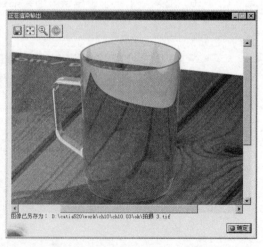

图 9.3.23　拍摄（三）渲染后

第10章 运动仿真与分析

10.1 概　　述

DMU 是对产品的真实化计算机模拟,可满足各种各样的功能,提供用于工程设计、加工制造、产品拆装维护的模拟环境;是支持产品和流程、信息传递、决策制定的公共平台;覆盖产品从概念设计到维护服务的整个生命周期。运动仿真与分析应具有从产品设计、制造到产品维护各阶段所需的所有功能,为产品和流程开发以及从产品概念设计到产品维护整个产品生命周期的信息交流和决策提供一个平台。

10.2　DMU 数字模型浏览器

10.2.1　概述

DMU 数字模型浏览器(DMU Navigator)使设计人员可以通过最优化的观察、漫游和交流功能实现高级协同的 DMU 检查、打包和预装配等。CATIA 提供的大量工具(如添加注释、超级链接、制作动画、发布及网络会议功能)使得所有涉及 DMU 检查的团队成员可以很容易地进行协同工作。高效的 3D 漫游功能保证了在整个团队中进行管理和选择 DMU 的能力。DMN 指令自动执行和用可视化文件快速加载数据的功能大大提高了设计效率。批处理模式的运用进一步改善了存储管理。借助与其他 DMU 产品的集成,使完整的电子样机审核及仿真成为可能,满足设计人员处理任何规模电子样机(如轿车等大型装配体)的需求。

10.2.2　DMU 数字模型浏览器工作台简介

打开文件 D:\catsc20\work\ch10.02.02\slide-assy.CATProduct,选择下拉菜单 开始 ➡
数字化装配 ➡ DMU Navigator 命令,进入 DMU 数字模型浏览器工作台。CATIA DMU 数字模型浏览器工作台界面如图 10.2.1 所示。

以下是 DMU 数字模型浏览器工作台工具条的功能介绍。

1.“DMU 审查浏览”工具条

图 10.2.2 所示“DMU 审查浏览”工具条可以管理带 2D 标注的视图、转至超级链接、打

开场景浏览器、进行空间查询和应用重新排序等。

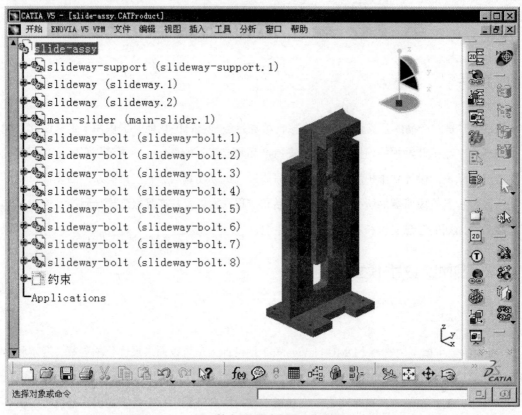

图 10.2.1　DMU 数字模型浏览器工作台界面

2. "DMU 审查创建" 工具条

图 10.2.3 所示 "DMU 审查创建" 工具条可以创建审查、2D 标记、3D 批注、超级链接、产品组、增强型场景、展示和切割。

图 10.2.2　"DMU 审查浏览" 工具条

图 10.2.3　"DMU 审查创建" 工具条

3. "DMU 移动" 工具条

图 10.2.4 所示 "DMU 移动" 工具条可以对组件平移或旋转、累积捕捉、对称和重置定位。

4. "DMU 一般动画" 工具条

图 10.2.5 所示"DMU 一般动画"工具条主要用于动画的模拟播放、跟踪、编辑动画序列、设置碰撞检测和录制视点动画等。

5."DMU 查看"工具条

图 10.2.6 所示"DMU 查看"工具条主要用于对产品的局部结构或细节进行查看、切换视图、放大、开启深度效果、显示或隐藏水平地线和创建光照效果。

图 10.2.4 　"DMU 移动"工具条　图 10.2.5 　"DMU 一般动画"工具条　图 10.2.6 　"DMU 查看"工具条

10.2.3 创建 2D 和 3D 标注

在电子样机工作台中，可以直接在 3D 模型中以目前的屏幕显示画面为基准面，绘制标注符号、图形与文字、对模型的解释性 2D 批注，也可创建与模型相接触的 3D 标注。

1. 创建 2D 标注

下面以一个实例来说明创建 2D 标注的一般过程。

步骤 01 打开文件 D:\catsc20\work\ch10.02.03.01\2D-mark.CATProduct。

步骤 02 单击 按钮，在特征树中选取 DMU 审查.1 并右击，在系统弹出的快捷菜单中选择 属性　Alt+Enter 选项，此时系统弹出"属性"对话框，在 特征属性 选项卡的 特征名称: 文本框中输入名称"2D 标注.1"，然后单击 确定 按钮。

步骤 03 选择命令。在特征树中确认 2D标注.1 处于激活状态，在"DMU 审查创建"工具条中单击 2D 按钮（或选择 插入 ➡ 2D 带标注的视图 命令），此时系统弹出图 10.2.7 所示的"DMU 2D 标记"工具条，同时特征树显示如图 10.2.8 所示。

步骤 04 绘制直线。在"DMU 2D 标记"工具条中选择 ╱ 命令，在图 10.2.9a 所示的位置 1 按住鼠标左键不放，然后拖动鼠标指针到位置 2，绘制图 10.2.9b 所示的直线后松开鼠标左键。

步骤 05 绘制圆。在"DMU 2D 标记"工具条中选择 ○ 命令，在图 10.2.10a 所示的位置 1 按住鼠标左键不放，然后拖动鼠标指针到位置 2。完成后选中刚刚创建的圆边线，在"图形属性"工具条中调整线条宽度为 3: 0.7 mm，结果如图 10.2.10b 所示。

步骤 06 绘制箭头。在"DMU 2D 标记"工具条中选择 ← 命令，在图 10.2.11a 所示的位置 1 按住鼠标左键不放，然后拖动鼠标指针到位置 2。完成后选中刚刚创建的箭头，在"图形属性"工具条中调整线条宽度为 ![3 : 0.7 mm]，结果如图 10.2.11b 所示。

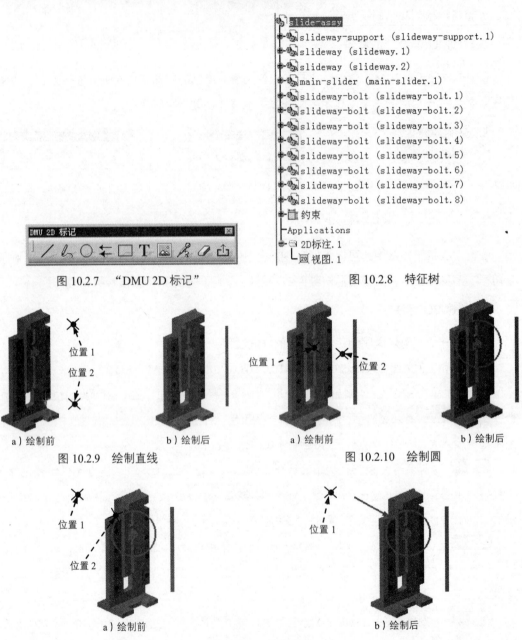

图 10.2.7　"DMU 2D 标记"

图 10.2.8　特征树

a）绘制前　　　　　b）绘制后

图 10.2.9　绘制直线

a）绘制前　　　　　b）绘制后

图 10.2.10　绘制圆

a）绘制前

b）绘制后

图 10.2.11　绘制箭头

步骤 07 添加文本。在"DMU 2D 标记"工具条中选择 T 命令，在图 10.2.11b 所示的位置 1 单击，此时系统弹出图 10.2.12 所示的"标注文本"对话框，在"文本属性"工具条中调整字体高度值为 12，输入文本"滑块连接部位"，然后单击 ● 确定 按钮，结果如图 10.2.13

所示。

图 10.2.12　"标注文本"对话框

图 10.2.13　标注文本

步骤 08 完成标注。在"DMU 2D 标记"工具条中选择 ⬆ 命令，退出 2D 视图的创建。

◆ 通过"DMU 2D 标记"工具条可以添加直线、徒手线、圆、箭头、矩形、文本、图片和声音等标注形式，单击 ✎ 按钮，可将当前 2D 视图的所有标注删除。

◆ 退出 2D 视图的标注后，可以在特征树上双击对应的 2D 视图节点，显示所有的标注内容并进行编辑。

◆ 在 2D 视图的编辑状态下，单击某个标记内容，此时会出现对应的一个或两个黑色方框，拖动方框可以改变标记的位置或大小。

◆ 在 2D 视图的编辑状态下，右击某个标记内容，在系统弹出的快捷菜单中选择 📋 **属性** 命令，可以设定更多的属性参数。

2. 创建 3D 标注

创建的 3D 标注必须与模型相接触，在旋转模型时，2D 标注会消失，而 3D 标注会始终处于可视状态。下面介绍创建 3D 标注的一般过程。

步骤 01 打开文件 D:\catsc20\work\ch10.02.03.02\3D-mark.CATProduct。

步骤 02 单击 🗂 按钮，在特征树中选取 🔗 **DMU 审查.1** 并右击，在系统弹出的快捷菜单中选择 📋 **属性**　**Alt+Enter** 选项，此时系统弹出"属性"对话框，在 **特征属性** 选项卡的 **特征名称：** 文本框中输入名称"3D 标注.1"，然后单击 ⬤ **确定** 按钮。

步骤 03 选择命令。在特征树中确认 🔗 **3D标注.1** 处于激活状态，在"DMU 审查创建"工具条中单击 Ⓣ 按钮(或选择 **插入** ➡ **Ⓣ 3D 标注** 命令)，此时系统提示 **在查看器中选择对象**，在图形区单击图 10.2.14 所示的位置选择滑块零件，此时系统弹出"标注文本"对话框。

步骤 04 输入文字。在"文本属性"工具条中调整字体高度值为 12，输入文本"表面渗碳处理"，然后单击 ⊙ 确定 按钮，结果如图 10.2.15 所示。

选取该零件

表面渗碳处理

图 10.2.14 选择对象   图 10.2.15 添加 3D 标注

步骤 05 调整文字位置。双击刚刚创建的标注文本，系统再次弹出"标注文本"对话框，移动鼠标指针到注释文本上，指针会出现绿色的十字箭头，此时拖动该十字箭头到新的位置，结果如图 10.2.16 所示。

步骤 06 在"标注文本"对话框中单击 ⊙ 确定 按钮，完成 3D 标注的添加。

说明

◆ 在 3D 标注的编辑状态下，用户可以通过旋转模型来选择更加合适的标注位置，图 10.2.17 显示了模型旋转后的标注结果。

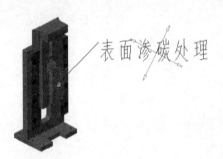

表面渗碳处理

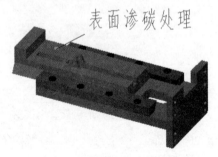

表面渗碳处理

图 10.2.16 拖动十字箭头   图 10.2.17 调整标注位置

10.2.4 创建增强型场景

场景用来记录当前产品的显示画面。在一个保存的视点里，场景能够捕捉和存储组件在装配中的位置和状态，控制组件的显示和颜色，并创建三维的装配关系图来明确产品的装配顺序等。

下面通过一个例子来说明创建增强型场景的一般操作过程。

步骤 01 打开文件 D:\catsc20\work\ch10.02.04\strengthen-scene.CATProduct。

步骤 02 选择命令。在"DMU 审查创建"工具条中单击 按钮（或选择 插入 ➡ 增强型场景 命令），此时系统弹出图 10.2.18 所示的"增强型场景"对话框。

步骤 03 在"增强型场景"对话框中取消选中 □ 自动命名 选项，在 名称： 文本框中输入名称"增强型场景1"，单击 确定 按钮，系统进入"增强型场景"编辑环境。

系统可能会弹出图 10.2.19 所示的"警告"对话框，此时单击 关闭 按钮即可。

步骤 04 在"DMU 移动"工具条中单击 按钮（或选择 工具 ➡ 移动 ➡ 平移或旋转 命令），此时系统弹出图 10.2.20 所示的"移动"对话框。

图 10.2.18 "增强型场景"对话框

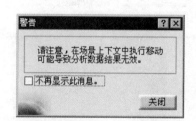

图 10.2.19 "警告"对话框

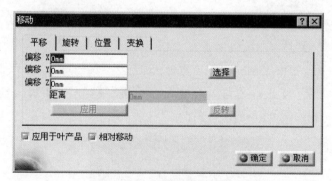

图 10.2.20 "移动"对话框

步骤 05 在特征树中选取所有的"slidway-bolt"组件，然后在"移动"对话框的 偏移 X 文本框中输入数值 400，其余偏移值保持为 0，单击 应用 按钮，结果如图 10.2.21b 所示。

a）移动前

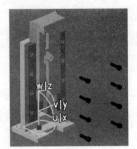
b）移动后

图 10.2.21 移动组件（一）

步骤 06 在特征树中单击"slidway (slideway.1)"组件，然后在"移动"对话框的 偏移 X 文本框中输入数值 0，在 偏移 Y 文本框中输入数值-200，在 偏移 Z 文本框中输入数值 0，单击 应用 按钮，结果如图 10.2.22 所示。

步骤 07 在特征树中单击"slidway (slideway.2)"组件，然后在"移动"对话框的 偏移 X 文本框中输入数值 0，在 偏移 Y 文本框中输入数值 200，在 偏移 Z 文本框中输入数值 0，单击 应用 按钮，结果如图 10.2.23 所示。

图 10.2.22 移动组件（二）

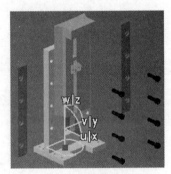
图 10.2.23 移动组件（三）

步骤 08 在特征树中单击"main-slider"组件，然后在"移动"对话框的 偏移 X 文本框中输入数值 150，在 偏移 Y 文本框中输入数值 0，在 偏移 Z 文本框中输入数值-30，单击 应用 按钮，结果如图 10.2.24 所示。

图 10.2.24 移动组件（四）

步骤 **09** 在"移动"对话框中单击 ◎ 确定 按钮，完成组件的移动。

步骤 **10** 保存视点。旋转模型到图 10.2.25 所示的方位，然后在"增强型场景"工具条中单击 按钮，保存当前的视点。

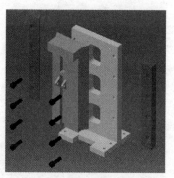

图 10.2.25 保存视点

步骤 **11** 在"增强型场景"工具条中单击 按钮，退出场景的编辑环境。

步骤 **12** 应用场景到装配。在特征树中展开 Applications 节点，右击 增强型场景1 节点，在系统弹出的快捷菜单中选择 增强型场景1 对象 ➡ 在装配上应用场景 ➡ 应用整个场景 命令，此时产品装配体将按照场景中组件的位置发生移动。

用户可以选择 工具 ➡ 移动 ➡ 重置定位 命令，恢复组件的原始装配位置。

10.3 DMU 装配模拟

10.3.1 概述

DMU 装配模拟（DMU Fitting Simulator）用来定义、模拟和分析装配过程和拆卸过程，通过模拟维护修理过程的可行性（安装/拆卸）来校验原始设计的合理性。DMU 装配模拟可以产生拆卸预留空间等信息以便于将来的设计修改，还可以帮助标识和确定装配件的拆卸路径。DMU 装配模拟所提供的模拟和分析工具可以满足产品设计、再生利用、服务和维护等各部门的具体要求，直观显示、仿真和动画制作等功能，为销售、市场和培训等部门提供了有益的帮助。

10.3.2 DMU 装配模拟工作台简介

打开文件 D:\catsc20\work\ch10.03.02\DMU-Fitting-Simulator.CATProd-uct，选择下拉菜单

开始 ➡ 数字化装配 ➡ DMU 配件 命令，进入 DMU 装配模拟工作台。CATIA

DMU 装配模拟工作台如图 10.3.1 所示。

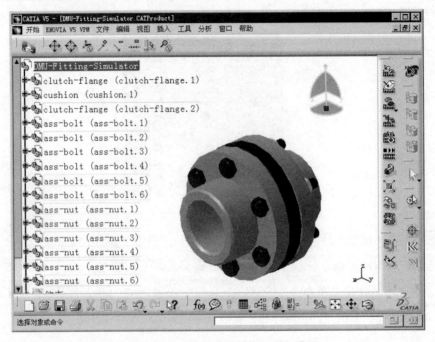

图 10.3.1 DMU 装配模拟工作台界面

以下是 DMU 装配模拟工作台的工具条功能介绍。

1．"DMU 模拟"工具条

图 10.3.2 所示 "DMU 模拟"工具条用于创建追踪、工作指令和序列，并对创建的序列进行模拟播放等操作，是 DMU 装配检查的主要工具条。

2．"DMU 检查"工具条

图 10.3.3 所示 "DMU 检查"工具条用于对路径进行检查和查找以及对干涉碰撞进行检查和分析。

图 10.3.2 "DMU 模拟"工具条

图 10.3.3 "DMU 检查"工具条

10.3.3 创建模拟动画

模拟动画是将图形区的模型移动、旋转和缩放等操作步骤记录下来，从而可以重复观察的一种动画形式。下面来说明创建模拟动画的一般过程。

步骤 01 打开文件 D:\catsc20\work\ch10.03.03\simulate-animation.CATProduct。

 说明 此时应确认进入 DMU 配件工作台。

步骤 02 创建组件的往返。选择 **插入** ➡ **往返** 命令,系统分别弹出"预览""操作"和"编辑梭"三个对话框,在模型中选取所有的"slidway-bolt"组件,在"编辑梭"对话框中单击 **确定** 按钮。

步骤 03 调整视图方位。在"视图"工具条中单击 按钮,在系统弹出的"已命名的视图"对话框中选择 **Camera 1** 选项。

步骤 04 创建模拟。选择 **插入** ➡ **模拟** 命令,此时系统弹出图 10.3.4 所示的"选择"对话框,在列表框中选择"往返.1",然后单击 **确定** 按钮,系统弹出"预览"对话框和图 10.3.5 所示的"编辑模拟"对话框。

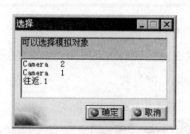

图 10.3.4 "选择"对话框

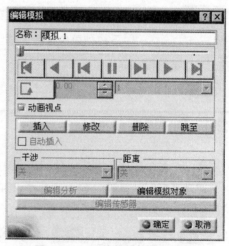

图 10.3.5 "编辑模拟"对话框

步骤 05 调整视图方位。在"已命名的视图"对话框中选择 **Camera 2** 选项,调整模型方位为等轴测视图,在"编辑模拟"对话框中单击 **插入** 按钮,记录当前的视点。

步骤 06 调整组件位置。此时在产品模型上会出现图 10.3.6 所示的指南针,拖动图 10.3.7所示的指南针边线向右侧移动大约 400mm 的距离,此时所有组件"slidway-bolt"的位置发生相应的变化,在"编辑模拟"对话框中单击 **插入** 按钮,记录当前的视点。

用户也可以在此时系统弹出的"操作"工具条中选择其他的操作工具，对往返1的对象进行必要的移动或旋转。

图 10.3.6　等轴测视图方位

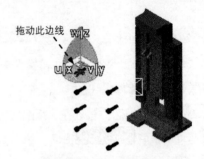

图 10.3.7　调整组件方位

步骤 07　参照**步骤 05**、**步骤 06**的操作方法，对模型进行放大、缩小的操作，并分别单击 **插入** 按钮。

步骤 08　在"编辑模拟"对话框中单击 ◀ 按钮将时间滑块归零，在 `1 ▾` 下拉列表中选择内插步长为 0.01，确认选中 动画视点 复选框，然后单击 ▶ 按钮播放模拟动画。

步骤 09　在"编辑模拟"对话框中单击 ● 确定 按钮，完成操作。

10.3.4　创建跟踪动画

　　跟踪动画是将图形区的模型移动步骤分别记录下来，并保存成轨迹的形式，它是创建复杂装配动画序列的基础内容。下面说明创建跟踪动画的一般过程。

步骤 01　打开文件 D:\catsc20\work\ch10.03.04\track-animation.CATProduct。

步骤 02　选择命令。选择 插入 ➡ 序列和工作指令 ➡ 跟踪 命令，此时系统弹出图 10.3.8 所示的"跟踪"对话框、"记录器"工具条和"播放器"工具条。

步骤 03　选择对象。在特征树中选择组件"slidway-bolt (slideway-bolt.1)"，此时该组件上会出现图 10.3.9 所示的指南针，同时系统弹出图 10.3.10 所示的"操作"工具条。

　　在"操作"工具条中单击"编辑器"按钮 ，系统弹出图 10.3.11 所示的"用于指南针操作的参数"对话框，单击 按钮重置增量参数，在 沿 U 文本框中输入数值 400，然后单击该文本框后面的 按钮，此时组件 slidway-bolt (slideway-bolt.1) 将移动到图 10.3.12 所示的位置，在"记录器"工具条中单击"记录"按钮 ，记录此时的组件位置。

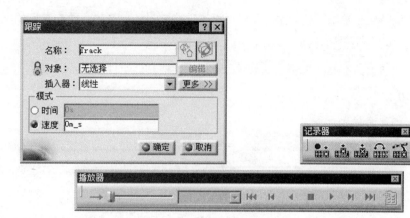

图 10.3.8 对话框和工具条

图 10.3.9 选择对象

图 10.3.10 "操作"工具条

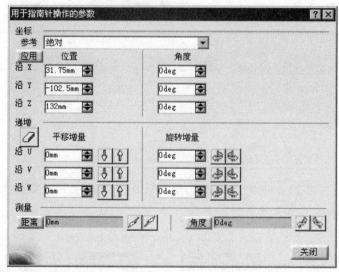

图 10.3.11 "用于指南针操作的参数"对话框

图 10.3.12 编辑位置

步骤 **04** 编辑位置参数。在"用于指南针操作的参数"对话框中单击 关闭 按钮，完成组件位置的编辑。

步骤 05 编辑跟踪参数。在"跟踪"对话框中选中 ⚫时间 单选项，并在其后的文本框中输入数值 10，单击 ⚫确定 按钮，完成追踪 1 的创建。

步骤 06 创建追踪 2~8。参考 **步骤 03**~**步骤 05**，完成其他组件 slidway-bolt 的位置编辑，其结果如图 10.3.13 所示。

步骤 07 创建追踪 9。

（1）选择 插入 ➡ 序列和工作指令 ▶ ➡ 跟踪 命令，此时系统弹出"跟踪"对话框、"记录器"工具条和"播放器"工具条。在特征树中选择组件"slidway (slideway.1)"，此时该组件上会出现绿色的指南针，同时系统弹出"操作"工具条。

（2）在"操作"工具条中单击"编辑器"按钮，系统弹出"用于指南针操作的参数"对话框，单击 按钮重置增量参数，在 沿 v 文本框中输入数值 200，然后单击该文本框后面的 按钮，此时组件 slidway (slideway.1)将移动到图 10.3.14 所示的位置，在"记录器"工具条中单击"记录"按钮，记录此时的组件位置。

图 10.3.13　创建追踪 2~8

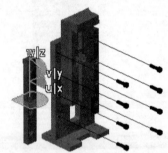

图 10.3.14　编辑对象位置

（3）在"用于指南针操作的参数"对话框中单击 关闭 按钮，完成组件位置的编辑。

（4）在"跟踪"对话框中选中 ⚫时间 单选项，并在其后的文本框中输入数值 10，单击 ⚫确定 按钮，完成追踪 9 的创建。

10.3.5　编辑动画序列

编辑动画序列是将已经创建的追踪轨迹或模拟动画进行必要的排列，以便生成所需要的动画效果。下面说明编辑动画序列的一般过程。

步骤 01 打开文件 D:\catsc20\work\ch10.03.05\animation-suite.CATProduct。

步骤 02 选择命令。选择 插入 ➡ 序列和工作指令 ➡ 编辑序列 命令，此时系统弹出图 10.3.15 所示的"编辑序列"对话框（一）和"播放器"工具条。

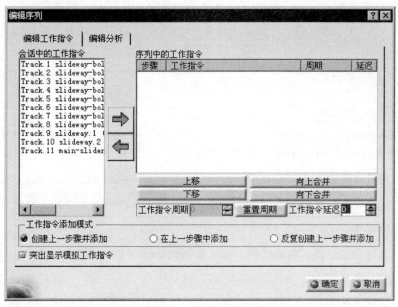

图 10.3.15 "编辑序列"对话框（一）

步骤 03 编辑序列。在"编辑序列"对话框（一）会话中的工作指令 中选择 Track.1 选项，单击 ➡ 按钮，使其添加到 序列中的工作指令 中，结果如图 10.3.16 所示。用同样的方式依次添加其余"追踪 2"~"追踪 11"。

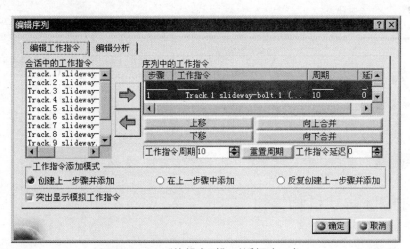

图 10.3.16 "编辑序列"对话框（二）

步骤 04 观察动画。

（1）在"播放器"工具条中单击 ▶ 按钮，观察组件的动画效果。

（2）在"编辑序列"对话框（二）序列中的工作指令 列表框中选中"追踪 2"，然后在 工作指令周期文本框中输入数值 30；在 序列中的工作指令 列表框中选中"追踪.1"，然后在 工作指令延迟 文本框中输入数值 10；在"播放器"工具条中依次单击 ◄◄ 和 ▶ 按钮，观察调整后组件的动画效果。

（3）在"编辑序列"对话框（二）中单击 ●确定 按钮，完成序列的编辑。

10.3.6　生成动画视频

下面紧接着上一小节的操作来介绍生成动画视频的一般操作方法。

步骤 01 打开文件 D:\catsc20\work\ch10.03.06\animation_movie.CATProduct。

步骤 02 选择命令。选择下列菜单 工具 ➡ 模拟 ▶ ➡ 生成视频 命令，系统弹出"播放器"工具条。

步骤 03 选择模拟对象。在特征树中选择 序列.1 节点，系统弹出图 10.3.17 所示的"视频生成"对话框。

步骤 04 设置视频参数。在"视频生成"对话框中单击 设置 按钮，系统弹出"Choose Compressor"对话框（图 10.3.18），这里采用系统默认的压缩程序，单击 确定 按钮。

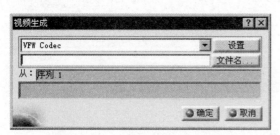

图 10.3.17　"视频生成"对话框

图 10.3.18　"Choose Compressor"对话框

步骤 05 定义文件名。在"视频生成"对话框中单击 文件名... 按钮，系统弹出"另存为"对话框，输入文件名称 movie，单击 保存(S) 按钮。

步骤 06 在"视频生成"对话框中单击 ●确定 按钮，系统开始生成视频。

10.4　DMU 运动机构模拟

10.4.1　概述

DMU 运动机构模拟（DMU Kinematics）通过调用大量已有的多个种类的运动副或者通过自动转换机械装配约束条件而产生的运动副，对任何规模的电子样机进行运动机构定义。通过运动干涉检验和校核最小间隙来进行机构运动分析。DMU 运动机构模拟可以生成运动零件的轨迹、扫掠体和包络体以指导未来的设计。它还可以通过与其他 DMU 产品的集成做更多复杂组合的运动仿真分析，能够满足从机械设计到功能评估的各类工程设计人员的需要。

10.4.2 DMU 运动机构模拟工作台简介

打开文件 D:\catsc20\work\ch10.04.02\0-cam-reciprocate-assy.CATProduct，选择下拉菜单 开始 ➡ 数字化装配 ➡ DMU 运动机构 命令，进入 DMU 运动机构模拟工作台。CATIA DMU 运动机构模拟工作台如图 10.4.1 所示。

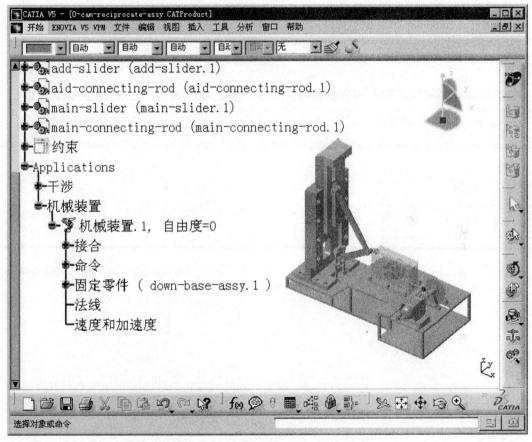

图 10.4.1 DMU 运动机构模拟工作台界面

以下介绍 DMU 运动机构模拟工作台的工具条功能。

1."DMU 运动机构"工具条

图 10.4.2 所示的"DMU 运动机构"工具条是进行运动仿真的主要工具条，可以定义运

动副及固定件，并且进行运动机构模拟。

图 10.4.2 "DMU 运动机构"工具条

2. "运动接合点"工具条

图 10.4.3 所示的"运动接合点"工具条主要是用来定义运动副接头。

3. "DMU 一般动画"工具条

图 10.4.4 所示的"DMU 一般动画"工具条主要用于创建机构运动视频，查看机构运动轨迹与机构操作时经过的空间范围，其中一部分命令和 DMU 数字模型浏览器中的命令是一样的。

图 10.4.3 "运动接合点"工具条   图 10.4.4 "DMU 一般动画"工具条

4. "运动机构更新"工具条

图 10.4.5 所示的"运动机构更新"工具条用来对机构更新进行相关的设置。

5. "DMU 空间分析"工具条

图 10.4.6 所示的"DMU 空间分析"工具条主要用来设置空间分析的参数，包括碰撞干涉检查和距离检查的设置等。

图 10.4.5 "运动机构更新"工具条   图 10.4.6 "DMU 空间分析"工具条

10.4.3 DMU 运动机构模拟一般流程

DMU 运动机构模拟主要包括以下几个步骤。

（1）模型准备。

（2）进入 DMU 运动仿真工作台。

（3）定义运动副接头。

（4）定义驱动。

（5）定义固定件。

（6）运动模拟。

10.4.4　定义运动接头

1. 旋转接头

通过旋转副，可以使两个零件绕同一根轴转动，但是不能在轴向方向移动。两个零件接合处必须各有一根轴线以及一个与轴线垂直的平面，将两个轴线重合，然后设置两个平面之间的距离，即可成为具有一个旋转自由度的旋转副。

下面介绍创建旋转接头的一般操作过程。

步骤 **01** 打开文件 D:\catsc20\work\ch10.04.04.01\rotate.CATProduct。

步骤 **02** 定义"旋转"接头。

（1）选择命令。选择下拉菜单 插入 ➡ 新接合点 ▶ ➡ 旋转... 命令，系统弹出图 10.4.7 所示的"创建接合：旋转"对话框。

（2）创建机械装置。在对话框中单击 新机械装置 按钮，系统弹出图 10.4.8 所示的"创建机械装置"对话框，采用系统默认设置，单击 确定 按钮。

图 10.4.7　"创建接合：旋转"对话框

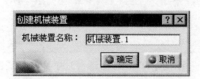

图 10.4.8　"创建机械装置"对话框

（3）选取直线参考。选取图 10.4.9 所示的轴线 1 和轴线 2 为直线参考。

（4）选取平面参考。选取图 10.4.10 所示的模型表面 1 和模型表面 2 为平面参考。

步骤 **03** 单击 确定 按钮，完成"旋转"接头的创建。

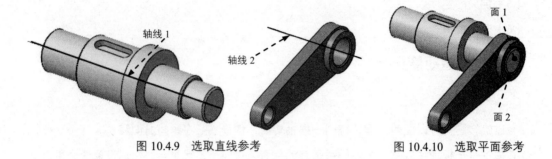

图 10.4.9　选取直线参考　　　　　　图 10.4.10　选取平面参考

2. 棱形接头

通过棱形接头，可以使两个零件沿着某一个方向平移，两个零件在接合处必须各有一个平面以及一个平行于平面的方向，将两个零件的平面与移动方向重合，即成为具有一个平移自由度的移动副。

下面介绍创建棱形接头的一般操作过程。

步骤 01 打开文件 D:\catsc20\work\ch10.04.04.02\prismatic.CATProduct。

步骤 02 定义"棱形"接头。

（1）选择命令。选择下拉菜单 插入 ➡ 新接合点 ▶ ➡ 棱形… 命令，系统弹出图 10.4.11 所示的"创建接合：棱形"对话框。

（2）创建机械装置。在对话框中单击 新机械装置 按钮，系统弹出"创建机械装置"对话框，采用系统默认设置，单击 确定 按钮。

图 10.4.11　"创建接合：棱形"对话框

（3）选取直线参考。选取图 10.4.12 所示的轴线 1 和轴线 2 为直线参考。

（4）选取平面参考。分别选取两零件的 yz 平面为平面参考。

步骤 03 单击 确定 按钮，完成"棱形"接头的创建。

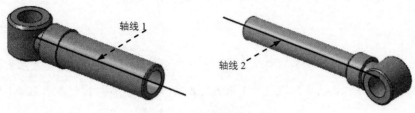

图 10.4.12 选取直线参考

3. 刚性接头

通过刚性接头，可以使两个零件成为一个刚体，成为刚体后，两个零件彼此间的相对位置将不会改变。刚性接头只作为零件之间的连接，不提供驱动命令。

下面介绍创建刚性接头的一般操作过程。

步骤 01 打开文件 D:\catsc20\work\ch10.04.04.03\stiffness.CATProduct。

步骤 02 定义"刚性"接头。

（1）选择命令。选择下拉菜单 插入 ➡ 新接合点▸ ➡ 刚性... 命令，系统弹出图 10.4.13 所示的"创建接合：刚性"对话框。

（2）创建机械装置。在对话框中单击 新机械装置 按钮，系统弹出"创建机械装置"对话框，采用系统默认设置，单击 ● 确定 按钮。

图 10.4.13 "创建接合：刚性"对话框

（3）选取参考。选取图 10.4.14 所示的"borad_01"和"borad_02"为零件参考。

步骤 03 单击 ● 确定 按钮，完成"刚性"接头的创建。

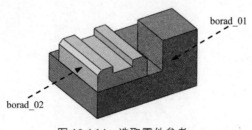

图 10.4.14 选取零件参考

10.5　DMU 运动仿真与分析综合应用案例

案例概述:

　　本案例讲述了一个机构的运动仿真过程,在定义运动仿真过程中首先要注意机构运动接头的定义,要根据机构的实际运动情况来进行正确的定义。机构模型如图 10.5.1 所示。

图 10.5.1　机构模型

　　本应用的详细操作过程请参见随书光盘中 video\ch10\文件下的语音视频讲解文件。模型文件为 D:\catsc20\work\ch10.05\0-cam-reciprocate-assy.CATProduct。

第11章 有限元分析

11.1 有限元分析基础

11.1.1 进入有限元分析工作台

在 CATIA 中进行有限元分析主要会使用到以下两个工作台：一个是基本结构分析工作台，也是 CATIA 有限元分析的主工作台；另外一个是高级网格划分工作台。对于一般的零件，使用主工作台就可以完成全部分析，但是对于结构比较复杂的零件，一般是先使用高级网格划分工作台进行高级网格划分，然后切换到主工作台进行分析计算。

选择下拉菜单 开始 ➡ 分析与模拟 ➡ Generative Structural Analysis 命令，系统弹出"New Analysis Case"对话框，在对话框中选择分析类型，单击 确定 按钮，即可进入 CATIA 有限元分析的主工作台（基本结构分析工作台）。

说明 进入高级网格划分工作台，可选择下拉菜单 开始 ➡ 分析与模拟 ➡ Advanced Meshing Tools 命令。

11.1.2 有限元分析命令及工具栏

进入 CATIA 有限元分析的主工作台，有限元分析命令主要分布在众多的工具栏中。以下是相应工具栏中快捷按钮的功能介绍。

1. "Restraints"工具栏

使用图 11.1.1 所示"Restraints"工具栏中的命令，可以在物理模型上添加约束。

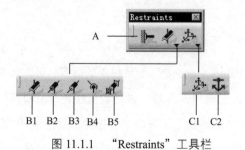

图 11.1.1　"Restraints"工具栏

图 11.1.1 所示"Restraints"工具栏中各按钮的功能说明如下。

A： 创建夹紧约束。 　　　　　　　　B1： 创建面滑动约束。

B2： 创建滑动约束。 　　　　　　　　B3： 创建滑动旋转约束。

B4： 创建球连接约束。 　　　　　　　B5： 创建旋转约束。

C1： 创建高级约束。 　　　　　　　　C2： 创建静态约束。

2. "Loads"工具栏

使用图 11.1.2 所示"Loads"工具栏中的命令，可以在物理模型上添加载荷。

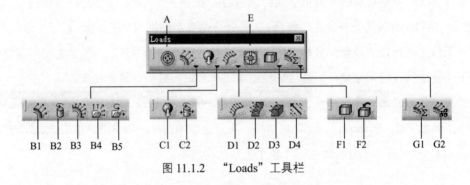

图 11.1.2 "Loads"工具栏

图 11.1.2 所示"Loads"工具栏中各按钮的功能说明如下。

A： 创建压强载荷。 　　　　　　　　B1： 创建均布力。

B2： 创建力矩。 　　　　　　　　　　B3： 创建轴承载荷。

B4： 导入力。 　　　　　　　　　　　B5： 导入力矩。

C1： 创建重力加速度。 　　　　　　　C2： 创建旋转惯性力（向心力）。

D1： 创建线密度力。 　　　　　　　　D2： 创建面密度力。

D3： 创建体密度力。 　　　　　　　　D4： 创建向量密度力。

E： 创建强迫位移负载。 　　　　　　F1： 定义温度。

F2： 从结果导入温度。 　　　　　　　G1： 创建组合负载。

G2： 创建独立负载。

3. "Model Manager"工具栏

使用图 11.1.3 所示"Model Manager"工具栏中的命令，可以用来进行实体网格划分，定义网格参数以及网格类型，设置单元属性，进行模型检查以及材料的设置。

图 11.1.3 所示"Model Manager"工具栏中各按钮的功能说明如下。

A1： 划分四面体网格。 　　　　　　　A2： 划分三角形网格。

A3: 划分一维线性网格。　　　　　B1: 设置单元类型。

B2: 定义局部网格尺寸。　　　　　B3: 定义局部垂度。

C ： 定义 3D 属性。　　　　　　　D1: 定义 2D 属性。

D2: 导入 2D 属性。　　　　　　　E1: 定义 1D 属性。

E2: 带入 1D 属性。　　　　　　　F ： 定义映像属性。

G ： 模型检查。　　　　　　　　　H ： 定义材料。

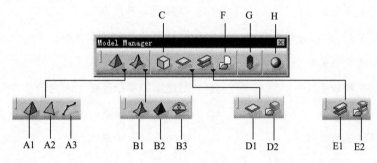

图 11.1.3　"Model　Manager" 工具栏

4. "Analysis Supports" 工具栏

使用图 11.1.4 所示 "Analysis Supports" 工具栏中的命令，可以用来定义零件之间的连接关系。

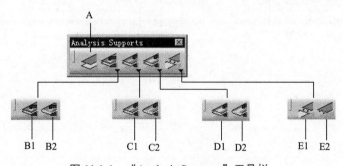

图 11.1.4　"Analysis Supports" 工具栏

图 11.1.4 所示 "Analysis Supports" 工具栏中各按钮的功能说明如下。

A ： 创建一般连接。　　　　　　　B1: 创建两个零件间的点连接。

B2: 创建一个零件间的点连接。　　C1: 创建两个零件间的线连接。

C2: 创建一个零件间的线连接。　　D1: 创建两个零件间的面连接。

D2: 创建一个零件间的面连接。　　E1: 创建多点约束。

E2: 创建面向点的约束。

5. "Connection　Properties" 工具栏

使用图 11.1.5 所示 "Connection Properties" 工具栏中的命令，可以用来创建滑动、接触、固定等关联属性以及点、面焊接属性等。

图 11.1.5 所示 "Connection Properties" 工具栏中各按钮的功能说明如下。

A1: 创建滑动关联属性。　　　　　　A2: 创建接触关联属性。

A3: 创建固定关联属性。　　　　　　A4: 创建绑定关联属性。

A5: 创建预紧力关联属性。　　　　　A6: 创建螺栓压紧关联属性。

B1: 创建间距刚性关联属性。　　　　B2: 创建间距柔性关联属性。

B3: 创建虚拟螺栓连接。　　　　　　B4: 创建虚拟螺栓连接（考虑预紧力）。

B5: 用户自定义连接。　　　　　　　C1: 定义点焊连接属性。

C2: 定义焊缝连接属性。　　　　　　C3: 定义面焊连接属性。

D1: 定义多点分析关联。　　　　　　D2: 定义多点面分析关联。

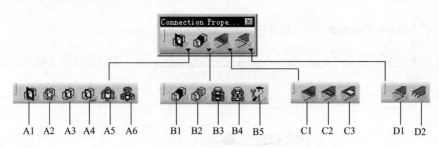

图 11.1.5　　"Connection Properties" 工具栏

6. "Compute" 工具栏

使用图 11.1.6 所示 "Compute" 工具栏中的命令，可以对前面定义的有限元分析模型进行普通求解或自适应求解。

图 11.1.6　　"Compute" 工具栏

图 11.1.6 所示"Compute"工具栏中各按钮的功能说明如下。

A1: 求解计算。　　　　　　　　　　A2: 自适应求解。

7. "Image"工具栏

使用图 11.1.7 所示"Image"工具栏中的命令，可以查看分析结果图解。

图 11.1.7 所示"Image"工具栏中各按钮的功能说明如下。

A : 查看网格变形。　　　　　　　　B : 查看应力结果图解。

C1: 查看位移结果图解。　　　　　　C2: 查看主应力图解。

C3: 查看结果误差。

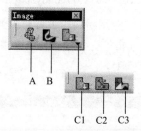

图 11.1.7　"Image"工具栏

11.2　有限元分析一般流程

在 CATIA 中进行有限元分析的一般流程如下。

（1）创建三维实体模型（模型准备）。

（2）给几何模型赋予材料属性（也可以进入有限元分析工作台再添加材料）。

（3）进入有限元分析工作台（也可以先进入高级网格划分工作台进行网格划分）。

（4）在物理模型上施加约束（边界条件）。

（5）在物理模型上施加载荷。

（6）网格自动划分、单元网格查看。

（7）计算和生成结果。

（8）查看和分析计算结果。

（9）对关心的区域细化网格，重新计算。

11.3　零件有限元分析

下面以一个连杆零件为例，介绍在 CATIA 中进行有限元分析的一般过程。

如图 11.3.1 所示，连杆材料为 STEEL，其左端圆孔部位完全固定约束，在连杆右端圆孔面上表面承受一个大小为 1500N，方向与零件侧面呈 60° 夹角的均布载荷力作用，在这种情况下分析其应力分布情况以及变形。

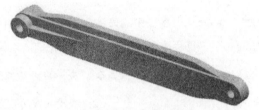

图 11.3.1　连杆零件

步骤 01　打开文件 D:\catsc20\work\ch11.03\analysis-part.CATPart。

步骤 02　添加材料属性。单击"应用材料"工具栏中的"应用材料"按钮，系统弹出图 11.3.2 所示的"库（只读）"对话框，在对话框中单击 Metal 选项卡，然后选择 steel 材料，将其拖动到模型上，单击 确定 按钮，即可将选定的材料添加到模型中。

图 11.3.2　"库（只读）"对话框

步骤 03　进入基本结构分析工作台并定义分析类型。选择下拉菜单 开始 ➡ 分析与模拟 ▶ ➡ Generative Structural Analysis 命令，系统弹出图 11.3.3 所示的"New Analysis Case"对话框，在对话框中选择 Static Analysis 选项，即新建一个静态分析情形。

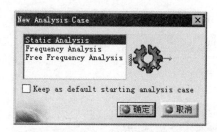

图 11.3.3 "New Analysis Case" 对话框

步骤 **04** 添加约束条件。单击 "Restraints" 工具栏中的 按钮，系统弹出图 11.3.4 所示的 "Clamp" 对话框，然后选取图 11.3.5 所示的圆柱面为约束固定面，单击对话框中的 确定 按钮，完成约束添加。

步骤 **05** 添加载荷条件。单击 "Loads" 工具栏中的 按钮，系统弹出图 11.3.6 所示的 "Distributed Force" 对话框，选取图 11.3.7 所示的圆柱面为受载面，在 "Distributed Force" 对话框 Axis System 区域的 Type 下拉列表中选择 User 选项，在 Current axis 文本框中单击，并选取图 11.3.7 所示的 "轴系 1"；在 Force Vector 区域的 Z 文本框中输入载荷值 1500；单击 确定 按钮，完成载荷力的添加。

图 11.3.4 "Clamp" 对话框

图 11.3.5 添加约束

图 11.3.6 "Distributed Force" 对话框

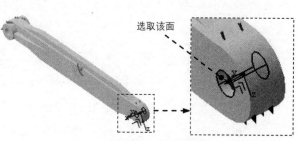

图 11.3.7 添加载荷

步骤 **06** 网格划分及可视化。在特征树中右击 Nodes and Elements ，在系统弹出的快捷菜单中选择 Mesh Visualization 命令，然后将渲染样式切换到"含边线着色"样式，即可查看系统自动划分的网格（图 11.3.8 ）。

图 11.3.8 查看网格

此时系统会弹出"Warning"对话框，单击 确定 按钮即可。

步骤 **07** 重新划分网格。在特征树中双击 Nodes and Elements 节点下的 OCTREE Tetrahedron Mesh.1 : analysis-part ，系统弹出图 11.3.9 所示的 "OCTREE Tetrahedron Mesh" 对话框，在对话框中单击 Global 选项卡，在 Size: 文本框中输入数值 3，在 Absolute sag: 文本框中输入数值 0.5；在 Element type 区域中选中 Parabolic 单选项，单击 确定 按钮，完成网格划分。

完成网格划分后参照 步骤 **06** 的方法查看网格划分结果，结果如图 11.3.10 所示。

图 11.3.9 "OCTREE Tetrahedron Mesh" 对话框

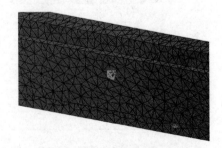

图 11.3.10 网格划分结果

图 11.3.9 所示的 "OCTREE Tetrahedron Mesh" 对话框的 Global 选项卡中各选项说明如下。

◆ Size: ：单元尺寸。表示每个单元的平均尺寸，取值越小则分析精度越高，但相应计算量及时间增大。

◆ 　Absolute sag：绝对弦高。表示在几何模型和将要定义的网格之间容许的距离偏差的最大值，这个参数对弯曲的形体有效（如网格化圆孔的逼近精度），对直线形体没有任何意义。通常 sag 值越小，则划分的网格越逼近真实几何体。

◆ 　Proportional sag：划分网格时，网格边与几何弧顶点之间差值与网格边长比值的最大值限制。

◆ 　Element type 区域：用来设置单元类型。包括以下两种单元类型。

● 　Linear 　：一阶线性单元。

● 　Parabolic 　：二阶抛物线单元。

步骤 08 模型检查。单击"Model Manager"工具栏中的 　按钮，系统弹出图 11.3.11 所示的"Model Checker"对话框，对话框最终状态显示为"OK"表示前面的定义都完整且正确，然后就可以顺利计算了。单击 确定 按钮，完成模型检查。

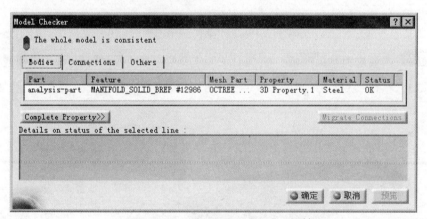

图 11.3.11 　"Model Checker"对话框

步骤 09 分析计算。单击"Compute"工具栏中的 　按钮，系统弹出图 11.3.12 所示的"Compute"对话框，在对话框的下拉列表中选择 All 选项，在对话框中选中 　Preview 复选框，单击 确定 按钮，系统开始计算；在系统弹出的图 11.3.13 所示的"Computation Resources Estimation"对话框中单击 Yes 按钮。

图 11.3.12 　"Compute"对话框

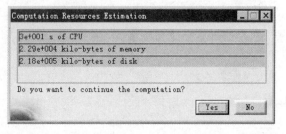

图 11.3.13 　"Computation Resources Estimation"对话框

图 11.3.12 所示的 "Compute" 对话框中各选项说明如下。

◆ `All`：全部都算。

◆ `Mesh Only`：只求解网格划分效果。

◆ `Analysis Case Solution Selectio`：特征树上用户选定的某一分析案例。

◆ `Selection by Restraint`：通过特征树上选定的约束集选择相应的分析案例。

步骤 10 查看网格变形结果图解。计算完成后，"Image" 工具栏中的按钮被激活。在 "Image" 工具栏中单击 按钮，即可查看网格变形图解，如图 11.3.14 所示。

图 11.3.14　网格变形结果图解

步骤 11 查看应力结果图解。在 "Image" 工具栏中单击 按钮，即可查看应力图解，如图 11.3.15 所示。从应力结果图解中可以看出，此时零件能够承受的最大应力为 497MPa。

图 11.3.15　应力图解（一）

　　　　在查看应力结果图解时，需要将渲染样式切换到 "含材料着色" 样式，否则结果如图 11.3.16 所示。

步骤 12 查看位移图解。在 "Image" 工具栏中单击 节点下的 按钮，即可查看位移图解，如图 11.3.17 所示。

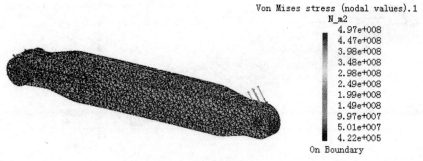

图 11.3.16　应力图解（二）

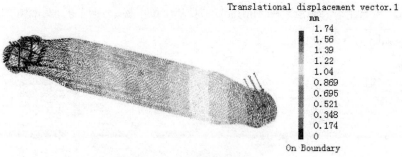

图 11.3.17　位移图解（一）

　　在查看位移结果图解时，双击图解模型，系统弹出图 11.3.18 所示的 "Image Edition" 对话框，在对话框中单击 ^{Visu} 选项卡，在 ^{Types} 区域中选中 $\boxed{\text{Average iso}}$ 选项，即可切换图解显示状态，如图 11.3.19 所示。

图 11.3.18　"Image Edition" 对话框

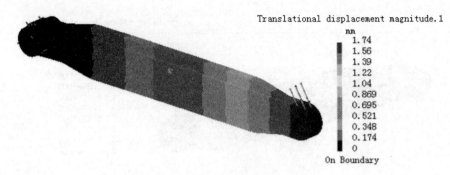

图 11.3.19　位移图解（二）

步骤 13　查看主应力图解。在"Image"工具栏中单击 📊▼节点下的 📊 按钮，即可查看主应力图解，如图 11.3.20 所示。

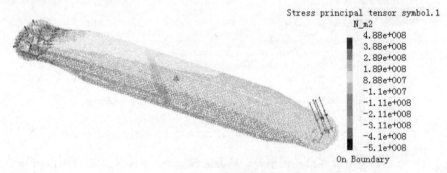

图 11.3.20　主应力图解

步骤 14　查看误差图解。在"Image"工具栏中单击 📊▼节点下的 📊 按钮，即可查看误差图解，如图 11.3.21 所示。

图 11.3.21　误差图解

11.4　装配体有限元分析

下面以一个简单的装配体为例来介绍装配体有限元分析的一般过程，如图 11.4.1 所示。

图 11.4.1 装配体模型

步骤01 打开文件 D:\catsc20\work\ch11.04\anlysis_asm.CATProduct。

步骤02 添加材料属性。单击"应用材料"工具条中的"应用材料"按钮🔲，系统弹出"库（只读）"对话框，在对话框中单击 `Metal` 选项卡，然后选择 STEEL 材料，将其分别拖动到装配体的两个零件模型上，单击 **● 确定** 按钮，即可将选定的材料添加到模型中。

步骤03 进入基本结构分析工作台并定义分析类型。选择下拉菜单 `开始` ➡ `⚠ 分析与模拟 ▶` ➡ `⚙ Generative Structural Analysis` 命令，系统弹出"New Analysis Case"对话框，在对话框中选择 `Static Analysis` 选项，即新建一个静态分析情形。

步骤04 定义接触属性。

（1）添加第一个接触关联属性。单击"Analysis Supports"工具条中的 ◣ 按钮，系统弹出"General Analysis Connection"对话框，单击 `First component` 文本框，选取图 11.4.2 所示的孔的内表面，单击 `Second component` 文本框，选取图 11.4.3 所示的孔的内表面，单击 **● 确定** 按钮，完成操作。

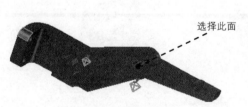

图 11.4.2 选取圆柱面

图 11.4.3 选取圆柱面

（2）添加第二个接触关联属性。单击"Connection Properties"工具条中 🔩 节点下的 🔩 按钮，系统弹出"Contact Connection Property"对话框，在特征树中选择曲面接触 3 约束作为连接对象；其他采用系统默认设置，单击 **● 确定** 按钮，完成属性定义，结果如图 11.4.4 所示。

（3）添加第三个接触关联属性。单击"Connection Properties"工具条中 🔩 节点下的 🔩 按钮，系统弹出"Contact Connection Property"对话框，在特征树中选择直线接触 4 约束作为连接对象；其他采用系统默认设置，单击 **● 确定** 按钮，完成属性定义，结果如图 11.4.5 所示。

图 11.4.4　添加第二个接触关联属性

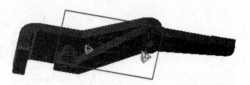

图 11.4.5　添加第三个接触关联属性

（4）单击"Connection Property"工具条中的![]按钮，单击 Supports 文本框，在图形区域单击第一个接触关联属性，同时在 Tightening Force 文本框中输入数值 50N，单击![● 确定]按钮，结果如图 11.4.6 所示。

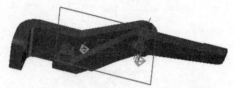

图 11.4.6　添加第三个接触关联属性

步骤 05　添加约束条件。单击"Restraints"工具条中的![]按钮，系统弹出 "Clamp"对话框，然后选取图 11.4.7 所示的模型圆柱面为约束固定面，将其固定，单击对话框中的![● 确定]按钮，完成约束的添加。

选取此面

放大图

图 11.4.7　添加约束

步骤 06　添加载荷条件。单击"Loads"工具条中的![]按钮，系统弹出 "Distributed Force"对话框，选取图 11.4.8 所示的模型表面为受力面，在"Distributed Force"对话框 Force Vector 区域的 Z 文本框中输入载荷值-200。单击![● 确定]按钮，完成载荷力的添加。

受力面

图 11.4.8　添加载荷

步骤 07 划分网格。对于装配体的网格划分，一般是根据不同零件进行不同的网格划分，该装配体中包括两个零件，需要对这两个零件划分网格。

（1）在特征树中双击 ⊕ Nodes and Elements 节点下的 OCTREE Tetrahedron Mesh.1 : base.1，系统弹出"OCTREE Tetrahedron Mesh"对话框，在对话框中单击 Global 选项卡，在 Size: 文本框中输入值 3，在 Absolute sag: 文本框中输入值 0.4。在 Element type 区域中选中 Parabolic 单选项，单击 确定 按钮，完成网格划分。

（2）在特征树中双击 ⊕ Nodes and Elements 节点下的 OCTREE Tetrahedron Mesh.2 : crotch.1，系统弹出 "OCTREE Tetrahedron Mesh"对话框，在对话框中单击 Global 选项卡，在 Size: 文本框中输入值 4，在 Absolute sag: 文本框中输入值 0.4。在 Element type 区域中选中 Parabolic 单选项，单击 确定 按钮，完成网格划分。

步骤 08 模型检查。完成约束以及载荷的添加后，需要对前面的定义进行检查，单击 "Model Manager"工具条中的 ⚙ 按钮，系统弹出"Model Checker"对话框，对话框最终状态显示为"OK"表示前面的定义都完整且正确，然后就可以顺利计算了。单击 确定 按钮，完成模型检查。

步骤 09 分析计算。单击"Compute"工具条中的 按钮，系统弹出"Compute"对话框，在对话框的下拉列表中选择 All 选项，在对话框中选中 Preview 复选框，单击 确定 按钮，系统开始计算，在系统弹出的"Computation Resources Estimation"对话框中单击 Yes 按钮。

步骤 10 查看网格变形结果图解。计算完成后"Image"工具条中的按钮被激活。在"Image"工具条中单击 按钮，即可查看网格变形图解，如图 11.4.9 所示。

步骤 11 查看应力结果图解。在"Image"工具条中单击 按钮，即可查看应力图解，如图 11.4.10 所示。从应力结果图解中可以看出，此时零件能够承受的最大应力为 418MPa。

说明：在查看应力结果图解时，需要将渲染样式切换到"含材料着色"样式。

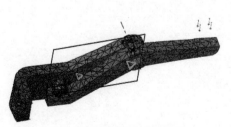

图 11.4.9 网格变形结果图解

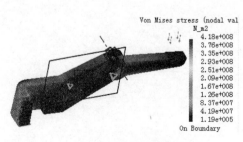

图 11.4.10 应力图解

步骤 12 查看位移图解。在"Image"工具条中单击 ⬛ 节点下的 ⬛ 按钮，即可查看位移图解，如图 11.4.11 所示。

步骤 13 查看误差图解。在"Image"工具条中单击 ⬛ 节点下的 ⬛ 按钮，即可查看误差图解，如图 11.4.12 所示。

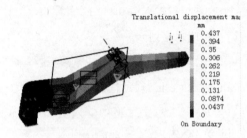

图 11.4.11 位移图解

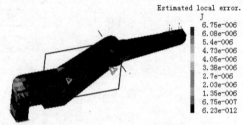

图 11.4.12 误差图解

第 12 章　模 具 设 计

12.1　模具设计基础

12.1.1　模具设计概述

注塑模具设计一般包括两大部分：模具元件（Mold Component）设计和模架（Moldbase）设计。模具元件主要包括上模（型腔）、下模（型芯）、浇注系统（主流道、分流道、浇口和冷料穴）、滑块、销等；而模架则包括固定和移动侧模板、顶出销、回位销、冷却水道、加热管、止动销、定位螺栓、导柱和导套等。

模具元件（模仁）是注塑模具的关键部分，其作用是构建塑件的结构和形状，它主要包括型腔和型芯。当我们设计的塑件较复杂时，则在设计的模具中还需要滑块、销等成形元件；模架及组件库包含在特征树多个目录中，自定义组件包括滑块、抽芯和镶件，这些在标准件模块里都能找到，并生成大小合适的腔体，而且能够保持相关性。

分型是基于一个塑料零件模型生成型腔和型芯的过程。分型过程是塑料模具设计的一个重要部分，特别对于外形复杂的零件来说，通过关键的自动工具及分型模块可以让这个过程非常自动化。此外，分型操作与原始塑料模型是完全相关的。

12.1.2　型芯型腔设计工作台

学习本节时请先打开文件 D:\ catsc20\work\ch12.01.02\ JM.CATProduct。

打开文件 JM.CATProduct 后，系统显示图 12.1.1 所示的"型芯型腔设计"工作台界面。下面对该工作界面进行简要说明。

若打开模型后，发现不是在"型芯型腔设计"工作台中，则用户需要激活特征树中的 Product1 产品，然后选择下拉菜单 开始 ➡ 机械设计 ➡ Core & Cavity Design 命令，系统切换到"型芯型腔设计"工作台。

CATIA V5R20 中的"型芯型腔设计"工作台界面包括特征树、下拉菜单区、指南针、右工具栏按钮区、下部工具栏按钮区、功能输入区、消息区以及图形区（图12.1.1）。

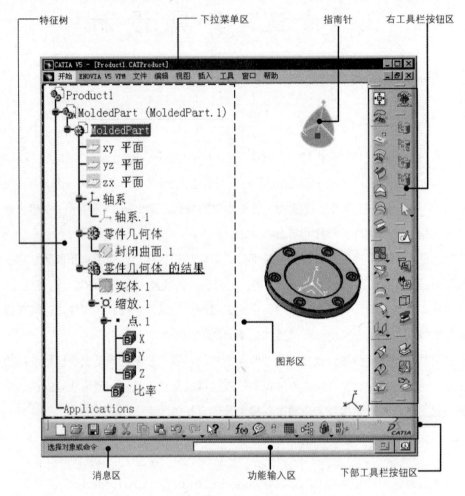

图 12.1.1　CATIA V5R20 "型芯型腔设计" 工作台界面

12.2　模具设计的一般流程

　　本节主要介绍 CATIA V5 模具 "型芯型腔设计" 工作台中部分命令的功能及使用方法，并结合典型的实例来介绍这些命令的使用。模具设计可以分为导入产品模型、开模方向、分型线设计和分型面设计，其中这里介绍的分型线/分型面设计命令大多都和曲面设计模块中的命令相类似。建议读者首先熟悉一下 "机械设计" 和 "创成式曲面设计" 两个工作台。通过本节的学习，读者能够熟练地使用这些命令完成产品模型上一些破孔的修补。

　　采用 CATIA V5 进行模具分型前，必须完成型芯/型腔分型面的设计，其设计型芯/型腔分型面的一般过程为：首先，加载产品模型，并定义开模方向；其次，完成产品模型上存在的破孔或凹槽等处的修补；最后，设计分型线和分型面。

12.2.1　产品导入

在进行模具设计时，需要将产品模型导入"型芯型腔设计"工作台中，导入模型是 CATIA V5 设计模具的准备阶段，在整个模具设计中起着关键性的作用，包括加载模型、设置收缩率和添加缩放后实体三个过程。

任务 01 加载模型

下面介绍导入产品模型的一般操作方法。

步骤 01　新建产品。新建一个 Product 文件，并激活该产品 Product1。

步骤 02　选择命令。选择下拉菜单 开始 ➡ 机械设计 ➡ Core & Cavity Design 命令。

步骤 03　修改文件名。在 Product1 上右击，在系统弹出的快捷菜单中选择 属性 选项，系统弹出"属性"对话框，在系统弹出的"属性"对话框中选择 产品 选项卡，在 产品 区域的 零件编号 文本框中输入文件名"end-cover-mold"；单击 确定 按钮，完成文件名的修改。

步骤 04　选择命令。选择下拉菜单 插入 ➡ Models ➡ Import... 命令，系统弹出"Import Molded Part"对话框。

步骤 05　在"Import Molded Part"对话框的 Model 区域中单击"打开"按钮，此时系统弹出"选择文件"对话框，选择文件 D:\catsc20\work\ch12.02.01\ end-cover.CATPart，单击 打开(O) 按钮。此时"Import Molded Part"对话框改名为"Import end-cover.CATPart"，如图 12.2.1 所示。

步骤 06　选择要开模的实体。在"Import end-cover.CATPart"对话框 Model 区域的 Body 下拉列表中选择 零件几何体 选项。

　　　　在 Body 下拉列表中有两个 零件几何体 选项，此例中选取任何一个都不会有影响。

任务 02 设置收缩率

步骤 01　设置坐标系。

（1）选取坐标类型。在"Import end-cover.CATPart"对话框 Axis System 区域的下拉列表中

选择 Coordinates 选项。

（2）定义坐标值。分别在 ^{Origin} 区域的 ^{X} 、 ^{Y} 和 ^{Z} 文本框中输入数值 0、0 和 0。

步骤 02 设置收缩数值。在 ^{Shrinkage} 区域的 ^{Ratio} 文本框中输入数值 1.006。

步骤 03 在 "Import end-cover.CATPart" 对话框中单击 确定 按钮，完成零件模型的加载，结果如图 12.2.2 所示。

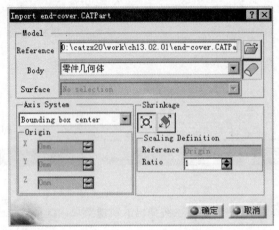

图 12.2.1　"Import end-cover.CATPart" 对话框　　　　图 12.2.2　零件几何体

图 12.2.1 所示的 "Import end-cover.CATPart" 对话框中各选项说明如下。

◆ ^{Model}（模型）：该区域用于定义模型的路径及需要开模的特征。

- ^{Reference}（参考）：单击该选项后的"打开"按钮 📂，系统会弹出"选择文件"对话框，用户可以通过该对话框来选择需要开模的产品。

- ^{Body}（实体）：在该选项的下拉列表中显示参考文件的元素，如果导入的是一个实体特征，则在该选项的下拉列表中就会显示"零件几何体"选项；如果要导入一组曲面，应先单击 ✎ 按钮，此时显示出导入一组曲面的 按钮，再选择文件。

- ^{Surface}（曲面）：若 ^{Body} 后显示的是 ✎ 图标，则 ^{Surface} 以列表形式显示几何集中特征，在默认的状态下显示几何集中的最后一个曲面（最完整的曲面）；若 ^{Body} 后显示的是 图标，则 ^{Surface} 以文本框形式显示几何集中共有的面数。

◆ ^{Axis System}（坐标系）：该区域用于定义模型的原点及其他坐标系，如图 12.2.1 所示。

- Bounding box center（边框中心）：选择该选项后，将模型的虚拟边框中心定义为原点。

- Center of gravity （重心）：选择该选项后，将模型的重力中心定义为原点。
- Coordinates （坐标）：选择该选项后，Origin（原点）区域的 X、Y 和 Z 坐标处于显示状态，用户可以在此文本框中输入数值来定义原点的坐标。
◆ Shrinkage （收缩率）：该区域可通过两种方法来设置模型的收缩率，如图 12.2.3 所示。
- [图标]（缩放比例）：单击该按钮后，用户可以在 Ratio（比率）文本框中输入收缩值，缩放的参考点是用户前面设置的坐标原点，系统默认的情况下收缩值为 1，如图 12.2.3a 所示。
- [图标]（关联关系）：单击该按钮后，相应的区域会显示出来，用户可根据在给定 3 个坐标轴的 Ratio X、Ratio Y 和 Ratio Z 文本框中设定比率，系统默认值为 1，如图 12.2.3b 所示。

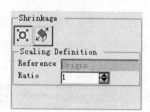
a）缩放比例收缩率

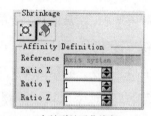
b）关联关系收缩率

图 12.2.3　收缩率

任务 03 添加缩放后的实体

步骤 01 切换工作台。选择下拉菜单 开始 ➡ ▶机械设计 ▶ ➡ ⚙零件设计 命令，切换至"零件设计"工作台。

步骤 02 显示特征。在特征树中依次单击 📄MoldedPart (MoldedPart.1) ➡ ⚙MoldedPart 前的"+"号，显示出 零件几何体 的结果。

步骤 03 定义工作对象。在特征树中右击 零件几何体，在系统弹出的快捷菜单中选择 定义工作对象 命令，将其定义为工作对象。

步骤 04 创建封闭曲面。

（1）选择命令。选择下拉菜单 插入 ➡ 基于曲面的特征 ▶ ➡ 🔲封闭曲面... 命令，系统弹出"定义封闭曲面"对话框。

（2）选取封闭曲面。单击 零件几何体 的结果前的"+"号，选择 缩放.1 选项，单击 ● 确定 按钮。

步骤 05 隐藏产品模型。在特征树中单击 零件几何体 前的"+"号，然后选取 封闭曲面.1 并右击，在系统弹出的快捷菜单中选择 🔳隐藏/显示 命令，将产品模型隐藏起来。

 说明 这里将产品模型隐藏起来，为了便于以下的操作。

步骤 06 切换工作台。选择下拉菜单 开始 ➡ ▶机械设计 ▶ ➡ Core & Cavity Design 命令，切换至"型芯型腔设计"工作台。

步骤 07 定义工作对象。在特征树中右击 零件几何体 的结果，在系统弹出的快捷菜单中选择 定义工作对象 命令，将其定义为工作对象。

12.2.2 主开模方向

主开模方向用来定义产品模型在模具中的开模方向，并定义型芯面、型腔面、其他面及无拔模角度面在产品模型上的位置；当修改主开模方向时需重新计算型芯和型腔等部分。下面继续以前面的模型为例，介绍定义主开模方向的一般操作过程。

步骤 01 选择命令。选择下拉菜单 插入 ➡ Pulling Direction ▶ ➡ Pulling Direction... 命令，系统弹出图 12.2.4 所示的"Main Pulling Direction Definition"对话框。

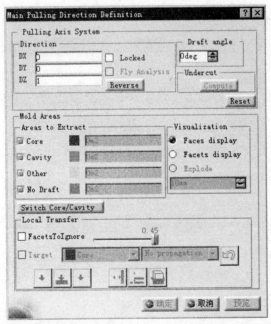

图 12.2.4 "Main Pulling Direction Definition" 对话框

步骤 02 设置坐标系。接受系统默认的坐标值。

步骤 03 锁定坐标系。接受系统默认的开模方向，在系统弹出的对话框的 `Pulling Axis System` 区域中选中 `Locked` 复选框。

步骤 04 设置区域颜色。在图形区中选取前面加载的零件几何体。

步骤 05 分解区域视图。在 `Visualization` 区域中选中 `Explode` 单选项，然后在下面的文本框中输入数值 50，单击 `预览` 按钮，选择 `Faces display` 单选项。

 通过分解区域视图，可以清楚地看到产品模型上存在的型芯面、型腔面、其他面及无拔模角度的面，为后续的定义做好准备。

步骤 06 调整拔模角。采用系统默认设置值。

步骤 07 在该对话框中单击 `确定` 按钮，系统计算完成后在几何图形集上会显示出四个区域，如图 12.2.5 所示，同时在特征树中也会增加四个几何图形集。

 图 12.2.5 所示的区域并没有完全显示出来，只是指出了四个区域。

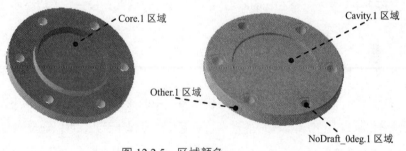

图 12.2.5 区域颜色

12.2.3 移动元素

移动元素是指从一个区域向另一个区域转移元素，但必须在零件上至少定义一个主开模方向。下面继续以前面的模型为例，讲述移动元素的一般操作过程。

步骤 01 选择命令。选择下拉菜单 `插入` ➡ `Pulling Direction ▶` ➡ `Transfer...` 命令，系统弹出 "Transfer Element" 对话框。

步骤 02 定义型芯区域。在该对话框的 `Destination` 下拉列表中选择 `Core.1` 选项，然后选取图 12.2.6 所示的面和其余六个孔的圆柱面（共 14 个）。

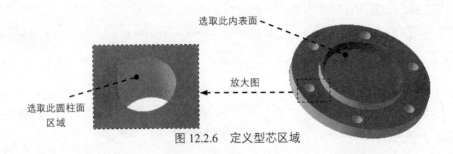

图 12.2.6　定义型芯区域

步骤 03 定义型腔区域。在该对话框的 `Destination` 下拉列表中选择 `Cavity.1` 选项，然后在该对话框的 `Propagation type` 下拉列表中选择 `No propagation` 选项，选取图 12.2.7 所示的面（共 16 个）。

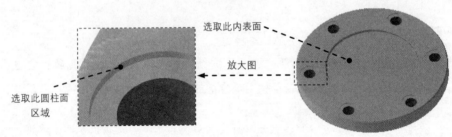

图 12.2.7　定义型腔区域

步骤 04 在 "Transfer Element" 对话框中单击 `确定` 按钮，完成型芯和型腔区域元素的移动。

12.2.4　集合曲面

由于前面将 "其他区域" 和 "非拔模区域" 中的面定义到型芯或型腔中，此时型芯和型腔区域中都是由很多个曲面构成的，不利于后续的操作，因此，可以通过 CATIA 提供的 "集合曲面" 命令来将这些小面连接成一个整体，以便于操作，提高效率。下面继续以前面的模型为例，讲述集合曲面的一般操作过程。

步骤 01 集合型芯曲面。

（1）选择命令。选择下拉菜单 `插入` ➡ `Pulling Direction` ➡ `Aggregate Mold Area…` 命令，系统弹出 "Aggregate Surfaces" 对话框。

（2）选择要集合的区域。在 "Aggregate Surfaces" 对话框的 `Select a mold area` 下拉列表中选择 `Core.1` 选项，此时系统会自动在 `List of surfaces` 的区域中显示要集合的曲面。

（3）定义连接数据。在 "Aggregate Surfaces" 对话框中选中 `Create a datum Join` 复选框，单击 `确定` 按钮，完成型芯曲面的集合，在特征树中显示的结果如图 12.2.8 所示。

步骤 02 集合型腔曲面。

（1）选择命令。选择下拉菜单 插入 ➡ Pulling Direction ▶ ➡  Aggregate Mold Area... 命令，系统弹出"Aggregate Surfaces"对话框。

（2）选择要集合的区域。在"Aggregate Surfaces"对话框的 Select a mold area 下拉列表中选择 Cavity.1 选项，此时系统会自动在 List of surfaces 的区域中显示要集合的曲面。

（3）定义连接数据。在"Aggregate Surfaces"对话框中选中 ☑ Create a datum Join 复选框，单击 确定 按钮，完成型腔曲面的集合，在特征树中显示的结果如图 12.2.9 所示。

图 12.2.8 集合型芯曲面后　　　　　　　图 12.2.9 集合型腔曲面后

12.2.5　创建爆炸曲面

在完成型芯面与型腔面的定义后，需要通过"爆炸曲面"命令来观察定义后的型芯面与型腔面是否正确，以便于将零件表面上可能存在的问题直观地反映出来。下面继续以前面的模型为例，介绍创建爆炸曲面的一般操作过程。

步骤 01 选择命令。选择下拉菜单 插入 ➡ Pulling Direction ▶ ➡  Explode View... 命令，系统弹出图 12.2.10 所示的"Explode View"对话框。

步骤 02 定义移动距离。在 Explode Value 文本框中输入数值 50，单击 Enter 键，结果如图 12.2.11 所示。

图 12.2.10 "Explode View"对话框

图 12.2.11 爆炸结果

此例中只有一个主方向，系统会自动选取移动方向，图 12.2.11 中的型芯面与型腔面完全分开，没有多余的面，说明前面移动元素没有错误。

步骤 03 在"Explode View"对话框中单击 <u>⊙ 取消</u> 按钮，完成爆炸视图的创建。

12.2.6 创建修补面

在进行模具分型前，有些产品体上有开放的凹槽或孔，此时就要对产品模型进行修补，否则就无法完成模具的分型操作。继续以前面的模型为例，介绍模型修补的一般操作过程。

任务 01 创建填充曲面 1

步骤 01 新建几何图形集。

（1）选择命令。选择下拉菜单 插入 ➡ 几何图形集... 命令，系统弹出"插入几何图形集"对话框。

（2）在系统弹出的对话框的 名称: 文本框中输入"Repair_surface"，在 父级: 文本框中接受系统默认的 MoldedPart 选项，然后单击 ⊙ 确定 按钮。

步骤 02 创建边界线 1。

（1）选择下拉菜单 插入 ➡ Operations ▶ ➡ Boundary... 命令，系统弹出"边界定义"对话框。

（2）选择拓展类型。在该对话框的 拓展类型: 下拉列表中选择 点连续 选项。

（3）选择边界线。在模型中选取图 12.2.12 所示的边界 1，单击 ⊙ 确定 按钮。

步骤 03 选择命令。选择下拉菜单 插入 ➡ Surfaces ▶ ➡ Fill... 命令，系统弹出"填充曲面定义"对话框。

步骤 04 选取填充边界。选取图 12.2.12 所示的边界 1，在"填充曲面定义"对话框中单击 ⊙ 确定 按钮，创建结果如图 12.2.13 所示。

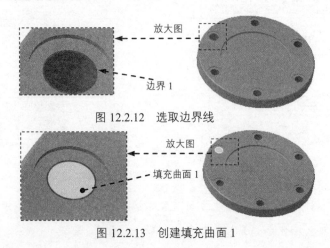

放大图

边界 1

图 12.2.12 选取边界线

放大图

填充曲面 1

图 12.2.13 创建填充曲面 1

任务 02 创建其余填充曲面

参照 **任务 01**，创建图 12.2.14 所示的其余填充曲面。

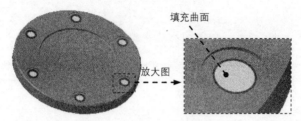

图 12.2.14 创建其余填充曲面

12.2.7 创建分型面

创建模具分型面一般可以使用拉伸、扫掠、填充和混合曲面等方法来完成。其分型面的创建是在分型线的基础上完成的，并且分型线的形状直接决定分型面创建的难易程度。通过创建分型面可以将工件分割成型腔和型芯零件。继续以前面的模型为例，介绍创建分型面的一般过程。

步骤 01 选择命令。选择下拉菜单 插入 ➡ 几何图形集 命令，系统弹出"插入几何图形集"对话框。

步骤 02 在系统弹出的对话框的 名称: 文本框中输入"Parting_surface"，在 父级: 文本框中接受系统默认的 MoldedPart 选项，然后单击 确定 按钮。

步骤 03 创建边界 1。选择下拉菜单 插入 ➡ Operations ▶ ➡ Boundary.. 命令，在模型中选取图 12.2.15 所示的边界线。单击 确定 按钮，完成边界线的创建。

步骤 04 创建扫掠曲面。

（1）选择命令。选择下拉菜单 插入 ➡ Surfaces ▶ ➡ Sweep.. 命令，系统弹出"扫掠曲面定义"对话框。

（2）选择轮廓类型。在该对话框的 轮廓类型: 区域中单击"直线"按钮 。

（3）选择子类型。在该对话框的 子类型: 下拉列表中选择 使用参考曲面 选项。

（4）选取引导曲线 1：在模型中选取 **步骤 03** 创建的边界 1。

（5）选取参考曲面：在特征树中选取"xy 平面"。

（6）定义扫掠长度：在该对话框的 长度 1: 区域中输入数值 100。

（7）定义扫掠方向：在图形区单击图 12.2.16 所示的箭头，确定合适的扫掠面生成方向。

（8）单击该对话框中的 确定 按钮，完成扫掠曲面的创建，结果如图 12.2.17 所示。

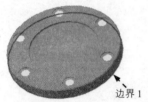

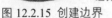

图 12.2.15 创建边界　　　　图 12.2.16　选择扫掠面的生成方向

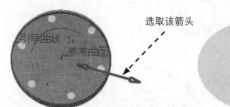

选取该箭头

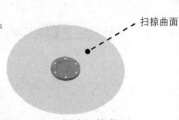

扫掠曲面

图 12.2.17　创建扫掠曲面

步骤 05 创建型芯分型面。

（1）隐藏曲线。选择下拉菜单 工具 ➡ 隐藏 ▶ ➡ 所有曲线 命令。

（2）选择命令。选择下拉菜单 插入 ➡ Operations ▶ ➡ Join... 命令，系统弹出"接合定义"对话框。

（3）选择接合对象。在特征树中 Core.1 前的"+"号下选取 曲面.46，在 Repair_surface 前的"+"号下选取 填充.1、填充.2、填充.3、填充.4、填充.5 和 填充.6，在 Parting_surface 前的"+"号下选取 扫掠.1。

（4）在该对话框中单击 确定 按钮，完成型芯分型面的创建。

（5）重命名型芯分型面。右击 接合.1，在系统弹出的快捷菜单中选择 属性 选项，然后在系统弹出的"属性"对话框中选择 特征属性 选项卡，在 特征名称: 文本框中输入文件名"Core_surface"，单击 确定 按钮，完成型芯分型面的重命名。

步骤 06 创建型腔分型面。

（1）选择命令。选择下拉菜单 插入 ➡ Operations ▶ ➡ Join... 命令，系统弹出"接合定义"对话框。

（2）选择接合对象。在特征树中 Cavity.1 "+"号下选取 曲面.46，在 Repair_surface "+"号下选取 填充.1、填充.2、填充.3、填充.4、填充.5 和 填充.6，在 Parting_surface "+"号下选取 扫掠.1。

（3）在该对话框中单击 确定 按钮，完成型腔分型面的创建。

（4）重命名型腔分型面。右击 接合.2，在系统弹出的快捷菜单中选择 属性 选项；然后在 特征名称: 文本框中输入文件名"Cavity_surface"，单击 确定 按钮，完成型腔分型面的重命名。

为了便于直观地观察型腔分型面与型芯分型面,可以对分型面的颜色进行设置。如对型芯分型面颜色进行修改,具体方法:右击 Core_surface 图标,在系统弹出的快捷菜单中选择 属性 选项,然后在系统弹出的"属性"对话框中选择 图形 选项卡,在 颜色 下拉列表中选择一种颜色,单击 确定 按钮,完成型芯分型面的颜色修改。

(步骤 07) 激活产品文件并保存。在特征树中双击 end-cover-mold ,选择下拉菜单 文件 ➡ 保存 命令,此时系统弹出"保存"对话框,单击 保存(S) 按钮,完成型腔分型面的创建。

12.2.8　模具分型

完成模具分型面的创建后,接着就需要利用该分型面来分割工件,生成型芯与型腔。在 CATIA V5R20 中创建模具工件主要通过下拉菜单中的 New Insert... 命令来完成。

1. 创建型芯工件

下面继续以前面的模型为例,讲述创建型芯工件的一般操作过程。

(步骤 01) 隐藏型腔分型面。在特征树中右击 Cavity_surface 图标,在系统弹出的快捷菜单中选择 隐藏/显示 命令,隐藏型腔分型面。

(步骤 02) 激活产品。在特征树中双击 end-cover-mold ,系统激活此产品。

(步骤 03) 切换工作台。选择下拉菜单 开始 ➡ ▶机械设计 ▶ ➡ Mold Tooling Design 命令,系统切换至"模具设计"工作台。

 　　　　若激活 end-cover-mold 产品后是在"模具设计"工作台中,则 (步骤 03) 就不需要操作。

(步骤 04) 加载工件。

(1)选择命令。选择下拉菜单 插入 ➡ Mold Base Components ▶ ➡ New Insert... 命令,系统弹出图 12.2.18 所示的"Define Insert"对话框(一)。

图 12.2.18 所示的"Define Insert"对话框(一)中部分选项的说明如下。

◆ Config (配置)区域:该区域的下拉列表中包括 和 两个按钮。

● :单击该按钮后,用户可在软件自带的工件中选择适合的类型(矩形或圆形）。

- ：单击该按钮后，用户可以将自定义的工件类型加载到当前的产品中并使用。

◆ Positioning 布置（选项卡）：在此选项卡中包括 Product Structure（产品结构）区域、Standard Drillings（标准孔）区域、Constraints（约束）区域和 Direction（方向）区域。

- Product Structure（产品结构）区域：该区域的下拉列表中包括 Father Product 和 □ Several Instances per Reference 选项。

  - ☑ Father Product（父级产品）：显示添加工件的对象。

  - ☑ □ Several Instances per Reference：选中该复选框后，可以将几个独立的对象看成一个参照对象。

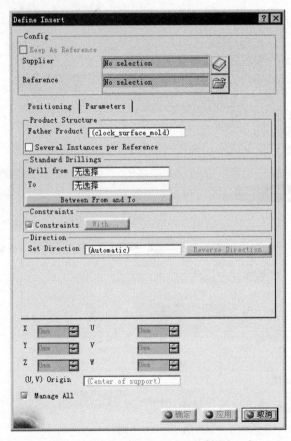

图 12.2.18 "Define Insert" 对话框（一）

- Standard Drillings（标准孔）区域：该区域的下拉列表中包括 Drill from 和 To 两个区域。

☑ Drill from 区域（钻孔从）：在模架中若选取某块板作为钻孔的起始对象，则此区域中会显示选取对象的名称。

☑ To 区域（到）：在模架中若选取某块板作为钻孔的终止对象，则此区域中会显示选取对象的名称。

● Constraints （约束）：该区域的下拉列表中包括 Constraints 和 With... 两个选项。

☑ Constraints 复选框（约束）：系统在添加的工件上添加约束，将工件约束在选定的 xy 平面上。当选中此复选框时，后面的 With... 按钮才被激活。

☑ With... 按钮：单击此按钮可以将添加的工件重新选择约束对象。

● Direction （方向）区域：该区域中包括 Set Direction 和 Reverse Direction 两个选项。

☑ Set Direction （设置方向）：单击该文本框中的 (Automatic) 将其激活，然后在图形区域选择作为方向参考的特征。选择后，该特征名称会显示在此文本框中。

☑ Reverse Direction （反向）按钮：单击该按钮，可更改当前加载零件的方向。

● Parameters （参数）选项卡：单击该选项卡后，系统会弹出有关尺寸参数设置的界面，用户可在对应的文本框中输入相应的参数对当前的工件尺寸进行设置。

● (U, V) Origin：此文本框中显示加载工件的原点为中心类型。

● Manage All （管理所有工件）复选框：当同时创建多个工件时，选中此复选框可以对所有的工件同时进行编辑；若不选中只能对单个工件进行编辑。

（2）定义放置平面。在特征树中选取"xy 平面"为放置平面。

（3）定义放置坐标点。在型芯分型面上单击任意位置，然后在"Define Insert"对话框（一）的 X 文本框中输入数值 0，在 Y 文本框中输入数值 0，在 Z 文本框中输入数值 50。

当在 X 、 Y 和 Z 文本框中输入数值后，系统在 U 、 V 和 W 文本框中的数值也会发生相应的变化。

（4）选择工件类型。在"Define Insert"对话框（一）中单击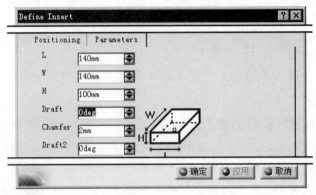按钮，在系统弹出的对话框中双击 Pad_with_chamfer 类型，然后在系统弹出的对话框中双击 Pad 类型。

（5）选择工件参数。在"Define Insert"对话框（二）中选择 Parameters 选项卡，然后在 L 文本框中输入数值 140，在 W 文本框中输入数值 140，在 H 文本框中输入数值 100，在 Draft 文本框中输入数值 0，如图 12.2.19 所示。

图 12.2.19 "Define Insert"对话框（二）

（6）在"Define Insert"对话框（三）中单击 Positioning 选项卡 Drill from 区域中的 MoldedPart.1 文本框，使其显示为 无选择，如图 12.2.20 所示。

（7）在"Define Insert"对话框（三）中单击 确定 按钮，创建结果如图 12.2.21 所示。

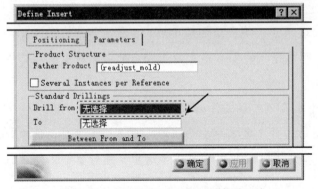

图 12.2.20 "Define Insert"对话框（三）

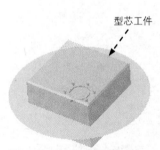

型芯工件

图 12.2.21 创建型芯工件

说明

为了便于观察，可更改型芯透明度：用户可在特征树中依次单击 Insert_2 (Insert_2.1) ➡ Insert_2 的"+"号，然后右击 零件几何体，在系统弹出的快捷菜单中选择 属性 选项，在系统弹出的"属性"对话框中选择 图形 选项卡，然后在 透明度 区域中通过移动滑块来调节型芯的透明度；软件默认的序号可能不是 Insert-2，也可能是 Insert-1，按实际做即可。

步骤 05 分割型芯工件。

（1）激活产品。在特征树中双击 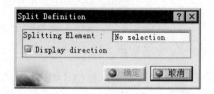 end-cover-mold。

（2）选择命令。在特征树中右击 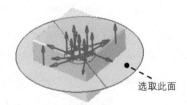 Insert_2（Insert_2.1），在系统弹出的快捷菜单中选择 Insert_2.1 对象 ➡ Split component... 命令，系统弹出图 12.2.22 所示的 "Split Definition" 对话框。

（3）选取分割曲面。选取图 12.2.23 所示的型芯分型面，然后单击图 12.2.23 所示的箭头，使箭头方向朝下，单击 ● 确定 按钮。

图 12.2.22 "Split Definition" 对话框	**图 12.2.23** 选取型芯分型面

选取此面

图 12.2.22 所示的 "Split Definition" 对话框中选项的说明如下。

◆ Splitting Element :（分割元素）文本框：该区域的文本框中显示选取的分割对象。

◆ Display direction（显示方向）复选框：选中该复选框后，箭头指向的方向为分割保留的部分，系统默认的情况下为选中状态。

（4）隐藏型芯分型面。在特征树中右击 Core_surface，在系统弹出的快捷菜单中选择 隐藏／显示 命令，将型芯分型面隐藏，结果如图 12.2.24 所示。

图 12.2.24　型芯特征

步骤 06 重命名型芯工件。在特征树中右击 Insert_2（Insert_2.1），在系统弹出的快捷菜单中选择 属性 选项，在系统弹出的"属性"对话框中选择 产品 选项卡，分别在 部件 区域的 实例名称 文本框和 产品 区域的 零件编号 文本框中输入文件名 "Core_part"，单击 ● 确定 按钮，此时系统弹出 "Warning" 对话框，单击 是 按钮，完成型芯工件的重命名。

2. 创建型腔工件

下面继续以前面的模型为例，讲述创建型腔工件的一般操作过程。

步骤 01 显示型腔分型面。在特征树中右击 Cavity_surface，在系统弹出的快捷菜单中选择 隐藏/显示 命令，将型腔分型面显示出来。

步骤 02 隐藏型芯工件。在特征树中右击 core_part (core_part)，在系统弹出的快捷菜单中选择 隐藏/显示 命令，将型芯工件隐藏起来。

步骤 03 选择命令。选择下拉菜单 插入 ➡ Mold Base Components ▶ ➡ New Insert... 命令，系统弹出"Define Insert"对话框。

步骤 04 加载工件。在特征树中选取"xy 平面"为放置平面；在型腔分型面上单击任意位置，然后在"Define Insert"对话框的 X 文本框中输入数值 0，在 Y 文本框中输入数值 0，在 Z 文本框中输入数值 50；在"Define Insert"对话框中单击 按钮，在系统弹出的对话框中双击 Pad_with_chamfer 类型，然后在系统弹出的对话框中双击 Pad 类型；在"Define Insert"对话框中单击 Parameters 选项卡，然后在 L 文本框中输入数值 140，在 W 文本框中输入数值 140，在 H 文本框中输入数值 100，在 Draft 文本框中输入数值 0；在"Define Insert"对话框中单击 Positioning 选项卡 Drill from 区域中的 MoldedPart.1 文本框，使其显示为 无选择，单击 确定 按钮，完成工件的加载。

步骤 05 分割工件。在特征树中右击 Insert_1 (Insert_1.1)，在系统弹出的快捷菜单中选择 Insert_1.1 对象 ▶ ➡ Split component... 命令，系统弹出"Split Definition"对话框；选取图 12.2.25 所示的型腔分型面，单击 确定 按钮；在特征树中右击 Cavity_surface，在系统弹出的快捷菜单中选择 隐藏/显示 命令，将型腔分型面隐藏，结果如图 12.2.26 所示。

　　　　加载工件的编号是系统自动产生的，编号的顺序可能与读者做的不一样，不影响后续操作。

图 12.2.25　选取分割面

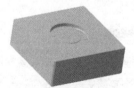

图 12.2.26　型腔

步骤 06 重命名型腔工件。在特征树中右击 Insert_1 (Insert_1.1)，在系统弹出的快捷菜单中选择 属性 选项，在系统弹出的"属性"对话框中选择 产品 选项卡，分别在 部件 区域的 实例名称 文本框和 产品 区域的 零件编号 文本框中输入文件名"Cavity_part"，单击 确定 按钮，此时系统弹出"Warning"对话框，单击 是 按钮，完成型腔工件的重命名。

步骤 **07** 在特征树中双击 end-cover-mold ，选择下拉菜单 文件 ➡️ 保存 命令，即可保存模型。

12.3 型芯/型腔区域工具

采用 CATIA V5 进行模具分型前，必须完成型芯、型腔分型面的设计，其设计型芯、型腔分型面的一般过程为：首先，加载产品模型，并定义开模方向；其次，完成产品模型上存在的破孔或凹槽等处的曲面修补；最后，设计分型线和分型面。但是在较为复杂的模型分型过程中，会涉及一个面同时既属于型芯又属于型腔的情况，这时就要用"分割模型区域"命令来将一个面按照分属于型芯和型腔的两个区域分割，使之顺利划分型芯和型腔区域；也会遇到有些面计算机软件分析无法确定到底属于型芯还是型腔，这个问题就要用"移动元素"这个命令来解决。另外，针对有滑块设计的模具中还应该定义滑块的开模方向，这时就要用到"定义滑块开模方向"命令。以上几种情况是模具设计工作中经常遇到的问题，是否能对其进行有效的解决，直接决定着模具设计工作是否能顺利的进行。

12.3.1 分割模型区域

使用"分割模型区域"命令可以完成曲面分割的创建，一般主要用于分割跨越区域面(跨越区域面是指一部分在型芯区域而另一部分在型腔区域的面，如图 12.3.1 所示)。对于产品模型上存在的跨越区域面：首先，对跨越区域面进行分割；其次，将完成分割的跨越区域面分别定义在型腔区域上和型芯区域上；最后，完成模具的分型。创建"面拆分"一般通过现有的曲线来确定拆分方式，下面介绍面拆分的一般创建过程。

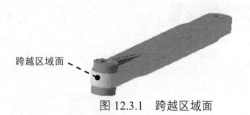

跨越区域面 ———

图 12.3.1 跨越区域面

1. 用基准平面分割模型区域

步骤 **01** 打开文件 D:\ catsc20\work\ch12.03.01\01\MoldedPart.CATPart。

步骤 **02** 分割区域。

(1)选择命令。选择下拉菜单 插入 ➡️ Pulling Direction ▶ ➡️ 🗡 Split Mold Area... 命

令，系统弹出图 12.3.2 所示的"Split Mold Area"对话框。

（2）选取要分割的面。在 `Propagation type` 下拉列表中选择 `Point continuity` 选项，选取图 12.3.3 所示的面。

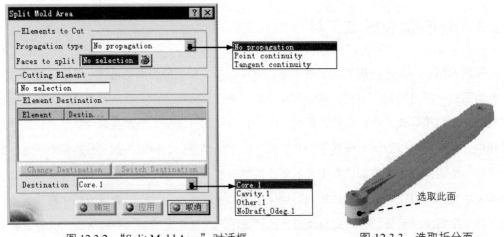

图 12.3.2　"Split Mold Area"对话框　　　　图 12.3.3　选取拆分面

（3）选取分割平面。单击以激活 `Cutting Element` 文本框，然后选取 zx 基准平面。

（4）在该对话框中单击 `● 应用` 按钮，在 `Element Destination` 区域中右击 `分割.1　NoDraft_Odeg.1` 选项，然后在系统弹出的快捷菜单中选择 `-> Cavity` 命令，在该对话框中单击 `● 确定` 按钮，结果如图 12.3.4 所示。

图 12.3.2 所示的"Split Mold Area"对话框中各选项的说明如下。

◆ `Elements to Cut`（被分割元素）区域：该区域中包括 `Propagation type` 和 `Faces to split` 两种选项。

● `Propagation type`（选取类型）下拉列表：该选项的下拉列表中包括 `No propagation`、`Point continuity` 和 `Tangent continuity` 三种选项，用于定义在选取被分割曲面时的传播连续类型。

● `Faces to split`（被分割面）文本框：该选项的文本框中用于选取要分割的面。

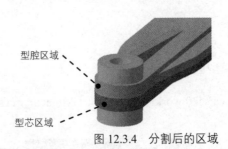

型腔区域

型芯区域

图 12.3.4　分割后的区域

◆ `Cutting Element` （分割元素）区域：该区域中显示用于分割面的元素。

◆ `Element Destination` （分割后元素）区域：该区域中显示分割后面的新区域，该区域包括 `Change Destination` 、 `Switch Destination` 和 `Destination` 三个选项。

● `Change Destination` 按钮（改变目标区域）：单击该按钮，可以更改分割后的某个区域。例如：如果选择图 12.3.5a 所示的 `分割.2` `Core.1` 选项，然后在 `Destination` 的下拉列表中选择 `Cavity.1` 选项（也可以右击 `分割.2` `Cavity.1` 选项），单击 `Change Destination` 按钮，结果如图 12.3.5b 所示。

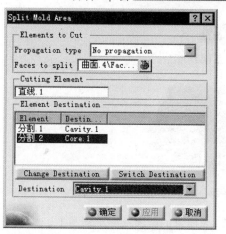 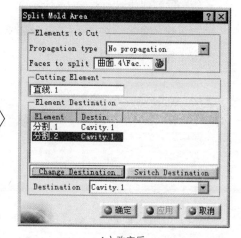

a）改变前　　　　　　　　　　　　b）改变后

图 12.3.5　改变目标区域

● `Switch Destination` 按钮（交换目标区域）：单击该按钮，可以交换分割后的区域。例如，在图 12.3.6a 所示的对话框中单击 `Switch Destination` 按钮，结果如图 12.3.6b 所示。

 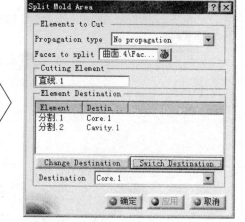

a）交换前　　　　　　　　　　　　b）交换后

图 12.3.6　交换目标区域

● Destination （目标区域）：用户可在该下拉列表中选择某个区域来进行区域的改变。

步骤 03 保存文件。选择下拉菜单 文件 ➡ 保存 命令，即可保存产品模型。

2. 用曲线分割模型区域

下面介绍用曲线作为分割元素的方法来分割模型区域。

步骤 01 打开文件 D:\ catsc20\work\ch12.03.01\ 02\MoldedPart.CATPart。

步骤 02 创建截面草图（草图 1）。

（1）选择命令。选择下拉菜单 插入 ➡ 草图 命令。

（2）定义草图平面。选取图 12.3.7 所示的面为草图平面。

选取此平面

图 12.3.7　草图平面

（3）绘制截面草图。在草绘工作台中绘制图 12.3.8 所示的截面草图（草图 1）。

（4）单击"退出工作台"按钮 ，退出草绘工作台。

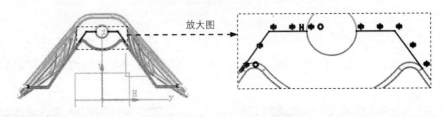

放大图

图 12.3.8　截面草图（草图 1）

步骤 03 创建直线 1。

（1）选择命令。选择下拉菜单 插入 ➡ Wireframe ▶ ➡ Line... 命令，系统弹出"直线定义"对话框。

（2）定义点。选取图 12.3.9 所示的点 1 和点 2。

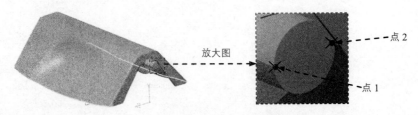

放大图

点 2

点 1

图 12.3.9　选取点

（3）在"直线定义"对话框中单击 确定 按钮，结果如图 12.3.10 所示。

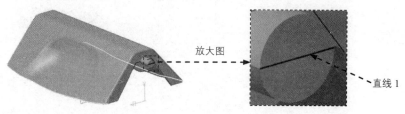

放大图

直线 1

图 12.3.10　创建直线 1

步骤 04 分割图 12.3.7 所示的平面。

（1）选择命令。选择下拉菜单 插入 ➡ Pulling Direction ▶ ➡ Split Mold Area... 命令，系统弹出"Split Mold Area"对话框。

（2）选取要分割的面。选取图 12.3.7 所示的平面。

（3）选取分割元素。在该对话框的 Cutting Element 区域中单击 No selection 选项使其激活，然后选取图 12.3.8 所示的截面草图。

（4）定义分割区域颜色。在该对话框中单击 应用 按钮，单击 Switch Destination 按钮，然后在 Element Destination 区域中右击 分割.2 NoDraft 0deg.1 选项，在系统弹出的快捷菜单中选择 -> Cavity 命令。

（5）在该对话框中单击 确定 按钮，完成分割区域 1 的创建。

步骤 05 分割图 12.3.11 所示的平面。

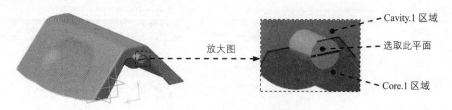

放大图

Cavity.1 区域

选取此平面

Core.1 区域

图 12.3.11　创建分割区域 1

（1）选择命令。选择下拉菜单 插入 ➡ Pulling Direction ▶ ➡ Split Mold Area... 命令，系统弹出"Split Mold Area"对话框。

（2）选取要分割的面。选取图 12.3.11 所示的平面。

（3）选取分割元素。在该对话框的 Cutting Element 区域中单击 No selection 选项使其激活，然后选取图 12.3.10 所示的截面草图（草图 2）。

（4）定义分割区域颜色。在该对话框中单击 应用 按钮，单击 Switch Destination 按钮，然后在 Element Destination 区域中右击 分割.4 NoDraft_0deg.1 选项，在系统弹出的快捷菜单中

选择 命令。

选取此孔及其他相似孔的内圆周面

（5）在该对话[...] 确定 按钮，5

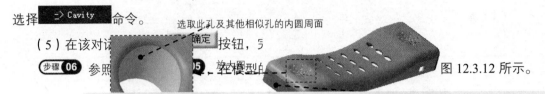

步骤 06 参照[...]05，在模型白[...] 图 12.3.12 所示。

注意 　在创建直线时，若不能通过两点来进行创建，可通过草绘来创建（通过投影三维元素可快速进行草绘）。

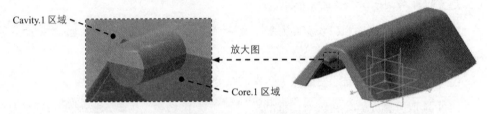

Cavity.1 区域

放大图

Core.1 区域

图 12.3.12　创建分割区域 2

步骤 07 保存文件。选择下拉菜单 文件 ➡️ 💾 保存 命令，即可保存产品模型。

12.3.2　移动元素

移动元素是指从一个区域向另一个区域转移元素。以下面的模型为例，讲述移动元素的一般操作过程。

步骤 01 打开文件 D:\ catsc20\work\ch12.03.02\MoldedPart.CATPart。

步骤 02 选择命令。选择下拉菜单 插入 ➡️ Pulling Direction ➡️ 🗐 Transfer... 命令，系统弹出 "Transfer Element" 对话框。

步骤 03 定义型芯区域。在该对话框的 Destination 下拉列表中选择 Core.1 选项，然后选取图 12.3.13 所示的面（共 38 个面）。

步骤 04 定义型腔区域。在该对话框的 Destination 下拉列表中选择 Cavity.1 选项，然后选取图 12.3.14 所示的面（共 92 个面）。

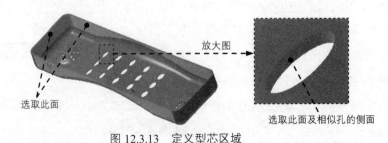

放大图

选取此面

选取此面及相似孔的侧面

图 12.3.13　定义型芯区域

步骤 05 定义其他区域。在该对话框的 Destination 下拉列表中选择 Other.1 选项，然后选取图 12.3.15 所示的面。

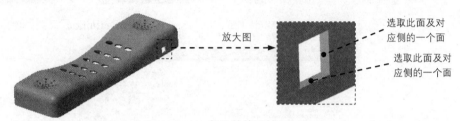

选取此面及对应侧的一个面

选取此面及对应侧的一个面

图 12.3.15 定义其他区域

步骤 06 在"Transfer Element"对话框中单击 ● 确定 按钮，此时系统弹出图 12.3.16 所示的"Transfer Element"对话框，结果如图 12.3.17 所示。

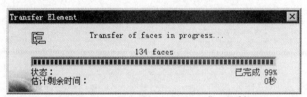

图 12.3.16 "Transfer Element"对话框

由图 12.3.16 所示的"Transfer Element"对话框中可以看出共有 134 个面进行了移动。

滑块区域

型芯区域

放大图

型腔区域

图 12.3.17 定义区域

步骤 07 保存文件。选择下拉菜单 文件 ➡ 保存 命令，即可保存产品模型。

12.3.3 定义滑块开模方向

滑块的开模方向是模型零件上青绿色的区域，此开模方向为次要的开模方向；在定义滑块开模方向之前应先定义主开模方向。以下面的模型为例，讲述定义滑块开模方向的一般操作过程。

步骤 01 打开文件 D:\ catsc20\work\ch12.03.03\MoldedPart.CATPart。

步骤 02 选择命令。选择下拉菜单 插入 ➡ Pulling Direction ▶ ➡ -→Slider Lifter... 命令，系统弹出图 12.3.18 所示的"Slide Lifter Pulling Direction Definition"对话框。

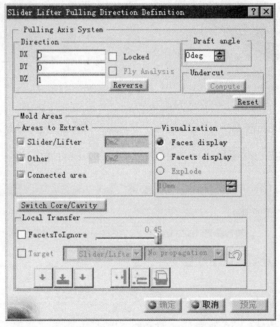

图 12.3.18 "Slide Lifter Pulling Direction Definition"对话框

图 12.3.18 所示的"Slide Lifter Pulling Direction Definition"对话框中部分选项的说明如下。

◆ Areas to Extract （抽取面积）区域：该区域用于显示模型各个区域的颜色。

● Slider/Lifter （滑块）：此滑块区显示为黄色。

步骤 03 锁定开模方向。在 Direction 区域的 DX 、 DY 和 DZ 文本框中分别输入数值-1、0 和 0，然后选中 Locked 复选框。

步骤 04 选取滑块区域。在零件模型中选取图 12.3.19 所示的滑块区域。

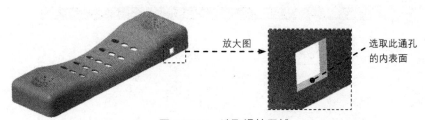

图 12.3.19　选取滑块区域

步骤 05 分解区域视图。在 `Visualization` 区域中选中 `Explode` 单选项，并在其下的文本框中输入数值 20，单击 `预览` 按钮，结果如图 12.3.20 所示，选中 `Faces display` 单选项。

图 12.3.20　分解区域

步骤 06 在该对话框中单击 `确定` 按钮，此时系统弹出图 12.3.21 所示的 "Slide/Lifter Pulling Direction" 进程条，同时在特征树的轴系统下会显示图 12.3.22 所示的滑块坐标系。

图 12.3.21　"Slide/Lifter Pulling Direction" 进程条　　　　图 12.3.22　滑块坐标系

　　　　在进行滑块开模方向定义时，用户也可以采用移动指南针到产品上的方法（指南针的 Z 轴指向即当前的开模方向）。若此时的 Z 轴指向不正确，还可以通过双击指南针来进行设置，系统会弹出 "用于指南针操作的参数" 对话框，读者可设置图 12.3.23 所示的参数，然后单击 `应用` 按钮，单击 `关闭` 按钮，在 "Slide/Lifter Pulling Direction Definition" 对话框中锁定坐标系。当用户需要定义某个坐标系时，可以在特征树中右击该坐标，然后在系统弹出的快捷菜单中选择 `定义工作对象` 命令，将其坐标系定义为工作对象。

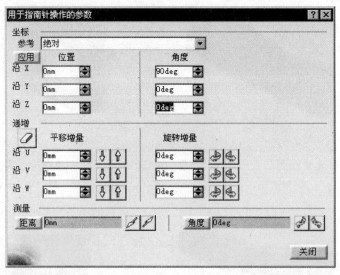

图 12.3.23   "用于指南针操作的参数"对话框

图 12.3.23 所示的"用于指南针操作的参数"对话框中部分区域的说明如下。

◆ 位置区域：该区域用于定义创建的坐标系与主坐标系的相对位置。

◆ 角度区域：该区域用于定义创建的坐标系与主坐标系的旋转角度。

步骤 07 保存文件。选择下拉菜单 文件 ➡ 📙 保存 命令，即可保存产品模型。

12.4 分型线设计工具

12.4.1 边界曲线

边界曲线可通过完整边界、点连接、切线连续和无拓展四种方式来创建。下面通过一个模型对这四种方法分别介绍。

1. 完整边界

完整边界是指选择的边线沿整个曲面边界进行传播。

步骤 01 打开文件 D:\ catsc20\work\ch12.04.01\01\MoldedPart.CATPart。

步骤 02 选择命令。选择下拉菜单 插入 ➡ Operations ▶ ➡ 🖿 Boundary... 命令，系统弹出图 12.4.1 所示的"边界定义"对话框。

步骤 03 选择拓展类型。在该对话框的 拓展类型： 下拉列表中选择 完整边界 选项。

步骤 04 选择边界。在模型中选取图 12.4.2 所示的边线，单击 ⚪ 确定 按钮。

步骤 05 在系统弹出的"多重结果管理"对话框中单击 ⚪ 确定 按钮，然后在"边界定义"对话框中单击 取消 按钮，结果如图 12.4.3 所示。

图 12.4.1 "边界定义"对话框

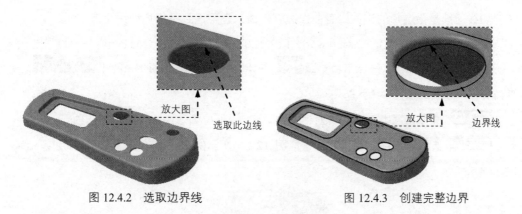

图 12.4.2 选取边界线　　　　　　图 12.4.3 创建完整边界

步骤 06 保存文件。选择下拉菜单 文件 ➡ 📙 保存 命令，即可保存产品模型。

2. 点连续

点连续是指选择的边线沿着曲面边界传播，直至遇到不连续的点为止。

步骤 01 打开文件 D:\ catsc20\work\ch12.04.01\02\MoldedPart.CATPart。

步骤 02 选择命令。选择下拉菜单 插入 ➡ Operations ▶ ➡ Boundary... 命令，系统弹出"边界定义"对话框。

步骤 03 选择拓展类型。在该对话框的 拓展类型: 下拉列表中选择 点连续 选项。

步骤 04 选取边界线。在模型中选取图 12.4.4 所示的边线，单击 确定 按钮，结果如图 12.4.5 所示。

步骤 05 保存文件。选择下拉菜单 文件 ➡ 📙 保存 命令，即可保存产品模型。

> 说明　在创建边界线后，读者还可以在边界上选择点来进行边界曲线的限制。

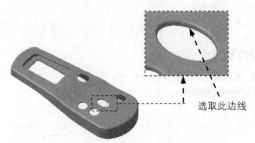

选取此边线

图 12.4.4　选取边界线　　　　　　　　图 12.4.5　创建点连续边界线

3. 切线连续

切线连续是指选择的边线沿着曲面边界传播，直至遇到不相切的线为止。

步骤 01 打开文件 D:\ catsc20\work\ch12.04.01\03\MoldedPart.CATPart。

步骤 02 选择命令。选择下拉菜单 插入 ➡ Operations ➡ Boundary... 命令，系统弹出"边界定义"对话框。

步骤 03 选择拓展类型。在该对话框的 拓展类型： 下拉列表中选择 切线连续 选项。

步骤 04 选取边界线。在模型中选取图 12.4.6 所示的边线，单击 ● 确定 按钮，结果如图 12.4.7 所示。

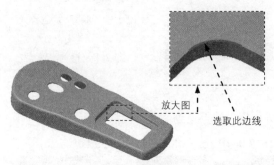

放大图

选取此边线

图 12.4.6　选取边界线　　　　　　　　图 12.4.7　创建切线连续

步骤 05 保存文件。选择下拉菜单 文件 ➡ 保存 命令，即可保存产品模型。

4. 无拓展

无拓展是指选择的边线不会沿着曲面边界传播，只是影响选取的边线。

步骤 01 打开文件 D:\ catsc20\work\ch12.04.01\04\MoldedPart.CATPart。

步骤 02 选择命令。选择下拉菜单 插入 ➡ Operations ▶ ➡ Boundary... 命令，系统弹出"边界定义"对话框。

步骤 03 选择拓展类型。在该对话框的 拓展类型： 下拉列表中选择 无拓展 选项。

步骤 04 选取边界线。在模型中选取图 12.4.8 所示的边线，单击 ● 确定 按钮，结果如

图 12.4.9 所示。

（步骤 05）保存文件。选择下拉菜单 文件 ➡ 📄 保存 命令，即可保存产品模型。

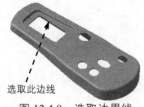

选取此边线

图 12.4.8　选取边界线

边界线

图 12.4.9　创建无拓展

12.4.2　反射曲线

反射曲线主要用于创建产品模型上的最大轮廓曲线，即最大分型线。下面通过一个模型，讲述创建反射曲线的一般操作过程。

（步骤 01）打开文件 D:\ catsc20\work\ch12.04.02\MoldedPart.CATPart。

（步骤 02）选择命令。选择下拉菜单 插入 ➡ Wireframe ▶ ➡ ✏ Reflect Line... 命令，系统弹出图 12.4.10 所示的"反射线定义"对话框。

图 12.4.10　"反射线定义"对话框

（步骤 03）定义反射属性。

（1）选择类型。在该对话框的 类型：区域中选中 ⚫ 圆柱 单选项。

（2）选择支持面。在特征树中选择 ➕ 🐚 Other.1 节点下的 ⌐🌀 曲面.3 选项。

（3）定义方向。在该对话框 方向：区域中右击 无选择 选项，在系统弹出的快捷菜单中选择 📖 Z 部件 选项。

（4）定义角度。在该对话框的 角度：文本框中输入数值 90，在 角度参考：区域中选中 ⚫ 法线 单选项。

（步骤 04）在该对话框中单击 ⚫ 确定 按钮，结果如图 12.4.11 所示。

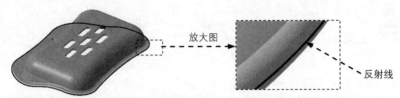

放大图

反射线

图 12.4.11　创建反射线

步骤 05 保存文件。选择下拉菜单 文件 ➡ 📒 保存 命令，即可保存产品模型。

图 12.4.10 所示的"反射线定义"对话框中选项的说明如下。

◆ 类型: 区域：该区域中包括 ◉圆柱 和 ○二次曲线 两个选项，分别表示支持面为圆柱形和二次曲线形。

　● ◉圆柱 单选项：若支持面为圆柱形，需选择该单选项。

　● ○二次曲线 单选项：若支持面为二次曲线形，需选择该单选项。

◆ 支持面: 区域：该区域的文本框中显示选取的支持面。

◆ 方向: 区域：该区域的文本框中显示选取的方向，同样也可以选取一个平面作为反射的方向。

◆ 角度: 区域：用户可在该区域的文本框中输入反射线与方向的夹角。

◆ 角度参考: 区域：该区域包括 ◉法线 和 ○切线 两个选项，分别表示反射线的法线和切线方向与选取方向产生夹角。

　● ◉法线 单选项：若选中该单选项，表示反射线的法线方向与选取的方向将会产生夹角。

　● ○切线 单选项：若选中该单选项，表示反射线的切线方向与选取的方向将会产生夹角。

◆ □确定后重复对象 复选框：选中该复选框可以对创建的反射线进行复制。若用户选中该复选框，然后再单击"反射线定义"对话框中的 ◉ 确定 按钮，系统会弹出图 12.4.12 所示的"复制对象"对话框，用户可在该对话框的 实例: 文本框中输入复制的个数。

图 12.4.12　"复制对象"对话框

12.5 分型面设计工具

12.5.1 拉伸曲面

步骤 **01** 打开文件 D:\ catsc20\work\ch12.05.01\MoldedPart.CATPart。

步骤 **02** 选择下拉菜单 插入 ➡ Surfaces ▶ ➡ Parting Surface... 命令，系统弹出图 12.5.1 所示的"Parting surface Definition"对话框。

步骤 **03** 在绘图区中选取零件模型，此时在零件模型上会显示许多边界点，如图 12.5.2 所示。

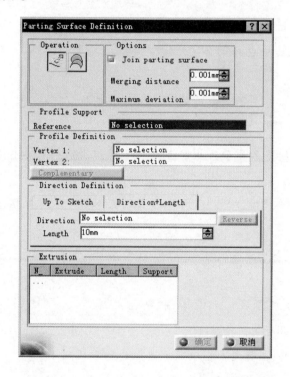

图 12.5.1 "Parting Surface Definition"对话框

图 12.5.2 边界点

步骤 **04** 创建拉伸 1。

（1）选取拉伸边界点。在零件模型中分别选取图 12.5.3 所示的点 1 和点 2 作为拉伸边界点。

（2）定义拉伸方向和长度。在该对话框中选择 Direction+Length 选项卡，然后在 Length 文本框中输入数值 100，在坐标系中选取"x 轴"（主坐标系中），单击"反向"按钮 Reverse ，结果如图 12.5.4 所示。

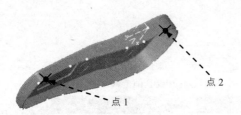

图 12.5.3 选取拉伸边界点

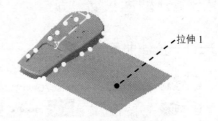

图 12.5.4 拉伸 1

图 12.5.1 所示的"Parting Surface Definition"对话框中部分选项的说明如下。

◆ Operation（操作）区域：该区域中包括 （拉伸）和 （放样）两个选项，单击 按钮后，系统会弹出另一个对话框，可进行放样操作。

◆ Options（选项）区域：该区域中包括 ☐ Join parting surface 、 Merging distance 和 Maximum deviation 三个选项。

● ☐ Join parting surface （连接分型面）复选框：选中该复选框，可将创建的拉伸分型面自动合并。

● Merging distance （合并间距）文本框：用户可在该文本框中输入数值来定义合并的间距。

● Maximum deviation 文本框（偏离最大值）：用户可在该文本框中输入数值来定义偏离的最大值。

◆ Profile Support （轮廓对象）区域：该区域的 Reference （涉及）文本框中显示选取的要拉伸的对象。

◆ Profile Definition （定义轮廓）区域：该区域中包括 Vertex 1: 、 Vertex 2: 和 Complementary 三项，用于定义轮廓线。

● Vertex 1: 文本框（顶点 1）：在其文本框中显示选取的轮廓顶点 1。

● Vertex 2: 文本框（顶点 2）：在其文本框中显示选取的轮廓顶点 2。

● Complementary （补充）：单击该按钮，可以增加轮廓顶点。

◆ Profile Definition （定义方向）区域：该区域中包括 Up To Sketch 和 Direction+Length 两个选项卡，用于定义拉伸的方向和距离。

● Up To Sketch 选项卡（直到草图）：选择该选项卡后，可选取草图的一条边线为拉伸终止对象。但首先应绘制图 12.5.5 所示的草图（在"xy 平面"绘制），选取图 12.5.3 所示的边界点，然后选取图 12.5.6 所示的草图线，结果如图 12.5.7 所示。

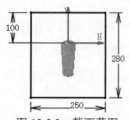

图 12.5.5 截面草图

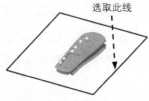

图 12.5.6 选取终止线

图 12.5.7 拉伸结果

● Direction+Length 选项卡（方向和长度）：选择该选项卡后，应选取一个轴为拉伸方向，然后在 Length 文本框中输入一数值来定义拉伸的长度；单击 Reverse 按钮，可更改拉伸方向。

步骤 05 创建拉伸 2。单击 Vertex 1: 文本框使之激活，在零件模型中分别选取图 12.5.8 所示的点 1 和点 2 作为拉伸边界点；在该对话框中选择 Direction+Length 选项卡，然后在坐标系中选择"y 轴"（主坐标系中），在 Length 文本框中输入数值 100，单击 Reverse 按钮，结果如图 12.5.9 所示。

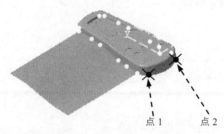

图 12.5.8 选取拉伸边界点

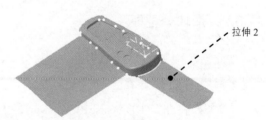

图 12.5.9 拉伸 2

步骤 06 创建拉伸 3。单击 Vertex 1: 文本框使之激活，在零件模型中分别选取图 12.5.10 所示的点 1 和点 2 作为拉伸边界点；在该对话框中选择 Direction+Length 选项卡，然后在坐标系中选取"x 轴"（主坐标系中），在 Length 文本框中输入数值 100，结果如图 12.5.11 所示。

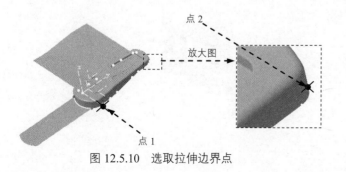

图 12.5.10 选取拉伸边界点

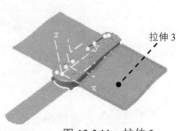

图 12.5.11 拉伸 3

步骤**07** 创建拉伸 4。单击 `Vertex 1:` 文本框使之激活，在零件模型中分别选取图 12.5.12 所示的点 1 和点 2 作为拉伸边界点；在该对话框中选择 `Direction+Length` 选项卡，然后在坐标系中选取"y 轴"（主坐标系中），在 `Length` 文本框中输入数值 100，结果如图 12.5.13 所示。

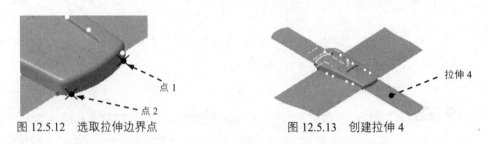

图 12.5.12 选取拉伸边界点   图 12.5.13 创建拉伸 4

步骤**08** 在"Parting Surface Definition"对话框中单击 ● 确定 按钮，完成拉伸曲面的创建。

步骤**09** 保存文件。选择下拉菜单 文件 ➡ 🖫 保存 命令，即可保存产品模型。

12.5.2　滑块分型面

在此创建的滑块分型面主要通过"拉伸"命令来完成。继续以前面的模型为例，介绍滑块分型面的一般创建过程。

步骤**01** 打开文件 D:\ catsc20\work\ch12.05.02\MoldedPart.CATPart。

步骤**02** 创建边界 1。

（1）选择命令。选择下拉菜单 插入 ➡ Operations ▶ ➡ ⌒ Boundary... 命令，系统弹出"边界定义"对话框。

（2）选取边界线。在模型中选取图 12.5.14 所示的边线，单击 ● 确定 按钮。

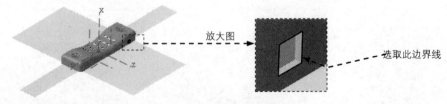

放大图
选取此边界线

图 12.5.14 选取边界线

步骤**03** 创建拉伸曲面。

（1）选择命令。选择下拉菜单 插入 ➡ Surfaces ▶ ➡ Extrude... 命令，系统弹出"拉伸曲面定义"对话框。

（2）选取截面草图。选取图 12.5.14 所示的边界线。

（3）定义拉伸方向。在坐标系中选择"z 轴"（滑块坐标系中）为拉伸方向。

（4）定义拉伸长度。在"拉伸曲面定义"对话框 拉伸限制 区域的 尺寸: 文本框中输入数值 100。

（5）在该对话框中单击 ● 确定 按钮，结果如图 12.5.15 所示。

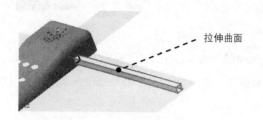

拉伸曲面

图 12.5.15　拉伸曲面

步骤 04 保存文件。选择下拉菜单 文件 ➡ 保存 命令，即可保存产品模型。

12.6　模具设计综合应用案例一

案例概述：

本案例将介绍一款手机壳的模具设计过程（图 12.6.1）。在设计此模具时，难点在于定义型芯区域面和型腔区域面（也就是怎样去确定产品模型的最大轮廓），主要设计过程包括破孔处的补面、分型面的创建和型芯/型腔的创建。通过本例的学习，读者能掌握基本的模具设计方法。

1. 导入模型

任务 01 加载模型

步骤 01 新建产品。新建一个 Product 文件，在特征树中双击 Product1 激活该产品。

步骤 02 选择命令。选择下拉菜单 开始 ➡ 机械设计 ▶ ➡ Core & Cavity Design 命令，系统切换至"型芯型腔设计"工作台。

步骤 03 修改文件名。右击 Product1，在系统弹出的快捷菜单中选取 属性 命令；系统弹出"属性"对话框，在 零件编号 文本框中输入文件名"remote_control_mold"；单击 ● 确定 按钮，完成文件名的修改。

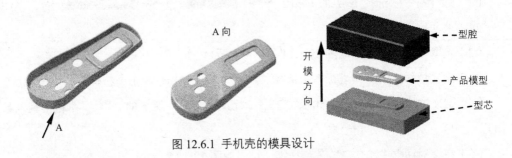

A向

开模方向

型腔

产品模型

型芯

图 12.6.1 手机壳的模具设计

A

步骤 04 选择命令。选择下拉菜单 插入 ➜ Models ▶ ➜ 增 Import... 命令，系统弹出 "Import Molded Part" 对话框。

步骤 05 在 "Import Molded Part" 对话框的 Model 区域中单击 "打开" 按钮 📂，此时系统弹出 "选择文件" 对话框，选择文件路径 D:\ catsc20\work\ch12.06\remote_control.CATPart，单击 打开(O) 按钮。

步骤 06 选择要开模的实体。接受系统默认参数设置。

任务 02 设置收缩率

步骤 01 选择坐标类型。在 Axis System 区域的下拉列表中选择 Coordinates 选项。

步骤 02 设置坐标系参数。在 Origin 区域的 X 文本框中输入数值 0，在 Y 文本框中输入数值 0，在 Z 文本框中输入数值 0。

步骤 03 设置收缩数值。在 Shrinkage 区域的 Ratio 文本框中输入数值 1.006。

步骤 04 在 "Import remote_control.CATPart" 对话框中单击 ● 确定 按钮，完成零件几何体的收缩率设置，结果如图 12.6.2 所示。

图 12.6.2 零件几何体

任务 03 添加缩放后的实体

步骤 01 切换工作台。选择下拉菜单 开始 ➜ ▶机械设计 ▶ ➜ 🔧 零件设计 命令，系统切换至 "零件设计" 工作台。

步骤 02 显示特征。在特征树中依次单击 ✛ 🔩 MoldedPart (MoldedPart.1) ➜

◆⚙️📄MoldedPart的"+"号，显示出⚙️ **零件几何体 的结果**。

步骤 03 定义工作对象。在特征树中右击⚙️ **零件几何体**，在系统弹出的快捷菜单中选择 **定义工作对象** 命令，将其定义为工作对象。

步骤 04 创建封闭曲面。选择下拉菜单 **插入** ➡️ **基于曲面的特征 ▶** ➡️ **🔲封闭曲面** 命令，系统弹出"定义封闭曲面"对话框；在特征树中单击⚙️ **零件几何体 的结果**前的"+"号，然后选择 **🔶缩放.1**，在"定义封闭曲面"对话框中单击 **◯ 确定** 按钮，特征树变化结果如图 12.6.3b 所示。

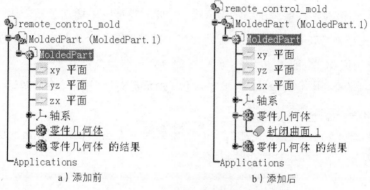

a）添加前　　　　　　　b）添加后

图 12.6.3　添加缩放后的实体

步骤 05 隐藏产品模型。在特征树中单击⚙️ **零件几何体** 的"+"号，然后右击🔲 **封闭曲面.1**，在系统弹出的快捷菜单中选择 **隐藏/显示** 命令，将产品模型隐藏起来。

　　　　　　这里将产品模型隐藏起来，为了便于后面的操作。

步骤 06 切换工作台。选择下拉菜单 **开始** ➡️ **机械设计 ▶** ➡️ **Core & Cavity Design** 命令，系统切换至"型芯型腔设计"工作台。

步骤 07 定义工作对象。在特征树中右击⚙️ **零件几何体 的结果**，在系统弹出的快捷菜单中选择 **定义工作对象** 命令，将其定义为工作对象。

2. 定义主开模方向

步骤 01 选择命令。选择下拉菜单 **插入** ➡️ **Pulling Direction ▶** ➡️ **Pulling Direction.** 命令，系统弹出"Main Pulling Direction Definition"对话框。

步骤 02 设置坐标系。在该对话框 **Direction** 区域的 **DX**、**DY** 和 **DZ** 文本框中分别输入数值 0、1 和 0。

步骤 03 锁定开模方向。在对话框的 `Pulling Axis System` 区域选中 `☐ Locked` 复选框。

步骤 04 设置区域颜色。在图形区中选取加载的零件几何体，并在 `Local Transfer` 区域中选中 `☐ FacetsToIgnore` 复选框，然后拖动其后的滑块，将小平面的忽略参数值设置为 0.45。

 在设置区域颜色时，只需要在前面加载的零件几何体上的任意位置单击一下即可。

步骤 05 在该对话框中单击 `● 确定` 按钮，此时特征树中增加了三个几何图形集，同时这三个几何图形集将在零件几何体上显示出来，结果如图 12.6.4 和图 12.6.5 所示。

步骤 06 定义当前坐标系。在特征树中双击 `✦↑↓轴系` "+" 号下的 `↓Main Pulling Direction.1`，系统弹出"轴系定义"对话框，在此对话框中选中 `☐ 当前` 复选框，然后单击 `● 确定` 按钮。

步骤 07 隐藏特征。在特征树中选取 `↓轴系.1` 并右击，在系统弹出的快捷菜单中选择 `隐藏/显示` 命令，将此坐标系隐藏起来。

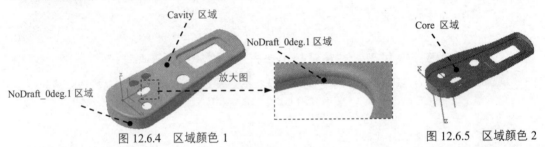

图 12.6.4　区域颜色 1　　　　　　　　　　图 12.6.5　区域颜色 2

3. 移动元素

步骤 01 选择命令。选择下拉菜单 `插入` ➡ `Pulling Direction ▶` ➡ `Transfer...` 命令，系统弹出"Transfer Element"对话框。

步骤 02 定义型芯区域。在该对话框的 `Destination` 下拉列表中选取 `Core.1` 选项，然后选取图 12.6.6 所示的面，总共 24 个面，结果如图 12.6.7 所示。

图 12.6.6　定义型芯区域

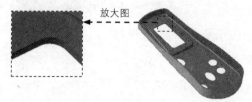

图 12.6.7 型芯区域

步骤 03 定义型腔区域。在该对话框的 `Destination` 下拉列表中选取 `Cavity.1` 选项，在 `Propagation type` 下拉列表中选择 `Tangent continuity` 选项，然后选取图 12.6.8 所示的面（共 26 个面），结果如图 12.6.9 所示。

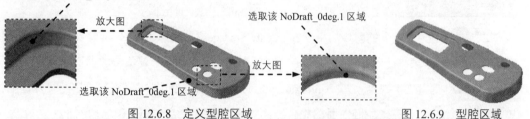

图 12.6.8 定义型腔区域   图 12.6.9 型腔区域

◆ 用户在定义区域面时，可以灵活地运用 `No propagation` 选项、`Point continuity` 选项和 `Tangent continuity` 选项来快速地完成定义。

◆ 读者在选取面的时候，可根据视频进行选取。

步骤 04 在"Transfer Element"对话框中单击 `确定` 按钮，完成元素的移动。

4. 创建爆炸视图

步骤 01 隐藏轴系统和平面。选择下拉菜单 `工具` ➡ `隐藏` ➡ `所有轴系` 命令，再次选择下拉菜单 `工具` ➡ `隐藏` ➡ `所有平面` 命令。

步骤 02 选择命令。选择下拉菜单 `插入` ➡ `Pulling Direction` ▶ ➡ `Explode View...` 命令，系统弹出"Explode Value"对话框。

步骤 03 定义移动距离。在 `Explode Value` 文本框中输入数值 60，单击 Enter 键，结果如图 12.6.10 所示。

步骤 04 在"Explode Value"对话框中单击 `取消` 按钮，完成爆炸视图的创建。

5. 集合曲面

任务 01 集合型芯曲面

步骤 01 选择命令。选择下拉菜单 插入 ➡ Pulling Direction ▶ ➡ Aggregate Mold Area. 命令，系统弹出"Aggregate Surfaces"对话框。

步骤 02 定义要集合的区域。在"Aggregate Surfaces"对话框的 Select a mold area 下拉列表中选择 Core.1 选项，此时系统会自动在 List of surfaces 区域中显示要集合的曲面。

步骤 03 定义连接数据。在"Aggregate Surfaces"对话框中选中 Create a datum Join 复选框，单击 确定 按钮，完成型芯曲面的集合，此时特征树显示结果如图 12.6.11b 所示。

任务 02 集合型腔曲面

步骤 01 选择命令。选择下拉菜单 插入(I) ➡ Pulling Direction ➡ Aggregate Mold Area. 命令，系统弹出"Aggregate Surfaces"对话框。

步骤 02 定义要集合的区域。在"Aggregate Surfaces"对话框的 Select a mold area 下拉列表中选择 Cavity.1 选项，此时系统会自动在 List of surfaces 区域中显示要集合的曲面。

步骤 03 定义连接数据。在"Aggregate Surfaces"对话框中选中 Create a datum Join 复选框，单击 确定 按钮，完成型腔曲面的集合，此时特征树显示结果如图 12.6.12b 所示。

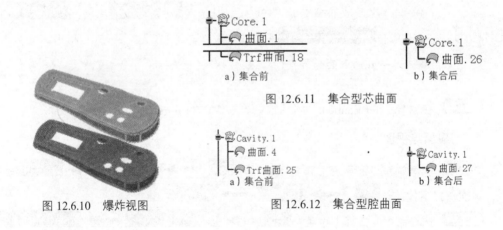

图 12.6.11 集合型芯曲面

图 12.6.10 爆炸视图

图 12.6.12 集合型腔曲面

6. 模型修补

任务 01 新建几何图形集

步骤 01 选择命令。选择下拉菜单 插入 ➡ 几何图形集. 命令，系统弹出"插入几何图形集"对话框。

步骤 02 在系统弹出的对话框的 名称: 文本框中输入文件名"repair_surface"，接受 父级: 文本框中的默认选项 MoldedPart，然后单击 确定 按钮。

任务 02 创建图 12.6.13 所示的边界 1

步骤 01 选择命令。选择下拉菜单 插入 ➡ Operations ▶ ➡ Boundary. 命令，系统弹出"边界定义"对话框。

步骤 02 设置对话框参数。在"边界定义"对话框 拓展类型：区域的下拉列表中选择 点连续 选项。

步骤 03 定义曲面边线。选取图 12.6.14 所示的边线为曲面边线。

步骤 04 单击 ● 确定 按钮，完成边界 1 的创建。

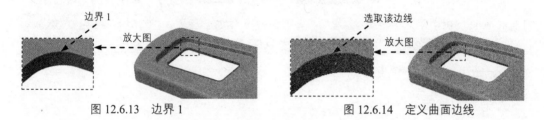

图 12.6.13　边界 1　　　　　　　　图 12.6.14　定义曲面边线

步骤 05 参照边界 1 的创建步骤**步骤 01**～**步骤 04**，创建图 12.6.15 所示的边界。

任务 03 创建图 12.6.16 所示的填充 1

步骤 01 选择命令。选择下拉菜单 插入 ➡ Surfaces ▶ ➡ Fill. 命令，系统弹出"填充曲面定义"对话框。

步骤 02 定义边界曲线。选取图 12.6.13 所示的边界 1 为边界曲线；单击 ● 确定 按钮，完成填充 1 的创建。

任务 04 创建图 12.6.17 所示的填充曲面 1

步骤 01 参照**任务 03**，创建填充其余孔的填充面。

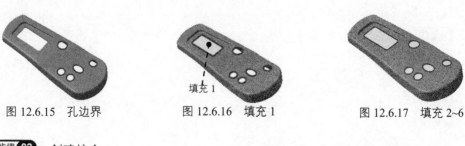

图 12.6.15　孔边界　　　　图 12.6.16　填充 1　　　　图 12.6.17　填充 2~6

步骤 02 　创建接合 1。

（1）隐藏曲线。选择下拉菜单 工具 ➡ 隐藏 ▶ ➡ 所有曲线 命令。

（2）选择命令。选择下拉菜单 插入 ➡ Operations ▶ ➡ Join... 命令，系统弹出"接合定义"对话框。

（3）选择接合对象。在特征树中 Core.1 前的"+"号下选取 曲面.26 ，在 Repair_surface 前的"+"号下选取 填充.1 、 填充.2 、 填充.3 、 填充.4 、 填充.5 和 填充.6 。

（4）在该对话框中单击 确定 按钮，完成接合1的创建。

步骤 03 创建接合2。

选择下拉菜单 插入 ➡ Operations ▶ ➡ Join... 命令，系统弹出"接合定义"对话框;在特征树中 Cavity.1 "+"号下选取 曲面.27 ，在 Repair_surface "+"号下选取 填充.1 、 填充.2 、 填充.3 、 填充.4 、 填充.5 和 填充.6 ;在该对话框中单击 确定 按钮，完成接合2的创建。

7. 创建分型面

任务 01 新建几何图形集

步骤 01 选择命令。选择下拉菜单 插入 ➡ 几何图形集... 命令，系统弹出"插入几何图形集"对话框。

步骤 02 在系统弹出的对话框的 名称: 文本框中输入文件名"parting_surface"，接受 父级: 文本框中的默认选项 MoldedPart ，然后单击 确定 按钮。

任务 02 创建型芯分型面

步骤 01 显示特征。在特征树中选取 Main Pulling Direction.1 并右击，在系统弹出的快捷菜单中选取 隐藏/显示 选项。

步骤 02 选择命令。选择下拉菜单 插入 ➡ Surfaces ▶ ➡ Parting Surface... 命令，系统弹出"Parting surface Definition"对话框。

步骤 03 在绘图区中选取零件模型，此时在零件模型上会显示许多边界点，如图 12.6.18 所示。

在选取型芯面时，只需要选取型芯面上的任意位置即可。

图 12.6.18　边界点

步骤 04 创建拉伸 1。在零件模型中分别选取图 12.6.19 所示的点 1 和点 2 作为拉伸边界点；在该对话框中选择 `Direction+Length` 选项卡，然后在 `Length` 文本框中输入数值 100，在坐标系中选取"x 轴"（主坐标系中），单击"反向"按钮 `Reverse`；结果如图 12.6.20 所示。

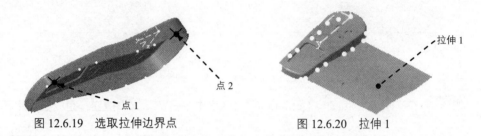

图 12.6.19　选取拉伸边界点　　　　　　图 12.6.20　拉伸 1

步骤 05 创建拉伸 2。单击 `Vertex 1:` 文本框使之激活，在零件模型中分别选取图 12.6.21 所示的点 1 和点 2 作为拉伸边界点；在该对话框中选择 `Direction+Length` 选项卡，然后在坐标系中选择"y 轴"（主坐标系中），在 `Length` 文本框中输入数值 100，单击 `Reverse` 按钮；结果如图 12.6.22 所示。

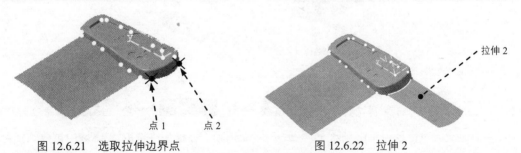

图 12.6.21　选取拉伸边界点　　　　　　图 12.6.22　拉伸 2

步骤 06 创建拉伸 3。单击 `Vertex 1:` 文本框使之激活，在零件模型中分别选取图 12.6.23 所示的点 1 和点 2 作为拉伸边界点；在该对话框中选择 `Direction+Length` 选项卡，然后在坐标系中选取"x 轴"（主坐标系中），在 `Length` 文本框中输入数值 100；结果如图 12.6.24 所示。

步骤 07 创建拉伸 4。单击 `Vertex 1:` 文本框使之激活，在零件模型中分别选取图 12.6.25 所示的点 1 和点 2 作为拉伸边界点；在该对话框中选择 `Direction+Length` 选项卡，然后在坐标系中选取"y 轴"（主坐标系中），在 `Length` 文本框中输入数值 100；结果如图 12.6.26 所示。

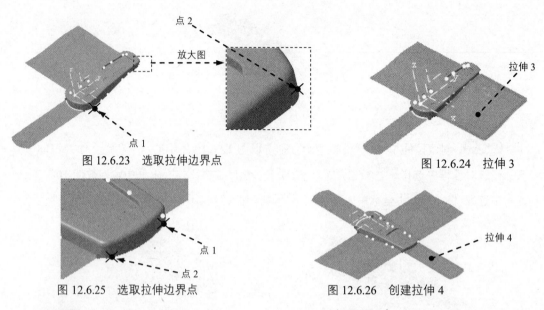

图 12.6.23 选取拉伸边界点

图 12.6.24 拉伸 3

图 12.6.25 选取拉伸边界点

图 12.6.26 创建拉伸 4

步骤 08 在 "Parting Surface Definition" 对话框中单击 ● 确定 按钮，完成拉伸曲面的创建。

步骤 09 创建接合 4。选择下拉菜单 插入 ➡ Operations ▶ ➡ Join... 命令，系统弹出 "接合定义" 对话框；选取图 12.6.27 所示的边界线 1 和边界线 2，接受系统默认的合并距离值（即公差值）；单击 ● 确定 按钮，完成接合 4 的创建。

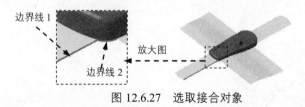

图 12.6.27 选取接合对象

步骤 10 创建扫掠 1：选择下拉菜单 插入 ➡ Surfaces ▶ ➡ Sweep... 命令，在 "扫掠曲面定义" 对话框中单击 轮廓类型: 区域下的 ⌒ 选项；在模型中选取 **步骤 09** 中创建的接合 4 为轮廓曲线；选取图 12.6.28 所示的边界线 3 为引导曲线；在该对话框中单击 ● 确定 按钮，完成扫掠 1 的创建，结果如图 12.6.29 所示。

图 12.6.28 选取引导曲线

图 12.6.29 扫掠 1

步骤 **11** 创建其余扫掠曲面。参照 步骤 **09** 和 步骤 **10** ，创建扫掠 2、扫掠 3 和扫掠 4，结果如图 12.6.30 所示（隐藏所有曲线）。

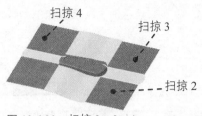

图 12.6.30 扫掠 2、3、4

步骤 **12** 创建型芯分型面。选择下拉菜单 插入 ➡ Operations ▶ ➡ Join... 命令，系统弹出"接合定义"对话框；在特征树中单击 repair_surface 前的"+"号，选取 接合.1 ，再单击 Parting_surface 前的"+"号，选取 PrtSrf_接合.3 、扫掠.1 、扫掠.2 、扫掠.3 和 扫掠.4 ；在该对话框中单击 确定 按钮，完成接合 8 的创建；在特征树中右击 接合.8 ，在系统弹出的快捷菜单中选择 属性 命令，然后在系统弹出的"属性"对话框中选择 特征属性 选项卡，在 特征名称: 文本框中输入"Core_surface"；单击 确定 按钮，完成型芯分型面的重命名。

步骤 **13** 隐藏型芯分型面。在特征树中选取 Core_surface 并右击，在系统弹出的快捷菜单中选择 隐藏/显示 命令。

步骤 **14** 显示特征。按住 Ctrl 键，选取 PrtSrf_接合.3 、扫掠.1 、扫掠.2 、扫掠.3 和 扫掠.4 并右击，在系统弹出的快捷菜单中选择 隐藏/显示 命令。

步骤 **15** 创建型腔分型面。选择下拉菜单 插入 ➡ Operations ▶ ➡ Join... 命令，系统弹出"接合定义"对话框；在特征树中单击 repair_surface 前的"+"号，选取 接合.2 ，然后单击 Parting_surface 前的"+"号，选取 PrtSrf_接合.3 、扫掠.1 、扫掠.2 、扫掠.3 和 扫掠.4 ；在该对话框中单击 确定 按钮，完成接合 5 的创建；在特征树中右击，在系统弹出的快捷菜单中选择 属性 命令，然后在系统弹出的"属性"对话框中选择 特征属性 选项卡，在 特征名称: 文本框中输入"Cavity_Surface"；单击 确定 按钮，完成型腔分型面的重命名。

8. 模具分型

任务 **01** 创建型芯

步骤 **01** 激活产品。在特征树中双击 remote_control_mold 。

步骤 **02** 切换工作台。选择下拉菜单 开始 ➡ 机械设计 ▶ ➡

Mold Tooling Design 命令。

步骤 03 显示特征。按住 Ctrl 键，在特征树中选取 xy 平面、 yz 平面、 zx 平面和 Core_surface 并右击，在系统弹出的快捷菜单中选择 隐藏 / 显示 命令。

步骤 04 隐藏特征。按住 Ctrl 键，在特征树中选取 Main Pulling Direction.1 和 Cavity_Surface 并右击，在系统弹出的快捷菜单中选择 隐藏 / 显示 命令。

步骤 05 加载工件。选择下拉菜单 插入 ➞ Mold Base Components ➞ New Insert... 命令，系统弹出"Define Insert"对话框；在特征树中选取"zx 平面"为放置平面。在型芯分型面上单击任意位置，然后在"Define Insert"对话框的 X 文本框中输入数值 0，在 Y 文本框中输入数值 40，在 Z 文本框中输入数值-50；在"Define Insert"对话框中单击 按钮，在系统弹出的对话框中双击 Pad_with_chamfer 选项，然后在系统弹出的对话框中双击 Pad 选项；在"Define Insert"对话框中选择 Parameters 选项卡，然后在 L 文本框中输入数值 100，在 W 文本框中输入数值 200，在 H 文本框中输入数值 80，在 Draft 文本框中输入数值 0，其他参数接受系统默认设置；在"Define Insert"对话框中单击 Positioning 选项卡 Drill from 区域中的 MoldedPart.1 文本框，使其显示为 无选择；在"Define Insert"对话框中单击 确定 按钮，创建结果如图 12.6.31 所示。

工件

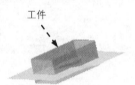

图 12.6.31 加载工件

为了便于观察工件，用户可在特征树中依次单击 ➕ Insert_2 (Insert_2.1) ➞ ➕ Insert_2 前的"+"号，然后在其"+"号下右击 零件几何体，在系统弹出的快捷菜单中选择 属性 选项，在系统弹出的"属性"对话框中选择 图形 选项卡，然后在 透明度 区域中通过移动滑块来调节工件的透明度。

步骤 06 分割工件。在特征树中双击 remote_control_mold；在特征树中右击 Insert_2 (Insert_2.1)，在系统弹出的快捷菜单中选择 Insert_2.1 对象 ➞ Split component... 命令，系统弹出"Split Definition"对话框；选取图 12.6.32 所示的型芯分型面，单击 确定 按钮；在特征树中右击 Core_Surface，在系统弹出的快捷菜单中选择 隐藏 / 显示 命令，将型芯分型面隐藏，结果如图 12.6.33 所示；

在特征树中右击 Insert_2 (Insert_2.1)，在系统弹出的快捷菜单中选择 属性 选项；在系统弹出的"属性"对话框中选择 产品 选项卡，分别在 部件 区域的 实例名称 文本框和 产品 区域的 零件编号 文本框中输入文件名"Core_part"，单击 确定 按钮，此时系统弹出"Warning"对话框；单击 是 按钮，完成型芯的重命名。

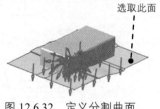
选取此面

图 12.6.32 定义分割曲面

图 12.6.33 型芯

任务 02 创建型腔

步骤 01 显示型腔分型面。在特征树中右击 cavity_surface，在系统弹出的快捷菜单中选择 隐藏/显示 命令，将型腔分型面显示出来。

步骤 02 隐藏型芯。在特征树中右击 Core_part (Core_part)，在系统弹出的快捷菜单中选择 隐藏/显示 命令，将型芯隐藏起来。

步骤 03 加载工件。选择下拉菜单 插入(I) → Mold Base Components → New Insert.. 命令，系统弹出"Define Insert"对话框；在特征树中选取"zx 平面"为放置平面。在型腔分型面上单击任意位置，然后在"Define Insert"对话框的 X 文本框中输入数值 0，在 Y 文本框中输入数值 40，在 Z 文本框中输入数值-50；其余参数采用系统默认设置；在"Define Insert"对话框中选择 Parameters 选项卡，然后在 L 文本框中输入数值 100，在 W 文本框中输入数值 200，在 H 文本框中输入数值 80，在 Draft 文本框中输入数值 0，其他参数接受系统默认设置；在"Define Insert"对话框中单击 Positioning 选项卡 Drill from 区域中的 MoldedPart.1 文本框，使其显示为 无选择；在"Define Insert"对话框中单击 确定 按钮，创建结果如图 12.6.34 所示。

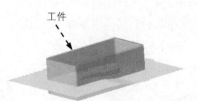
工件

图 12.6.34 加载工件

步骤 04 分割工件。在特征树中双击 remote_control_mold；在特征树中右击 Insert_2 (Insert_2.2)，在系统弹出的快捷菜单中选择

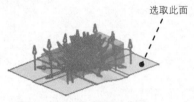 命令，系统弹出 "Split Definition" 对话框；选取图 12.6.35 所示的型腔分型面，单击箭头改变保留方向，单击 ● 确定 按钮。

（步骤 **05**）隐藏型腔分型面。在特征树中右击 Cavity_Surface，在系统弹出的快捷菜单中选择 隐藏/显示 命令，将型腔分型面隐藏，结果如图 12.6.36 所示。

选取此面

图 12.6.35 定义分割曲面　　　　　　　图 12.6.36 型腔

（步骤 **06**）重命名型腔。在特征树中右击 Insert_2 (Insert_2.2)，在系统弹出的快捷菜单中选择 属性 选项；在系统弹出的"属性"对话框中选择 产品 选项卡，分别在 部件 区域的 实例名称 文本框和 产品 区域的 零件编号 文本框中输入文件名 "Cavity_part"，单击 ● 确定 按钮，此时系统弹出 "Warning" 对话框，单击 是 按钮，完成型腔的重命名。

9. 创建模具分解视图

（步骤 **01**）显示型芯。在特征树中选取 Core_part (Core_part) 并右击，在系统弹出的快捷菜单中选择 隐藏/显示 命令，将型芯显示。

（步骤 **02**）切换工作台。选择下拉菜单 开始 ➡ 机械设计 ➡ 装配设计 命令。

（步骤 **03**）显示产品模型。在特征树中右击 封闭曲面.1，在系统弹出的快捷菜单中选择 隐藏/显示 命令，将产品模型显示。

（步骤 **04**）选择命令。选择下拉菜单 编辑 ➡ 移动 ➡ 操作... 命令，系统弹出"操作参数"对话框。

（步骤 **05**）移动型腔。在"操作参数"对话框中单击 $\overset{y}{\rightarrow}$ 按钮，然后在模具中沿 Z 方向移动型腔，结果如图 12.6.37 所示。

（步骤 **06**）移动型芯。在"操作参数"对话框中单击 $\overset{y}{\rightarrow}$ 按钮，然后在模具中沿-Z 方向移动型芯，结果如图 12.6.38 所示，单击 ● 取消 按钮。

图 12.6.37 移动型腔后　　　　　　　图 12.6.38 移动型芯后

步骤 07 保存文件。在特征树中双击  remote_control_mold ，激活此产品；选择下拉菜单 文件 ➡ 保存 命令，在系统弹出的"保存"对话框中单击 确定 按钮。

12.7 模具设计综合应用案例二

案例概述：

本案例将介绍一款手机上盖的模具设计过程（图 12.7.1）。在设计此模具时，难点在于滑块设计、一模多穴的设计及流道的设计。为了避免学习步骤的重复，本例将先把模型修补好，然后直接从做分型面开始进行操作步骤的讲解。通过本例的学习，读者能掌握一模多穴设计、流道设计和滑块设计等重要的模具设计方法。

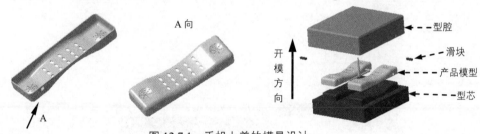

图 12.7.1 手机上盖的模具设计

　　本应用的详细操作过程请参见随书光盘中 video\ch12\文件下的语音视频讲解文件。模型文件为 D:\catsc20\work\ch12.07\cellphone_shell-mold.CATProduct。

第 **13** 章　数控加工与编程

13.1　数控加工与编程基础

13.1.1　进入数控加工工作台

启动 CATIA V5 后 ，选择下拉菜单 开始 ➡ 加工 下的对应命令（图 13.1.1），系统即可进入加工工作台。

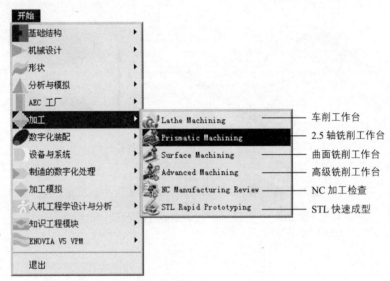

图 13.1.1　加工子菜单

13.1.2　数控加工命令及工具条

插入 下拉菜单是加工工作台中的主要菜单，依赖于用户所选择的加工工作台，其内容会有所变化，其中绝大部分命令都以快捷按钮方式出现在屏幕的工具栏中。下面仅以 2.5 轴平面铣削工作台来简单说明其常用的工具栏（图 13.1.2～图 13.1.9）。

图 13.1.2　"Machining Operations" 工具栏

图 13.1.3 "Axial Maching Operations" 工具栏

图 13.1.4 "Multi-Pockets Operations" 工具栏

图 13.1.5 "Auxiliary Operations" 工具栏

图 13.1.6 "Roughing Operations" 工具栏

图 13.1.7 "Maching Features" 工具栏

图 13.1.8 "Manufacturing Program" 工具栏

图 13.1.9 "NC Output Management" 工具栏

13.2 CATIA V5 数控加工的基本过程

13.2.1 CATIA V5 数控加工流程

CATIA V5 能够模拟数控加工的全过程，其一般流程如下（图 13.2.1）。

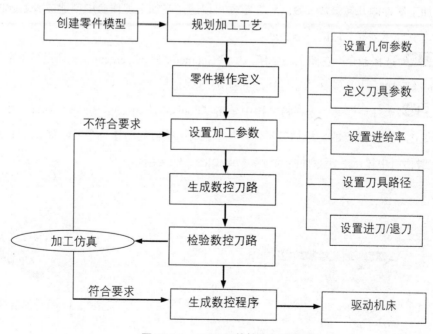

图 13.2.1 CATIA 数控加工流程图

（1）创建制造模型（包括目标加工零件以及毛坯零件）。

（2）规划加工工艺。

（3）零件操作定义（包括设置机床、夹具、加工坐标系、零件和毛坯等）。

（4）设置加工参数（包括几何参数、刀具参数、进给率以及刀具路径参数等）。

（5）生成数控刀路。

（6）检验数控刀路。

（7）利用后处理器生成数控程序。

13.2.2 进入加工工作台

步骤01 打开模型文件。选择下拉菜单 文件 ➡ 打开 命令，系统弹出"选择文件"对话框。在"查找范围"下拉列表中选择文件目录 D:\catsc20\work\ch13.02，然后在中间的列表框中选择文件 pocket01.CATPart，单击 打开(0) 按钮，系统打开模型并进入零件工作台。

步骤02 进入加工模块。选择下拉菜单 开始 ➡ 加工 ▶ ➡ Surface Machining 命令，系统进入曲面铣削加工工作台。

13.2.3 定义毛坯零件

一般在进行加工前，应该先建立一个毛坯零件。在加工结束时，毛坯零件的几何参数应与目标加工零件的几何参数一致。毛坯零件可以通过在加工工作台中创建或者装配的方法来引入，本例介绍创建毛坯的一般步骤。

步骤01 选择命令。在图 13.2.2 所示的"Geometry Management"工具栏中单击"Creates rough stock"按钮，系统弹出"Rough Stock"对话框。

步骤02 选择毛坯参照。在特征树中单击"Pocket01"下的"Blank"节点，然后在图形区中选取图 13.2.3 所示的目标加工零件作为参照，系统自动创建一个毛坯零件，且在"Rough Stock"对话框中显示毛坯零件的尺寸参数，如图 13.2.4 所示。

图 13.2.2 "Geometry Management"工具栏

图 13.2.3 目标加工零件

步骤 03 单击"Rough Stock"对话框中的 确定 按钮，完成毛坯零件的创建（ 图 13.2.5 ）。

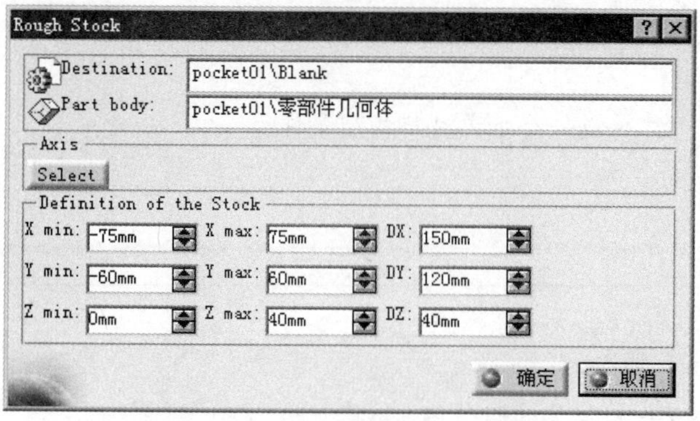

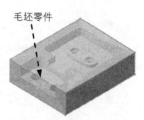

毛坯零件

图 13.2.4 "Rough Stock"对话框

图 13.2.5 创建毛坯零件

13.2.4 定义零件操作

定义零件操作主要包括选择数控机床、定义加工坐标系、定义毛坯零件及目标加工零件等内容。定义零件操作的一般步骤如下。

步骤 01 在特征树中双击 Part Operation.1节点，系统弹出图 13.2.6 所示的"Part Operation"对话框。

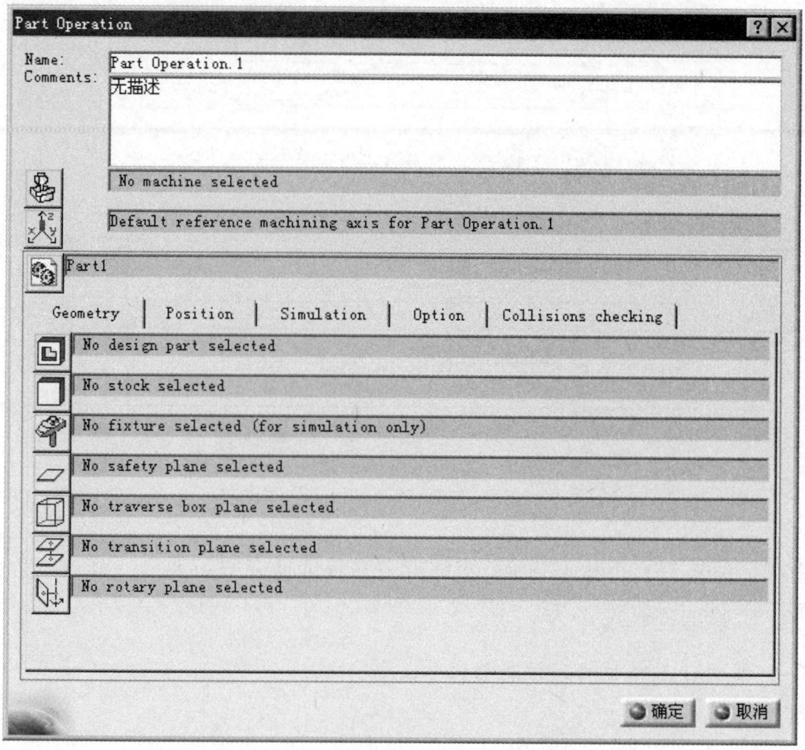

图 13.2.6 "Part Operation"对话框

图 13.2.6 所示的"Part Operation"对话框中各按钮的说明如下。

◆ 按钮：用于选择数控机床和设置机床参数。

◆ 按钮：设定加工坐标系。

◆ 按钮：加入一个装配模型文件或一个加工目标模型文件。

◆ 按钮：选择目标加工零件。

◆ 按钮：选择毛坯零件。

◆ 按钮：选择夹具。

◆ 按钮：设定安全平面。

◆ 按钮：选定五个平面定义一个整体的阻碍体。

◆ 按钮：选定一个平面作为零件整体移动平面。

◆ 按钮：选定一个平面作为零件整体旋转平面。

步骤 02 选择数控机床。单击"Part Operation"对话框中的 按钮，系统弹出图 13.2.7 所示的"Machine Editor"对话框，单击其中的"3-axis Machine"按钮，然后单击 ● 确定 按钮，完成机床的选择。

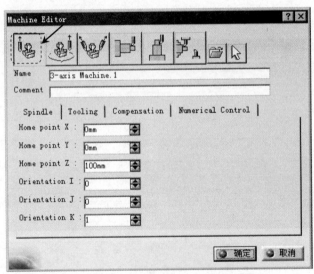

图 13.2.7 "Machine Editor"对话框

图 13.2.7 所示的"Machine Editor"对话框中的各选项说明如下。

◆ ：三轴联动机床。

◆ ：带旋转工作台的三轴联动机床。

◆ ：五轴联动机床。

◆ 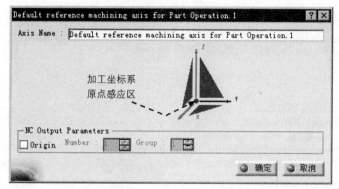: 卧式车床。

◆ : 立式车床。

◆ : 多滑座车床。

◆ : 单击该按钮后，在系统弹出的"选择文件"对话框中选择所需要的机床文件。

◆ : 单击该按钮后，在特征树上选择用户创建的机床。

步骤 03 定义加工坐标系。

（1）单击"Part Operation"对话框中的 按钮，系统弹出图 13.2.8 所示的"Default reference machining axis for Part Operation.1"对话框。

加工坐标系
原点感应区

图 13.2.8 "Default reference machining axis for Part Operation.1"对话框

（2）在对话框的 Axis Name : 文本框中输入坐标系名称 Default-axis.1 并按下 Enter 键，此时，"Default reference machining axis for Part Operation.1"对话框变为"Default-axis.1"对话框。

（3）单击"Default-axis.1"对话框中的加工坐标系原点感应区，然后在图形区选取图 13.2.9 所示的点（此点在零件模型中已提前创建好），此时对话框中的基准面、基准轴和原点均由红色变为绿色（表明已定义加工坐标系），系统创建图 13.2.10 所示的加工坐标系。

选取此点

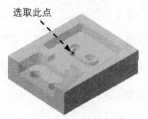

图 13.2.9 选取参照点

加工坐标系

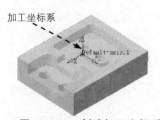

图 13.2.10 创建加工坐标系

（4）单击"Default-axis.1"对话框中的 确定 按钮，完成加工坐标系的设置。

步骤 04 定义目标加工零件。单击"Part Operation"对话框中的 按钮，在图 13.2.11

所示的特征树中选取"零部件几何体"作为目标加工零件。在图形区空白处双击鼠标左键，系统回到"Part Operation"对话框。

步骤 05 定义毛坯零件。单击"Part Operation"对话框中的 ▢ 按钮，在特征树中选取"Blank"作为毛坯零件。在图形区空白处双击鼠标左键，系统回到"Part Operation"对话框。

步骤 06 定义安全平面。

（1）单击"Part Operation"对话框中的 ▱ 按钮，在图形区选取图 13.2.12 所示的面（毛坯零件的上表面）为安全平面参照，系统创建图 13.2.12 所示的安全平面。

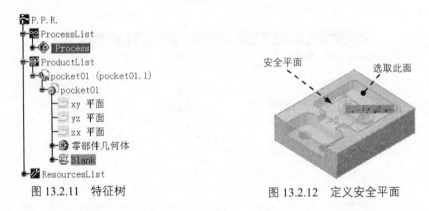

图 13.2.11　特征树　　　　　　　图 13.2.12　定义安全平面

（2）右击系统创建的安全平面，系统弹出图 13.2.13 所示的快捷菜单，选择其中的 Offset... 命令，系统弹出图 13.2.14 所示的"Edit Parameter"对话框，在其中的 Thickness 文本框中输入数值 20。

（3）单击"Edit Parameter"对话框中的 ● 确定 按钮，完成安全平面设置。

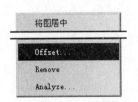

图 13.2.13　快捷菜单　　　　　　图 13.2.14　"Edit Parameter"对话框

步骤 07 定义换刀点。在"Part Operation"对话框中单击 Position 选项卡，然后在 Tool Change Point 区域的 X：、Y：、Z：文本框中分别输入数值 0、0、100（图 13.2.15），设置的换刀点如图 13.2.16 所示。

步骤 08 单击"Part Operation"对话框中的 ● 确定 按钮，完成零件操作的定义。

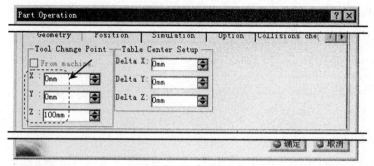

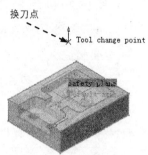

图 13.2.15 定义换刀点

图 13.2.16 显示换刀点

13.2.5 定义几何参数

首先定义加工的区域、设置加工余量等相关参数，设置几何参数的一般过程如下。

步骤 01 切换工作台。选择下拉菜单 开始 ➡ 加工 ▸ ➡ Prismatic Machining 命令，系统进入 2.5 轴铣削加工工作台。

步骤 02 在特征树中选择"Part Operation.1"节点下的 Manufacturing Program.1 节点，然后选择下拉菜单 插入 ➡ Machining Operations ▸ ➡ Pocketing 命令，系统弹出图 13.2.17 所示的"Pocketing.1"对话框。

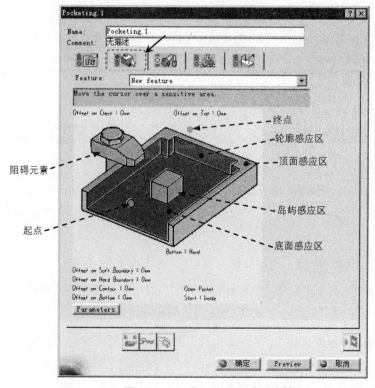

图 13.2.17 "Pocketing.1"对话框

图 13.2.17 所示的"Pocketing.1"对话框中部分选项的说明如下。

◆ [图标]: 刀具路径参数选项卡。

◆ [图标]: 几何参数选项卡。

◆ [图标]: 刀具参数选项卡。

◆ [图标]: 进给率选项卡。

◆ [图标]: 进刀/退刀路径选项卡。

◆ [图标] (Offset on Check: 0mm): 双击该图标后, 在系统弹出的对话框中可以设置阻碍元素或夹具的偏置量。

◆ [图标] (Offset on Top: 0mm): 双击该图标后, 在系统弹出的对话框中可以设置顶面的偏置量。

◆ [图标] (Offset on Hard Boundary: 0mm): 双击该图标后, 在系统弹出的对话框中可以设置硬边界的偏置量。

◆ [图标] (Offset on Contour: 0mm): 双击该图标后, 在系统弹出的对话框中可以设置软边界、硬边界或孤岛的偏置量。

◆ [图标] (Offset on Bottom: 0mm): 双击该图标后, 在系统弹出的对话框中可以设置底面的偏置量。

◆ [图标] (Bottom: Hard): 单击该图标可以在软底面及硬底面之间切换。

步骤 03 定义加工底面。

 为了便于选取零件表面, 可将毛坯暂时隐藏。方法是在特征树中右击 [图标]Blank 节点, 在系统弹出的快捷菜单中选择 [图标]隐藏/显示 命令即可。

（1）将鼠标移动到"Pocketing.1"对话框中的底面感应区上, 该区域的颜色从深红色变为橙黄色, 在该区域单击鼠标左键, 对话框消失, 系统要求用户选择一个平面作为型腔加工的区域。

（2）在该图形区选取图 13.2.18 所示的零件底面, 系统返回到"Pocketing.1"对话框, 此时"Pocketing.1"对话框中底面感应区和轮廓感应区的颜色变为深绿色, 表明已定义了底面和轮廓。

步骤 04 定义加工顶面。单击"Pocketing.1"对话框中的顶面感应区, 然后在图形区选取图 13.2.19 所示的零件上平面为顶面, 系统返回到"Pocketing.1"对话框, 此时"Pocketing.1"

对话框中顶面感应区的颜色变为深绿色。

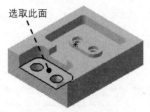

图 13.2.18　选取零件底面

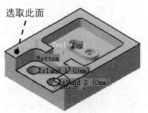

图 13.2.19　选取零件顶面

步骤 05 移除不需要的岛屿。在图形区中对应的"Island 1(0mm)"图标上右击，在系统弹出的快捷菜单中选择 Remove Island 1 命令，即可将该岛屿移除；参照此操作方法，将另一个岛屿移除，结果如图 13.2.20 所示。

◆　因为系统默认开启岛屿探测（Island Detection）和轮廓探测（Contour Detection）功能，所以在定义型腔底面后，系统自动判断型腔的轮廓。当开启岛屿探测（Island Detection）功能时，系统会将选择的底面上的所有孔和凸台判断为岛屿。

◆　关闭岛屿探测（Island Detection）和轮廓探测（Contour Detection）的方法是在"Pocketing.1"对话框中的底面感应区右击，在系统弹出的快捷菜单（图13.2.21）中取消选中 ✓Island Detection 和 ✓Contour Detection 复选框。

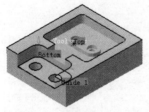

图 13.2.20　移除底面的岛屿

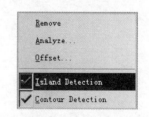

图 13.2.21　快捷菜单

步骤 06 定义进刀点参数。单击"Pocketing.1"对话框中的 Start：Inside（Start：Inside）字样，使其变为 Start：Outside（Start：Outside）图标；然后双击对话框中对应的"0mm"图标，在系统弹出的"Edit Parameter"对话框中输入值 3，单击 确定 按钮，完成进刀点设置。

步骤 07 定义余量参数。

（1）双击"Pocketing.1"对话框中 Offset on Contour：0mm（Offset on Contour：0mm）图标，

然后在系统弹出的"Edit Parameter"对话框中输入值 0.2，单击 ● 确定 按钮，完成侧面余量设置。

（2）双击"Pocketing.1"对话框中的 Offset on Bottom : 0mm （Offset on Bottom：0mm）图标，然后在系统弹出的"Edit Parameter"对话框中输入值 0.2，单击 ● 确定 按钮，完成底面余量设置。

13.2.6　定义刀具参数

定义刀具参数就是根据加工方法及加工区域来确定刀具的参数，这在整个加工过程中起着非常重要的作用。刀具参数的设置是通过"Pocketing.1"对话框中的 选项卡来完成的。

步骤 01 进入刀具参数选项卡。在"Pocketing.1"对话框中单击 选项卡（图 13.2.22）。

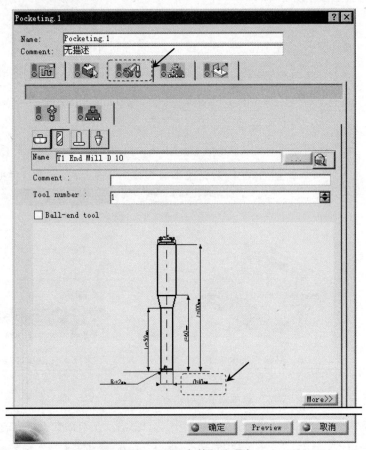

图 13.2.22　"刀具参数"选项卡

步骤 02 选择刀具类型。在"Pocketing.1"对话框中单击 按钮，选择立铣刀为加工刀具。

步骤 **03** 刀具命名。在"Pocketing.1"对话框的 Name 文本框中输入"T1 End Mill D 10"。

步骤 **04** 定义刀具参数。

（1）在"Pocketing.1"对话框中单击 More>> 按钮，单击 Geometry 选项卡，然后设置图 13.2.23 所示的刀具参数。

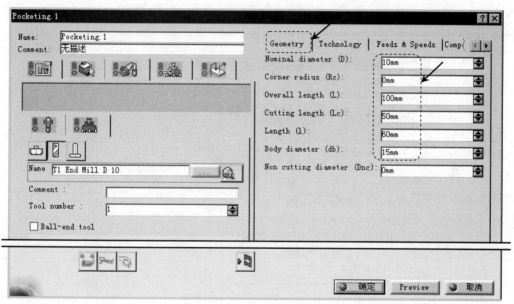

图 13.2.23　定义刀具参数

图 13.2.23 所示 Geometry （一般）选项卡中各选项的说明如下。

◆ Nominal diameter (D)：设置刀具公称直径。

◆ Corner radius (Rc)：设置刀具圆角半径。

◆ Overall length (L)：设置刀具总长度。

◆ Cutting length (Lc)：设置刀刃长度。

◆ Length (l)：设置刀具长度。

◆ Body diameter (db)：设置刀柄直径。

◆ Non cutting diameter (Dnc)：设置刀具去除切削刃后的直径。

（2）其他选项卡中的参数均采用默认的设置值。

13.2.7　定义进给率

进给率可以在"Pocketing.1"对话框的 选项卡中进行定义，包括定义进给速度、切削速度、退刀速度和主轴转速等参数。

定义进给率的一般步骤如下。

步骤 01 进入进给率设置选项卡。在"Pocketing.1"对话框中单击 选项卡（图 13.2.24 ）。

步骤 02 设置进给率。分别在"Pocketing.1"对话框的 Feedrate 和 Spindle Speed 区域中取消选中 □ Automatic compute from tooling Feeds and Speeds 复选框，然后在"Pocketing.1"对话框的 选项卡中设置图 13.2.24 所示的参数。

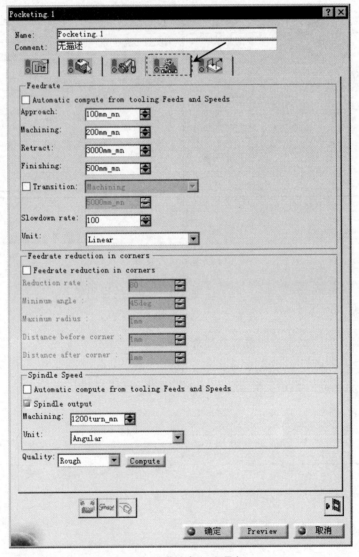

图 13.2.24　"进给率"选项卡

图 13.2.24 所示的"进给率"选项卡中各选项的说明如下。

◆ 用户可通过 Feedrate 区域设置刀具进给率参数，主要参数如下。

- 选中 ☑ Automatic compute from tooling Feeds and Speeds 复选框后，系统将自动设置刀具进给速率的所有参数。

- Approach: 该文本框用于输入进给速度，即刀具从安全平面移动到工件表面时的速度，单位通常为 mm_mn（毫米/每分钟）。

- Machining: 该文本框用于输入刀具切削工件时的速度，单位通常为 mm_mn（毫米/每分钟）。

- Retract: 该文本框用于输入退刀速度，单位通常为 mm_mn（毫米/每分钟）。

- Finishing: 当取消选中 ☐ Automatic compute from tooling Feeds and Speeds 复选框后，Finishing: 后的文本框被激活，此文本框用于设置精加工时的进刀速度。

- ☑ Transition: 选中该复选框后，其后的下拉列表被激活，用于设置区域间跨越时的进给速度。

- Slowdown rate: 该文本框用于设置降速比率。

- Unit: 通过此下拉列表可以选择进给速度的单位。

◆ 在 Feedrate reduction in corners 区域中可设置加工拐角时降低进给率的一些参数，主要参数如下。

- ☑ Feedrate reduction in corners: 选中该复选框后，Feedrate reduction in corners 区域中的参数则被激活。

- Reduction rate: 此文本框于设置降低进给速度的比率值。

- Minimum angle: 此文本框用于设置降低进给速度的最小角度值。

- Maximum radius: 此文本框用于设置降低进给速度的最大半径值。

- Distance before corner: 此文本框中的数值表示加工拐角前多远开始降低进给速度。

- Distance after corner: 此文本框中的数值表示加工拐角后多远开始恢复进给速度。

◆ 在 Spindle Speed 区域中可设置主轴参数，主要参数如下。

- ☑ Automatic compute from tooling Feeds and Speeds: 选中该复选框后，系统会自动设置主轴的转速。

- Spindle output：选中该复选框后，用户可自定义主轴参数。
- Machining：此文本框用于控制主轴的转速。
- Unit：该下拉列表用于选择主轴转速的单位。

13.2.8　定义刀具路径参数

定义刀具路径参数就是定义刀具在加工过程中所走的轨迹，根据不同的加工方法，刀具的路径也有所不同。定义刀具路径参数的一般过程如下。

步骤 01 进入刀具路径参数选项卡。在"Pocketing.1"对话框中单击 选项卡（图13.2.25）。

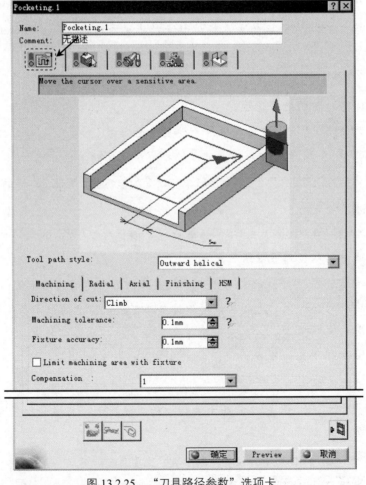

图 13.2.25　"刀具路径参数"选项卡

图 13.2.25 所示的"刀具路径参数"选项卡中的各项说明如下。

◆ `Tool path style:`：此下拉列表提供了刀具的 3 种切削类型。

● `Outward helical`：由里向外螺旋铣削，生成的刀具路径如图 13.2.26 所示。

● `Inward helical`：由外向里螺旋铣削。刀具路径可参考图 13.2.26 所示。

● `Back and forth`：往复铣削，生成的刀具路径如图 13.2.27 所示。

● `Offset on part One-Way` 选项：沿部件偏移单方向铣削，生成的刀具路径如图 13.2.28 所示。

● `Offset on part Zig-Zag` 选项：沿部件偏移往复铣削。此时的刀具路径如图 13.2.29 所示。

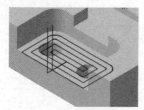

图 13.2.26　刀具路径（一）

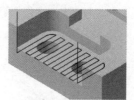

图 13.2.27　刀具路径（二）

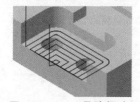

图 13.2.28　刀具路径（三）

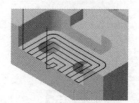

图 13.2.29　刀具路径（四）

◆ `Machining`（加工）：选项卡中各参数的说明如下。

● `Direction of cut:`：此下拉列表提供了两种铣削方式，即 `Climb`（顺铣）和 `Conventional`（逆铣）。

● `Machining tolerance:`：此文本框用于设置刀具理论轨迹相对于计算轨迹允许的最大偏差值。

● `Fixture accuracy:`：此文本框用于设置夹具厚度公差。

● `Compensation :`（刀具补偿）：用于设置刀具的补偿号。

步骤 **02** 定义刀具路径类型。在 "Pocketing.1" 对话框的 `Tool path style:` 下拉列表中选择 `Inward helical` 选项。

步骤 **03** 定义 "Machining（切削）" 参数。在 "Pocketing.1" 对话框中单击 `Machining` 选项卡，然后在 `Direction of cut:` 下拉列表中选择 `Climb` 选项，其他选项采用系统默认设置值。

步骤 **04** 定义 "Radial（径向）" 参数。单击 `Radial` 选项卡，然后在 `Mode:` 下拉列表中选

择 `Maximum distance` 选项，在 `Distance between paths:` 文本框中输入数值 4，其他选项采用系统默认设置值（图 13.2.30）。

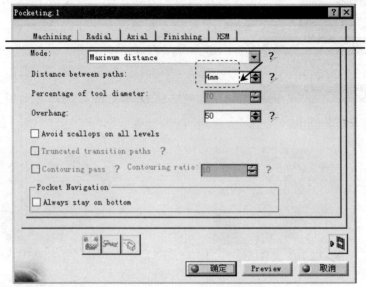

图 13.2.30 定义"径向"参数

图 13.2.30 所示 `Radial`（径向）选项卡中部分选项的说明如下。

◆ `Mode:` 下拉列表用于设置两个连续轨迹之间的距离，系统提供了以下三种方式。

  ● `Maximum distance`：最大距离。

  ● `Tool diameter ratio`：刀具直径比例。

  ● `Stepover ratio`：步进比例。

◆ `Distance between paths:`：用于定义两条刀路轨迹之间的距离。

◆ `Percentage of tool diameter:`：在 `Mode:` 下拉列表中选择 `Tool diameter ratio` 或 `Stepover ratio` 选项时，该文本框被激活，此时用刀具直径的比例来设置两条轨迹之间的距离。

◆ `Overhang:`：用于设置当加工到边界时刀具处于加工面之外的部分，使用刀具的直径比例表示。

◆ `☐ Avoid scallops on all levels`：选中该选项后，可以避免在所有切削层中留下余料。

步骤 05 定义"Axial（轴向）"参数。单击 `Axial` 选项卡，然后在 `Mode:` 下拉列表中选择 `Number of levels` 选项，在 `Number of levels:` 文本框中输入数值 10，其他选项采用系统默认设置值（图 13.2.31）。

图 13.2.31 所示 Axial （轴向）选项卡中各参数的说明如下。

◆ Mode: 此下拉列表提供了以下三个选项。

- Maximum depth of cut：最大背吃刀量。

- Number of levels：分层切削。

- Number of levels without top：不计算顶层的分层切削。

◆ Maximum depth of cut：在 Mode: 下拉列表中选择 Maximum depth of cut 或 Number of levels without top 选项时，该文本框则被激活，用于设置每次的最大背吃刀量或顶层的最大背吃刀量。

◆ Number of levels：在 Mode: 下拉列表中选择 Number of levels 或 Number of levels without top 选项时，该文本框则被激活，用于设置分层数。

◆ Automatic draft angle：用于设置自动拔模角度。

◆ Breakthrough：用于在软底面时，设置刀具在轴向超过零件的长度。

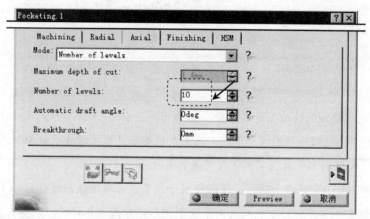

图 13.2.31 定义"轴向"参数

步骤 **06** 定义"Finishing（精加工）"参数。单击 Finishing 选项卡，然后在 Mode: 下拉列表中选择 No finish pass 选项（图 13.2.32）。

图 13.2.32 所示 Finishing （精加工）选项卡中部分参数的说明如下。

◆ Mode: 此下拉列表中提供了精加工的如下几种模式。

- No finish pass：无精加工进给。

- Side finish last level：在最后一层时进行侧面精加工。

- Side finish each level：每层都进行侧面精加工。

- Finish bottom only：仅加工底面。

- Side finish at each level & bottom：每层都精加工侧面及底面。

- **Side finish at last level & bottom**：仅在最后一层及底面进行侧面精加工。

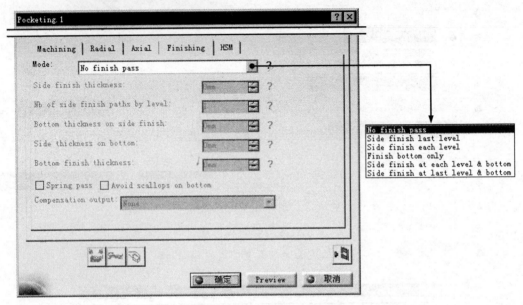

图 13.2.32　定义"精加工"参数

◆ **Side finish thickness**：该文本框用来设置保留侧面精加工的厚度。

◆ **Nb of side finish paths by level**：该文本框在分层进给加工时用于设置每层粗加工进给包括的侧面精加工进给的分层数。

◆ **Bottom thickness on side finish**：该文本框用来设置保留底面精加工的厚度。

◆ **Spring pass**：该选项用于设置是否有进给。

◆ **Avoid scallops on bottom**：该选项用于设置是否防止底面残料。

◆ **Compensation output**：下拉列表用于设置侧面精加工刀具补偿，主要有 3 个选项。

- **None**：无补偿。

- **2D radial profile**：2D 径向轮廓补偿。

- **2D radial tip**：2D 径向刀尖补偿。

步骤 07 定义"HSM（高速铣削）"参数。单击 **HSM** 选项卡，然后取消选中 □**High Speed Milling** 复选框（图 13.2.33）。

图 13.2.33 所示 **HSM**（高速铣削）选项卡中各参数的说明如下。

◆ **High Speed Milling**：选中该选项则说明启用高速加工。

◆ **Corner**：在该选项卡中可以设置关于圆角的一些加工参数。

- **Corner radius**：该文本框用于设置高速加工拐角的圆角半径。

- **Limit angle**：该文本框用于设置高速加工圆角的最小角度。

● Extra segment overlap：该文本框用于设置高速加工圆角时所产生的额外路径的重叠长度。

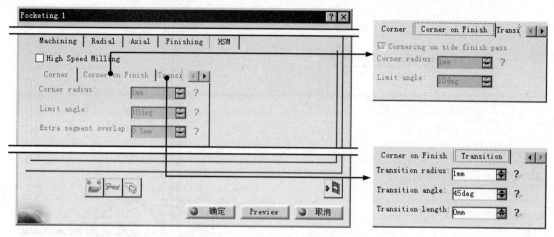

图 13.2.33 定义"高速铣削"参数

◆ Corner on Finish ：在该选项卡中可以设置圆角精加工的一些参数。

● Cornering on side finish pass：选中该选项，则指定在侧面精加工的轨迹上应用圆角加工轨迹。

● Corner radius：该文本框用于设置圆角的半径。

● Limit angle：该文本框用于设置圆角的角度。

◆ Transition ：在该选项卡中可以设置关于圆角过渡的一些参数。

● Transition radius：该文本框用于设置当由结束轨迹移动到新轨迹时的开始及结束过渡圆角的半径值。

● Transition angle：该文本框用于设置当由结束轨迹移动到新轨迹时的开始及结束过渡圆角的角度值。

● Transition length：该文本框用于设置两条轨迹间过渡直线的最短长度。

13.2.9 定义进刀/退刀路径

进刀/退刀路径的定义在加工中是非常重要的。进刀/退刀路径设置的正确与否，对刀具的使用寿命以及所加工零件的质量都有着极大的影响。定义进刀/退刀路径的过程如下。

步骤 01 进入进刀/退刀路径选项卡。在"Pocketing.1"对话框中单击 选项卡（图 13.2.34 ）。

图 13.2.34 所示的"进刀/退刀路径"选项卡中部分选项的说明如下。

◆ Mode：（模式）：该下拉列表用于选择进刀/退刀模式。

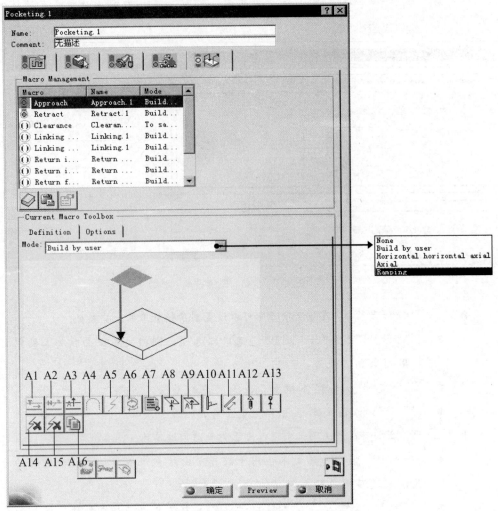

图 13.2.34 "进刀/退刀路径"选项卡

- **None**: 不对进刀或退刀路径进行设置。
- **Build by user**: 进刀或退刀路径由用户自己定义。
- **Horizontal horizontal axial**: 选择"水平-水平-轴向"进刀或退刀模式。
- **Axial**: 选择"轴向"进刀或退刀模式。
- **Ramping**: 选择"斜向"进刀或退刀模式。

图形选项区中各按钮的说明如下（即 A1~A16）。

A1：相切运动。使用该按钮，可以添加一个与零件加工表面相切的进刀路径。

A2：垂直运动。使用该按钮，可以添加一个垂直于前一个已经添加的刀具运动的进刀路径。

A3：轴线运动。使用该按钮，可以增加一个与刀具轴线平行的进刀/退刀路径。

A4：圆弧运动。使用该按钮，可以在其他运动（除轴线运动外）之前增加一条圆弧路径。

A5：斜向运动。使用该按钮，可以添加一个与水平面成一定角度的渐进斜线进刀。

A6：螺旋运动。使用该按钮，添加一个沿螺旋线运动的进刀路径。

A7：使用该按钮可以根据文本文件中的点来设置退刀路径。

A8：垂直指定平面的运动。该按钮用于添加一个垂直于指定平面的直线运动。

A9：从安全平面开始的轴线运动。该按钮用于添加一个从指定安全平面开始的轴线方向的直线运动，若未指定安全平面，则该按钮不可用。

A10：垂直指定直线的运动。该按钮用于添加一个垂直于指定直线的直线运动。

A11：指定方向的直线运动。该按钮用于指定一条直线或者设置运动的失量来确定直线运动。

A12：刀具轴线方向。使用该按钮，可以选择一条直线或者设置一个矢量方向来确定刀具的轴线方向，这里只是确定刀具的方向，还需通过其他运动来设置进刀/退刀路径。

A13：从指定点运动。该按钮用于添加一条从指定点开始的直线运动。

A14：该按钮用于清除用户自定义的所有进刀/退刀运动。

A15：该按钮用于清除用户自定义的上一条进刀/退刀运动。

A16：使用该按钮，则复制进刀或退刀的设置应用于其他进刀或退刀（如连接进刀/退刀）。

步骤 02 定义进刀路径。

（1）激活进刀。在 Macro Management 区域的列表框中选择 Approach，右击，从系统弹出的快捷菜单中选择 Activate 命令。

 若系统弹出的快捷菜单中有 Deactivate 命令，说明此时就处于激活状态，无需再进行激活。

（2）在 Macro Management 区域的列表框中选择 Approach，然后在 Mode: 下拉列表中选择 Build by user 选项，依次单击"remove all motions"按钮、"Add Tangent motion"按钮和"Add Axial motion up to a plane"按钮。

步骤 03 定义退刀路径。

（1）在 Macro Management 区域的列表框中选择 Retract，然后在 Mode: 下拉列表中选择 Build by user（用户自定义）选项。

（2）在 "Pocketing.1" 对话框中依次单击 "remove all motions" 按钮 ⊠、"Add Tangent motion" 按钮 ⊐ 和 "Add Axial motion up to a plane" 按钮 ⒜。

步骤 04 定义层间进刀路径。

（1）激活进刀。在 `Macro Management` 区域的列表框中选择 ⊙ `Return between levels Approach`，右击，从系统弹出的快捷菜单中选择 `Activate` 命令。

（2）在 `Mode:` 下拉列表中选择 `Build by user` 选项，依次单击 "remove all motions" 按钮 ⊠、"Add Tangent motion" 按钮 ⊐ 和 "Add Axial motion up to a plane" 按钮 ⒜。

步骤 05 定义层间退刀路径。

（1）在 `Macro Management` 区域的列表框中选择 ⊙ `Return between levels Retract`，然后在 `Mode:` 下拉列表中选择 `Build by user` 选项。

（2）在 "Pocketing.1" 对话框中依次单击 "remove all motions" 按钮 ⊠、"Add Tangent motion" 按钮 ⊐ 和 "Add Axial motion up to a plane" 按钮 ⒜。

13.2.10　刀路仿真

刀路仿真可以让用户直观地观察刀具的运动过程，以检验各项参数定义的合理性。刀路仿真的一般步骤如下。

步骤 01 在 "Pocketing.1" 对话框中单击 "Tool Path Replay" 按钮 ▣，系统弹出图 13.2.35 所示的 "Pocketing.1" 对话框，且在图形区显示刀路轨迹（图 13.2.36）。

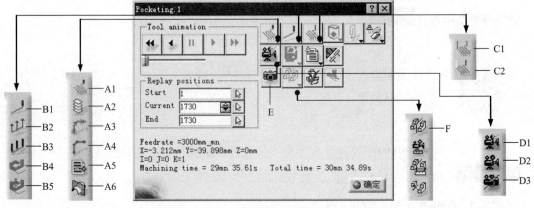

图 13.2.35　"Pocketing.1" 对话框

图 13.2.35 所示的 "Pocketing.1" 对话框中的部分选项说明如下。

◆ `Tool animation`：该区域包含控制刀具运动的按钮。

● ⏮：刀具位置恢复到当前加工操作的切削起点。

- 　：刀具运动向后播放。
- 　：刀具运动停止播放。
- 　：刀具运动向前播放。
- 　：刀具位置恢复到当前加工操作的切削终点。
- 　　　　滑块：用于控制刀具运动的速度。

◆　加工仿真时刀路仿真的播放模式有以下六种。

A1：连续显示刀路。

A2：从平面到平面显示刀路。

A3：按不同的进给量显示刀路。

A4：从点到点显示刀路。

A5：按后置处理停止指令显示，该模式显示文字语句。

A6：显示选定截面上的刀具路径。

◆　加工仿真时刀具运动过程中，刀具有以下五种显示模式。

B1：只在刀路当前切削点处显示刀具。

B2：在每一个刀位点处都显示刀具的轴线。

B3：在每一个刀位点处都显示刀具。

B4：只显示加工表面的刀路。

B5：只显示加工表面的刀路和刀具的轴线。

◆　在刀路仿真时，其颜色显示模式有以下两种。

C1：刀路线条都用同一颜色显示，系统默认为绿色。

C2：刀路线条用不同的颜色显示，不同类型的刀路显示可以在"选项"对话框中进行设置。

◆　切削过程仿真有如下三种模式。

D1：对从前一次的切削过程仿真文件保存的加工操作进行切削仿真。

D2：完成模式，对整个零件的加工操作或整个加工程序进行仿真。

D3：静态/动态模式，对于选择的某个加工操作，在该加工操作之前的加工操作只显示其加工结果，动态显示所选择的加工操作的切削过程。

◆　加工结果拍照：单击 　 （图 13.2.35 中的 "E"）按钮，系统切换到拍照窗口，图形区中快速显示切削后的结果。

◆　单击 F 按钮可以进行加工余量分析、过切分析和刀具碰撞分析。

步骤 02　在 "Pocketing.1" 对话框中单击 　 按钮，然后单击 　 按钮，观察刀具切割毛坯零件的运行情况，仿真结果如图 13.2.37 所示。

图 13.2.36 显示刀路轨迹

图 13.2.37 加工结果

13.2.11 余量与过切检测

余量与过切检测用于分析加工后的零件是否有剩余材料、是否过切，然后修改加工参数，以达到所需的加工要求。余量与过切检测的一般步骤如下。

步骤 01 在 "Pocketing.1" 对话框中单击 "Analyze" 按钮 ，系统弹出图 13.2.38 所示的 "Analysis" 对话框。

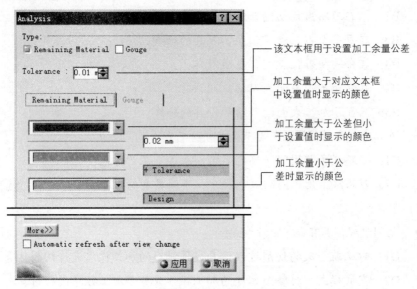

图 13.2.38 "Analysis" 对话框

步骤 02 余量检测。在 "Analysis" 对话框中选中 Remaining Material 复选框，取消选中 Gouge 复选框，单击 应用 按钮，图形区中高亮显示毛坯加工余量（图 13.2.39 所示存在加工余量）。

步骤 03 过切检测。在 "Analysis" 对话框中取消选中 Remaining Material 复选框，选中 Gouge 复选框（图 13.2.40），单击 应用 按钮，图形区中高亮显示毛坯加工过切情况（如图 13.2.41 所示，未出现过切）。

图 13.2.39 余量检测

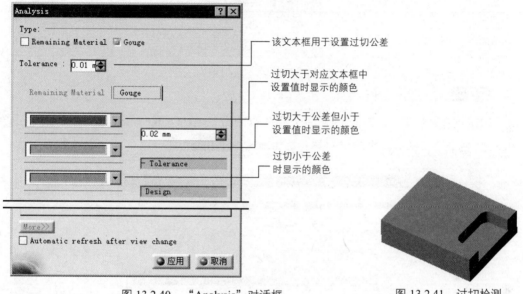

图 13.2.40 "Analysis"对话框

图 13.2.41 过切检测

步骤 04 在"Analysis"对话框中单击 ● 取消 按钮，然后在"Pocketing.1"对话框中单击两次 ● 确定 按钮。

13.2.12 后处理

后处理是为了将加工操作中的加工刀路转换为数控机床可以识别的数控程序（NC 代码）。后处理的一般操作过程如下。

步骤 01 选择下拉菜单 工具 ➜ 选项... 命令，系统弹出图 13.2.42 所示的"选项"对话框。在左边的列表框中选择 加工 节点，然后单击 Output 选项卡，在 Post Processor and Controller Emulator Folder 区域中选择 ● IMS 单选项，单击 ● 确定 按钮。

步骤 02 在特征树中右击"Manufacturing Program.1"，在系统弹出的快捷菜单中选择 Manufacturing Program.1 对象 ▶ ➜ Generate NC Code Interactively 命令，系统弹出"Generate NC Output Interactively"对话框。

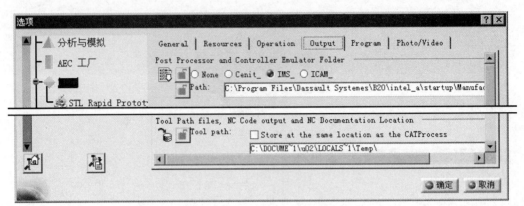

图 13.2.42 "选项"对话框

步骤 03 生成 NC 数据。

（1）选择数据类型。在图 13.2.43 所示的"Generate NC Output Interactively"对话框中单击 In/Out 选项卡，然后在 NC data type: 下拉列表中选择 NC Code 选项。

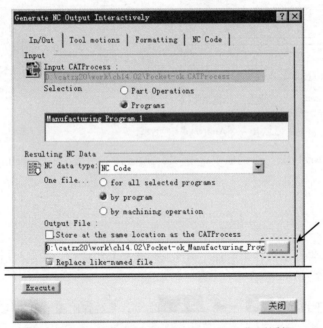

图 13.2.43 "Generate NC Output Interactively"对话框

（2）选择输出数据文件路径。单击 ···· 按钮，系统弹出"另存为"对话框，在"保存在"下拉列表中选择目录 D:\catsc20\work\ch13.02，采用系统默认的文件名，单击 保存(S) 按钮，完成输出数据的保存。

（3）选择后处理器。在"Generate NC Output Interactively"对话框中单击 NC Code 选项卡，

然后在 `IMS Post-processor file` 下拉列表中选择 `fanuc16i`（图 13.2.44）。

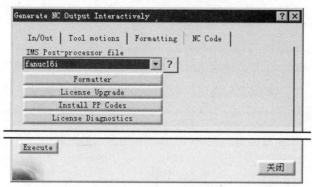

图 13.2.44　选择后处理文件

（4）在 "Generate NC Output Interactively" 对话框中单击 `Execute` 按钮，此时系统弹出 "IMSpost – Runtime Message" 对话框，采用默认程序编号，单击 `Continue` 按钮，系统再次弹出 "Manufacturing Information" 对话框，单击 `确定` 按钮，系统即在选择的目录中生成数据文件，然后单击 `关闭` 按钮。

步骤 04　查看刀位文件。用记事本打开文件 D:\catsc20\work\ch13.02\ Pocket-ok_Manufacturing_Program_1_I.aptsource（图 13.2.45）。

步骤 05　查看 NC 代码。用记事本打开文件 D:\catsc20\work\ch13.02\Pocket-ok _Manufacturing_Program_1.CATNCCode（图 13.2.46）。

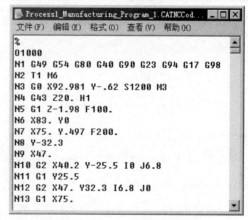

图 13.2.45　查看刀位文件　　　　　　　　图 13.2.46　查看 NC 代码

步骤 06　保存文件。选择下拉菜单 `文件` ➡ `保存` 命令即可保存文件。

13.3　2 轴半铣削加工的操作

13.3.1　平面铣粗加工

平面铣粗加工可以在一个加工操作中将毛坯的大部分材料切除，这种加工形式主要用于去除大量的工件材料，留少量余量以备进行精加工，可以提高加工效率、减少加工时间、降低成本并提高经济效率。

下面以图 13.3.1 所示的零件为例介绍平面铣粗加工的一般过程。

a）目标加工零件　　　　　　　b）毛坯零件　　　　　　　c）加工结果

图 13.3.1　平面铣粗加工

1. 引入零件并进入加工工作台

（步骤 01）选择下拉菜单 文件 ➡ 📂 打开... 命令，系统弹出"选择文件"对话框。在 查找范围(I): 下拉列表中选择目录 D:\catsc20\work\ch13.03.01，然后在列表框中选择文件 Slider-rough.CATProduct，单击 打开(0) 按钮。

（步骤 02）选择下拉菜单 开始 ➡ 加工 ▶ ➡ Prismatic Machining 命令切换到 "Prismatic Machining" 工作台。

2. 定义零件操作

（步骤 01）进入零件操作定义对话框。在特征树中双击"Part Operation.1"，系统弹出"Part Operation" 对话框。

（步骤 02）机床设置。单击"Part Operation"对话框中的"Machine"按钮 🖳，系统弹出 "Machine Editor"对话框，单击其中的"3-axis Machine"按钮 🖳，然后单击 🔘 确定 按钮，完成机床的选择。

（步骤 03）定义加工坐标系。

（1）单击"Part Operation"对话框中的 🗝 按钮，系统弹出"Default reference machining axis for Part Operation.1"对话框。

（2）在对话框的 Axis Name: 文本框中输入坐标系名称 Default-axis.1 并按下 Enter 键，此时，"Default reference machining axis for Part Operation.1" 对话框变为 "Default-axis.1" 对话框。

（3）单击 "Default-axis.1" 对话框中的坐标原点感应区，然后在图形区中选取图 13.3.2 所示的点作为加工坐标系的原点，系统创建图 13.3.3 所示的加工坐标系。

（4）单击 "Default-axis.1" 对话框中的 ◎ 确定 按钮，完成加工坐标系的定义。

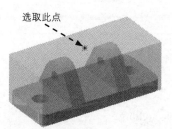

图 13.3.2 选取加工坐标系的原点

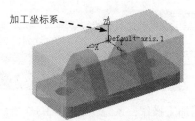

图 13.3.3 定义加工坐标系

步骤 04 定义目标加工零件。

（1）单击 "Part Operation" 对话框中的 ▣ 按钮。

（2）在特征树中右击 slider-blank (slider-blank.1) 节点，在系统弹出的快捷菜单中选择 隐藏/显示 命令。

（3）选择图 13.3.4 所示的模型（加亮边显示）作为目标加工零件，在图形区空白处双击鼠标左键，系统回到 "Part Operation" 对话框。

步骤 05 定义毛坯零件。

（1）在特征树中右击 slider-blank (slider-blank.1) 节点，在系统弹出的快捷菜单中选择 隐藏/显示 命令。

（2）单击 "Part Operation" 对话框中的 ▫ 按钮，选取图 13.3.4 所示的模型（半透明显示）作为毛坯零件。在图形区空白处双击鼠标左键，系统回到 "Part Operation" 对话框。

步骤 06 定义安全平面。

（1）选择参考面。单击 "Part Operation" 对话框中的 ▱ 按钮，在图形区选取图 13.3.5 所示的毛坯表面作为安全平面参照，系统创建一个安全平面。

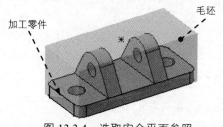

图 13.3.4 选取安全平面参照

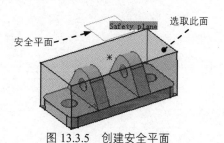

图 13.3.5 创建安全平面

（2）右击系统创建的安全平面，在系统弹出的快捷菜单中选择 Offset... 命令，系统弹出 "Edit Parameter" 对话框，在其中的 Thickness 文本框中输入数值 20，单击 ● 确定 按钮，完成安全平面的定义（图 13.3.5）。

步骤 07 单击 "Part Operation" 对话框中的 ● 确定 按钮，完成零件定义操作。

3. 设置加工参数

任务 01 定义几何参数

步骤 01 在特征树中选择 ▤ Manufacturing Program.1 节点，然后选择下拉菜单 插入

➡ Machining Operations ▶ ➡ Roughing Operations ▶ ➡ ⬚ Prismatic Roughing 命令，插入

一个粗加工操作，系统弹出图 13.3.6 所示的 "Prismatic Roughing.1" 对话框。

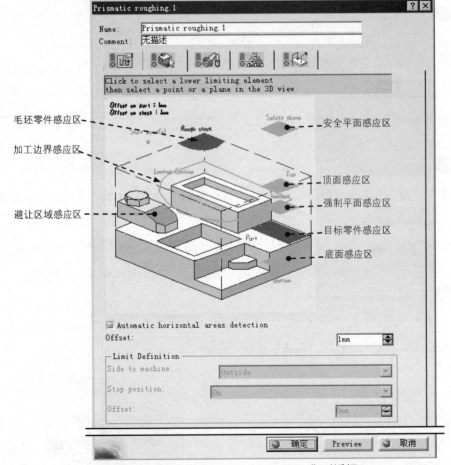

图 13.3.6 "Prismatic Roughing.1" 对话框

步骤 02 定义加工区域。

（1）右击"Prismatic Roughing.1"对话框中的目标零件感应区，在系统弹出的快捷菜单中勾选 ☑ Design on PO level 选项，系统自动选择前面零件操作中设置的零件几何体。

（2）单击"Prismatic Roughing.1"对话框中的毛坯零件（Rough stock）感应区，选取前面设置过的毛坯模型作为毛坯零件。

（3）单击"Prismatic Roughing.1"对话框中的顶面（Top）感应区，选取图 13.3.7 所示的表面作为顶面。

（4）单击"Prismatic Roughing.1"对话框中的底面（Bottom）感应区，选取图 13.3.8 所示的表面作为底面。

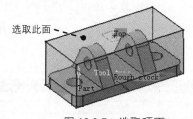

图 13.3.7 选取顶面

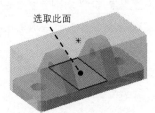

图 13.3.8 选取底面

为了便于选择，可将毛坯模型进行隐藏。

（5）在"Prismatic Roughing.1"对话框中双击"Offset on part"字样，在系统弹出的"Edit Parameter"对话框的 Offset on part 文本框中输入数值 0.5，单击 ⬤ 确定 按钮。

（6）在"Prismatic Roughing.1"对话框中取消选中 ☐ Automatic horizontal areas detection 选项，其余采用默认参数。

任务 02 定义刀具参数

步骤 01 选择刀具类型。在"Prismatic Roughing.1"对话框中单击"刀具参数"选项卡，单击 按钮，选择立铣刀为加工刀具，在 Name 文本框中输入"T1 End Mill D 10"并按下 Enter 键。

步骤 02 定义刀具参数。取消选中 ☐ Ball-end tool 复选项，单击 More>> 按钮，单击 Geometry 选项卡，然后设置图 13.3.9 所示的刀具参数，其他选项卡中的参数均采用默认的参数设置值。

任务 03 定义进给率

步骤 01 进入进给率设置选项卡。在 "Prismatic Roughing.1" 对话框中单击 "进给率" 选项卡 $\blacksquare$ 。

步骤 02 设置进给率。分别在 "Prismatic Roughing.1" 对话框 Feedrate 和 Spindle Speed 区域中取消选中 ☐ Automatic compute from tooling Feeds and Speeds 复选框，然后在 "Prismatic Roughing.1" 对话框的 $\blacksquare$ 选项卡中设置图 13.3.10 所示的参数。

任务 04 定义刀具路径参数

步骤 01 进入刀具路径参数选项卡。在 "Prismatic Roughing.1" 对话框中单击 "刀具路径参数" 选项卡 $\blacksquare$ 。

步骤 02 定义切削参数。在 "Prismatic Roughing.1" 对话框中单击 Machining 选项卡，然后在 Tool path style: 下拉列表中选择 Helical 选项，在 Helical movement: 下拉列表中选择 Inward 选项，其他选项采用系统默认参数设置值。

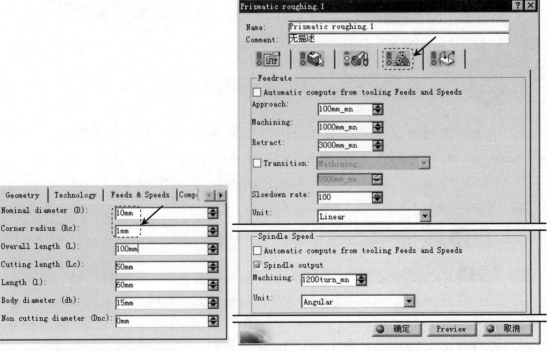

图 13.3.9 定义刀具参数   图 13.3.10 "进给率" 选项卡

步骤 03 定义径向参数。单击 Radial 选项卡，然后在 Stepover: 下拉列表中选择 Overlap ratio 选项，在 Tool diameter ratio: 文本框中输入数值 40。

步骤 04 定义轴向参数。单击 Axial 选项卡，在 Maximum cut depth: 文本框中输入数值 1。

步骤 05 定义高速铣削参数。单击 HSM 选项卡，然后取消选中 ☐ High Speed Milling 复选框。

任务 05 定义进刀/退刀路径

步骤 01 进入进刀/退刀路径选项卡。在"Prismatic Roughing.1"对话框中单击"进刀/退刀路径"选项卡 。

步骤 02 定义进刀路径。在 Macro Management 区域的列表框中选择 Automatic ，然后在 Mode: 下拉列表中选择 Ramping 选项，选择斜向进刀类型；选中 ☑ Optimize retract 复选框，在 Ramping angle: 文本框中输入值 5，其余参数保持默认不变。

4. 刀路仿真

步骤 01 在"Prismatic Roughing.1"对话框中单击"Tool Path Replay"按钮 ，系统弹出"Prismatic Roughing.1"对话框，且在图形区显示刀路轨迹（图 13.3.11）。

步骤 02 在"Prismatic Roughing.1"对话框中单击 按钮，然后单击 按钮，观察刀具切割毛坯零件的运行情况，结果如图 13.3.1c 所示。

步骤 03 .完成后单击两次"Prismatic Roughing.1"对话框中的 确定 按钮。

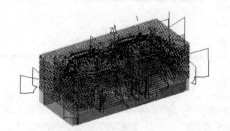

图 13.3.11　显示刀路轨迹

5. 保存模型文件

选择下拉菜单 文件 ➡ 保存 命令，在系统弹出的"另存为"对话框中输入文件名 Rough-ok，单击 保存(S) 按钮即可保存文件。

13.3.2　轮廓铣削

轮廓铣削就是对零件的外形轮廓进行切削，刀具以等高方式沿着工件分层加工，在加工过程中采用立铣刀侧刃进行切削。轮廓铣削包括两平面间轮廓铣削、两曲线间轮廓铣削、曲线与曲面间轮廓铣削和端平面轮廓铣削 4 种加工方法。这里介绍两平面间轮廓铣削和两曲线间轮廓铣削。

（一）两平面间轮廓铣削

两平面间轮廓铣削就是沿着零件的轮廓线对两边界平面之间的加工区域进行切削。下面以图 13.3.12 所示的零件为例介绍两平面间轮廓铣削加工的一般过程。

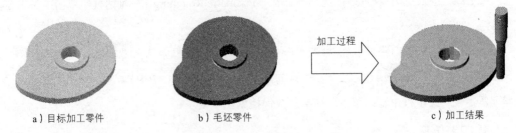

a）目标加工零件　　　　　　b）毛坯零件　　　　　　c）加工结果

图 13.3.12　两平面间轮廓铣削

1. 打开零件并进入加工工作台

步骤 01 打开文件 D:\catsc20\work\ch13.03.02\Profile-01\Process01.CATProcess，单击 打开(0) 按钮。

步骤 02 确认当前处于"Prismatic Machining"工作台，否则用户需要选择下拉菜单 开始 ➡ 加工 ▶ ➡ Prismatic Machining 命令，切换到"Prismatic Machining"工作台。

2. 设置加工参数

任务 01 定义几何参数

步骤 01 在特征树中选择 Manufacturing Program.1 节点，然后选择下拉菜单 插入 ➡ Machining Operations ▶ ➡ Profile Contouring 命令，插入一个轮廓铣削操作，系统弹出图 13.3.13 所示的"Profile Contouring.1"对话框。

图 13.3.13 所示的"Profile Contouring.1"对话框中各选项的说明如下。

◆ Mode ：此下拉列表用于选择轮廓铣削的类型，包括如下四种。

◆ Between Two Planes ：两平面间轮廓铣削。

◆ Between Two Curves ：两曲线间轮廓铣削。

◆ Between Curve and Surfaces ：曲线与曲面间轮廓铣削。

◆ By Flank Contouring ：端平面轮廓铣削。

◆ Stop : In / Start : In （Stop : In / Start : In）：右击对话框中的该字样后，系统弹出图 13.3.14 所示的快捷菜单，用于设置刀具起点（Start）和终点（Stop）的位置，图

13.3.15、图 13.3.16 所示分别为选择 `On` 和 `Out` 命令时的刀具位置。

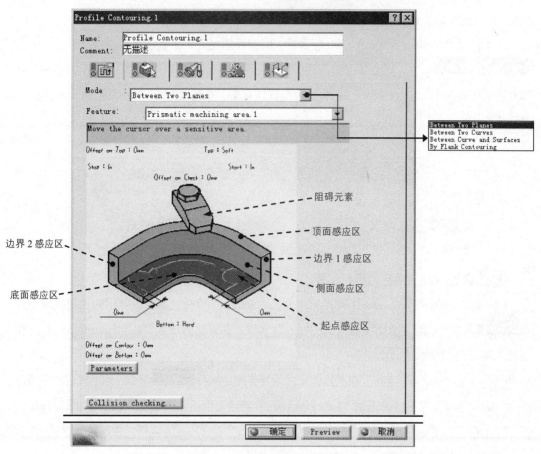

图 13.3.13　"Profile Contouring.1" 对话框

图 13.3.14　快捷菜单

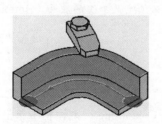

图 13.3.15　在轮廓上

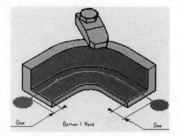

图 13.3.16　在轮廓外部

步骤 02 定义加工区域。

（1）在"Profile Contouring.1"对话框中单击 `Bottom：Hard`（Bottom：Hard）字样，使其变成 `Bottom：Soft`（Bottom：Soft）字样；单击"Profile Contouring.1"对话框中的底面感应区，在图形区选取图 13.3.17 所示的面 1（背面）为底平面。

（2）单击"Profile Contouring.1"对话框中的顶面感应区，在图形区选取图 13.3.17 所示的面 2（上面）为顶面。

（3）右击"Profile Contouring.1"对话框中的侧面感应区，在系统弹出的快捷菜单中选择 Remove All Contours 命令；然后单击侧面感应区，在图形区顺次选取图 13.3.18 所示的边线，并调整箭头方向如图 13.3.18 所示；在图形区空白处双击，系统返回到"Profile Contouring.1"对话框。

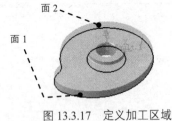

图 13.3.17　定义加工区域

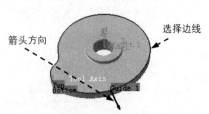

图 13.3.18　定义轮廓线

步骤 03 定义加工的起始终止位置。

（1）在"Profile Contouring.1 对话框中右击"Start in"字样，在系统弹出的快捷菜单中选择 Out 命令，然后双击图中对应的"0mm"字样，在系统弹出的"Edit Parameter"对话框中输入数值 2，单击 确定 按钮。

（2）右击"Stop in"字样，在系统弹出的快捷菜单中选择 Out 命令，然后双击图中对应的"0mm"字样，在系统弹出的"Edit Parameter"对话框中输入数值 2，单击 确定 按钮。

（3）在"Profile Contouring.1"对话框中双击 Offset on Contour : 0.2mm 字样，在系统弹出的"Edit Parameter"对话框中输入数值 0，单击 确定 按钮。

 　　两平面间轮廓铣削必须定义加工的底面（Bottom）和侧面（Guide），其他几何参数都是可选项。

任务 02 定义刀具参数

步骤 01 选择刀具类型。在"Profile Contouring.1"对话框中单击"刀具参数"选项卡 ，单击 按钮，选取立铣刀为加工刀具；在 Name 文本框中输入"T1 End Mill D 10"并按下 Enter 键。

步骤 02 定义刀具参数。取消选中 □Ball-end tool 复选框，单击 More>> 按钮，单击 Geometry 选项卡，然后设置图 13.3.19 所示的刀具参数，其他选项卡中的参数均采用默认的参数设置值。

任务 **03** 定义进给率。

在"Profile Contouring.1"对话框中单击"进给率"选项卡 ，分别在 Feedrate 和 Spindle Speed 区域中取消选中 □ Automatic compute from tooling Feeds and Speeds 复选框,然后在"Profile Contouring.1"对话框的 选项卡中设置图 13.3.20 所示的参数。

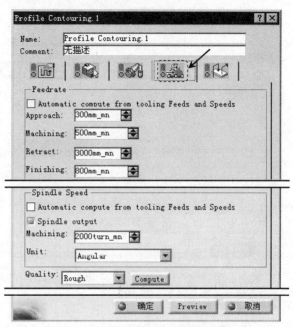

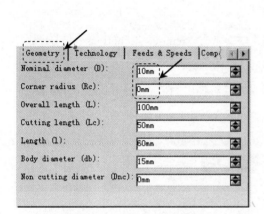

图 13.3.19　定义刀具参数　　　　　　　图 13.3.20　"进给率"选项卡

任务 **04** 定义刀具路径参数

步骤 **01** 进入刀具路径参数选项卡。在"Profile Contouring.1"对话框中单击"刀具路径参数"选项卡 。

步骤 **02** 定义刀具路径类型。在"Profile Contouring.1"对话框的 Tool path style: 下拉列表中选择 One way 选项。

步骤 **03** 定义切削参数。在"Profile Contouring.1"对话框中单击 Machining: 选项卡,然后在 Machining tolerance: 文本框中输入值 0.005,其他选项采用系统默认设置。

步骤 **04** 定义进给量。在"Profile Contouring.1"对话框中单击 Stepover 选项卡,在 Axial Strategy (Da) 区域的 Mode: 下拉列表中选择 Number of levels 选项,然后在 Number of levels: 文本框中输入数值 3。

步骤 **05** 其他参数采用系统默认参数设置值。

任务 **05** 定义进刀/退刀路径

步骤 01 进入进刀/退刀路径选项卡。在"Profile Contouring.1"对话框中单击"进刀/退刀路径"选项卡 。

步骤 02 定义进刀路径。

（1）激活进刀。在 Macro Management 区域的列表框中选择 Approach ，右击，从系统弹出的快捷菜单中选择 Activate 命令。

 若系统弹出的快捷菜单中有 Deactivate 命令，说明此时就处于激活状态，无需再进行激活。

（2）在 Mode: 下拉列表中选择 Build by user 选项，依次单击"remove all motions"按钮 、"Add Circular motion"按钮 和"Add Axial motion"按钮 。

（3）双击示意图中的半径尺寸"10mm"字样，在系统弹出的"Edit Parameter"对话框中输入值6，单击 确定 按钮。

步骤 03 定义退刀路径。

（1）在 Macro Management 区域的列表框中选择 Retract ，然后在 Mode: 下拉列表中选择 Build by user 选项。

（2）在"Pocketing.1"对话框中依次单击"remove all motions"按钮 、"Add Circular motion"按钮 和"Add Axial motion"按钮 。

（3）双击示意图中的尺寸"10mm"字样，在系统弹出的"Edit Parameter"对话框中输入值6，单击 确定 按钮。

步骤 04 定义层间进刀路径。

（1）激活进刀。在 Macro Management 区域的列表框中选择 Return between levels Approach ，右击，从系统弹出的快捷菜单中选择 Activate 命令。

（2）在 Mode: 下拉列表中选择 Build by user 选项，依次单击"remove all motions"按钮 、"Add Circular motion"按钮 。

（3）双击示意图中的半径尺寸"10mm"字样，在系统弹出的"Edit Parameter"对话框中输入值6，单击 确定 按钮。

步骤 05 定义层间退刀路径。

（1）在 Macro Management 区域的列表框中选择 Return between levels Retract ，然后在 Mode: 下拉列表中选择 Build by user 选项。

（2）在"Pocketing.1"对话框中依次单击"remove all motions"按钮 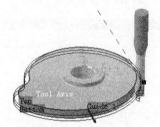、"Add Circular motion"按钮 ⌒。

（3）双击示意图中的半径尺寸"10mm"字样，在系统弹出的"Edit Parameter"对话框中输入值6，单击 ● 确定 按钮。

3. 刀路仿真

步骤 01 在"Profile Contouring.1"对话框中单击"Tool Path Replay"按钮 ▶️，系统弹出"Profile Contouring.1"对话框，且在图形区显示刀路轨迹（图13.3.21）。

图 13.3.21　显示刀路轨迹

步骤 02 在"Profile Contouring.1"对话框中单击 🔧 按钮，然后单击 ▶ 按钮，观察刀具切割毛坯零件的运行情况。

步骤 03 完成后单击两次"Profile Contouring.1"对话框中的 ● 确定 按钮。

4. 保存模型文件

选择下拉菜单 文件 ➡ 💾 保存 命令，即可保存文件。

（二）两曲线间轮廓铣削

两曲线间轮廓铣削加工就是对由一条主引导曲线和一条辅助引导曲线所确定的加工区域进行轮廓铣削加工。下面以图13.3.22所示的零件为例介绍两曲线间轮廓铣削的一般过程。

1. 打开零件并进入加工工作台

打开文件 D:\catsc20\work\ch13.03.02\Profile-2\Process02.CATProcess，系统进入"Prismatic Machining"工作台。

a）目标加工零件

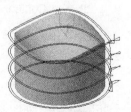

b）刀路轨迹

图 13.3.22　两曲线间轮廓铣削

2. 设置加工参数

任务 **01** 定义几何参数

步骤 **01** 在特征树中选择 📄 Manufacturing Program.1 节点，然后选择下拉菜单 插入 ➡ Machining Operations ▶ ➡ 🔧 Profile Contouring 命令，插入一个轮廓铣削操作，系统弹出"Profile Contouring.1"对话框。

步骤 **02** 选择轮廓铣削类型。在"Profile Contouring.1"对话框的 Mode: 下拉列表中选择 Between Two Curves 选项，对话框显示如图 13.3.23 所示。

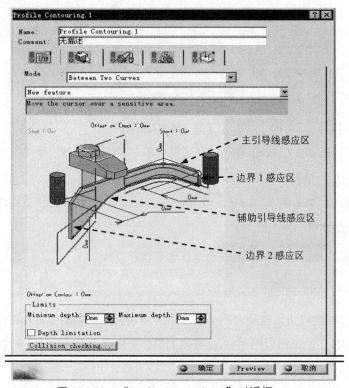

图 13.3.23 "Profile Contouring.1"对话框

步骤 **03** 定义加工区域。

（1）单击"Profile Contouring.1"对话框中的主引导曲线感应区，选取图 13.3.24 所示的曲线为主引导曲线，在图形区空白处双击，系统返回到"Profile Contouring.1"对话框。

（2）单击主引导曲线上的方向箭头，使其方向指向零件模型外侧。

（3）单击"Profile Contouring.1"对话框中的辅助引导曲线感应区，选取图 13.3.25 所示的曲线为辅助引导曲线，在图形区空白处双击，系统返回到"Profile Contouring.1"对话框。

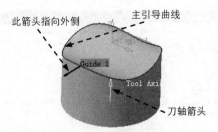

图 13.3.24 选择引导线

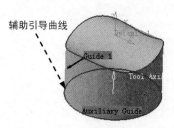

图 13.3.25 选择辅助引导曲线

任务 02 定义刀具参数

步骤 01 选择刀具类型。在"Profile Contouring.1"对话框中单击"刀具参数"选项卡 ，单击 按钮，选取立铣刀为加工刀具；在"Profile Contouring.1"对话框的 Name 文本框中输入"T1 End Mill D 8"并按下 Enter 键。

步骤 02 定义刀具参数。取消选中 □ Ball-end tool 复选框，单击 More>> 按钮，单击 Geometry 选项卡，然后设置图 13.3.26 所示的刀具参数，其他选项卡中的参数均采用默认的参数设置值。

任务 03 定义进给率。

在"Profile Contouring.1"对话框中单击"进给率"选项卡 ，分别在 Feedrate 和 Spindle Speed 区域中取消选中 □ Automatic compute from tooling Feeds and Speeds 复选框，然后在"Profile Contouring.1"对话框的 选项卡中设置图 13.3.27 所示的参数。

任务 04 定义刀具路径参数

步骤 01 进入刀具路径参数选项卡。在"Profile Contouring.1"对话框中单击"刀具路径参数"选项卡 。

步骤 02 定义刀轴方向。在"刀具路径参数"选项卡中单击图 13.3.28 所示的切削方向感应区，然后在系统弹出的"Tool Axis"对话框中设置图 13.3.29 所示的参数，并单击 ● 确定 按钮。

步骤 03 定义刀具路径类型。在"Profile Contouring.1"对话框的 Tool path style: 下拉列表中选择 Zig zag 选项。

步骤 04 定义切削参数。在"Profile Contouring.1"对话框中单击 Machining: 选项卡，然后在 Machining tolerance: 文本框中输入值 0.001，勾选 ☑ Close tool path 复选框，其他选项采用系统默认设置。

步骤 05 定义进给量。在"Profile Contouring.1"对话框中单击 Stepover 选项卡，设置图 13.3.30 所示的参数。

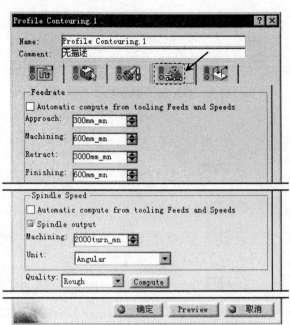

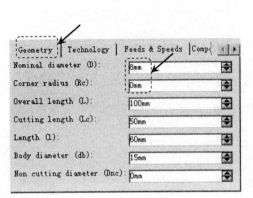

图 13.3.26　定义刀具参数

图 13.3.27　"进给率"选项卡

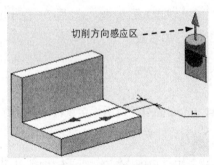

图 13.3.28　感应区

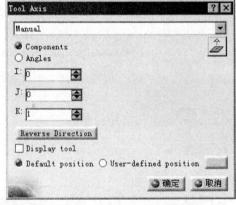

图 13.3.29　定义刀轴

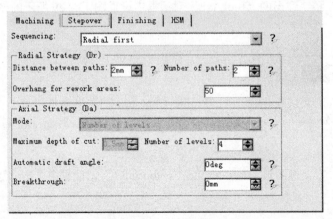

图 13.3.30　定义进给量

步骤 06 其他参数采用系统默认参数设置值。

任务 05 定义进刀/退刀路径

步骤 01 进入进刀/退刀路径选项卡。在"Profile Contouring.1"对话框中单击"进刀/退刀路径"选项卡 。

步骤 02 定义进刀路径。

（1）激活进刀。在 Macro Management 区域的列表框中选择 Approach ，右击，从系统弹出的快捷菜单中选择 Activate 命令。

（2）在 Mode: 下拉列表中选择 Build by user 选项，依次单击"remove all motions"按钮 、"Add Circular Motion"按钮 和"Add Axial motion"按钮 。

（3）双击示意图中的半径尺寸"10mm"字样，在系统弹出的"Edit Parameter"对话框中输入值 6，单击 确定 按钮。

步骤 03 定义退刀路径。

（1）在 Macro Management 区域的列表框中选择 Retract ，右击，从系统弹出的快捷菜单中选择 Activate 命令；然后在 Mode: 下拉列表中选择 Build by user 选项。

（2）在"Pocketing.1"对话框中依次单击"remove all motions"按钮 、"Add Circular Motion"按钮 和"Add Axial motion"按钮 。

（3）双击示意图中的半径尺寸"10mm"字样，在系统弹出的"Edit Parameter"对话框中输入值 6，单击 确定 按钮。

步骤 04 定义同一层进刀路径。

（1）激活进刀。在 Macro Management 区域的列表框中选择 Return in a Level Approach ，右击，从系统弹出的快捷菜单中选择 Activate 命令。

（2）在 Mode: 下拉列表中选择 Build by user 选项，依次单击"remove all motions"按钮 、"Add Circular motion"按钮 。

（3）双击示意图中的半径尺寸"10mm"字样，在系统弹出的"Edit Parameter"对话框中输入值 6，单击 确定 按钮。

步骤 05 定义层间退刀路径。

（1）在 Macro Management 区域的列表框中选择 Return between levels Retract ，然后在 Mode: 下拉列表中选择 Build by user 选项。

（2）在"Pocketing.1"对话框中依次单击"remove all motions"按钮 、"Add Circular motion"按钮 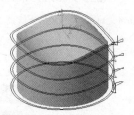。

（3）双击示意图中的半径尺寸"10mm"字样，在系统弹出的"Edit Parameter"对话框中输入值 6，单击 ● 确定 按钮。

3. 刀路仿真

步骤 01 在"Profile Contouring.1"对话框中单击"Tool Path Replay"按钮 ，系统弹出 "Profile Contouring.1"对话框，且在图形区显示刀路轨迹（图 13.3.31）。

步骤 02 在"Profile Contouring.1"对话框中单击 按钮，然后单击 按钮，观察刀具切割毛坯零件的运行情况。

步骤 03 完成后单击两次"Profile Contouring.1"对话框中的 ● 确定 按钮。

图 13.3.31　显示刀路轨迹

4. 保存模型文件

选择下拉菜单 文件 ➡ 保存 命令，即可保存文件。

13.3.3　钻孔加工

2 轴半数控加工包含了多种钻孔加工，有中心钻、钻孔、攻螺纹、镗孔、铰孔、沉孔和倒角孔等。下面以图 13.3.32 所示的零件为例介绍孔加工的一般过程。

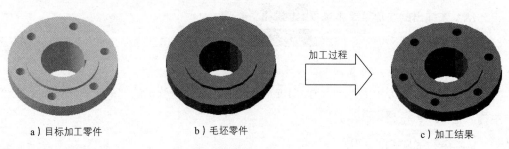

a）目标加工零件　　　　b）毛坯零件　　　　加工过程　　　　c）加工结果

图 13.3.32　孔加工

1. 引入零件并进入加工工作台

打开文件 D: \catsc20\work\ch13.03.03\drill-01.CATProcess，系统进入"Prismatic

Machining"工作台。

2. 设置加工参数

任务 01 定义几何参数

步骤 01 在特征树中选择 ▤ Manufacturing Program.1 节点，然后选择下拉菜单

插入 ➡ Machining Operations ▶ ➡ Axial Machining Operations ▶ ➡ ⋮⋮ Drilling 命令，插

入一个钻孔加工操作，系统弹出"Drilling.1"对话框。

步骤 02 定义加工区域。

（1）单击"几何参数"选项卡 🖉，然后单击"Drilling.1"对话框中的"Extension：Blind
（盲孔）"字样，将其变为"Extension：Through（通孔）"，如图 13.3.33 所示。

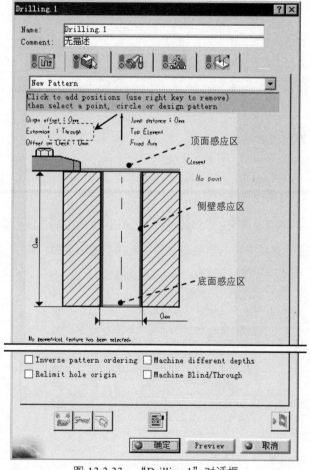

图 13.3.33 "Drilling.1"对话框

（2）单击"Drilling.1"对话框中的孔侧壁感应区，在图形区依次选取图 13.3.34 所示的孔

边线，双击鼠标左键，系统返回到"Drilling.1"对话框。

（3）单击"Drilling.1"对话框中的顶面感应区，在图形区选取图 13.3.35 所示的面 1，双击鼠标左键，系统返回到"Drilling.1"对话框。

（4）单击"Drilling.1"对话框中的底面感应区，在图形区选取图 13.3.36 所示的面 2，双击鼠标左键，系统返回到"Drilling.1"对话框。

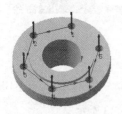
图 13.3.34　选取 6 个孔

图 13.3.35　选取顶面

图 13.3.36　选取底面

　　加工区域定义完成后，"Drilling.1"对话框中会显示系统判断的孔的直径及深度值，如果有必要，可以双击修改其数值。

任务 02 定义刀具参数

步骤 01 选择刀具类型。在"Drilling.1"对话框中单击"刀具参数"选项卡，在 `Name` 文本框中输入"T1 Drill D 2.5"并按下 Enter 键。

步骤 02 定义刀具参数。单击 `More>>` 按钮，单击 `Geometry` 选项卡，然后设置图 13.3.37 所示的刀具参数，其他选项卡中的参数均采用默认的参数设置值。

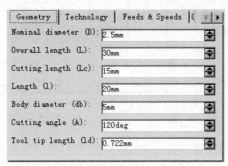
图 13.3.37　定义刀具参数

任务 03 定义进给率

步骤 01 进入进给率设置选项卡。在"Drilling.1"对话框中单击"进给率"选项卡。

步骤 02 设置进给率。分别在"Drilling.1"对话框的 `Feedrate` 和 `Spindle Speed` 区域中取消选中 `☐ Automatic compute from tooling Feeds and Speeds` 复选框，然后设置图 13.3.38 所示的参数。

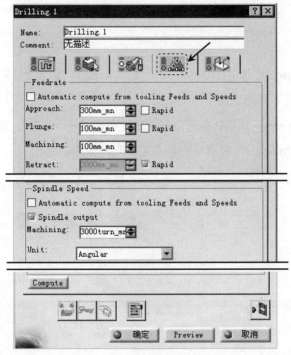

图 13.3.38 设置进给率参数

任务 04 定义刀具路径参数

步骤 01 进入刀具路径参数选项卡。在"Drilling.1"对话框中单击"刀具路径参数"选项卡 `⊞`。

步骤 02 定义钻孔类型。在"Drilling.1"对话框的 `Approach clearance (A):` 文本框中输入值 3.0，在 `Depth mode:` 下拉列表中选择 `By shoulder (Ds)` 选项，在 `Breakthrough (B):` 文本框中输入值 1.0。

步骤 03 其他参数采用系统默认参数设置值。

任务 05 定义进刀/退刀路径

步骤 01 进入进刀/退刀路径选项卡。在"Drilling.1"对话框中单击"进刀/退刀路径"选项卡 `⊞`。

步骤 02 定义进退刀路径。

（1）在 `Macro Management` 区域的列表框中选择 `⊙ Approach` 选项，然后在 `Mode:` 下拉列表中选

择 `Build by user` 选项，依次单击 ✕ 和 ⌐ 按钮添加轴向进刀。

（2）在 `Macro Management` 区域的列表框中选择 `◎ Retract` 选项，然后在 `Mode:` 下拉列表中
选择 `Build by user` 选项，依次单击 ✕ 和 ⌐ 按钮添加轴向退刀。

3. 刀路仿真

步骤 01 在 "Drilling.1" 对话框中单击 "Tool Path Replay" 按钮 ▶ ，系统弹出 "Drilling.1"
对话框，且在图形区显示刀路轨迹（图 13.3.39）。

步骤 02 在 "Drilling.1" 对话框中单击 ✿ 按钮，然后单击 ▶ 按钮，观察刀具切割毛坯零
件的运行情况，在 "Drilling.1" 对话框中单击两次 ◎ 确定 按钮。

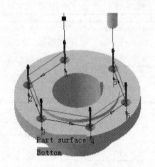

图 13.3.39　显示刀路轨迹

4. 保存模型文件

选择下拉菜单 `文件` ➡ `💾 保存` 命令，即可保存文件。

13.4　曲面的铣削加工

13.4.1　等高线粗加工

等高线粗加工就是以垂直于刀具轴线 Z 轴的刀路逐层切除毛坯零件中的材料，加工时工
件余量不可大于刀具直径，以免造成切削不完整。下面以图 13.4.1 所示的零件为例介绍等高
线粗加工的一般过程。

a）目标零件　　　　　　　b）毛坯零件　　　　　　　c）加工结果

图 13.4.1　等高线粗加工

1. 打开模型文件并进入加工模块

打开模型文件 D:\catsc20\work\ch13.04.01\Roughing-01.CATProcess，进入"Surface Machining"工作台。

 如果不是在曲面铣削工作台，可以选择下拉菜单 开始 ➡ ◆加工 ▶ ➡ 🗡Surface Machining 命令进行切换，以下不再赘述。

2. 设置加工参数

任务 **01** 定义几何参数

步骤 **01** 在特征树中选中 ▤ Manufacturing Program.1 节点，然后选择 插入 ➡ Machining Operations ▶ ➡ Roughing Operations ▶ ➡ 📖Roughing 命令，插入一个等高线粗加工操作，系统弹出图 13.4.2 所示的"Roughing.1"对话框。

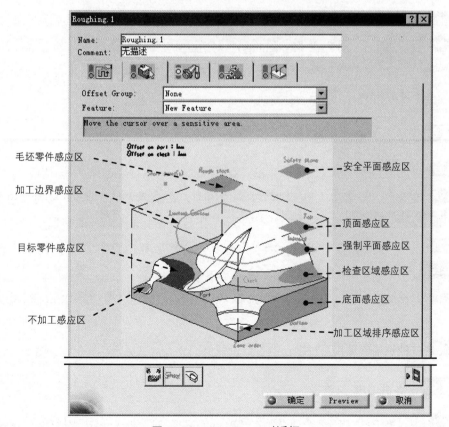

图 13.4.2 Roughing.1 对话框

步骤02 定义加工区域。

（1）右击"Roughing.1"对话框中的目标零件感应区，在系统弹出的快捷菜单中勾选 ☑ Design on PO level 选项，系统自动选择前面零件操作中设置的零件几何体。

（2）单击"Roughing.1"对话框中的毛坯零件（Rough stock）感应区，选取图 13.4.1b 所示的几何体作为毛坯零件。

任务02 定义刀具

步骤01 选择刀具类型。在"Roughing.1"对话框中选择 🔧 选项卡，单击 ⬚ 按钮，选择立铣刀为加工刀具；在 Name 文本框中输入"T1 End Mill D 16"并按下 Enter 键。

步骤02 定义刀具参数。取消选中 ☐Ball-end tool 复选框，单击 More>> 按钮，选择 Geometry 选项卡，然后设置图 13.4.3 所示的刀具参数。

任务03 定义进给率

步骤01 进入进给率设置选项卡。在"Roughing.1"对话框中单击 🔧 选项卡。

步骤02 设置进给率。分别在"Roughing.1"对话框的 Feedrate 和 Spindle Speed 区域中取消选中 ☐Automatic compute from tooling Feeds and Speeds 复选框，然后在"Roughing.1"对话框的 🔧 选项卡中设置图 13.4.4 所示的参数。

任务04 定义刀具路径参数

步骤01 进入刀具路径参数选项卡。在"Roughing.1"对话框中选择 📐 选项卡。

步骤02 定义切削参数。单击 Machining 选项卡，在 Machining mode: 下拉列表中选择 By Area 和 Outer part and pockets 选项，在 Tool path style: 下拉列表中选择 Helical 选项。

步骤03 定义径向参数。单击 Radial 选项卡，然后在 Stepover: 下拉列表中选择 Overlap ratio 选项，在 Tool diameter ratio: 文本框中输入数值 50。

步骤04 定义轴向参数。单击 Axial 选项卡，然后在 Maximum cut depth: 文本框中输入值 1。

步骤05 其他选项卡采用系统默认的参数设置值。

任务05 定义进刀/退刀路径

步骤01 进入进刀/退刀路径选项卡。在"Roughing.1"对话框中单击"进刀/退刀路径"

选项卡 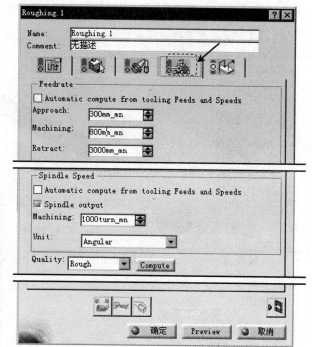 。

步骤 02 定义进刀路径。在 `Macro Management` 区域的列表框中选择 `Automatic`，然后在 `Mode:` 下拉列表中选择 `Ramping` 选项，选择斜向进刀类型；选中 `☑ Optimize retract` 复选框；在 `Ramping angle:` 文本框中输入值 5，其余参数保持默认不变。

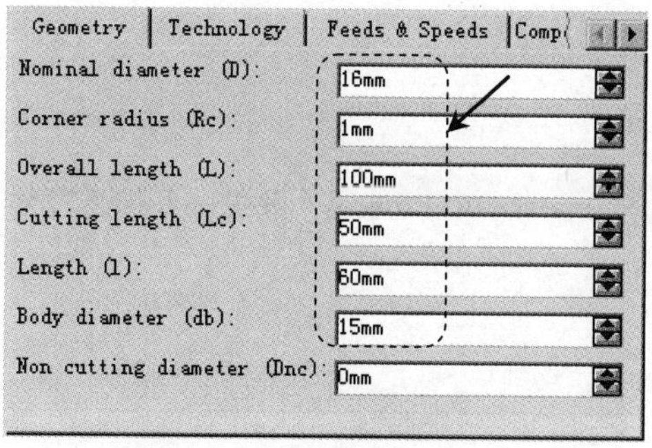

图 13.4.3 定义刀具参数

图 13.4.4 设置进给率

3. 刀路仿真

步骤 01 在"Roughing.1"对话框中单击"Tool Path Replay"按钮 ，系统弹出"Roughing.1"对话框，且在图形区显示刀路轨迹，如图 13.4.5 所示。

步骤 02 在 Roughing.1 对话框中单击 按钮，然后单击 按钮，观察刀具切割毛坯零件的运行情况，在"Roughing.1"对话框中单击两次 确定 按钮。

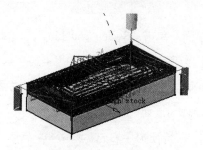

图 13.4.5 刀具路径

4. 保存模型文件

选择下拉菜单 文件 ➡ 🖫保存 命令，即可保存文件。

13.4.2 投影粗加工

投影粗加工就是以某个平面作为投影面，所有刀路都在与该平面平行的平面上。下面以图 13.4.6 所示的零件为例介绍投影粗加工的一般操作步骤。

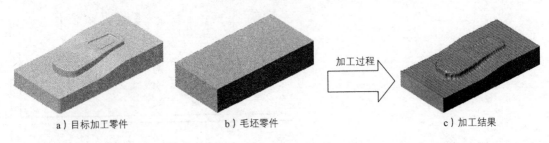

a）目标加工零件　　　　　b）毛坯零件　　　加工过程　　　c）加工结果

图 13.4.6　投影粗加工

1. 打开加工模型文件

打开文件 D:\catsc20\work\ ch13.04.02\sweep-roughing-01.CATProcess，系统进入加工工作台。

2. 设置加工参数

任务 01 定义几何参数

步骤 01 在特征树中选中 "Manufacturing Program.1" 节点，然后选择下拉菜单 插入 ➡ Machining Operations ▶ ➡ Roughing Operations ▶ ➡ 🔧Sweep Roughing 命令，插入一个投影粗加工操作，系统弹出图 13.4.7 所示的 "Sweep roughing.1" 对话框。

步骤 02 定义加工区域。右击 "Sweep roughing.1" 对话框中的目标零件感应区，在系统弹出的快捷菜单中勾选 ☑ Design on PO level 选项，系统自动选择前面零件操作中设置的零件几何体。

步骤 03 定义加工顶面。单击 "Sweep roughing.1" 对话框中的顶面（Top）感应区，选取图 13.4.8 所示的表面作为顶面。

步骤 04 定义加工底面。单击 "Sweep roughing.1" 对话框中的底面（Bottom）感应区，选取图 13.4.9 所示的表面作为底面。

步骤 05 隐藏毛坯。在特征树中右击 🔧 Blank 节点，在系统弹出的快捷菜单中选择隐藏/显示 命令。

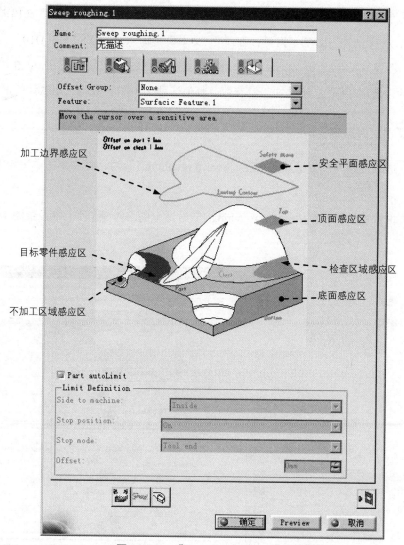

图 13.4.7 "Sweep roughing.1" 对话框

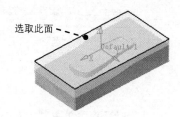

图 13.4.8 选取顶面

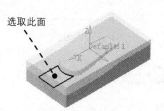

图 13.4.9 选取底面

任务 02 定义刀具参数

步骤 01 选择刀具类型。在 "Sweep roughing.1" 对话框中单击 "刀具参数" 选项卡 ,
单击 按钮，选择端铣刀为加工刀具；在 Name 文本框中输入 "T1 End Mill D10"。

步骤 02 设置刀具参数。选中 Ball-end tool 复选框，单击 More>> 按钮，单击 Geometry
选项卡，然后设置图 13.4.10 所示的刀具参数，其他选项卡中的参数均采用默认的设置。

任务 03 定义进给率

步骤 01 进入进给率设置选项卡。在 "Sweep roughing.1" 对话框中单击 "进给率" 选项
卡 。

步骤 02 设置进给率。在 "Sweep roughing.1" 对话框的 选项卡中设置图 13.4.11 所
示的参数。

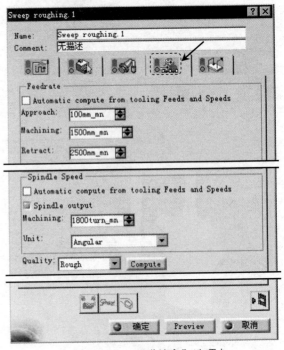

| Geometry | Technology | Feeds & Speeds | Comp◀▶ |

Nominal diameter (D): 10mm
Corner radius (Rc): 5mm
Overall length (L): 100mm
Cutting length (Lc): 50mm
Length (l): 60mm
Body diameter (db): 15mm
Non cutting diameter (Dnc): 0mm

图 13.4.10　定义刀具参数　　　　图 13.4.11　"进给率" 选项卡

任务 04 定义刀具路径参数

步骤 01 进入刀具路径参数选项卡。在 "Sweep roughing.1" 对话框中单击 "刀具路径参
数" 选项卡 ，如图 13.4.12 所示。

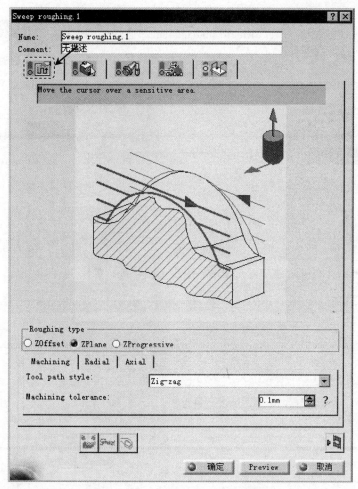

图 13.4.12 "刀具路径参数"选项卡

（步骤 **02**）定义切削类型。在"Sweep roughing.1"对话框的 `Roughing type` 选项组中选中 `⦿ ZPlane` 单选项。

（步骤 **03**）定义"Machining"参数。单击 `Machining:` 选项卡，然后在 `Tool path style:` 下拉列表中选择 `Zig-zag` 选项。

（步骤 **04**）定义径向参数。单击 `Radial` 选项卡，然后在 `Max. distance between pass:` 文本框中输入值 3，在 `Stepover side:` 下拉列表中选择 `Right` 选项。

（步骤 **05**）定义轴向参数。单击 `Axial` 选项卡，在 `Maximum cut depth:` 文本框中输入值 2。

（任务 **05**）定义进刀/退刀路径

（步骤 **01**）进入进刀/退刀路径选项卡。在"Sweep roughing.1"对话框中单击"进刀/退刀路径"选项卡 。

步骤 02 定义进刀路径。在"Macro management"区域的列表框中选择 Approach ，然后在 Mode: 下拉列表中选择 Back 选项；双击图 13.4.13 所示的尺寸"1.608mm"，在系统弹出的"Edit Parameter"对话框中输入值 5，单击 ● 确定 按钮；双击图 13.4.13 所示的尺寸"6mm"，在系统弹出的"Edit Parameter"对话框中输入值 10，单击 ● 确定 按钮。

步骤 03 定义退刀路径。在 Macro Management 区域的列表框中选择 Retract ，然后在 Mode: 下拉列表中选择 Along tool axis 选项；双击尺寸"6mm"，在系统弹出的"Edit Parameter"对话框中输入值 10，单击 ● 确定 按钮。

3. 刀路仿真

步骤 01 在"Sweep roughing.1"对话框中单击"Tool Path Replay"按钮 ，系统再次弹出"Sweep roughing.1"对话框，且在图形区显示刀路轨迹，如图 13.4.14 所示。

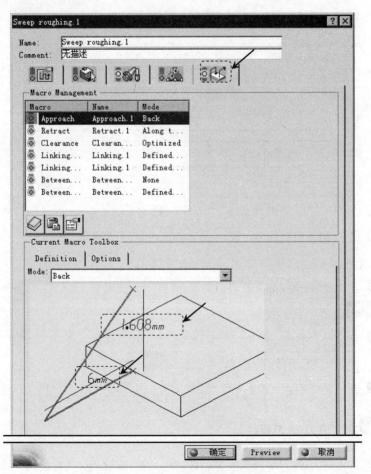

图 13.4.13 "进刀/退刀路径"选项卡

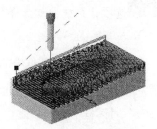

图 13.4.14 显示刀路轨迹

步骤 02 在"Sweep roughing.1"对话框中单击 按钮，然后单击 ▶ 按钮，观察刀具切削毛坯零件的运行情况；单击两次 确定 按钮。

4. 保存模型文件

选择下拉菜单 文件 ➡ 📙 保存 命令，即可保存文件。

13.4.3 投影精加工

投影精加工通常用于加工特定倾斜角度的曲面部分。下面以图 13.4.15 所示的零件为例介绍投影精加工的一般过程。

a）目标零件　　　　　　　b）毛坯零件　　　　　　　c）加工结果

图 13.4.15 投影精加工

1. 打开加工模型文件

打开文件 D:\catsc20\work\ch13.04.03\sweeping.CATProcess，系统进入加工工作台。

2. 设置加工参数

任务 01 定义几何参数

步骤 01 在特征树中选中 **Sweep roughing.1 (Computed)** 节点，然后选择 插入 ➡ Machining Operations ▶ ➡ Sweeping Operations ▶ ➡ 🔷 Sweeping 命令，插入一个投影精加工操作，系统弹出图 13.4.16 所示的"Sweeping.1"对话框。

步骤 02 定义加工区域。右击"Sweeping.1"对话框中的目标零件感应区，在系统弹出

的快捷菜单中勾选 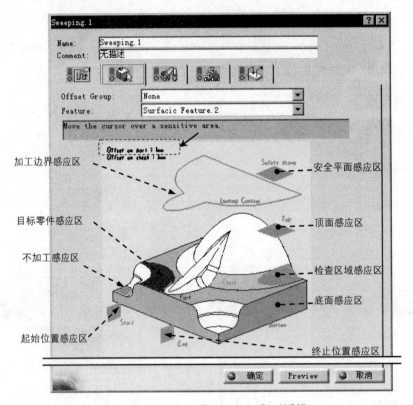Design on PO level选项，系统自动选择前面零件操作中设置的零件几何体。

步骤 03 设置加工余量。双击"Sweeping.1"对话框中的"Offset on part"字样，在系统弹出的"Edit Parameter"对话框中输入数值 0.2；双击"Sweeping.1"对话框中的"Offset on check"字样，在系统弹出的"Edit Parameter"对话框中输入数值 0。

图 13.4.16 "Sweeping.1" 对话框

任务 02 定义刀具参数

这里采用系统默认的刀具"T1 End Mill D 10"，保持其参数不变。

任务 03 定义进给率

在"Sweeping.1"对话框中选择"进给率"选项卡，分别在 Feedrate 和 Spindle Speed 区域中取消选中 ☐ Automatic compute from tooling Feeds and Speeds 复选框，然后在"Sweeping.1"对话框的选项卡中设置图 13.4.17 所示的参数。

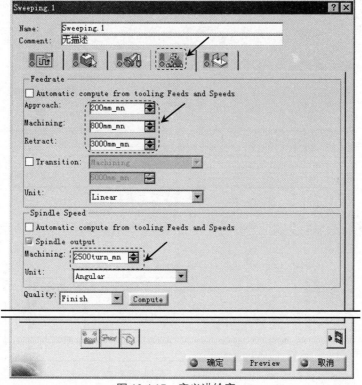

图 13.4.17 定义进给率

任务 04 定义刀具路径参数

步骤 01 进入刀具路径参数选项卡。在"Sweeping.1"对话框中单击"刀具路径参数"选项卡 [icon]。

步骤 02 定义切削参数。在"Sweeping.1"对话框中单击 `Machining` 选项卡，然后在 `Tool path style:` 下拉列表中选择 `Zig-zag` 选项，在 `Machining tolerance:` 文本框中输入数值 0.01，设置其余参数如图 13.4.18 所示。

Machining	Radial	Axial	Zone	Island	HSM

Tool path style: Zig-zag

Machining tolerance: 0.01mm   ?

☐ Reverse tool path ?

☑ Max Discretization ?

Step: 5mm   ?

Distribution Mode: Aligned   ?

Plunge mode: No check   ?

图 13.4.18 定义切削参数

步骤 03 定义径向参数。单击 Radial 选项卡，然后设置图 13.4.19 所示的参数。

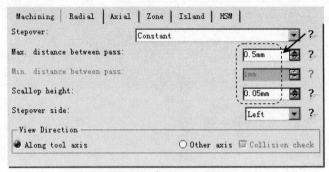

图 13.4.19 定义径向参数

步骤 04 定义轴向参数。单击 Axial 选项卡，然后设置图 13.4.20 所示的参数。

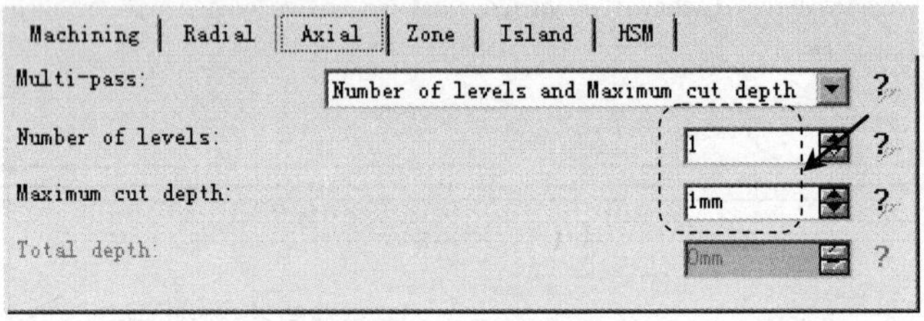

图 13.4.20 定义轴向参数

步骤 05 定义切削方向。在"刀具路径参数"选项卡中单击图 13.4.21 所示的切削方向感应区，然后在系统弹出的"Machining"对话框中设置图 13.4.22 所示的参数，并单击 ● 确定 按钮。

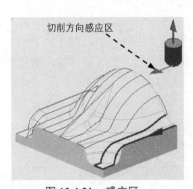

图 13.4.21 感应区

图 13.4.22 定义边界参数

步骤 06 其他选项卡中采用系统默认参数设置值。

任务 05 定义进刀退刀路径

步骤 01 进入进刀退刀路径选项卡。在"Sweeping.1"对话框中单击"进刀退刀路径"选项卡 ▌ 。

步骤 02 定义进刀路径。

（1）在 Macro Management 区域的列表框中选择 ◉ Approach 选项，然后在 Mode: 下拉列表中选择 Back 选项。

（2）双击尺寸"1.608mm"，在系统弹出的"Edit Parameter"对话框中输入数值 5，单击 ● 确定 按钮；双击尺寸"6mm"，在系统弹出的"Edit Parameter"对话框中输入数值 10，单击 ● 确定 按钮。

步骤 03 定义退刀路径。

（1）在 Macro Management 区域的列表框中选择 ◉ Retract 选项，然后在 Mode: 下拉列表中选择 Along tool axis 选项。

（2）双击尺寸"6mm"，在系统弹出的"Edit Parameter"对话框中输入数值 10，单击 ● 确定 按钮。

3. 刀路仿真

步骤 01 在"Sweeping.1"对话框中单击"Tool Path Replay"按钮 ▌ ，系统弹出"Sweeping.1"对话框，且在图形区显示刀路轨迹，如图 13.4.23 所示。

步骤 02 在"Sweeping.1"对话框中单击 ▧ 按钮，然后单击 ▶ 按钮，观察刀具切割毛坯零件的运行情况。

图 13.4.23 刀具路径

步骤 03 在"Sweeping.1"对话框中单击 ● 确定 按钮，然后再次单击"Sweeping.1"对话框中的 ● 确定 按钮。

4. 保存模型文件

选择下拉菜单 文件 ➡ 另存为... 命令，在系统弹出的"另存为"对话框中输入文件名"Sweeping-ok"，单击 保存(S) 按钮，即可保存文件。

13.5 数控加工与编程综合应用案例

案例概述：

本案例是一个简单凸模的加工实例，加工过程中使用了等高线、型腔铣削以及平面铣削等加工方法，其加工工艺路线如图 13.5.1 所示。

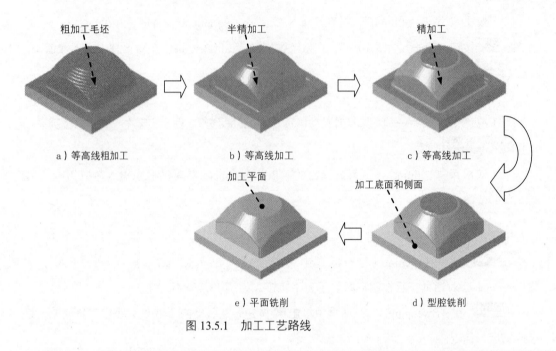

a）等高线粗加工　　　　b）等高线加工　　　　c）等高线加工

e）平面铣削　　　　d）型腔铣削

图 13.5.1　加工工艺路线

　　本应用的详细操作过程请参见随书光盘中 video\ch13\文件下的语音视频讲解文件。模型文件为 D:\catsc20\work\ch13.05\upper_mold。

第 14 章 管道设计

14.1 概　述

14.1.1 管道设计概述

管道设计模块应用十分广泛，所有用到管道的地方都可以使用该模块，如大型设备上的管道系统，液压系统等。特别是在液压设备、石油及化工设备的设计中，管道设计占很大比重，各种管道、阀门、泵、探测单元交织在一起，错综复杂，利用三维管道模块能够实现快速设计，使管道线路更加清晰，有效避免干涉现象，可以快速、高效地进行管道设计。

CATIA 管道设计以产品的结构为基础，在其中根据要求添加 3D 管道，最终生成完整的管道系统数字模型。有了完整的管道系统数字模型，可以方便地检查管线、管路元件间的干涉，各设计部门之间也可以很直观地根据模型进行交流、评估，对管道设计中可能存在的问题能够及时指出并修改。

CATIA 管道设计还可以将加工过程提前。管道线路布置完成后，在出产品结构图的同时，也可以制作管线工程图，指导管道加工与制造。这样，系统结构完成加工的同时，管线也可以完成加工，极大地提高研发速度与效率。

14.1.2 CATIA 管路设计工作台简介

实际上，管路设计主要可以分为两种类型，一种是管道设计，另外一种是管筒设计，下面具体介绍这两种管路设计。

- 管道设计（Piping Design）：一般指硬管道，主要通过螺纹连接或焊接方法将弯头和管道连接成的管道系统，如图 14.1.1 所示。
- 管筒设计（Tubing Design）：一般指软管，用于设计折弯管、塑性管，在软管管道系统中，折弯处不需要添加弯头附件，主要通过胶水或捆扎方法与接头连接成管道系统，如图 14.1.2 所示。

CATIA 系统提供了这两种管路设计工作台，可以分别进行管道设计和管筒设计，下面具体介绍 CATIA 中这两种工作台。

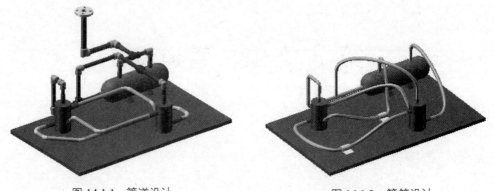

图 14.1.1　管道设计　　　　　　　　　图 14.1.2　管筒设计

选择下拉菜单 开始 ➡ 设备与系统 ▶ ➡ 管路专业 命令，系统弹出图 14.1.3 所示的"管路专业"子菜单，在该菜单中继续选择不同的命令，可以进入到不同的管道设计工作台。

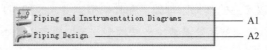

图 14.1.3　"管路专业"子菜单

图 14.1.3 所示菜单中各命令说明如下。

A1（管道设计工程图）：用于设计管道系统工程图，指导管道系统的后期生产制造。

A2（管道设计）：用于设计管道系统。

选择下拉菜单 开始 ➡ 设备与系统 ▶ ➡ 管道专业领域 命令，系统弹出图 14.1.4 所示的"管道专业领域"子菜单，在该菜单中继续选择不同的命令，可以进入到不同的管筒（软管）设计工作台。

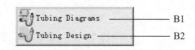

图 14.1.4　"管道专业领域"子菜单

图 14.1.4 所示菜单中各命令说明如下。

B1（管筒设计工程图）：用于设计管筒系统工程图，指导管筒系统的后期生产制造。

B2（管筒（软管）设计）：用于设计管筒（软管）系统。

说明：本书主要介绍管道设计方面的内容，管筒设计与管道设计操作类似，读者可参照管道设计方法自行学习。

14.1.3 CATIA 管道设计工作台界面

选择下拉菜单 开始 ➡ 设备与系统 ▶ ➡ 管道专业领域 ▶ ➡ Tubing Design

命令，系统进入到 CATIA 管道设计工作台，工作台界面如图 14.1.5 所示。

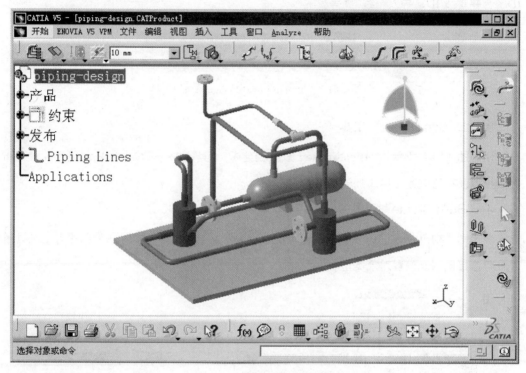

图 14.1.5　管道设计工作台界面

14.1.4　CATIA 管道设计命令工具介绍

进入 CATIA 管道设计工作台后，界面上会出现管道设计中所需要的各种工具条，下面具体介绍这些工具条的含义。

1. "General Environment Tools" 工具条

使用图 14.1.6 所示 "General Environment Tools（一般环境工具）" 工具条中的命令，可以管理管道设计分析项、设置当前网格步幅值以及设置管道环境碰撞检查等。

图 14.1.6　"General Environment Tools" 工具条

2. "Piping Line Management" 工具条

使用图 14.1.7 所示 "Piping Line Management（管线管理）"工具条中的命令，用来管理管线 ID，包括选择或查询管线 ID、创建管线 ID、转换管线 ID、重命名管线 ID、删除管线 ID、合并管线 ID、导入管线 ID 等。

图 14.1.7 "Piping Line Management" 工具条

3. "Design Create" 工具条

使用图 14.1.8 所示 "Design Create（设计创建）"工具条中的命令，用来创建各种管道布线路径以及在管道线路中添加管路零件。

4. "Build Create" 工具条

使用图 14.1.9 所示 "Build Create（创建）"工具条中的命令，主要用于创建与定义管道零件与连接器以及设置对象类型。

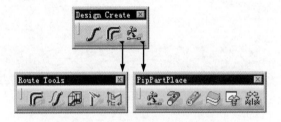

图 14.1.8 "Design Create" 工具条

图 14.1.9 "Build Create" 工具条

5. "Fabricate" 工具条

使用图 14.1.10 所示 "Fabricate" 工具条中的命令，主要用于创建与管理管道线路线材。

6. "General Design Tools" 工具条

使用图 14.1.11 所示 "General Design Tools" 工具条中的命令，用于在管道设计过程中对其对象定位以及设置捕捉。

图 14.1.10 "Fabricate" 工具条

图 14.1.11 "General Design Tools" 工具条

7. “Design Modify”工具条

使用图 14.1.12 所示“Design Modify”工具条中的命令，用于更新、修改以及管理线路中的零件对象，还可以管理管路连接以及管道流通方向等。

图 14.1.12 “Design Modify”工具条

14.2 管道布线设计实例

14.2.1 概述

下面以图 14.2.1 所示的小型液压系统模型为例，介绍在 CATIA 中进行管道布线设计的一般过程（相应的管道零件已经装配好，只需要完成其管道系统布线）。

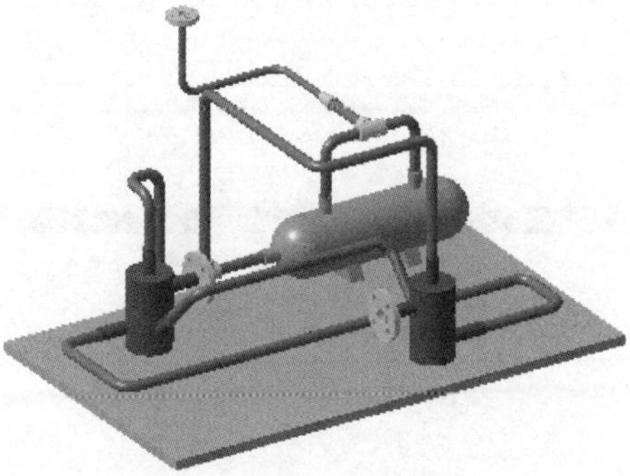

图 14.2.1 管道系统布线设计

14.2.2 管道布线设计

1. 创建第一条管道线路

任务 01 进入工作台并设置

步骤 01 打开文件 D:\catsc20\work\ch14.02\piping-design.CATProduct。

步骤 02 进入“管路专业”工作台。选择下拉菜单 开始 → 设备与系统 → 管路专业 → Piping Design 命令，系统进入到“管路专业”工作台。

步骤 03 选项设置。

（1）选择 工具 → 选项... 命令，系统弹出“选项”对话框。

（2）在左侧列表中选中 设备与系统 选项，单击 常规 选项卡，如图 14.2.2 所示，在 常规环境

区域的 ⚡网格步幅: 文本框中输入值 5；单击 显示 选项卡，如图 14.2.3 所示，在 结构树 区域选中 ☐显示应用程序分组 复选框，在 3D 查看器显示选项 区域选中 🔧 零件连接器 复选框。

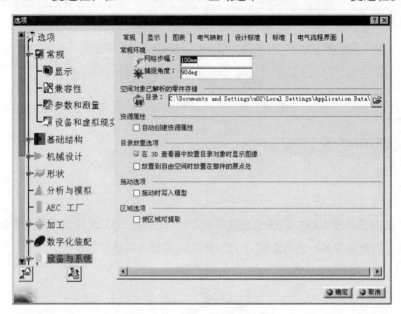

图 14.2.2 "选项"对话框(一)

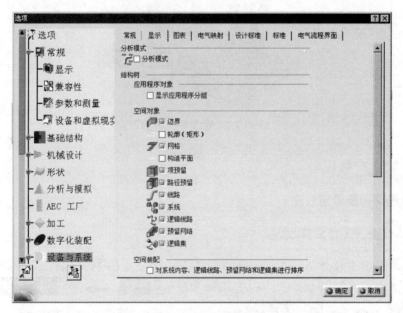

图 14.2.3 "选项"对话框(二)

（3）在左侧列表框中选中 设备与系统 选项中 🔧 管路专业 节点下的 🔧 Piping Des 节点，在 Units: 区域设置图 14.2.4 所示的选项，单击 ● 确定 按钮。

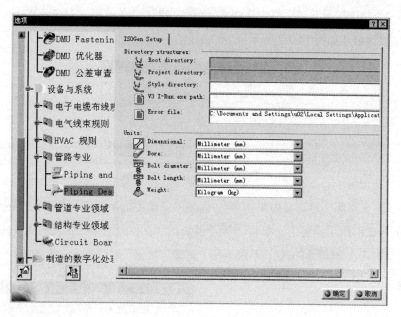

图 14.2.4 "选项"对话框（三）

任务 02 添加管路

步骤 01 添加连接器（一）。

（1）单击"Build Create"工具条中 节点下的"Build connector"按钮 ，系统弹出"管理连接器"对话框（一），如图 14.2.5 所示。

（2）在"管理连接器"对话框（一）中单击 **添加** 按钮，系统弹出"添加连接器"对话框，如图 14.2.6 所示。

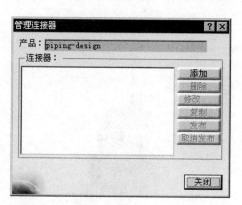

图 14.2.5 "管理连接器"对话框（一）

图 14.2.6 "添加连接器"对话框

（3）在"添加连接器"对话框内选中 ⦿ 定义新的几何图形：单选项，单击 🔼 按钮，系统弹出 "定义平面"对话框，如图 14.2.7 所示。

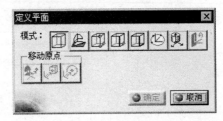

图 14.2.7　"定义平面"对话框

（4）在"定义平面"对话框内单击 模式：区域的"使用指南针定义平面"按钮 🔲 ，拖动 指南针到图 14.2.8 所示的面上，单击 移动原点 区域的"在点或面中心定义圆点"按钮 🔲 ，捕 捉面中心，单击两次 ⦿ 确定 按钮，系统返回"管理连接器"对话框（二），如图 14.2.9 所示。

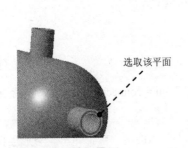

图 14.2.8　选取平面

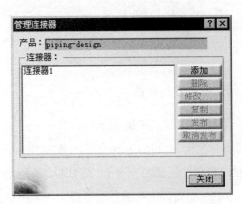

图 14.2.9　"管理连接器"对话框（二）

步骤 02 添加连接器（二）。

（1）参照 步骤 01 在图 14.2.10 所示的面上添加连接器 2，在该连接件的另外两个接口添 加连接器 3 和连接器 4。

（2）参照 步骤 01 在图 14.2.11 所示的面上添加连接器 5，在另外一个相同油箱上的相同 位置添加连接器 6。

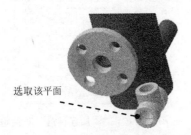

图 14.2.10　添加连接器 2

图 14.2.11　添加连接器 5

（3）在"管理连接器"对话框（二）中单击 关闭 按钮。

步骤 03 添加管路 1。

（1）单击"Design Create"工具条中的 "Route a Run"按钮 ，系统弹出"设计规则"对话框，如图 14.2.12 所示。

（2）在"设计规则"对话框的列表框中采用默认的设置，单击 确定 按钮，系统弹出"运行"对话框，如图 14.2.13 所示（如果没有弹出该对话框，此步骤可省略，继续操作即可）。

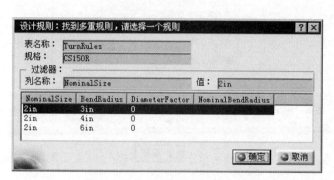

图 14.2.12 "设计规则"对话框

图 14.2.13 "运行"对话框

（3）在"运行"对话框的 模式：区域单击"点到点"按钮 ，依次选择连接器 1 和连接器 2，单击 截面：区域的 按钮，系统弹出"截面"对话框，如图 14.2.14 所示，在该对话框的 包络直径 文本框中输入值 21，单击两次 确定 按钮，结果如图 14.2.15 所示。

图 14.2.14 "截面"对话框

图 14.2.15 添加管路 1

步骤 04 添加管路 2。单击"Design Create"工具条中的 "Route a Run"按钮 ，系统弹出"运行"对话框，在 模式：区域单击 按钮，选择图 14.2.16 所示的两个连接器，设置"包络直径"为 21，单击 ● 确定 按钮，结果如图 14.2.16 所示。

步骤 05 编辑管路 2。

（1）选中管路 2，右击，在系统弹出的快捷菜单中选择 Run-0002 对象 ➡ 定义 命令，系统弹出"定义"对话框，如图 14.2.17 所示，此时管路上出现控制箭头，如图 14.2.18 所示。

图 14.2.16　添加管路 2

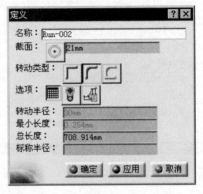

图 14.2.17　"定义"对话框

（2）在"定义"对话框中确认 选项: 区域的 ▦ 按钮处于弹起状态，在 转动半径: 文本框中输入值 30。

（3）依次拖动箭头 1 和箭头 2 至 265mm 处，完成后单击 ● 确定 按钮，结果如图 14.2.19 所示。

箭头 2

箭头 1

图 14.2.18　控制箭头

图 14.2.19　编辑管路 2

步骤 06 添加管路 3。单击"Route a Run"按钮 ✓ ，系统弹出"运行"对话框，在 模式: 区域单击 ✎ 按钮，选择图 14.2.20 所示的两个连接器，设置"包络直径"为 21，设置转动半径值为 30，此时管路如图 14.2.20 所示，单击 ⊡ 按钮调整管路路线，单击 ● 确定 按钮，结果如图 14.2.21 所示。

图 14.2.20 添加管路 3（一）

图 14.2.21 添加管路 3（二）

步骤 07 添加管路 4。

（1）参照图 14.2.22 所示创建所需的两个连接器。

（2）单击"Design Create"工具条中的 "Route a Run"按钮 ⟋，系统弹出"运行"对话框，在"运行"对话框的 模式:区域单击"点到点"按钮 ⬡，依次选择两个连接器，单击 截面:区域的 ◎ 按钮，系统弹出"截面"对话框，在该对话框的 包络直径 文本框中输入值 21，设置转动半径值为 30，单击 ● 确定 按钮，结果如图 14.2.22 所示(已隐藏管路 2 和管路 3)。

步骤 08 添加管路 5。

（1）参照图 14.2.23 所示创建所需的两个连接器。

（2）单击"Design Create"工具条中的 "Route a Run"按钮 ⟋，系统弹出"运行"对话框，在"运行"对话框的 模式:区域单击"点到点"按钮 ⬡，依次选择两个连接器，单击 截面:区域的 ◎ 按钮，系统弹出"截面"对话框，在该对话框的 包络直径 文本框中输入值 21，设置转动半径值为 30，单击 ● 确定 按钮，结果如图 14.2.23 所示（已隐藏管路 3 和管路 4）。

图 14.2.22 添加管路 4

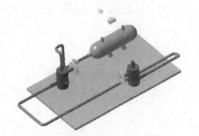

图 14.2.23 添加管路 5

步骤 09 编辑管路 5。

（1）选中管路 5，右击，在系统弹出的快捷菜单中选择 Run-0005 对象 ▶ ━━▶ 定义 命令，系统弹出"定义"对话框，此时管路上出现控制箭头，如图 14.2.24 所示。

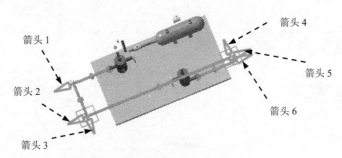

图 14.2.24　控制箭头

（2）依次拖动箭头 1 和箭头 2 至 510mm 处，单击 ●应用 按钮，结果如图 14.2.25 所示。

（3）依次拖动箭头 3 和箭头 4 至 90mm 处，拖动箭头 5 和箭头 6 至-380mm 处，单击 ●确定 按钮，结果如图 14.2.26 所示。

图 14.2.25　编辑管路 5（一）

图 14.2.26　编辑管路 5（二）

2．创建第二条管道线路

步骤 01　添加管路 1。

（1）参照图 14.2.27 所示创建所需的两个连接器。

（2）单击"Design Create"工具条中的 "Route a Run"按钮 ，系统弹出"运行"对话框，如图 14.2.28 所示。

图 14.2.27　添加管路 1

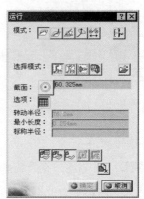

图 14.2.28　"运行"对话框

（3）在"运行"对话框的 模式：区域单击"点到点"按钮 🖉，依次选择两个连接器，单击 截面：区域的 ◎ 按钮，系统弹出"截面"对话框，如图 14.2.29 所示，在该对话框的 包络直径 文本框中输入值 21，设置转动半径值为 30，单击 🔘 确定 按钮，结果如图 14.2.27 所示。

图 14.2.29 "截面"对话框

步骤 02 添加管路 2。

（1）参照图 14.2.30 所示创建所需的两个连接器。

（2）单击"Design Create"工具条中的 "Route a Run"按钮 🖍，系统弹出"运行"对话框，在"运行"对话框的 模式：区域单击"点到点"按钮 🖉，依次选择两个连接器，单击 截面：区域的 ◎ 按钮，系统弹出"截面"对话框，在该对话框的 包络直径 文本框中输入值 21，设置转动半径值为 30，单击两次 🔘 确定 按钮，结果如图 14.2.30 所示。

图 14.2.30 添加管路 2

步骤 03 添加管路 3。

（1）参照图 14.2.31 所示创建所需的两个连接器。

（2）单击"Design Create"工具条中的 "Route a Run"按钮 🖍，系统弹出"运行"对话框，在"运行"对话框的 模式：区域单击"点到点"按钮 🖉，依次选择两个连接器，单击 截面：区域的 ◎ 按钮，系统弹出"截面"对话框，在该对话框的 包络直径 文本框中输入值 21，单击两次 🔘 确定 按钮，结果如图 14.2.31 所示。

步骤 04 添加管路 4。

（1）参照图 14.2.32 所示创建所需的两个连接器。

（2）单击"Design Create"工具条中的 "Route a Run"按钮 🖊，系统弹出"运行"对话框，在"运行"对话框的 **模式** ：区域单击"点到点"按钮 🖾，依次选择两个连接器，单击 **截面** ：区域的 ◎ 按钮，系统弹出"截面"对话框，在该对话框的 **包络直径** 文本框中输入值 15，设置转动半径值为 30，单击两次 ◎ 确定 按钮，结果如图 14.2.32 所示。

图 14.2.31　添加管路 3

图 14.2.32　添加管路 4